Globale Gefährdung
pflanzengenetischer Ressourcen

Europäische Hochschulschriften

Publications Universitaires Européennes
European University Studies

Reihe V
Volks- und Betriebswirtschaft

Série V Series V
Sciences économiques, gestion d'entreprise
Economics and Management

Bd./Vol. 2685

PETER LANG
Frankfurt am Main · Berlin · Bern · Bruxelles · New York · Oxford · Wien

Matthias Krämer

Globale Gefährdung pflanzengenetischer Ressourcen

Perspektiven aus Sicht der Ökologischen Ökonomie

PETER LANG
Europäischer Verlag der Wissenschaften

Die Deutsche Bibliothek - CIP-Einheitsaufnahme

Krämer, Matthias:

Globale Gefährdung pflanzengenetischer Ressourcen : Perspektiven aus Sicht der Ökologischen Ökonomie / Matthias Krämer. - Frankfurt am Main ; Berlin ; Bern ; Bruxelles ; New York ; Oxford ; Wien : Lang, 2000
(Europäische Hochschulschriften : Reihe 5, Volks- und Betriebswirtschaft ; Bd. 2685)
Zugl: Göttingen, Univ., Diss., 2000
ISBN 3-631-37149-7

D 7
ISSN 0531-7339
ISBN 3-631-37149-7

Vorwort

Die vorliegende Arbeit wurde am Institut für Agrarökonomie – Arbeitsbereich Umwelt- und Ressourcenökonomik - der Universität Göttingen erstellt. Mein besonderer Dank gilt dem Betreuer meiner Arbeit Prof. Dr. Rainer Marggraf, der mir die größtmögliche Freiheit gab, ein so komplexes, interdisziplinäres Thema abzuhandeln. Prof. Dr. Hermann Waibel danke ich für die Übernahme des Zweitgutachtens.

All den Menschen zu danken, die mir inhaltlich wertvolle Anregungen gegeben haben, würde die Ausmaße eines Vorwortes sprengen. Stellvertretend möchte ich deshalb nur meinen ehemaligen Kollegen Ulrich Enneking, Felix Rauschmayer und Jürgen Wilhelm, der Arbeitsgruppe Internationale Landwirtschaft des Forums Umwelt & Entwicklung sowie dem Interdisziplinären Zentrum für nachhaltige Entwicklung der Universität Göttingen meinen Dank aussprechen. Bei der Fertigstellung meines Manuskripts haben mir vor allem Ursula Stratmann und Ingo Bräuer wertvolle Hinweise geben können.

Für die freundschaftliche Unterstützung und konstruktive Diskussionen am Institut für Agrarökonomie möchte ich vor allem Christian, Frauke, Patrick, Ralph und der „Kickerrunde" danken.

Mein Dank richtet sich auch an meine neuen Kolleginnen und Kollegen bei icon brand navigation in Nürnberg, die mich in der Schlußphase meiner Dissertation unterstützten.

Gerade in der Endphase der Arbeit war der wichtigste Halt für mich meine Familie, die so manche Gespräche über wissenschaftliche Details ertragen mußte. Dafür danke ich Nicole und Lukas ganz herzlich.

Meine Eltern, die immer an mich geglaubt haben und mir das Studium und die Promotion erst ermöglicht haben, möchte ich besonders hervorheben. Ohne Ihre moralische und finanzielle Unterstützung wäre vieles schwieriger geworden.

Nürnberg, im August 2000

Inhaltsverzeichnis

Abkürzungsverzeichnis

CBD	Convention on Biological Diversity
CGIAR	Consultative Group on International Agricultural Research
CPGR	Commission on Plant Genetic Resources
CGRFA	Commission on Genetic Resources for Food and Agriculture (vormals CPGR)
COP	Conference of the Parties
CTE	Committee on Trade and Environment
EU	Europäische Union
FAO	Food and Agriculture Organization of the United Nations
GATS	General Agreement on Trade in Services
GATT	General Agreement on Tariffs and Trade
GEF	Global Environment Facility
IARC	International Agricultural Research Center
IBPGR	International Board for Plant Gnetic Resources (seit 1993 IPGRI)
IGH	Internationaler Gerichtshof in Den Haag
IPGRI	International Plant Genetic Resources Institute
IPR	Intellectual Property Rights
IUPGR	International Undertaking on Plant Genetic Resources
LMO	Living Modified Organisms
PGR	Plant Genetic Resources
PGRFA	Plant Genetic Resources for Food and Agriculture
TRIPs	Trade-Related Aspects of Intellectual Property Rights
u.a.	unter anderem
UN	United Nations
UNCED	United Nations Conference on Environment and Development
UNDP	United Nations Development Programme
UNEP	United Nations Environment Programme
UPOV	Union Internationale pour la Protection des Obtentions Végétales
WIEWS	World Information and Early Warning System on Plant Genetic Resources
WTO	World Trade Organization

Abbildungsverzeichnis

Tabellenverzeichnis

1 Globale Gefährdung: Die Problematik des Verlustes der pflanzengenetischen Vielfalt

Umweltpolitik entsteht dort, wo die Notwendigkeit erkannt wird, eine nachhaltige Nutzbarkeit bestimmter Ressourcen für eine Mehrzahl von Interessenten auf eine unbestimmte Zukunft zu sichern, und wo diese Erkenntnis auch zu einer genaueren Wahrnehmung dieser Ressourcen und kontinuierlichen Beachtung ihres Zustandes führt (RADKAU 1996: 32).

Die rapide Modifikation und Zerstörung des globalen Ökosystems wird von allen Ländern der Erde in offiziellen Verlautbarungen beklagt. Eine Konsequenz ist die weltweit anerkannte Übereinkunft, die lebenserhaltenen Funktionen zu bewahren und die vorhandenen Ressourcen nachhaltig zu nutzen (ALTHAMMER 1998). Dieses Bekenntnis zur nachhaltigen Entwicklung[1] bringt eine große Verantwortung für die gegenwärtige Wirtschaftsweise und damit auch für die Wirtschaftswissenschaften mit sich, die die politischen Akteure durch ihre Handlungsempfehlungen beraten. Bislang wurden von der dominierenden neoklassischen Umwelt- und Ressourcenökonomik vor allem Fortschritte in der Diskussion um umwelt- und ressourcenpolitische Instrumente erreicht, eine langfristige Perspektive im Sinne einer nachhaltigen Entwicklung aufzuzeigen, fällt ihr dagegen sehr schwer. Insbesondere ein stetiges Wirtschaftswachstum und die damit einhergehende Kapitalakkumulation sollen der ökonomischen Standardtheorie gemäß eine zukunftsfähige Gesellschaft mit den von ihr präferierten Gütern versorgen.

Die Berücksichtigung zukünftiger Generationen und langfristiger Umwelt- und Ressourcenprobleme erfordert jedoch neben den Bausteinen des ökonomischen Grundgerüsts disziplinenübergreifend die simultane Zusammenarbeit verschiedener Wissenschaftsbereiche wie der Ökologie, der Ehtik, der Soziologie, der Politologie etc., da der systemische Charakter der Umwelt- und Ressourcenprobleme die Entwicklung eines *Musters* der Realität voraussetzt. Diese sinnvolle Vorgehensweise wird aber durch eine „fallacy of misplaced concreteness" (DALY/ COBB 1989) in den einzelnen wissenschaftlichen Fachdisziplinen erschwert.

Die oftmals zu beobachtende Vertiefung in Detailprobleme erscheint bei der Analyse wissenschaftlicher Konzepte für eine nachhaltige Entwicklung zweitrangig. Vor Beginn einer detaillierten Analyse sollte die Erarbeitung grundsätzlicher Entwicklungstendenzen stehen, damit frühzeitig entwicklungspolitische "Sackgassen" erkannt und vermieden werden können. Eine solche Strategie könnte - um im Bild zu bleiben - kein detailliertes Abbild der Sackgasse produzieren, möglicherweise jedoch einen Weg aus ihr heraus.

---

[1] International gelang dem Konzept „sustainable development" 1987 der Durchbruch aufgrund des Berichts des World Council on Economic Development (WCED) unter dem Vorsitz der norwegischen Ministerpräsidentin Brundtland. Auf der UNCED-Konferenz in Rio de Janeiro 1992 fand es schließlich Einzug in völkerrechtlich verbindliche Konventionen sowie in den umfassenden Aktionsplan für das 21. Jahrhundert, die AGENDA 21.

Einen Ansatz, dieser unangebrachten Konkretisierung in einzelwissenschaftliche Detailprobleme zu entkommen, bietet die Ökologische Ökonomie (ÖÖ)[2]. Diese noch junge wissenschaftliche Orientierung arbeitet interdisziplinär, methodenvielfältig, problemorientiert und ist in der Lage, normative Aussagen explizit zu benennen. Im Englischen wird die Ökologische Ökonomie auch treffend als „Science and Management of Sustainability" (COSTANZA ET AL. 1991) bezeichnet. Eine Konsequenz der Methodenvielfalt wird hingegen schnell offenkundig: Verschiedene methodische Ansätze werden zu unterschiedlichen Einsichten und Ergebnissen führen, so daß eine klare Deduktion der aus der Theorie gewonnenen Antworten in vielen Fällen ausbleiben muß. Die Ökologische Ökonomie strebt die Präsentation multipler wissenschaftlicher Szenarien gefolgt von einem demokratischen Entscheidungsprozeß über die gewünschte Entwicklung an. Zu betonen ist dabei, daß die Ökologische Ökonomie allen betroffenen Akteuren Erkenntnisse und Problemlösungsstrategien anbieten möchte und nicht ausschließlich auf die Politikberatung ausgerichtet ist.

In Zusammenhang mit der Umsetzung der Forderungen des Übereinkommens über die biologische Vielfalt (CBD) und die diesen Prozeß unterstützenden regelmäßigen Vertragsstaatenkonferenzen (COP[3]) sind auch pflanzengenetische Ressourcen für die Ernährung und Landwirtschaft (PGRFA) bzw. die Agrobiodiversität seit der 3. Vertragsstaatenkonferenz in Buenos Aires ein Arbeitsschwerpunkt. Dabei wird die Bedeutung des Beziehungsgeflechts von Landwirtschaft und Biodiversität, die Auswirkungen des Welthandels, der Schutz geistiger Eigentumsrechte, die genetische Verarmung sowie der Schutz landwirtschaftlicher Praktiken in den Entwicklungsländern und indigenen Gemeinschaften hervorgehoben. Kernpunkt ist die Frage, wie effektiv (zielgerichtet) und effizient die CBD zu einer nachhaltigen Landwirtschaft in den verschiedenen Weltregionen beitragen kann. Aus diesem Grund wurde ein mehrjähriges Handlungsprogramm zur landwirtschaftlichen Vielfalt aufgelegt, in dem im wesentlichen die folgenden Aspekte berücksichtigt werden sollen:

- die Förderung positiver Effekte landwirtschaftlicher Produktionsverfahren auf die biologische Vielfalt in Agrarökosystemen und anderen Ökosystemen und die Minderung schädlicher Einflüsse
- die Förderung des Schutzes und der nachhaltigen Nutzung pflanzengenetischer Ressourcen mit tatsächlichem oder potentiellem Wert für die Ernährung und Landwirtschaft
- die Sicherstellung der Verteilungsgerechtigkeit infolge der Nutzung pflanzengenetischer Ressourcen

Ein System von Indikatoren soll die Auswirkungen landwirtschaftlicher Verfahrensweisen auf die Biodiversität einschließlich der Intensivierung und Extensivierung von Produktionssystemen abbilden und deren Einsatz fördern. Insbesondere Fallstudien bezüglich der Entwicklung einer nachhaltigen Landbewirtschaftung sollen ein allgemeines Verständnis der Agrarökosysteme und der ablaufenden Prozesse ermög-

---

[2] Siehe Kapitel 3.

[3] COP = Conference of the Parties

lichen, um aus diesen Erkenntnissen eine nachhaltige Landbewirtschaftung und den Schutz von Agrarökosystemen zu organisieren (HENNE 1998).

1.1 Was sind pflanzengenetische Ressourcen?

Der Begriff „biologische Vielfalt" (Biodiversität) wird in Bezug auf Wild- und Kulturformen der Gene, Arten und Ökosysteme genutzt, die ein Ergebnis von mehr als drei Milliarden Jahren Evolutionsgeschichte sind. SOLBRIG (1994: 9) versteht unter Biodiversität: „... die Eigenschaft lebender Systeme unterschiedlich, d.h. von anderen spezifisch verschieden und andersartig zu sein. Biodiversität wird definiert als die Eigenschaft von Gruppen oder Klassen von Einheiten des Lebens, sich voneinander zu unterscheiden. D.h., jede Klasse biologischer Entitäten - Gen, Zelle, Einzellebewesen, Art, Lebensgemeinschaft oder Ökosystem - enthält mehr als nur einen Typ. Diversität ist eine wesentliche Eigenschaft jedes biologischen Systems. Biologische Systeme sind hierarchisch strukturiert. Diversität zeigt sich auf allen Ebenen der biologischen Hierarchie, von Molekülen bis zu Ökosystemen." Die *Agro*biodiversität bezieht sich auf die biologische Vielfalt innerhalb der Landwirtschaft und der Ernährung. Für die anthropogen bestimmten Agrarökosysteme ist der Maßstab die *Agro*biodiversität, da sich hierin die Vielfalt „auf dem Acker" und „in den Ställen" widerspiegelt. Pflanzengenetische Ressourcen[4], die weltweit der bedeutendste Teil der Agrobiodiversität sind, verdienen besondere Berücksichtigung bezüglich des Managements einer nachhaltigen Landwirtschaft. Die Beschreibung der Pflanzenvielfalt als genetische Ressource vernachlässigt jedoch die adäquate Berücksichtigung ihrer nutzungsunabhängigen, soziokulturellen und ökologischen Bestandteile.

Abbildung 1-1 macht deutlich, daß Pflanzengene in der Einschätzung ihres potentiellen Nutzens unterschieden werden. Das weitaus größte Interesse wird dabei den pflanzengenetischen Ressourcen entgegengebracht, da man sich von diesen einen möglichen Wirtschaftswert erhofft. Die Gesamtheit der Pflanzengene bezeichnet man dagegen als pflanzengenetische Vielfalt (SCHWANITZ 1967).

---

[4] Pflanzengenetische Ressourcen werden in der ökologischen Klassifikation als Teil der biologischen Vielfalt eingeordnet. Obwohl international nicht einheitlich definiert, wird im folgenden die Definition des International Undertaking on Plant Genetic Resources (1983) der FAO übernommen (vgl. OETMANN ET AL. 1995: 1): „Pflanzengenetische Ressourcen sind alles generative oder vegetative Reproduktionsmaterial von Arten mit ökonomischem und/oder sozialem Wert, besonders für die Landwirtschaft der Gegenwart und Zukunft, mit spezieller Berücksichtigung der Ernährungspflanzen folgender Pflanzen-Kategorien: Aktuelle Sorten, Alte Sorten, Landsorten, Wild- und Unkrautarten, nahe Verwandte von Kulturarten und spezielles genetisches Material (incl. Zuchtlinien und Mutanten)".

Abbildung 1-1: Klassifikation der biologischen Vielfalt

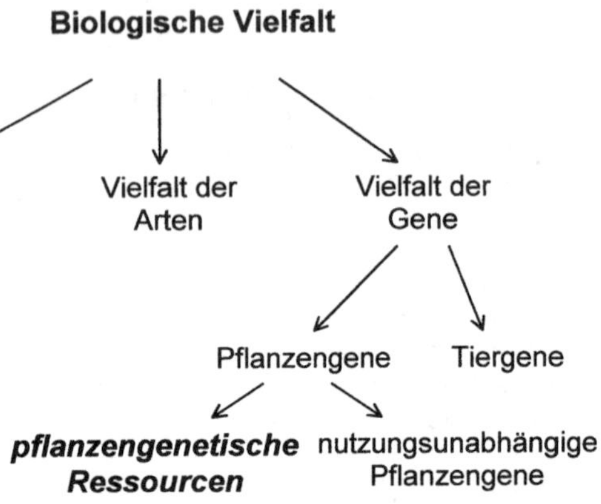

Quelle: Eigene Darstellung

1.2 Weshalb sind pflanzengenetische Ressourcen gefährdet?

Für den Verlust der Agrobiodiversität gibt es vor allem (institutionen-) ökonomische, soziale, ethische und ökologische Erklärungen (BARBIER ET AL. 1994; HEYWOOD 1995). Die aus ökonomischer Sicht bedeutendsten Hindernisse zur Verwirklichung ihres Erhalts und ihrer nachhaltigen Nutzung liegen in ihren „scheinbar" hohen Opportunitätskosten - bedingt durch die Einführung moderner Hochleistungssorten, -rassen, Produktionstechnologien etc. -, und in der fehlenden oder mangelhaften Ausgestaltung von Eigentumsrechten begründet. Die ökonomischen Beweggründe für die pflanzengenetische Erosion führen z.B. zur Substitution lokaler Sorten, Entwaldung, Übernutzung und „shifting cultivation". Eine wichtige Unterscheidung, die die Eigentumsrechte betrifft, muß zwischen dem physischen und intangiblen Wert der Agrobiodiversität getroffen werden, da es momentan die intangiblen Informationswerte sind, die einen ausgedehnten und zunehmenden privaten Rechtsschutz (Patente, Sortenschutz etc.) erfahren, obwohl sie eher den Charakter eines öffentlichen Gutes besitzen. Neben ökonomischen Überlegungen sind es unter anderem Beobachtungen des heterogenen Sozialgefüges, die den Verlust der Agrobiodiversität erklären:

- Migranten, die sich in ökologisch sensiblen Gebieten („wildlands") niederlassen, ohne das für eine nachhaltige Nutzung nötige Wissen zu besitzen (Habitatzerstörung, Einführung habitatfremder Arten etc.)
- Massentourismus

- Überbevölkerung/ Urbanisierung
- Übernutzung landwirtschaftlicher Produktionsflächen durch Informations- und Kommunikationsdefizite
- Bürgerkriege

Ethische Erklärungsansätze beruhen insbesondere auf einer mangelnden umweltethischen Erziehung und der Nichtbefolgung umweltethischer Prinzipien. Dies ist auf die Annahme zurückzuführen, daß in einer Marktwirtschaft das Preissystem als Anreizmechanismus bzw. Signal einer nachhaltigen Umweltnutzung für Konsumenten der Industrieländer ausreicht und die gewollten ethischen Ziele somit mitberücksichtigt werden[5]. Ausschlaggebend sind hier:

- hohe Zeitpräferenz
- enges anthropozentrisches Weltbild des Utilitarismus (GORKE 1999)

Zusätzlich zu dem bisher gesagten sind es die Eigenschaften ökologischer Systeme, die den Verlust der Agrobiodiversität erklären, wie z.B. die Irreversibilitäten natürlicher Systeme, die „natürliche" Aussterberate von Arten und der (anthropogen beschleunigte) Klimawandel.

Konkret heißt dies z.B. für die deutsche Landwirtschaft, daß der Flachsanbau durch die Einfuhr von Baumwolle reduziert wurde, Färbe- und Faserpflanzen durch den Einsatz synthetischer Farben bzw. Fasern ersetzt wurden, Hanf und Mohn wegen der Gefahr des Drogenmißbrauchs verboten wurden und Ölsaaten wie Lein, Leindotter und Rübsen durch die enormen Ertragssteigerungen beim Raps verdrängt wurden. Zudem vervielfachten synthetische Düngemittel und chemische Pflanzenschutzmittel unter weitgehender Ausschaltung der natürlichen regionalen Umwelt- und Ressourcenverhältnisse die Ertragsleistung moderner Pflanzenzüchtungen wie z.B. durch den Anbau von Weizen auf nährstoffarmen Böden (BLÜMLEIN/ MAIER 1995).

Die Einzelbetrachtung jeder Erklärung wird jedoch nicht dazu führen, sich ein Gesamtbild machen zu können. Der Erhalt und die nachhaltige Nutzung der Agrobiodiversität wird - wie bereits erwähnt - nur aus einem systemischen Ansatz heraus verständlich, der die komplexen *Muster* der Realität erkennt und nachhaltige Lösungsvorschläge ermöglicht.

1.3 Warum sollten pflanzengenetische Ressourcen bewahrt werden?

Die Bedeutung pflanzengenetischer Ressourcen für die Landwirtschaft und Ernährung läßt sich sehr leicht folgender Abbildung entnehmen (Abbildung 1-2).

---

[5] Die Verdrängung einer Umweltethik durch das Preissystem hat dann auch für Umweltgüter bestand, denen keine oder inadäquate Preise zugeordnet werden können (öffentliche Güter wie z.B. die Mehrzahl pflanzengenetischer Ressourcen).

Abbildung 1-2: Bedeutung pflanzengenetischer Ressourcen

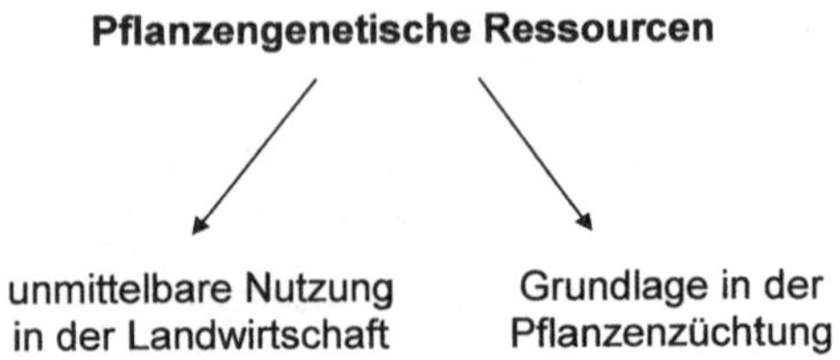

Quelle: Eigene Darstellung

Die pflanzengenetische Vielfalt spielt bei der Modellierung einer nachhaltigen Landwirtschaft eine wichtige Rolle. Sie ist eine Voraussetzung dafür, daß die energieintensive Landwirtschaft, die auf hohe Maschinen-, Düngemittel- und Pestizideinsätze angewiesen ist, durch die Möglichkeit einer besseren Anpassungsfähigkeit der vorhandenen Vielfalt an unterschiedliche Umwelt- und Standortbedingungen abgelöst werden kann. Insbesondere die verstärkt auftretenden Krankheitsbefälle in Monokulturen können zu Epidemien führen, die zu einer echten Nahrungsmittelknappheit bzw. -verteuerung führen[6]. Der Anbau diverser Sorten verleiht dem Agrarökosystem eine höhere Stabilität und größere Entwicklungschancen, beides grundlegende Forderungen einer systemischen Analyse der Landwirtschaft (HOLDEN ET AL. 1993).

In der Pflanzenzüchtung werden pflanzengenetische Ressourcen eingesetzt, um die Ziele Ertrag, Qualität, Resistenz und Toleranz zu erreichen. Dies steht a priori nicht im Widerspruch zu den Zielen einer nachhaltigen Landwirtschaft. Die Pflanzenzüchtung wird nur dann zum Hindernis in dieser Entwicklung, falls sie sich explizit auf Züchtungen konzentriert, die die Erträge größtenteils mit Hilfe externer Inputs erhöht. Die Vorgabe, daß dies nicht der Fall sein darf, muß jedoch von der agrarpolitischen Rechtssprechung, in diesem Fall Sorten- und Saatgutverkehrsgesetz, untermauert sein (STEINBERGER 1995). Hierzu gehört z.B. die Abschaffung produktionsbezogener Subventionen, die die bäuerlichen Betriebe dazu veranlassen, nur die ertragsstärksten Sorten anzubauen. Die externen Effekte des dafür benötigten (fossilen) Energieinputs werden in der privaten Kostenkalkulation meist nicht berücksichtigt[7]. Die externen Kosten werden akkumuliert an zukünftige Generationen weitergegeben, was einer korrekten ökonomischen Gesamtrechnung widerspricht. Darüber hinaus hat die staatliche Forschungsförderung - falls sie sich dem Ziel einer nachhaltigen Landbewirtschaftung verpflichtet fühlt - die Aufgabe, die Pflanzenzüchtung derart zu unterstützen, daß diese das gewünschte Ziel einer großen Sorten- und Genvielfalt unter wirtschaftlichen Bedingungen erreichen kann (REID ET AL 1993).

---

[6] Eindrucksvolle Beispiele lieferten die Hungersnot durch die Kartoffelfäule in Irland 1846 oder die Maisbrandschäden in den USA 1970.

[7] Siehe Kapitel 2.4.

Die Forderung nach einer internationalen Kooperation zum Schutz und zur nachhaltigen Nutzung PGRFA beruht im wesentlichen auf vier Grundlagen (COOPER ET AL. 1994):

1. *ethische und praktische Grundlagen*: Es existiert eine gemeinsame Verantwortung für die Steigerung der Nahrungsmittelproduktion und zur Minderung der Armut;
2. *physische Grundlage*: Alle Staaten sind in ihren Hauptfruchtarten abhängig von genetischen Ressourcen, die ihren Ursprung in anderen Ländern haben;
3. *ökonomische Grundlage*: Da PGRFA ein internationales öffentliches Gut darstellen, sichert der Markt kein ausreichendes Angebot dieser Ressourcen ohne staatliche Intervention; das gleiche gilt für die Grundlagenforschung zu PGRFA;
4. *rechtliche Grundlage*: Eine internationale Kooperation zu PGRFA ist gefordert, damit die relevanten Teile der CBD implementiert werden können.

Diese vier Grundlagen der internationalen institutionellen Rahmenbedingungen verdeutlichen gleichfalls den "roten Faden" der vorliegenden Arbeit. In den einzelnen Kapiteln bzw. Unterkapiteln werden sie näher beleuchtet, wobei bestimmte Aspekte aufgrund der Übersichtlichkeit der Darstellung separat diskutiert werden. Zu jedem Zeitpunkt werden jedoch die jeweils anderen Dimensionen des behandelten Problems implizit berücksichtigt.

1.4 Ziele und Aufbau der Arbeit

Vor dem Hintergrund der drei genannten Fragestellungen widmet sich die vorliegende Arbeit dem Nutzen einer Ökologischen Ökonomie bei der Analyse institutioneller Innovationen für die Erhaltung und nachhaltige Nutzung pflanzengenetischer Ressourcen, wie es z.B. die Konvention über die biologische Vielfalt eine ist. Der Schwerpunkt liegt auf der Darstellung der unterschiedlichen Facetten der Ökologischen Ökonomie - u.a. Interdisziplinarität, systemisches Denken, explizite normative Ausrichtung - und dem prinzipiellen methodischen Vorgehen. Der grundlegende methodische Zusammenhang läßt sich aus der folgenden Abbildung 1-3 erkennen (SUCHANEK 1997: 191).

Abbildung 1-3: Schema des grundlegenden methodischen Zusammenhangs

I.) Status-quo-Analyse („Diagnose")

II.) Normative Vorgaben der Ökologischen Ökonomie

III.) Abgeleitete Gestaltungsempfehlungen („Therapie")

Quelle: Eigene Darstellung nach SUCHANEK (1997: 191)

Sowohl Diagnose als auch Therapie erfolgen unter Zuhilfenahme der normativen Vorgaben, die einen Selektionsfilter darstellen (SUCHANEK 1997). Hierdurch wird das zu behandelnde Problem zum einen im Rahmen der Diagnose theoretisch analysiert, zum anderen werden die Instrumente für das Erreichen des Ziels innerhalb der Therapie verordnet. Aus diesen Überlegungen ergibt sich der folgende Aufbau der Arbeit:

Kapitel 2 analysiert die derzeitigen Probleme im Zusammenhang mit dem Erhalt und der nachhaltigen Nutzung pflanzengenetischer Ressourcen für die Ernährung und Landwirtschaft (PGRFA[8]), die einen institutionellen Wandel nötig erscheinen lassen und in mancherlei Hinsicht bereits bewirkt haben. Es wird deutlich gemacht, daß neben den nationalen vor allem die internationalen institutionellen Rahmenbedingungen einen wichtigen Beitrag für einen effektiven Schutz und eine nachhaltige Nutzung PGRFA leisten.

Theoretische und methodologische Grundlagen einer Ökologischen Ökonomie werden in *Kapitel 3* vermittelt, wobei diese aus einer sorgfältigen Literaturrecherche als Essenz abgeleitet werden konnten. Dies ist keineswegs der Versuch, alle Denkrichtungen, theoretischen Modelle oder methodischen Analyseverfahren der Ökologischen Ökonomie zu präsentieren. Dies wäre aufgrund der Heterogenität dieser relativ jungen Forschungsrichtung nicht zu leisten und entspräche auch nicht ihrem Selbstverständnis als inter- bzw. transdisziplinär. *Kapitel 3* ist so strukturiert, daß die Leser zu dem Kriterienkatalog in Kapitel 3.6 hingeführt werden, der eine Beurteilung des institutionellen Rahmens pflanzengenetischer Ressourcen für die Ernährung und Landwirtschaft (PGRFA) ermöglicht. Die Kriterien sind selbsterklärend, ihre Auswahl bedarf jedoch einer ausführlichen Erläuterung der zugrundeliegenden Gedankengänge, die aus unterschiedlichen wissenschaftlichen Disziplinen wie insbesondere der Ethik, der Ökologie, der Agrarwissenschaften, der Soziologie und der Ökonomie abgeleitet sind.

Kapitel 4 setzt die beiden Kapitel über die institutionellen Rahmenbedingungen und die theoretischen Grundlagen der Ökologischen Ökonomie zueinander in Beziehung. Zunächst werden in *Kapitel 4.1* in einer vergleichenden Analyse, die sich an dem aufgestellten Kriterienkatalog aus Kapitel 3.6 orientiert, die Möglichkeiten eines

[8] **P**lant **G**enetic **R**esources for **F**ood and **A**griculture (PGRFA).

institutionellen Wandels für die nachhaltige Nutzung und Bewahrung pflanzengenetischer Ressourcen für die Landwirtschaft und Ernährung aufgezeigt. Die dabei getroffenen Aussagen über Chancen und Risiken eines erfolgreich verlaufenden institutionellen Wandels für die Bewahrung und nachhaltige Nutzung PGRFA leiten sich aus den Fakten ab, die in *Kapitel 2* über den allgemeinen institutionellen Rahmen dargestellt wurden. Mit Hilfe der analysierten institutionellen Kriterien werden in *Kapitel 4.2* Vorschläge erarbeitet, wie die bisher bestehenden „klassischen" Instrumente und Strategien der Welthandelsorganisation (WTO) und der Ernährungs- und Landwirtschaftsorganisation der Vereinten Nationen (FAO) mit den innovativen Instrumenten und Strategien des Übereinkommens über die biologische Vielfalt verknüpft werden können. Hieraus leiten sich anschließend in *Kapitel 4.3* die umwelt- und wirtschaftspolitischen Empfehlungen aus Sicht der Ökologischen Ökonomie ab. In *Kapitel 4.4* werden Schlußfolgerungen für einen möglichen institutionellen Wandel aus Sicht der Ökologischen Ökonomie gezogen.

Es wird eine der zu beantwortenden Fragen sein, inwieweit sich die Herangehensweise der Ökologischen Ökonomie von anderen Disziplinen unterscheidet. Dies ist bedeutsam, weil es dazu beiträgt, die Notwendigkeit eines neuen inter- bzw. transdisziplinären Ansatzes zu hinterfragen. Die Antwort soll an dieser Stelle bereits angedeutet werden: Nach COSTANZA (1998) transzendiert die Ökologische Ökonomie die Argumentationskultur des konventionellen Wissenschaftsbetriebs mit seinen eng abgegrenzten Disziplinen. Die Ökologische Ökonomie erzeugt einen intellektuellen Dialog, in dem die Grenzen zwischen den Disziplinen aufgehoben sind und die Probleme und Fragen aus einer systemischen, ganzheitlichen Sicht betrachtet werden. Dieser Ansatz bedeutet nicht das Ende konventioneller disziplinärer Strukturen, soll aber eine Koexistenz und Interaktion mit den gegenwärtigen wissenschaftlichen Strukturen ermöglichen, um diese zu bereichern. In diesem Sinne ist die Ökologische Ökonomie also keine Alternative zu den bestehenden Wissenschaftsdisziplinen, sondern schafft eine komplett neue Sichtweise auf existierende Probleme, fügt den konventionellen Ansätzen neuen Wert hinzu und offenbart ihre Schwächen.

2 Vorherrschende institutionelle Rahmenbedingungen

Das Ziel von *Kapitel 2* ist die Diagnose der gegenwärtigen Probleme für den Erhalt und die nachhaltige Nutzung pflanzengenetischer Ressourcen für die Ernährung und Landwirtschaft (PGRFA), die einen institutionellen Wandel nötig erscheinen lassen und in mancherlei Hinsicht bereits bewirkt haben. *Kapitel 2* baut auf der Problembeschreibung des vorhergehenden Kapitels auf. In diesem Kapitel wird deutlich gemacht, daß neben den nationalen die internationalen institutionellen Rahmenbedingungen einen wichtigen Beitrag für einen effektiven Schutz und eine nachhaltige Nutzung PGRFA leisten.

Zunächst wird in *Kapitel 2.1* der internationale rechtliche Rahmen vorgestellt, der derzeit (1999) für den Schutz und die nachhaltige Nutzung PGRFA gilt. Es werden isoliert neben der Konvention über die biologische Vielfalt (CBD) die beiden wichtigsten anderen Institutionen beschrieben, die für die Zielerreichung des Erhalts und der nachhaltigen Nutzung PGRFA von zentraler Bedeutung sind: Zum einen handelt es sich dabei um das Globale System der Ernährungs- und Landwirtschaftsorganisation der Vereinten Nationen (FAO), zum anderen um das Abkommen über handelsbezogene geistige Eigentumsrechte (TRIPs) der Welthandelsorganisation (WTO). Im Zusammenhang mit dem TRIPs-Abkommen findet auch die internationale Vereinbarung zum Sortenschutz Beachtung.

Nach dieser isolierten Beschreibung der obengenannten institutionellen Systeme CBD, FAO und WTO werden in *Kapitel 2.2* die Hauptverbindungen zwischen ihnen herausgearbeitet und einer ersten Analyse unterzogen. Dabei dient ein Exkurs zu den Grundsätzen des Völkerrechts als wichtigste Grundlage zur Beurteilung der rechtlichen Rahmenbedingungen.

In *Kapitel 2.3* wird das Konzept des ökonomischen Gesamtwerts und seine Anwendungen auf PGRFA diskutiert. Anhand des ökonomischen Gesamtwerts können Gründe für das Versagen gegenwärtiger Marktsystemstrukturen und Anreizmechanismen benannt werden, da die mangelhafte Wertschätzung PGRFA – vor allem aufgrund von Informationsdefiziten – zu externen Kosten führt. Diese werden jedoch durch derzeitige ökonomische Anreize nicht internalisiert.

In *Kapitel 2.4* werden die Opportunitätskosten der gegenwärtigen Nutzung PGRFA als Ganzes identifiziert. Ein besonderes Gewicht wird auf die Dichotomie zwischen dem Wert des Erhalts der Agrobiodiversität bzw. deren Optionswert und der zu beobachtenden Flächenumwandlung für die kurzfristige Nutzung verschiedener Alternativen, wie z.B. die industrialisierte Landwirtschaft, die Urbanisierung etc., gelegt.

- Abschließend werden in *Kapitel 2.5* diejenigen prioritären Handlungsfelder bestimmt, die sich aus der Ausgestaltung der heutigen institutionellen Rahmenbedingungen für den Erhalt und die nachhaltige Nutzung PGRFA ergeben. Hierbei wird gleichzeitig ein erster Ausblick auf die differenzierten konzeptionellen Anforderungen gegeben, die das vorliegende Problem mit sich bringt.

2.1 International rechtliche Abkommen zum Schutz und zur Nutzung der Agrobiodiversität

Auf internationaler Ebene existiert eine Vielzahl rechtlicher Vereinbarungen – verbindlich und nicht-verbindlich -, die die Agrobiodiversität zum Inhalt haben. Als Grundlage für die spätere Analyse des Zusammenwirkens dieser internationalen Rahmenbedingungen scheint es daher geboten, die wichtigsten und spezifischsten Übereinkommen näher zu beschreiben und zu analysieren. Dargestellt werden im folgenden das *(1)* „Globale System der Bewahrung und Nutzung pflanzengenetischer Ressourcen für die Ernährung und Landwirtschaft" der FAO, *(2)* das „Übereinkommen über die biologische Vielfalt", *(3)* die „Welthandelsorganisation" (WTO) und *(4)* internationale Vereinbarungen zum „Sortenschutz".

Die Reihenfolge spiegelt die Wichtigkeit wider, die die Agrobiodiversität in den jeweiligen internationalen Übereinkommen spielt. Eine inhaltliche Bewertung, welche die reale Bedeutung dieser Übereinkommen wiedergibt, erfolgt in Kapitel 2.2. Neben der Ausarbeitung der Ziele dieser internationalen Vereinbarungen wird ein kurzer historischer Abriß die Einordnung in den gegenwärtigen Diskussionsprozeß erleichtern. Der geschichtliche Überblick verzichtet bewußt auf die Darstellung der Anfänge des politischen Interesses an pflanzengenetischen Ressourcen, da dies den Rahmen der Arbeit überschreiten würde. Wo es nötig erscheint, wird aber auf die verschiedenen wirtschaftlichen und politischen Konstellationen in der Geschichte hingewiesen[9].

2.1.1 Das „Globale System" der FAO

Das Ziel des „Globalen Systems[10]" ist in der COMMISSION ON GENETIC RESOURCES FOR FOOD AND AGRICULTURE (1997a) wie folgt niedergelegt: „...to ensure the safe conservation and promote the availability and sustainable utilization of plant genetic resources, for present and future generations, by providing a flexible framework for sharing the benefits and burdens." Institutionell und organisatorisch umfaßt das Globale System folgende Elemente, auf die im folgenden näher einzugehen ist:

- Commission on Genetic Resources for Food and Agriculture (CGRFA bzw. seit Anfang der 90er Jahre CPGR) - Kommission zu pflanzengenetischen Ressourcen
- International Undertaking on Plant Genetic Resources (IUPGR) - Internationale Verpflichtung zu pflanzengenetsichen Ressourcen
- International Fund for Plant Genetic Resources - Internationaler Fond für pflanzengenetische Ressourcen
- Global Plan of Action for the Conservation and Sustainable Utilization of PGRFA - Globaler Aktionsplan für die Erhaltung und nachhaltige Nutzung pflanzengenetischer Ressourcen für die Ernährung und Landwirtschaft

---

[9] Einführungen in die (politische) Geschichte pflanzengenetischer Ressourcen geben BUNDESVERBAND DEUTSCHER PFLANZENZÜCHTER 1987; KLOPPENBURG 1988; MOONEY/ FOWLER 1991; FLITNER 1995.

[10] Internetadresse: http://www.fao.org/WAICENT/FaoInfo/Agricult/AGP/AGPS/PGR/ (Stand: Dez. 1999)

- Report on the State of the World's PGRFA - Weltzustandsbericht zu pflanzengenetsichen Ressourcen für die Ernährung und Landwirtschaft
- The World Information and Early Warning System on Plant Genetic Resources (WIEWS) - Weltinformations- und Frühwarnsystem für pflanzenegenetsiche Ressourcen
- The International Network of Ex Situ Collections under the Auspices of FAO - Internationales Netzwerk von Ex Situ Kollektionen unter der Schirmherrschaft der FAO
- The International Code of Conduct for Plant Germplasm Collecting and Transfer - Internationaler Verhaltenskodex für die Sammlung und den Transfer von pflanzlichem Keimplasma
- Draft Code of Conduct on Biotechnology - Vorläufiger Verhaltenskodex zur Biotechnologie
- Crop Related Networks - Sortenbezogene Netzwerke

Das „Globale System" der FAO wurde offiziell 1983 mit der Schaffung eines permanenten zwischenstaatlichen Gremiums, der Kommission zu pflanzengenetischen Ressourcen (CPGR), und eines völkerrechtlich nichtbindenden rechtlichen Rahmens, der Internationalen Verpflichtung zu pflanzengenetischen Ressourcen (IUPGR), organisatorisch etabliert. Die internationale Politik zu pflanzengenetischen Ressourcen in der FAO reicht jedoch bis in ihre eigenen Anfänge in den 50er Jahren des 20. Jahrhunderts zurück. Wie der folgenden Tabelle 2-1 zu entnehmen ist, sind Meilensteine deutlich zu erkennen (FLITNER 1995).

Insbesondere die *Consultative Group on International Agricultural Research* (CGIAR)[11] und die Schaffung einer zentralen Schaltstelle zu Fragen der pflanzengenetischen Ressourcen, das *International Board for Plant Genetic Resources* (IBPGR), trugen maßgeblich zur Entwicklung des Internationalen Regimes zum Schutz und zur nachhaltigen Nutzung PGRFA bei (FLITNER 1995: 167 ff.). Gleichzeitig fanden auch die Interessensgegensätze, die sich zwischen den Industrieländern und den Entwicklungsländern im Laufe der Zeit auftaten, in den Foren der CGIAR (von Industrieländern dominiert) und FAO (von Entwicklungsländern dominiert) ihre internationale institutionelle Verankerung. Die Interessensgegensätze beruhten insbesondere auf den unterschiedlichen Wirtschafts- und Gesellschaftsmodellen sowie auf der unausgewogenen Verteilung zwischen den Entwicklungsländern, in deren Hoheitsbereich sich die Mehrheit PGRFA befindet, und den Industrieländern, die eher ressourcenarm, dafür aber an der Nutzung PGRFA interessiert sind.

---

[11] Wegen der besonderen Bedeutung der CGIAR für die Entwicklung der landwirtschaftlichen Produktivität weltweit sowie den Schutz und die nachhaltige Nutzung PGRFA im besonderen vergleiche den Exkurs am Ende von Kapitel 2.1.1.

Tabelle 2-1: Meilensteine internationaler Politik zu pflanzengenetischen Ressourcen der FAO

Ereignis	Inhalte/ Ziele	Konsequenzen
Technical Meeting on Plant Exploration and Introduction (1961)	u.a.: Schaffung einer Doppelstruktur von Sammlungen (*Exploration Centres*) und Genbanken (*Introduction Centres*)	Planung des ersten internationalen Zentrums zur Sammlung und Bewahrung PGRFA in der Türkei; Benennung eines FAO Panels of Experts für PGRFA
Erste internationale technische Konferenz zu genetischen Ressourcen (1967)	langfristige Erhaltungsstrategien; Auseinandersetzung mit den Begriffen *genetische Erosion* sowie *genetische Ressourcen;* ökologisches Leitbild beginnt sich zu etablieren	Bewußtsein der internationalen Politik für die ökonomische Bedeutung der genetischen Vielfalt steigt; Entstehung von singulären *Genetic Resources Centres*; Vorgabe für die handlungsleitenden Prinzipien und Strategien der folgenden 20 Jahre ⇒ z.B. Genbanken
Schaffung einer zentralen Schaltstelle für pflanzengenetische Ressourcen: Das *International Board for Plant Genetic Resources* (1974)	Sammlung gefährdeter pflanzengenetischer Ressourcen; Vereinfachung der langfristigen Konservierung PGR durch ein international koordiniertes Netzwerk; Ausbildungsbemühungen; Forschung; zentrale Informationsvermittlung	Zunahme von Sammlungsreisen; FAO verliert an Einfluß durch die Beteiligung der CGIAR; Unterhaltung von Genbanken

Quelle: In Anlehnung an MOONEY/ FOWLER (1991) und FLITNER (1995)

Mit dem Aufbau der Kommission zu pflanzengenetischen Ressourcen (CPGR) im Jahre 1983 erlangte die FAO politisches Terrain zurück, das sich zuvor in den Händen der CGIAR befunden hatte. Die CPGR sowie ihre 1985 eingerichtete „Working Group" haben das Ziel, als globales Forum zu dienen, in dem die ressourcenreichen Besitzer und die mehrheitlich ressourcenarmen Nutzer pflanzengenetischer Ressourcen, gleichberechtigt miteinander über PGRFA, internationale Kompensationen und (Bio-)Technologien diskutieren und die Umsetzung der Prinzipien der Internationalen Verpflichtung zu pflanzengenetischen Ressourcen (IUPGR) kontrollieren können. Sie gibt ferner Empfehlungen für die weitere Verbesserung des Globalen Systems. Da das IUPGR ein zentraler Bestandteil des Globalen Systems ist[12], dient Tabelle 2-2 zum besseren Verständnis des nachfolgenden[13].

Das IUPGR fordert in Art. 7 die Entwicklung eines Globalen Systems, zu dem globale Instrumente, Mechanismen und andere internationale Vereinbarungen gehören. Globale Instrumente, die bisher geschaffen wurden, sind der 1988 von der FAO

[12] Der Internationalen Verpflichtung gehörten im April 1998 113 Staaten an, wobei Brasilien, Kanada, China, Japan, Malaysia und die USA die wesentlichen Ausnahmen darstellen (BRAGDON/ DOWNES 1998).

[13] Die verschiedenen institutionellen Entwicklungsstufen des IUPGR analysiert HENNE (1998: 99 ff.).

eingerichtete *Internationale Fond für pflanzengenetische Ressourcen*, der seit 1991 ebenfalls für die Implementierung der Farmers' Rights genutzt werden soll, zur Zeit aber mangels finanzieller Mittel noch nicht genutzt werden kann. Das Konzept der Farmers' Rights beinhaltet laut Resolution 5/89 des IUPGR (FAO, CPGR 1989):„...rights arising from the past, present and future contributions of farmers in conserving, improving, and making available plant genetic resources, particularly those in the centres of origin/diversity. These rights are vested in the International Community as trustee for present and future generations of farmers in order to ensure full benefits for farmers, and supporting the continuation of their contributions as well as the attainment of the overall purposes of the International Undertaking".

Tabelle 2-2: Die Internationale Verpflichtung zu pflanzengenetischen Ressourcen von 1983 und ihre Modifikationen

Jahr	Inhalte und Modifikationen
1983	Das Ziel der IUPGR ist es, pflanzengenetische Ressourcen von ökonomischem und/ oder sozialem Interesse, insbesondere für die Landwirtschaft, zu sondieren, zu bewahren, zu evaluieren und für die Pflanzenzüchtung und Wissenschaft zur Verfügung zu stellen; institutionell gilt der Gedanke des *Erbes der Menschheit* an PGR; Mandat für die Entwicklung eines Globalen Systems in Art. 7 IUPGR; Etablierung eines zwischenstaatlichen Gremiums , der CPGR, nach Art 9.2 IUPGR zur Übewachung der Umsetzung des Globalen Systems
1989	Übereinstimmende Interpretation in Resolution 4/89 wie z.B. die Anerkennung der durch die Internationale Sortenschutzvereinigung (UPOV) garantierten Pflanzenzüchterrechte oder die Einschränkung des kostenlosen Zugangs; das Konzept der Farmers' Rights in Resolution 5/89
1991	Den Staaten wird in Resolution 3/91 das souveräne Recht über ihre PGR zugesprochen (in Vorwegnahme des Übereinkommens über die biologische Vielfalt?)
1993	in Resolution 7/93 wird die Revision des IUPGR insbesondere im Hinblick auf die Ergebnisse der UNCED 1992 gefordert; Probleme, die einem Abschluß der Revision entgegenstehen sind die Konzipierung der Farmers' Rights und des Zugangs zu pflanzengenetischen Ressourcen („on mutually agreed terms"), die vor Inkrafttreten des Übereinkommens über die biologische Vielfalt (CBD) in Besitz genommen wurden
1997	Etablierung zweier Arbeitsgruppen („working groups") während des 7. Treffens der Kommission zu genetischen Ressourcen der Ernährung und Landwirtschaft (CGRFA), die sich mit der Zuständigkeit und dem Zugang („scope and access") zu PGRFA sowie den Farmers' Rights im Einklang mit der CBD beschäftigen

Quelle: HENNE (1998) und BRAGDON/ DOWNES (1998)

Ferner empfahl die Kommission (CGRFA), einen periodisch erscheinenden *Weltzustandsbericht zu pflanzengenetischen Ressourcen* vorzubereiten, der eine Zusammenstellung nationaler Berichte über die Konzepte zur lokalen, nationalen und globalen Erhaltung und nachhaltigen Nutzung PGR darstellt[14] und erstmals 1995 vorgestellt wurde. Als vorläufiger Abschluß dieser Entwicklung diente der im Jahre 1996 auf der 4. Internationalen Technischen Konferenz der FAO über pflanzengenetische Ressourcen in Leipzig[15] verabschiedete, auf der Basis des ersten Weltzustandsberichts beruhende *Globale Aktionsplan*, der 20 sogenannte „Priority Activities" zum Schutz und zur nachhaltigen Nutzung PGR aufzählt. Zu den wichtigsten Aufgabenfeldern zählen dem Globalen Aktionsplan nach die *In Situ*[16] *Konservierung und Entwicklung*, die *Ex Situ Konservierung*, die *Nutzung PGR* und der *Institutionen- und Kapazitätsaufbau*. Finanziert werden soll der Globale Aktionsplan durch den *Internationalen Fond* und andere finanzielle Beschaffungsmechanismen (COMMISSION ON GENETIC RESOURCES FOR FOOD AND AGRICULTURE 1997a).

Globale Mechanismen, die bisher geschaffen wurden, sind das *Weltinformations- und Frühwarnsystem für PGR (WIEWS)*[17] nach Art 7.1(f) IUPGR, das nach zwei schriftlichen Länderbefragungen zustandekam und dessen Aufgabe es ist, die von den Staaten zur Verfügung gestellten Daten und Informationen über PGR zu sammeln und weiterzuleiten. Als Informationsquelle dient es der periodisch stattfindenden Aktualisierung des Weltzustandsberichts und des Globalen Aktionsplans.

Art. 7.1(a) IUPGR fordert die Etablierung eines *Internationalen Netzwerks von Ex Situ Kollektionen*. Die Kommission zu pflanzengenetischen Ressourcen entwickelt seit 1989 ein solches Netzwerk, insbesondere wegen der damals vorherrschenden Unsicherheit bezüglich der rechtlichen Situation der in den staatlichen, privaten und internationalen Genbanken[18] gelagerten Akzessionen. Diese Lage gestaltet sich durch das Inkrafttreten des Übereinkommens über die biologische Vielfalt noch komplizierter. Darüber hinaus existiert seit Oktober 1994 ein Abkommen zwischen der FAO und zwölf CGIAR-Zentren, in dem die Vertragsparteien den größten Teil ihrer Akzessionen (ca. 500.000) unter die Schirmherrschaft der FAO stellen und somit die Implementierung des *Internationalen Netzwerks von Ex Situ Kollektionen* vorantreiben. Eines der wichtigsten Ergebnisse dieses Übereinkommens ist, daß die Abgabe von Keimplasma weiterhin allen Antragstellern zur Verfügung gestellt wird,

---

[14] Auf der 4. Internationalen Technischen Konferenz der FAO über pflanzengenetische Ressourcen vom 17-23. Juni 1996 in Leipzig wurde der unter der folgenden Internetadresse abgelegte Weltzustandsbericht 1995 zu PGR verabschiedet (Stand: Dezember 1999): http://www.dainet.de/genres/infos/rei-sond.htm

[15] Auf dieser Konferenz wurde ebenfalls die sogenannte Leipzig-Deklaration verabschiedet, in der sich die unterschiedlichen Regierungen dazu bekannten, die nötigen Schritte zur Implemetierung des Globalen Aktionsplans zu tätigen.

[16] Nach Art. 2 des Übereinkommens über die biologische Vielfalt von 1992 meint In Situ Konservierung: „...the conservation of ecosystems and natural habitats and the maintenance and recovery of viable populations of species in their natural surroundings and, in the case of domesticated or cultivated species, in the surroundings where they have developed their distinctive properties". Unter Ex Situ Konservierung versteht die CBD: „...the conservation of components of biological diversity outside their natural habitats."

[17] Teile dieses Informationssystems kann man sich auf der folgenden Internetseite anschauen (Stand: Dezember 1999): http://web.icppgr.fao.org/WIEWS/wiews.html

[18] Internationale Genbanken befinden sich zumeist unter der Schirmherrschaft der zur CGIAR gehörenden internationalen Agrarforschungszentren (IARCs).

die Empfänger aber ab sofort kein juristisches Eigentum oder geistiges Eigentumsrecht mehr über dieses Genbankmaterial beantragen können. Diese Forderungen werden bis zu einer endgültigen Lösung in sogenannten „Material Transfer Agreements" zwischen der Genbank und dem Nutzer festgehalten (BARTON/ SIEBECK 1994).

Ein letzter Teil des derzeitigen globalen Mechanismus, der die Bewahrung pflanzengenetischer Ressourcen in situ garantieren soll, ist das noch umzusetzende *Netzwerk von In Situ und On Farm Gebieten*[19]. Dieses soll auf Grundlage nationaler bzw. regionaler Politiken geschehen, wie es es z.B. in der EU mit dem Programm zur Erhaltung, Beschreibung, Sammlung und Nutzung der genetischen Ressourcen der Landwirtschaft (Verordnung 1467/94) und durch die Verordnung für umweltgerechte und den natürlichen Lebensraum schützende Produktionsverfahren (Verordnung 2078/92) versucht wurde bzw. wird.

Neben den globalen Instrumenten und Mechanismen gibt es andere internationale Vereinbarungen über pflanzengenetische Ressourcen wie den freiwilligen „*Code of Conduct on Plant Germplasm Collecting and Transfer*" (Resolution 8/93) von 1993. Dieser Verhaltenskodex soll den Staaten die Umsetzung eines Minimumstandards für die Sammlung und den Transfer von pflanzlichem Keimplasma in die nationale Gesetzgebung erleichtern. Bis zum Abschluß der Revision des IUPGR wird die Aktualisierung dieser Verhaltensregel jedoch aufgeschoben. Das gleiche gilt für den „*Draft Code of Conduct for Biotechnology*", der durch klare internationale Verhaltensregeln die positiven Effekte der Biotechnologie maximieren und die potentiellen negativen Effekte minimieren soll. Dem Übereinkommen über die biologische Vielfalt dient er als Arbeitsinput und Vorlage für ein zu schaffendes „Biosafety"-Protokoll[20]. Für verschiedene Arten haben die FAO und das International Plant Genetic Resources Insitute (IPGRI)[21] gemeinsam „*Technical Guidelines for the Safe Movement of Plant Germplasm*" sowie „*Genebank standards*", die einen Mindeststandard für Arbeiten in Genbanken fordern, publiziert (COMMISSION ON GENETIC RESOURCES FOR FOOD AND AGRICULTURE 1997a). Zu den internationalen Vereinbarungen gehört auch das zum Internationalen Netzwerk über Ex Situ-Kollektionen gehörende Grundsatzabkommen über Genbanken zwischen der FAO und zwölf CGIAR-Zentren. Der bisher letzte Bestandteil des Globalen Systems ist die Schaffung von „*crop-related Networks*" in den Jahren 1992-1995, welche die praktischen Verbindungen zwischen Farmern und den internationalen wissenschaftlichen Einrichtungen zur Bewahrung und Nutzung pflanzengenetischer Ressourcen für die Ernährung und Landwirtschaft pflegen.

Um ein effektives Funktionieren des Globalen Systems auf einem möglichst hohen Niveau zu ermöglichen, arbeitet die Kommission zu genetischen Ressourcen für die Ernährung und Landwirtschaft (CGRFA) organisatorisch eng mit dem Sekretariat der Vertragsstaatenkonferenz des Übereinkommens über die biologische Vielfalt

---

[19] On farm Erhaltung meint die Konservierung pflanzengenetischer Ressourcen im landwirtschaftlichen Betrieb.

[20] Siehe Kapitel 2.1.2 zum Übereinkommen über die biologische Vielfalt.

[21] Das IPGRI ist eines der 16 Internationalen Agrarforschungszentren (IARCs) der CGIAR.

(CBD)[22], dem International Institute for Plant Genetic Resources (IPGRI)[23] sowie der Kommission für nachhaltige Entwicklung (CSD) zusammen. Grundsätzlich stehen die Sitzungen der CGRFA allen relevanten technischen Unterstützungsdiensten, zwischenstaatlichen Organisationen, Entwicklungsbanken, Nichtregierungsorganisationen und privaten Stiftungen offen.

***Exkurs**: Die besondere Rolle der Consultative Group on International Agricultural Research (CGIAR) für die landwirtschaftliche Produktivität weltweit und den Erhalt pflanzengenetischer Ressourcen*

Die 1971 gegründete CGIAR ist ein informaler Zusammenschluß von 57 staatlichen und privaten Mitgliedern, die ein Netzwerk von 16 internationalen Agrarforschungszentren unterstützen. Unter den Forschungszentren befinden sich so bekannte Institute wie das Weizen- und Maiszentrum in Mexiko (CIMMYT), das Reisinstitut (IRRI) auf den Philippinen sowie das Institut für pflanzengenetische Ressourcen (IPGRI) in Rom. Vor allem die Kosponsoren der CGIAR, namentlich die Weltbank, die FAO sowie das Umwelt- und Entwicklungsprogramm der Vereinten Nationen (UNEP und UNDP), bestimmen die inhaltliche Ausrichtung. Die Mission der CGIAR ist „to contribute, through its research, to promoting sustainable agriculture for food security in the developing countries[24]“.

Die CGIAR trägt eine große Verantwortung bei der Bewahrung der pflanzengenetischen Vielfalt, da sie eine der weltweit größten Ex Situ Sammlungen (600.000 Muster von mehr als 3000 Pflanzenarten) treuhänderisch unterhält. Duplikate dieses Genbankmaterials sind für Forscher frei erhältlich, wobei seit Inkrafttreten des Übereinkommens über die biologische Vielfalt besondere Abkommen zwischen Genbank und Empfänger des Musters getroffen werden (Material Transfer Agreements). Wie bereits angesprochen, gehörte die CGIAR 1994 zu den ersten Organisationen, die die Sammlungen ihrer internationalen Forschungszentren als Teil des Globalen Systems unter die Schirmherrschaft der FAO stellten.

Die zur CGIAR gehörenden internationalen Agrarforschungszentren (IARCs) sind die zentralen öffentlichen Einrichtungen, die die Ergebnisse moderner Agrarforschung zur Lösung landwirtschaftlicher Probleme der Entwicklungsländer anzuwenden versuchen. Bei Pflanzenarten, wie z.B. Yams, Hirse und anderen regional bedeutenden Ackerfrüchten, die für die Weltmärkte keine Rolle spielen, verfolgen die IARCs

---

[22] Vgl. hierzu den Bericht der zweiten Vertragsstaatenkonferenz der CBD in Jakarta, Indonesien, UNEP-Dokument UNEP/CBD/COP/2/19 vom 30. November 1995, para. 123 und Entscheidungen II/14 und II/15.

[23] Unter der Koordination von IPGRI existiert in Europa seit 1980 ein Programm, das sich „European Cooperative Programme for Crop Genetic Resources Networks (ECP/GR)“ nennt. Das ECP/GR soll in Europa die Umsetzung des Globalen Aktionsplans als Teil des Globalen Systems der FAO unterstützen und steht aus diesem Grunde in enger Beziehung zur EU-Verordnung 1467/94 und dem Frühwarnsystem für pflanzengenetische Ressourcen der FAO (WIEWS). Das ECP/GR kann unter folgender Internetadresse eingesehen werden (Stand: Dez. 1999): http://www.cgiar.org/ecpgr/index.htm#top.

[24] Eine Selbstdarstellung der CGIAR findet sich auf der Internetseite (Stand: Dez. 1999): http://www.cgiar.org:80/whatis.htm

aufwendige und aktuelle Forschungsansätze. Für Privatunternehmen bieten diese Ackerfrüchte einen zu geringen Investitionsanreiz, obwohl die Ernährungssituation in den Ländern des Südens dadurch verbessert werden könnte. Die bisherige finanzielle Ausstattung ($ 304 Mio in 1996) erscheint angesichts der Bedeutung der Aufgabe der IARCs als zu gering. Bei der Anwendung neuerer biotechnologischer Methoden entstehen zunehmend Probleme für die IARCs im Bereich geistigen Eigentums. Da viele der modernen Methoden patentgeschützt sind, können sie nicht unlizenziert auf die Mandatspflanzen der Forschungszentren angewendet werden. Daneben sehen sich die IARCs bei Kooperationen mit Privatunternehmen teilweise zu eigener Patentierung genötigt, was zu Konflikten mit der bisherigen Politik des freien Zugangs führen kann (KATZ ET AL. 1996).

Exkursende

2.1.2 Das Übereinkommen über die biologische Vielfalt (CBD)

Mit dem Inkrafttreten des völkerrechtlich verbindlichen Übereinkommens über die biologische Vielfalt (CBD)[25] im Jahre 1993 änderten sich die Grundsätze des Umgangs mit pflanzengenetischen Ressourcen fundamental. Das Übereinkommen, das auf der Konferenz der Vereinten Nationen über Umwelt und Entwicklung (UNCED) 1992 in Rio de Janeiro angenommen wurde, stellt in zweierlei Hinsicht einen Meilenstein in der Entwicklung des internationalen Umwelt- und Ressourcenrechts dar (WOLFRUM/STOLL 1996): Zum einen, weil es die biologische Vielfalt als Ganzes schützen will (Ökosystemansatz) und zum anderen, weil es erstmalig den Schutz von Pflanzen, Tieren und Ökosystemen mit deren nachhaltiger Nutzung verbindet.

Das Ziel der CBD ist ein dreifaches: *erstens* soll die biologische Vielfalt erhalten werden, *zweitens* sollen ihre Komponenten nachhaltig genutzt werden und *drittens* sollen die aus der Nutzung der genetischen Ressourcen entstehenden Vorteile ausgewogen und gerecht verteilt werden (Art.1 CBD). Die Konvention ist das erste umweltvölkerrechtliche Übereinkommen, das sehr allgemeine Ziele und Politikinstrumente vorgibt und keine speziellen Arten berücksichtigt[26]. Die Konvention entwickelte sich historisch als konsequente Weiterverfolgung der aus Tabelle 2-3 zu entnehmenden wissenschaftlichen Ergebnisse und institutionellen Veränderungen.

---

[25] Internetadresse (Stand: Dez. 1999): http://www.biodiv.org/

[26] Siehe Tabelle 2-3.

Tabelle 2-3: Meilensteine auf dem Weg zur Konvention über die biologische Vielfalt

Ereignis	Anmerkungen
• 1971 (Ramsar) Convention on Wetlands of International Importance especially as Waterfowl Habitat	Begrenzung des fortschreitenden Übergriffs auf Feuchtgebiete und deren Verlust in Gegenwart und Zukunft; Berücksichtigung der fundamentalen ökologischen, ökonomischen, kulturellen, wissenschaftlichen Werte von Feuchtgebieten
• 1972 (Stockholm) United Nations Conference on the Human Environment	Diskussion der Mensch-Umwelt Beziehungen; Beginn der internationalen Debatte um Umweltprobleme; Etablierung des UN Environment Programme; Prinzipien der Stockholm-Deklaration sind z.B. das Vorsorgeprinzip und die nationale Souveränität
• (1972) Convention for the Protection of the World Cultural and Natural Heritage[27]	Ziel ist die Definition des weltweiten natürlichen und kulturellen Erbes sowie die Erstellung einer Liste mit zu bewahrenden Kulturstätten und Monumenten, die von außergewöhnlichem Interesse und universellem Wert für die Menschheit sind
• (1973) Convention on International Trade in Endangered Species (CITES)[28]	Die Konvention soll sicherstellen, daß der internationale Handel das Überleben von gefährdeten Arten nicht bedroht
• (1979) Convention on the Conservation of Migratory Species of Wild Animals (CMS)[29]	Ziel ist der Schutz von Flug-, Meeres- und Landwanderarten in ihrem ganzen Lebensbereich
• (1987) „Our Common Future"	The World Commission on Environment and Development[30]; Definition von „sustainable development"
• (1992) UNCED[31]	Rio-Deklaration; Walderklärung; Agenda 21[32]; Klimarahmenkonvention; **Konvention über die biologische Vielfalt (CBD)**

Quelle: Eigene Darstellung

---

[27] Internetadresse (Stand: Dez. 1999): http://www.unesco.org/whc/

[28] Internetadresse (Stand: Dez. 1999): http://www.wcmc.org.uk/CITES/english/index.html

[29] Internetadresse (Stand: Dez. 1999): http://www.wcmc.org.uk/cms/

[30] Oftmals zitiert als Brundtlandt-Kommission bzw. Brundtland-Bericht in Anerkennung der Leistung der Kommissionsvorsitzenden.

[31] Internetadresse (Stand: Dez. 1999): http://infoserver.ciesin.org/docs/008-585/unced-home.html

[32] Internetadresse (Stand: Dez. 1999): http://www.un.org/esa/sustdev/agenda21.htm

Der Prozeß der Bewahrung der biologischen Vielfalt entwickelte sich durch das 1992 auf der UNCED in Rio de Janeiro getroffene Übereinkommen von einem Naturschutzdenken in bezug auf einzelne bedrohte Arten und Ökosysteme, hin zu einem umfassenden Ressourcenschutz und nachhaltiger Ressourcennutzung. Die CBD ist somit ein fundamentaler Bestandteil auf dem Weg zu einer vom Brundtland-Bericht geforderten nachhaltigen Entwicklung. Dieser neue Ansatz der Konvention zielt auf eine Übereinkunft von Bewahrung, Entwicklung (nachhaltiger Nutzung) sowie Gerechtigkeit und gemeinsamer Verantwortung zwischen den Staaten und den Generationen hin. Damit diese in Art. 1 CBD genannten Ziele erreicht werden, fördert die Konvention im Zusammenhang mit den Prinzipien der Rio-Deklaration eine neue Qualität der Partnerschaft zwischen den Staaten (DEXEL 1995). Die Artikel der CBD über wissenschaftliche und technische Kooperation, Zugang zu genetischen Ressourcen und den Transfer von ökologisch verträglichen (Bio-) Technologien formen die Grundlagen dieser Partnerschaft. Es ist das erste Mal in der Geschichte des Naturschutzes, daß ein völkerrechtlich verbindliches Vertragswerk die Rechte und Verpflichtungen hinsichtlich der wissenschaftlichen, technischen und technologischen Zusammenarbeit und die Bewahrung der Biodiversität als „common concern of humankind" anerkennt (GLOWKA ET AL 1994: 3).

Die Konvention über die biologische Vielfalt legt nicht nur fest, was allgemein geschützt werden soll, sondern enthält auch Vorschläge, wie dies geschehen könnte. Die wichtigsten Prinzipien, Instrumente und Mechanismen sind die folgenden:

- Anerkennung intrinsischer Werte der biologischen Vielfalt; Utilitarismus als ethische Fundierung; Vorsorgeprinzip; Stärkung der internationalen Kooperation („Common Concern of Humankind") (Präambel (1); (2); (8+9); (14))
- Nationale Souveränität der Staaten über ihre natürlichen Ressourcen (Art. 3, der durch die Verpflichtung der Nichtschädigung der Umwelt anderer Staaten eine zusätzliche Qualifizierung erfährt (entspricht in seinem Wortlaut dem Principle 21 der Stockholm Deklaration von 1972))
- Nationale Strategien zur Erhaltung der Biodiversität (Art.6)
- In Situ Bewahrung hat Priorität vor Ex Situ Bewahrung (Art. 8 und 9, wobei sich Artikel 8j zu einem der meistdiskutierten Punkte entwickelt, da er Schutzrechte für das Wissen indigener und lokaler Gemeinschaften fordert, die sich erheblich von den geistigen Eigentumsrechten der Welthandelsorganisation (TRIPs) und des Internationalen Sortenschutzregimes (UPOV) unterscheiden)
- Anwendung von Umweltverträglichkeitsprüfungen (Art. 14)
- Zugang zu genetischen Ressourcen unter „mutually agreed terms" und „prior informed consent" (Art. 15, der folgende Probleme zwischenstaatlichen Verhandlungen in Zusammenarbeit mit dem Globalen System der FAO überläßt: Harmonisierung der Internationalen Verpflichtung zu PGR mit der CBD; Zugang zu Ex Situ Kollektionen pflanzengenetischer Ressourcen, die vor dem Inkrafttreten der CBD bestanden (insbesondere die Muster der zwölf internationalen Forschungszentren (IARCs)); Realisierung des Konzeptes der Farmers' Rights)
- Zugang zu und Weitergabe von Technologien (Art. 16, der die Erleichterung für den Zugang und Transfer von (Bio-) Technologien für die Erhaltung und

nachhaltige Nutzung der biologischen Vielfalt unter Berücksichtigung geistiger Eigentumsrechte (Patente, Pflanzenschutzrechte, Handelsgeheimnisse etc.) fordert; Kenntnisse lokaler und indigener Gemeinschaften dürfen nur mit deren Einverständnis und gerechter Teilung der entstehenden Vorteile kommerziell genutzt werden)

- Vermittlungsmechanismus („clearing house mechanism") (Art. 18 (3), der den Mitgliedsstaaten helfen soll, die technische und wissenschaftliche Zusammenarbeit über das Internet zu fördern und zu koordinieren)
- Umgang mit Biotechnologie und Verteilung der daraus entstehenden Vorteile (Art. 19, der den Entwicklungsländern für ihre Bereitstellung pflanzengenetischer Ressourcen biotechnologische Forschungsarbeiten zur Verfügung stellen soll; ferner wird hier die Erstellung eines „Biosafety" Protokolls gefordert)
- Finanzielle Ressourcen und Mechanismen (Art. 20 und 21, die die Global Environment Facility (GEF) zum vorläufigen Finanzierungsmechanismus für die vornehmlich Entwicklungsländern entstehenden Mehrkosten („incremental costs") bei der Konservierung der biologischen Vielfalt bestimmen)
- Nebenorgan für wissenschaftliche, technische und technologische Beratung (SBSTTA) (Art. 25, der ausdrücklich eine multidisziplinäre Herangehensweise für den Umgang mit der biologischen Vielfalt fordert)

In der CBD gibt es keinen konkreten Hinweis auf solche genetische Ressourcen, die von Landwirten und Züchtern in jahrhundertelanger Tradition gezüchtet wurden. Aus Art. 8(j) CBD kann aber eine Beziehung zwischen biologischer Vielfalt und der Bedeutung der Praktiken indigener und lokaler Gemeinschaften gezogen werden. Die von der „Conference for the Adoption of the Agreed Text of the Convention on Biological Diversity" (Nairobi Final Act) in Resolution 3 angenommenen Vereinbarungen hinsichtlich des Globalen Systems der FAO, des Zugangs zu Ex Situ-Kollektionen, die nicht im Einklang mit der Konvention stehen, sowie insbesondere die Frage der „Farmers' Rights" geben der CBD dennoch das Mandat, die Agrobiodiversität in Einklang mit ihren Zielen zu bringen. Die für die pflanzengenetischen Ressourcen wichtigsten Artikel sind der Vorrang der In Situ vor der Ex Situ-Erhaltung (Art. 8 und 9)[33], die Regelungen zur nachhaltigen Nutzung (Art. 10), der Zugang zu genetischen Ressourcen (Art. 15), der Zugang zur Technologie und Weitergabe von Technologie (Art. 16)[34] sowie der Umgang mit Biotechnologie und der Verteilung der daraus entstehenden Vorteile (Art. 19). Die beiden zuletzt genannten Artikel betreffen die international umstrittene Frage der geistigen Eigentumsrechte (IPRs).

Artikel 10 CBD kann als zentraler Artikel der Konvention bezeichnet werden, weil er die Maßnahmen zur nachhaltigen Nutzung von Bestandteilen der biologischen Vielfalt festlegt. Die Nutzung der biologischen Vielfalt, insbesondere der pflanzen-

---

[33] Dies ist vor allem von Bedeutung für PGRFA, für die die Erhaltungsmaßnahmen bislang hauptsächlich auf Genbanksammlungen beschränkt war. Die On Farm-Erhaltung pflanzengenetischer Ressourcen als Teilaspekt der In Situ-Erhaltung (Art. 2(9) CBD) muß aufgrund der Gewichtung innerhalb der Konvention wesentliches Ziel von Erhaltungsmaßnahmen werden (HENNE 1998: 122).

[34] Unter Technologie wird in der CBD auch die Biotechnologie subsumiert. Gedacht ist hierbei insbesondere an Technologien, die die Bewahrung und nachhaltige Nutzung genetischer Ressourcen fordern und der Umwelt keinen Schaden zufügen.

genetischen Ressourcen, ist ein grundlegendes Problem der Erhaltung von Biodiversität. Der Artikel 10 CBD fordert von den Vertragsparteien, daß alle Politiken und Rechtsgrundlagen in den innerstaatlichen Entscheidungsprozessen, die für die Nutzung der biologischen Vielfalt relevant sind, auf das Ziel der Nachhaltigkeit ausgerichtet werden. Gleichzeitig müssen die Vertragsparteien sicherstellen, daß bei allen Nutzungsformen die schädigenden Einflüsse auf die biologische Vielfalt auf ein Minimum reduziert werden. Die industrialisierte Landwirtschaft in den entwickelten Ländern ist aufgrund ihrer negativen Auswirkungen auf die biologische und genetische Vielfalt durch diesen Artikel 10 CBD besonders angesprochen. Im einzelnen gliedert sich der Art. 10 CBD in fünf Punkte:

- Einbeziehung der Erhaltung und nachhaltigen Nutzung der biologischen Ressourcen in den innerstaatlichen Entscheidungsprozeß
- Beschluß von Maßnahmen im Zusammenhang mit der Nutzung der biologischen Ressourcen, damit negative Auswirkungen auf die Vielfalt vermieden werden können
- Schutz und Förderung traditioneller Nutzung biologischer Ressourcen im Einklang mit traditionellen Kulturverfahren, die mit den Erfordernissen der Erhaltung oder nachhaltigen Nutzung vereinbar sind. Hier ist die On farm-Erhaltung von Kulturpflanzen eingeschlossen[35]
- Einbeziehung indigener und lokaler Bevölkerungsgruppen während der Ausarbeitung und Durchführung von Abhilfemaßnahmen in beeinträchtigten Gebieten, in denen die biologische Vielfalt verringert worden ist
- Zusammenarbeit zwischen Regierungsbehörden und privatem Sektor bei der Erarbeitung von Methoden zur nachhaltigen Nutzung biologischer Ressourcen

Was den Zugang zu genetischen Ressourcen betrifft, so erkennt Art. 15 (1) CBD die Souveränität der nationalen Regierungen und Gesetze an. Dennoch verpflichtet sich jede Vertragsstaatenpartei, Bedingungen für einen erleichterten Zugang zu genetischen Ressourcen zu schaffen. Restriktionen, die den Zielen der CBD entgegenlaufen, sollen dabei unterlassen werden (Art. 15 (2) CBD). Wo der Zugang zu genetischen Ressourcen gewährt ist, muß er im gegenseitigen Einverständnis („mutually agreed terms") und mit vorheriger Zustimmung („prior informed consent") erfolgen, es sei denn, der ressourcenbesitzende Staat bestimmt eine andere Vorgehensweise (Art. 15 (4) und 15 (5) CBD). Von einer Vertragspartei zur Verfügung gestellte genetische Ressourcen sind nur solche Ressourcen, die in diesem Staat ihren Ursprung haben („countries of origin") oder die von diesem Staat in Übereinstimmung mit der CBD erworben wurden (Art. 15 (3) CBD). Einen der größten Streitpunkte stellt die Verpflichtung der Nutzer genetischer Ressourcen dar, die ressourcenliefernden Staaten an den möglichen Gewinnen aus der Nutzung dieser Ressourcen fair zu beteiligen. Das Übereinkommen über die biologische Vielfalt sieht dabei in den Art. 15 (6), 15 (7), 19 (1) und 19 (2) folgende Möglichkeiten vor:

[35] Langfristig könnte dies zu einer Aufwertung traditioneller landwirtschaftlicher Produktionsmethoden führen, da diese wesentlich zur Agrodiversität beigetragen haben und derzeit verdrängt werden.

- Beteiligung an der wissenschaftlichen Forschung bezüglich der zur Verfügung gestellten genetischen Ressourcen
- Beteiligung an den Resultaten - im gegenseitigen Einverständnis - von Forschung und Entwicklung sowie dem Nutzen, der aus dem kommerziellen Gebrauch der genetischen Ressourcen entsteht
- Partizipation an biotechnologischen Forschungsaktivitäten, die auf den zur Verfügung gestellten genetischen Ressourcen aufbauen
- Prioritärer Zugang – auf der Grundlage der Ausgewogenheit und Gerechtigkeit – an dem Nutzen, der durch die Biotechnologien entsteht, die auf den zur Verfügung gestellten Ressourcen beruhen

Die CBD spart die Frage nach geistigen Eigentumsrechten („intellectual property rights") nicht aus: In Artikel 16 (2) ff. werden die Vertragsstaaten - hier werden explizit Entwicklungsländer genannt - dazu aufgefordert, Gesetzgebungs,- Verwaltungs- oder politische Maßnahmen zu treffen, um den Schutz der geistigen Eigentumsrechte des privaten Sektors zu gewährleisten. Eingeschränkt wird diese Aufforderung für die Etablierung eines globalen geistigen Eigentumsrechtregimes durch die Vorgabe, daß solche Eigentumsrechte den Zielen der CBD nicht zuwiderlaufen.

Die CBD fordert nachdrücklich die ständige Gewinnung, Aufarbeitung und Veröffentlichung von Daten über den Zustand der biologischen Vielfalt, um für eine langfristige öffentliche Sensibilisierung zu sorgen[36].

2.1.3 Die Welthandelsorganisation (WTO) und geistige Eigentumsrechte (TRIPs)

Der World Trade Organization (WTO)[37] liegt ein rechtlich bindender zwischenstaatlicher Vertrag über Rechte und Pflichten der Mitglieder zugrunde. Sie bietet ein Forum für Verhandlungen und einen Streitbeilegungsmechanismus, der allgemein als großer Gewinn gegenüber dem alten General Agreement on Tariffs and Trade (GATT) gedeutet wird. Das Ziel der WTO ist eine offene, gerechte und nicht-diskriminierende Handelsstruktur, die ökonomische Effizienzverbesserungen erlaubt. Die Grundprinzipien des GATT, die von der WTO vollständig übernommen wurden, sind die Meistbegünstigung, die Gleichbehandlung, die Zollbindung und das Verbot mengenmäßiger Beschränkung sowie einige davon abweichende Ausnahmen. Tabelle 2-4 gibt einen Überblick der relevanten Grundprinzipien des Freihandels.

---

[36] Siehe z.B. BUNDESMINISTERIUM FÜR UMWELT, NATURSCHUTZ UND REAKTORSICHERHEIT (Hrsg.) (1998).

[37] Internetadresse (Stand: Dez. 1999): http://www.wto.org/

Tabelle 2-4: Grundprinzipien des GATT

Relevante GATT-Bestimmungen	Bemerkungen
Art. I (Meistbegünstigung)	Handelsvorteile, die von einem Vertragspartner für bestimmte Güter gewährt werden, müssen sofort und bedingungslos allen gleichartigen Produkten von anderen GATT-Vertragspartnern eingeräumt werden
Art. III (Gleichbehandlung)	Binnenwirtschaftliche Maßnahmen und Vorschriften müssen in gleicher Weise auf gleichartige inländische wie importierte Güter angewendet werden
Art. XI (Verbot mengenmäßiger Beschränkung)	Grundsätzliches Verbot von mengenmäßigen Export- und Importbeschränkungen
Art. XVI (Subventionen) Art. VI (Dumping)	Handelsverzerrende Subventionen sind untersagt; Ausgleichszölle und Anti-Dumpingmaßnahmen sind u.U. erlaubt
Art. XX (Allgemeine Ausnahmen)	Handelsmaßnahmen sind zum Schutz menschlichen, tierischen oder pflanzlichen Lebens (Art. XX(b)) und zum Erhalt erschöpfbarer Ressourcen (Art. XX (g)) erlaubt

Quelle: MEINHEIT (1995), S. 175

Die grundsätzlichen Funktionen, die die Welthandelsorganisation erfüllen soll, sind:

- Administration der WTO-Handelsabkommen
- Forum für Handelsvereinbarungen
- Vermittlung bei Handelsstreitigkeiten („dispute settlement procedure“)
- Beobachtung („monitoring“) nationaler Handelspolitiken
- Technische Assistenz und Training für Entwicklungsländer
- Kooperation mit anderen internationalen Organisationen (u.a. dem Sekretariat des Übereinkommens über die biologische Vielfalt)

Wie sich mittlerweile gezeigt hat, spielt insbesondere die Vermittlung bei Handelsstreitigkeiten eine wichtige Rolle. Dieser Streitbeilegungsmechanismus wird als großer Fortschritt gegenüber dem alten GATT bezeichnet, da er ein rechtliches und politisches Forum bietet, Handlungsstreitigkeiten beizulegen. Dies kann sowohl in gegenseitigem Einvernehmen als auch letztlich durch Gegenmaßnahmen eines benachteiligten Staates geschehen (MEINHEIT 1995).

Als die Mitgliedsstaaten des General Agreement on Tariffs and Trade (GATT) im April 1994 in Marrakesh die Resultate der Uruguay-Runde annahmen und den Starttermin der WTO auf den 1. Januar 1995 legten, faßten sie gleichzeitig den

Entschluß, im Rahmen der WTO mit einem weitreichenden Arbeitsprogramm zu Handel und Umwelt zu beginnen. Der Zusammenhang zwischen Handel und Umwelt war zwar noch nicht Gegenstand der Uruguay-Runde, aber dennoch fanden einige international anerkannte Umweltprinzipien Eingang in die Ergebnisse der Verhandlungen. In der Präambel des WTO-Übereinkommens sind z.B. direkte Bezüge zu den Zielen einer nachhaltigen Entwicklung zu finden (FUCHS 1999).

Die neuen Abkommen über technische Handelshemmnisse und über die Anwendung von sanitären und phytosanitären Maßnahmen ermöglichen explizit staatliche Handlungen zur Gefahrenabwehr bei Menschen, Tieren und Pflanzen sowie zum Schutz von Gesundheit und Umwelt. Das Agrarabkommen befreit Umweltprogramme unter bestimmten Bedingungen von der Pflicht zur Subventionsreduzierung für die landwirtschaftliche Produktion (sog. „green-box" Maßnahme). Das Übereinkommen über Subventionen und Gegenmaßnahmen (Retorsionen) erlaubt nur dann eine staatliche Subvention ohne Retorsion, falls diese Subvention industrielle Investitionen zur Anpassung an nationale Umweltstandards fördert (MEINHEIT 1995: 176 ff.).

Es ist insbesondere eine Aufgabe des durch die Marrakesch-Entscheidung vom April 1994 neugegründeten Komitees zu Handel und Umwelt (CTE), die Frage einer nachhaltigen Entwicklung in die tägliche WTO-Arbeit einzubringen. Das Komitee soll Anknüpfungspunkte zwischen Umwelt und Handel auf dem Weg zu einer nachhaltigen Entwicklung unterstützen, ohne dem Ziel der WTO, eine offene, gerechte und nicht-diskriminierende Handelsstruktur zu errichten, zuwiderzulaufen. Das CTE arbeitet dabei mit Analyse- und Beschreibungsmethoden. Es untersucht die oftmals komplizierten und komplexen Beziehungen zwischen Umwelt und Handel und erteilt der WTO in allen umweltrelevanten Bereichen des multilateralen Handelssystems - bezogen auf Güter, Dienstleistungen und geistiges Eigentum - Ratschläge. Die Parameter, von denen die CTE geleitet wird, sind die Kompetenzbegrenzung der WTO auf Handelsfragen und der Einfluß der nationalen Umweltpolitik der Mitgliedsstaaten auf den Welthandel. Die WTO möchte keine Umweltstandards setzen, weil sie das als Aufgabe nationaler Regierungen und zwischenstaatlicher Umweltorganisationen ansieht (WTO-ENVIRONMENT-INTERNETSEITE)[38].

Falls das Komitee zu Handel und Umwelt (CTE) Probleme der Politikkoordinierung für den Umweltschutz und die Unterstützung einer nachhaltigen Entwicklung identifiziert, müssen die Lösungsvorschläge im Rahmen der Prinzipien des Welthandelssystems bleiben. Die WTO zieht dabei multilaterale Lösungen für globale und grenzüberschreitende Umweltprobleme unilateralen Lösungen vor.

Das zunehmende kommerzielle Gewicht der Biotechnologie und entsprechender Industriezweige haben ein Interesse am rechtlichen Schutz von Produkten und Verfahren hervorgerufen. Diesem trugen die Industrieländer zügig und umfassend durch gerichtliche Klarstellung und extensive Auslegung bestehender und Schaffung neuer Rechtsgrundlagen Rechnung. Insbesondere der Anwendungsbereich des Patentrechts hat sich dabei erweitert. Eng damit zusammenhängend ist ein Prozeß der Neugestaltung geistiger Eigentumsrechte zu beobachten, der in seiner weiteren Entwicklung offen ist (WOLFRUM/STOLL 1996).

---

[38] Internetadresse (Stand: Dez. 1999): http://www.wto.org/wto/environ/environm.htm

Die im Kontext mit PGRFA wichtigsten Regelungen werden im „Übereinkommen über handelsbezogene Aspekte des geistigen Eigentums" (TRIPs) behandelt, das in der Uruguay-Runde des GATT verhandelt wurde und am 1. Januar 1995 in Kraft trat. Es ist das bisher umfassendste multilaterale Abkommen über geistiges Eigentum (MASKUS 1998). Das TRIPs-Abkommen geht weit über die in der „Paris Konvention über den Schutz von industriellem Eigentum" (1883) geforderten Maßnahmen hinaus (BHAT 1996). Vor allem die Betonung von Patenten für die Entwicklung neuerer Technologien wird deutlich. Neben einem weitreichenden Mindestschutz für Patentinhaber finden Copyrights, Trademarks, Herkunftszeichen, Layout Design und Handelsgeheimnisse Eingang in das TRIPs-Abkommen (Teil 2, TRIPs-Abkommen). Die drei wesentlichen Bestandteile des TRIPs-Abkommens sind[39]:

- Minimumstandards für den Schutz des geistigen Eigentums werden in jedem Mitgliedsland detailliert festgelegt; die von der World Intellectual Property Organization (WIPO)[40] überwachten Konventionen von Paris (in der Fassung von 1967) und Bern (in der Fassung von 1971)[41], auf die im TRIPs-Abkommen explizit Bezug genommen wird, erhalten bis auf die Bestimmungen zu moralischen Rechten verbindlichen Charakter zwischen den Mitgliedsstaaten
- Für die einzelnen Staaten wird durch das TRIPs-Abkommen eine strenge Durchsetzung der geistigen Eigentumsrechte gefordert (Teil 3, TRIPs-Abkommen)
- Die Streitschlichtungsverfahren („dispute settlements") unterliegen den bekannten WTO Prozeduren (Teil 5, TRIPs-Abkommen)

Die Umsetzung des TRIPs-Abkommens kann in den am wenigsten entwickelten Mitgliedsstaaten bis zum Jahre 2005 erfolgen, während dies in den Industrieländern bereits 1996 geschehen sein sollte. Es gelten die allgemeinen Ziele der Uruguay-Runde, wobei in Art. 7 TRIPs-Abkommen gefordert wird, daß „the protection and enforcement of intellectual property rights should contribute to the promotion of technological innovation and to the transfer and dissemination of technology, to the mutual advantage of producers and users of technological knowledge and in a manner conducive to social and economic welfare, and to a balance of rights and obligations". Der im Zusammenhang mit der Erteilung von Patenten über genetische Ressourcen brisanteste Abschnitt umfaßt die Artikel 27 – 34 des TRIPs-Abkommens. Insbesondere Art. 27 fordert von den Mitgliedsstaaten, Patente für jede Erfindung, seien es Produkte oder Prozesse, in allen Technologiebereichen - Mindestschutzdauer 20 Jahre - zur Verfügung zu stellen, falls diese Erfindungen den Bedingungen über die Neuheit, den erfinderischen Fortschritt (nicht-offensichtlich) und der industriellen Anwendungsmöglichkeit genügen (Art. 27 (1)). Von diesem allgemeinen Schutz gibt es jedoch drei Ausnahmen (Art 27 (2+3)):

- Erfindungen und ihre kommerzielle Anwendung, die gegen die *ordre public* oder Moralität verstoßen;

---

[39] Der komplette Vertragstext findet sich unter der Internetadresse (Stand: Dez. 1999): http://www.wto.org/wto/intellec/1-ipcon.htm

[40] Internetadresse (Stand: Dez. 1999): http://www.wipo.int

[41] Berne Convention for the Protection of Literary and Artistic Works. Internetadresse (Stand: Dez. 1999): http://www.wipo.int/eng/main.htm

- diagnostische, therapeutische und chirurgische Methoden für die Behandlung von Menschen oder Tieren;
- Pflanzen und Tiere und im wesentlichen abgeleitete biologische Prozesse für die Produktion von Pflanzen und Tieren.

Es wird ausdrücklich gefordert, daß die Mitgliedsstaaten einen Schutz der Pflanzensorten (plant varieties) entweder durch Patente, durch ein wirksames *sui-generis*-System[42] oder eine Kombination der beiden vorsehen sollen (Art. 27 (3) TRIPS-Abkommen). Für diese Regelung gilt eine besondere Revisionsklausel, nach der die Bestimmung vier Jahre nach Inkrafttreten des WTO-Übereinkommens, d.h. 1999, überprüft werden soll. Danach und aufgrund des erheblichen Drucks, den die Industrieländer bilateral ausgeübt haben, kann man davon ausgehen, daß die Entwicklungsländer zu einem effektiveren Schutz des geistigen Eigentums verpflichtet werden, d.h. Pflanzensorten in Entwicklungsländern müssen besser geschützt werden als dies bisher der Fall ist.

Eine tiefgehende Änderung des internationalen Gewohnheitsrechts besteht in der Umkehr der Beweislast, d.h. der Vermarkter eines Produktes muß im Streitfall nachweisen können, daß sein identisches Produkt nicht durch den patentierten Prozeß hergestellt wurde (Art. 34).

2.1.4 Internationaler Sortenschutz (UPOV)

Der Sortenschutz hat das Ziel, dem Züchter von Pflanzensorten exklusive Eigentumsrechte zuzugestehen. International hat sich diesem Hauptziel die Union Internationale pour la Protection des Obtentions Végétales (UPOV)[43] angenommen. Die UPOV ist eine zwischenstaatliche Organisation mit Sitz in Genf, die durch die International Convention for the Protection of New Varieties of Plants (UPOV-Convention) gegründet wurde. Der Generaldirektor der World Intellectual Property Organization (WIPO) ist gleichzeitig der Generalsekretär der UPOV. Die WIPO unterstützt die UPOV durch weitere administrative und finanzielle Leistungen. Die UPOV-Convention wurde 1961 in Paris unterzeichnet und trat sieben Jahre später in Kraft (UPOV 1995). Der Vertrag ist 1972, 1978 und zuletzt 1991 revisioniert worden, wobei der Änderungsakt von 1991 seit April 1998 gültig ist[44]. Die Staaten, die die UPOV-Konvention in der Akte von 1991 unterzeichnet haben, verpflichten sich, ein System von Minimumstandards für Pflanzenzüchterrechte in ihre nationale Gesetzgebung zu integrieren. Höhere Standards für die Pflanzenzüchter bleiben den Mitgliedsstaaten offen. Die wichtigsten der nach der Akte 1978 bzw. 1991 des Übereinkommens zu erfüllenden Schutzvoraussetzungen für Pflanzensorten sind (Art. 5ff. UPOV)[45]:

---

[42] Ein von Seiten der Industrieländer stark vorangetriebenes *sui-generis* System stellt die Vereinbarung zum internationalen Sortenschutz der UPOV dar (siehe Kapitel 2.1.4).

[43] Internetadresse (Stand: Dez. 1999): http://www.upov.int/eng/

[44] Internetadresse (Stand: Dez. 1999): http://www.upov.int/eng/ratif/index.htm

[45] Die Artikelangaben beziehen sich im Folgenden auf die Akte des Übereinkommens von 1991.

- Neuheit
- Unterscheidbarkeit
- Homogenität
- Beständigkeit
- korrekte Antragstellung und Probenhinterlegung

Unter der 1978 Akte kann ein Staat seine Pflanzensorte *entweder* als Züchterrecht *oder* als Patent gewerblich schützen lassen. Nach der Revision der UPOV-Konvention von 1991 sind vielfältige Schutzvorrichtungen des intellektuellen Eigentums denkbar, darunter ebenfalls ein Doppelschutz aus Pflanzenzüchterrechten *und* Patenten. Wie im GATT gilt das Prinzip der Inländerbehandlung.

Durch das Übereinkommen von 1978 müssen Staaten den Züchtern einer neuen Pflanzensorte bestimmte exklusive Rechte erteilen, wie die Genehmigung des Züchters für die Produktion des vegetativen oder generativen Vermehrungsmaterials der neuen Sorte zu kommerziellen Zwecken, für den Verkauf des Vermehrungsmaterials, für das Marketing solchen Materials und für die wiederholte Nutzung der geschützen Sorte für die kommerzielle Produktion einer anderen.

Die Dauer des Züchterrechts beträgt gemäß Übereinkommen von 1978 mindestens 15 Jahre, nach der Akte von 1991 mindestens 20 Jahre (Art. 19 UPOV). Das Züchterrecht dehnt sich jedoch nicht bis auf die geernteten Produkte aus. Die Verwendung der Ernteprodukte als Saatgut im eigenen Betrieb, d.h. ohne die Zwischenstufe des kommerziellen Marketings, fällt im Übereinkommen von 1978 nicht unter den Züchterschutz und wird dementsprechend als „farmers' privilege" bezeichnet. Diese generelle Aussage über die kostenlose Nachbauregelung von geschützten Sorten für Landwirte wird im Übereinkommen von 1991 eingeschränkt.Es wird gefordert, daß die Vertragsparteien den Landwirten durch ein Gesetz den Nachbau von geschützten Sorten lediglich gestatten können (Art. 15 (2) UPOV). Die UPOV-Konvention von 1991 verlangt, daß „im wesentlichen abgeleitete" Sorten – hierunter fallen die Methoden[46] der Auslese von Mutanten oder somaklonaler Abweicher, die Rückkreuzung und gentechnische Veränderungen – nicht ohne weiteres unter das Züchtungsprivileg fallen (Art. 14 (5) UPOV). Der Züchter einer im wesentlichen abgeleiteten Sorte muß dem Sortenschutzinhaber der Ursprungssorte Kompensationen leisten, will er seine z.B. gentechnisch veränderte Pflanzensorte vermarkten.

Die schon in der Akte von 1978 festgelegte „breeders' exemption", d.h. die Nichtanwendung des Züchterrechts auf Handlungen zum Zweck der Schaffung neuer Sorten, findet auch im Übereinkommen von 1991 (Art. 15 (1iii)) Berücksichtigung. Pflanzenzüchterrechte erstrecken sich ebenfalls nicht auf die in der Sorte befindlichen genetischen Ressourcen - mit der Ausnahme von Inzuchtlinien bei der Hybridzüchtung. Im Falle eines von einer Vertragspartei geltend gemachten öffentlichen Interesses kann das Züchterrecht gegen eine Ausgleichszahlung eingeschränkt werden (Art. 17 UPOV).

---

[46] Dies kennzeichnet einen inhaltlichen Bruch in der UPOV-Konvention, da üblicherweise Sortenschutz für Pflanzensorten gewährt wird, unabhängig von der Methode, mit der diese entwickelt wurden. Damit wird der überlegenen Rechtsposition des Patentrechts Rechnung getragen.

In der Europäischen Union gilt die EG-Verordnung Nr. 2100/94 des Rates über den gemeinschaftlichen Sortenschutz vom 27. Juli 1997. Laut dieser Verordnung kommt in erster Linie der gemeinschaftliche Sortenschutz als einzige und ausschließliche Form des gemeinschaftlichen kommerziellen Rechtschutzes für Pflanzensorten in Frage (Art. 1). Dieser gemeinschaftliche Sortenschutz hat einheitliche Wirkung in der Europäischen Gemeinschaft (Art. 2). Für die einzelnen Mitgliedsstaaten der EU läßt die Verordnung 2100/94 das Recht unangetastet, nationale Schutzrechte für Pflanzensorten zu erteilen (Art. 92). Der europäische Sortenschutz schließt aber einen zusätzlichen Sortenschutz oder ein Patent in einem Mitgliedsstaat aus. Ein wichtiger Diskussionspunkt ist hierbei die Bestimmung von „im wesentlichen abgeleiteten Sorten" (Art. 13 (5) GemSortV).

In Deutschland gilt auf der Rechtsgrundlage der EG-Verordnung 2100/94 ein revidiertes Sortenschutzgesetz, das am 25. Juli 1997 in Kraft getreten ist.

2.2 Die Bedeutung internationaler Abkommen für die Erhaltung und nachhaltige Nutzung der Agrobiodiversität

Der Erhalt und die nachhaltige Nutzung pflanzengenetischer Ressourcen spielt sich - wie gesehen - nicht in einem institutionenleeren Raum ab. Vielmehr existiert eine Vielzahl von internationalen Instiututionen, die den Erhalt und die Nutzung PGRFA beeinflussen, teilweise in widersprüchlicher Art und Weise Das Ziel dieses Abschnitts ist es, die Bedeutung und die gegenseitige Beeinflussung der im vorhergehenden Kapitel diskutierten internationalen Übereinkommen für den gegenwärtigen Umgang mit der Agrobiodiversität darzustellen.

Die beschriebenen internationalen Institutionen besitzen hinsichtlich ihrer wirtschaftlichen und politischen Möglichkeiten unterschiedliches Gewicht. Es muß daher herausgearbeitet werden, wie diese Gewichte verteilt sind und welche potentiellen Folgen sich daraus ableiten lassen. Aufgrund der offensichtlichen Bedeutung der WTO in Bezug auf die Entwicklung intellektueller Eigentumsrechte[47] kann diese als „Anker"institution bezeichnet werden, ohne deren Beteiligung eine nachhaltige Nutzung pflanzengenetischer Ressourcen für die Ernährung und Landwirtschaft undenkbar erscheint. Es ist hier die Frage, wie sich die Dominanz der WTO ausdrückt?

Bei näherer Analyse fallen die vielfältigen rechtlichen und politischen Wechselwirkungen zwischen den einzelnen internationalen Institutionen auf. Im Mittelpunkt der internationalen Diskussion stehen die unterschiedlichen Rollen von WTO und CBD. Das Übereinkommen über die biologische Vielfalt (CBD) besitzt durch die Forderung nach angemessener Berücksichtigung geistiger Eigentumsrechte sowohl einen direkten Einfluß auf das TRIPs-Abkommen der Welthandelsorganisation (WTO) als auch auf die Internationale Verpflichtung zu pflanzengenetischen Ressourcen (IUPGR). Die Verbindung beruht dabei einerseits auf dem Schutz individueller geistiger Eigentumsrechte (WTO-CBD). Andererseits berücksichtigen die Abkommen

---

[47] Siehe Kapitel 2.1.3.

zwischen der FAO und den Vertragsstaaten der CBD z.B. das Konzept der „Farmers' Rights". Oder es wird derzeit (Dez. 1999) vollständig untersagt, die nachgefragten Genbankenproben[48], die sich im Besitz der internationalen Forschungszentren der CGIAR befinden, zu patentieren (CBD-FAO). Internationale Pflanzenzüchterrechte, die im UPOV-Übereinkommen geregelt sind, haben ihre Auswirkungen insbesondere auf das IUPGR, aber auch – wie später noch zu sehen sein wird – auf die Beschlüsse des TRIPs Abkommens. Was die Abkommen der WTO betrifft, die den ökonomisch und politisch größten Einfluß innerhalb der multilateralen Übereinkommen haben, so ist es vom derzeitigen Standpunkt (1999) aus von besonderem Interesse, wie das Verhältnis zu einem Übereinkommen wie der CBD in einem Streitfall aussehen könnte. Konkret geht es hierbei darum, welche Regeln in einer rechtlichen Auseinandersetzung das größere Gewicht erhalten (LESKIEN/FLITNER 1997: 45f.).

Die Frage, ob und inwieweit die in einigen internationalen Umweltschutzabkommen enthaltenen Handelsregeln mit dem Regelwerk der Welthandelsordnung vereinbar sind, mußte in der Praxis bislang noch nicht entschieden werden[49]. Aus dieser Tatsache läßt sich der Schluß ableiten, daß die Notwendigkeit handelspolitischer Drohmittel und Sanktionsmöglichkeiten für die Durchsetzung der Vertragsbestimmungen und ein Erreichen der jeweiligen umweltpolitischen Zielsetzungen von einem breiten Konsens der Staatengemeinschaft getragen und im Wortsinne „klaglos" hingenommen wird. Gleichwohl lassen sich künftige Konflikte zwischen WTO-Regeln und internationalen Umweltschutzabkommen mit eigenen Handelsregeln (z.B. die CBD) nicht grundsätzlich ausschließen. Die meisten Umweltabkommen – eine der wenigen Ausnahmen bildet die CBD - sehen den Einsatz von Handelssanktionen gegen Nichtunterzeichnerstaaten vor. Spannungen können sich demzufolge immer dann ergeben, wenn ein Mitgliedsland der WTO betroffen wäre, das dem fraglichen Umweltabkommen nicht beigetreten ist und daher sein Recht auf Nichtdiskriminierung verletzt sieht (SORSA 1992).

***Exkurs:** Umweltvölkerrecht*

Das fundamentale Prinzip des Völkerrechts ist die Anerkennung nationalstaatlicher Souveränität, die es untersagt, sich in die Angelegenheiten anderer Staaten einzumischen. Gerade die Mißachtung der Qualität vieler Umweltgüter wirkt sich jedoch auf die Souveränität einzelner Staaten aus, indem es zu grenzüberschreitenden Schädigungen kommt. Ein Konsens in diesem Problembereich wurde 1972 auf der United Nations Conference on the Human Environment in Grundsatz 21 der Stockholm-Erklärung gefunden. 1992 wurde dieser Grundsatz im Rahmen der United Nations Conference on Environment and Development in Grundsatz 2 der Rio-Deklaration bekräftigt (UNCED 1992): „Die Staaten haben im Einklang mit der Charta der Vereinten Nationen und den

---

[48] Diese Vorgehensweise wird in einem Material Transfer Agreement festgehalten (BARTON/ SIEBECK 1994), das jedes einzelne internationale Agrarforschungszentrum mit dem Nachfrager nach pflanzengenetischen Proben abschließt. Die Ergebnisse der mit diesen Proben erfolgten Forschung müssen der Öffentlichkeit wieder zur Verfügung gestellt werden.

[49] Vgl. PETERSMANN (1993: 75) oder LESKIEN/FLITNER (1997: 45 f.).

Grundsätzen des Völkerrechts das souveräne Recht, ihre eigenen Ressourcen im Rahmen ihrer eigenen Umwelt- und Entwicklungspolitik zu nutzen und haben die Verantwortung, dafür Sorge zu tragen, daß Tätigkeiten unter ihrer Hoheitsgewalt oder Kontrolle der Umwelt anderer Staaten oder Gebieten außerhalb nationaler Hoheitsgewalt keinen Schaden zufügen" (BUNDESMINISTER FÜR UMWELT, NATURSCHUTZ UND REAKTORSICHERHEIT 1992).

Grundsatz 2 der Rio-Deklaration ist mittlerweile in Völkergewohnheitsrecht übergegangen. Das Völkergewohnheitsrecht ist ohne einen vorliegenden Vertrag bindend und fordert von einem Staat die Verpflichtung zur Einhaltung allgemein anerkannter Sorgfaltspflichten, wie die Benachrichtigung (Notifikation) von umweltschädigenden Handlungen sowie im Falle eines aufgetretenen grenzüberschreitenden Umweltschadens eine Warnpflicht (BIERMANN 1997). Die Notifikation beschränkt sich im allgemeinen nicht auf eine einfache Benachrichtigung, sondern schließt gleichfalls ein Recht auf Konsultation ein.

Obwohl sich einige der in den 90er Jahren verabschiedeten internationalen Übereinkommen, Deklarationen und Aktionsprogramme für einen Vorsorgegrundsatz aussprechen, ist dieses Prinzip kein anerkannter völkerrechtlicher Grundsatz geworden. Viele internationale Umweltinstrumente wie z.B. „joint implementation"[50], widersprechen diesem Prinzip, indem sie die umweltschädigenden Handlungen zulassen und hierfür lediglich eine Entschädigung fordern. Nicht endgültig geklärt ist gegenwärtig die Frage, ob zukünftige Generationen Rechte auf eine intakte Umwelt besitzen. In den neueren Vereinbarungen gewinnt man den Eindruck, daß dies so sei. Insbesondere die Diskussion um das Konzept einer nachhaltigen Entwicklung und die Aufnahme des „common concern of humankind" in verschiedene multilaterale Abkommen wie z.B. die Klimarahmenkonvention und die Konvention über die biologische Vielfalt ordnen den Rechten zukünftiger Generationen einen hohen Stellenwert ein. Ein rechtlicher Anspruch wird daraus aber (noch) nicht abgeleitet (CAMPIGLIO ET AL. 1994).

Die oben erwähnte staatliche Souveränität macht den Staat zum Rechtssubjekt im Völkerrecht, das Rechte schafft und durchsetzt. Das hat zur Konsequenz, daß die Rechtsdurchsetzung mittels Verhandlungen zustande kommt (Völkerrecht als Koordinationsrecht). In den Verhandlungen werden Rechte und Pflichten der Einzelstaaten bestimmt, die bei einer Verletzung zu Gegenmaßnahmen führen. Ergeben die Verhandlungen keine Ergebnisse, können die Konfliktparteien im beiderseitigen Einverständnis den Internationalen Gerichtshof (IGH) in Den Haag anrufen. Demgegenüber ist die Rolle internationaler Organisationen vor dem IGH nahezu unbedeutend, weil sie kein Klagerecht besitzen, sondern ausschließlich Rechtsgutachten beantragen dürfen (IPSEN 1990).

Weitere Möglichkeiten der Staaten, internationales Umweltrecht durchzusetzen, bestehen in Form eines „unfreundlichen" Aktes (Retorsion) oder einer Repressalie. Der erste Fall beschreibt die Schädigung eines völkerrechtsbrechenden Staates, ohne seine Rechte zu verletzen, der zweite dagegen nimmt für die Durchsetzung des

---

[50] Das Prinzip des „joint implementation" wird insbesondere in der Diskussion um die Klimarahmenkonvention häufig von den Industrieländern gefordert (RENTZ 1995; HEISTER/STÄHLER 1995).

Rechts seinerseits den Bruch internationalen Völkerrechts in Kauf. In multilateralen Umweltabkommen werden darüber hinaus häufig Streitschlichtungsvereinbarungen, Gute Dienste oder Mediationsverfahren (Vermittlung) vorgesehen. Den größten oftmals unterschätzten Druck übt jedoch die Weltöffentlichkeit auf die Einhaltung internationaler Übereinkommen aus. Diese nicht-rechtlichen Durchsetzungsmechanismen beruhen auf der Dokumentationspflicht der Einzelstaaten, durch die die Umsetzung der Verträge kontrolliert werden soll. Obwohl ohne internationalen Rechtsstatus, gewinnen Nicht-Regierungsorganisationen (NGOs) ständig an Bedeutung. In vielen internationalen Vertragsprozessen haben sie bereits eine beratende Rolle inne. Druck können sie vor allem dadurch ausüben, daß sie die Weltöffentlichkeit über die laufenden Prozesse informieren und auf potentielle Gefahren hinweisen.

Seit den 1980er Jahren setzt sich im Umweltvölkerrecht mehr und mehr das Konzept zur gemeinsamen Sorge der Menschheit (common concern of humankind) für die globalen Umweltressourcen durch[51]. Die Schlüsselkomponenten dieses am Anfang seiner Entwicklung stehenden Konzeptes lassen sich aus einzelnen internationalen Umweltabkommen wie das zum Schutze der Ozonschicht, des Klimas und der Biodiversität erkennen:

- Differenzierung der Pflichten zwischen den Ländern des Südens und des Nordens
- Rechte der Länder des Südens in bezug auf (Bio-) Technologietransfers
- Übernahme der „full incremental costs[52]" eines Projektes, Plans oder einer Politik
- neue Entscheidungsverfahren mit paritätischem Vetorecht[53]

Der Sicherheitsrat der Vereinten Nationen stellte 1992 fest, daß Umweltschädigungen eine Bedrohung des Weltfriedens darstellen können und somit die Rechtsmittel des Sicherheitsrates, die von Wirtschaftssanktionen bis zu Militäreinsätzen reichen, zur Wiederherstellung dieses Weltfriedens eingesetzt werden können (BIERMANN 1997: 39). Der damit einhergehende Verlust nationaler Souveränität von Nationen, der sich noch dadurch verfestigen könnte, daß Normen des internationalen Umweltrechts in Zukunft als zwingendes Völkerrecht (ius cogens) gewertet werden, wird langfristig jedoch nur akzeptiert, wenn alle Interessen der Staaten an Umweltgütern gleichberechtigt berücksichtigt werden. Da die politischen und wirtschaftlichen Interessen der Staatengemeinschaft zur Zeit keineswegs dieser Forderung genügen, wird ein effektiveres Völkerrecht noch auf sich warten lassen.

---

[51] Dieses Konzept ist das Ergebnis eines Prozesses, bei dem zuerst das gemeinsame Erbe der Menschheit (common heritage of humankind) im Mittelpunkt stand. Vor allem die Länder des Südens befürchteten, daß diese strenge Normenauslegung des gemeinsamen Erbes zu ihren Lasten geht und ihre finanziellen Mittel erfordert, ohne Anspruch auf Entschädigung (SUPLIE 1995: 60; BIERMANN 1997: 16 f.).

[52] Diese Kosten entsprechen den vollen zusätzlichen Kosten eines Projekts, Plans oder einer Politik, die einem Land des Südens entstehen, falls es die in dem Internationalen Umweltabkommen verlangten strengeren Richtlinien in nationale Politik umsetzen will (GLOWKA 1994: 103).

[53] Z.B. beträgt die erforderliche qualifizierte Mehrheit in der Globalen Umweltfazilität (GEF) 60% der teilnehmenden Staaten und 60% der finanziellen Beiträge (BIERMANN 1997: 39).

Bei der Betrachtung institutioneller Innovationen in der globalen Umwelt- und Entwicklungspolitik nimmt die Einbeziehung vielfältiger Umweltmedien in die gemeinsame Sorge der Menschheit eine unverzichtbare Rolle ein. Ein weiterer interessanter Aspekt eröffnet sich durch die Etablierung eines „soft law“ zum Völkergewohnheitsrecht. Hiermit wird der staatliche Vorgang bezeichnet, der häufigeres Handeln auf Grund einer bestimmten moralischen Überzeugung legitimiert, oder begünstigt durch international nichtbindende Verträge zu einer Rechtsüberzeugung führt, die dieses Handeln letztendlich fordert (SEIDL-HOHENVELDERN 1994: 127). Sätze des Völkergewohnheitsrechts sind Ausdruck einer allgemeinen, als Recht anerkannten Übung. Zu den sich aus der Übung ergebenden Formen der Staatenpraxis gehören alle staatlichen Verhaltensweisen[54] wie z.B. das Geltendmachen und Bestreiten von Rechten, die Erhebung von Zahlungs- und Unterlassungsansprüchen sowie deren faktische Verhaltensweisen Tun, Dulden und Unterlassen (IPSEN 1990: 191 ff.).

-Exkursende-

Im vorangegangenen Exkurs wurden die unterschiedlichen Formen des Umweltvölkerrechts erörtert, wie sie sich im Jahre 1999 darbieten. Wichtig für den Verlauf der Arbeit sind insbesondere drei Dinge: (1) Das Völkerrecht geht von der nationalen Souveränität eines jeden Staates aus, was einerseits die Verantwortung dieser Staaten erhöht auf der anderen Seite die Durchsetzung internationalen Rechts wie des Übereinkommens über die biologische Vielfalt erschwert; (2) das Vorsorgeprinzip entwickelt sich global immer stärker von einem Völkergewohnheitsrecht zu einem in internationalen Verträgen etablierten zwingenden Völkerrecht; und (3) die Unterscheidung zwischen völkerrechtlich verbindlichen Verträgen wie der CBD und völkerrechtlich nicht-verbindlichen Verträgen wie der Internationalen Verpflichtung zu pflanzengenetischen Ressourcen besitzt politisch immer weniger Gewicht.

In seiner ursprünglichen Fassung von 1983 baute die Internationale Verpflichtung zu pflanzengenetischen Ressourcen (IUPGR) auf dem Konzept des „common heritage of mankind“ auf, das uneingeschränkten Zugang zu den Ressourcen und deren Erhaltung fordert. Die Erhaltung und freie Nutzung bezog sich in diesem Abkommen auch auf „special genetic stocks“ (z.B. erfaßtes Genbankmaterial und genetisch veränderte Organismen) und „current breeders‘ lines“ (gegenwärtige Zuchtlinien). International existierten aber spätestens seit der UPOV-Konvention aus dem Jahre 1961[55] in vielen Staaten Pflanzenzüchterrechte, die auf eben dieses Sortenmaterial Anwendung fanden. Die Pflanzenzüchter befürchteten daher einen aufziehenden Konflikt zwischen ihren privaten intellektuellen Eigentumsrechten und der des gemeinsamen Menschheitserbes verpflichteten IUPGR.

Im Jahre 1989 qualifizierte die FAO in einer abgestimmten Interpretation der Internationalen Verpflichtung zu pflanzengenetischen Ressourcen (Resolution 4/89) das Konzept des gemeinsamen Menschenerbes, indem sie Züchterrechte der UPOV-

---

[54] Dies sind Rechtsakte und Rechtsbehauptungen staatlicher Organe.

[55] Vgl. Seite 40 ff.

Konvention im Einklang mit dem IUPGR sieht und gleichzeitig betont, daß freier Zugang zu den Ressourcen nicht kostenlosen Zugang meint. Innerhalb der FAO (Resolution 5/89) schuf man daraufhin mit dem Konzept der Farmers' Rights ein Gegengewicht zu den Pflanzenzüchterrechten, das den Bauern einen Anspruch auf jahrhundertelang durchgeführte Erhaltungsleistungen bringen soll. Hierzu soll ein eigens eingerichteter Internationaler Fond für pflanzengenetische Ressourcen finanzielle Beiträge an die Bauern leisten, was bis zum heutigen Tage einer Umsetzung bedarf. Dies ist vor allem darauf zurückzuführen, daß man sich auf internationaler politischer Ebene (noch) nicht auf die genaue Ausgestaltung des Fonds, über die zu leistenden Zahlungen etc. einigen konnte (LESKIEN/FLITNER 1997).

Mit der Entwicklung des Übereinkommens über die biologische Vielfalt (CBD) übernahm auch die FAO den völkerrechtlichen Grundsatz, daß die Staaten ein souveränes Recht über ihre pflanzengenetischen Ressourcen besitzen. Mit dem Inkrafttreten der CBD im Dezember 1993 setzte sich erstmals ein völkerrechtlich bindendes Vertragswerk u.a. für den Erhalt und die nachhaltige Nutzung genetischer Ressourcen durch. Die CBD besitzt jedoch keinen ausschließlichen Substitutscharakter für die Internationale Verpflichtung (IUPGR). Zwei große Bereiche blieben ausgeblendet: Erstens gilt die CBD (noch) nicht für pflanzengenetisches Material, das vor ihrem Inkrafttreten gesammelt und konserviert wurde. Zweitens spricht sie sich nicht zum Konzept der Farmers' Rights aus, das ein Hauptanliegen des IUPGR ist. Resolution 3 des Nairobi Final Act zur Konvention über die biologische Vielfalt von 1992 fordert daher eine enge Zusammenarbeit der Vertragsstaatenkonferenz der CBD mit dem Globalen System zur Erhaltung und nachhaltigen Nutzung pflanzengenetischer Ressourcen für die Ernährung und Landwirtschaft der FAO (GLOWKA 1994).

Obwohl eine endgültige Lösung noch nicht in Sicht ist, sind in den Jahren nach der UNCED in Rio de Janeiro 1992 Fortschritte zu verzeichnen gewesen. Dies gilt einmal für den International Code of Conduct for Plant Germplasm Collecting and Transfer der FAO, der den nationalen Gesetzgebern einen rechtlichen Modellrahmen für den Zugang zu pflanzengenetischen Ressourcen und den daraus resultierenden Nutzen bietet, und zum anderen für das Modellübereinkommen zwischen der FAO und der Consultative Group on International Agricultural Research (CGIAR), das die internationalen Kollektionen der einzelnen CGIAR-Zentren unter die Schirmherrschaft der FAO stellt. Der Inhalt dieses Übereinkommens bekräftigt die Rolle der Zentren, ihr Genbankmaterial treuhänderisch zum Nutzen der internationalen Gemeinschaft zu bewahren und weder Eigentumsrechte über dieses Material noch intellektuelle Eigentumsrechte über die in dem Genmaterial vorhandenen Informationen zu beanspruchen.

Eine weitere Harmonisierung zwischen den Zielen des IUPGR und der CBD wird im laufenden Verhandlungsprozeß in der FAO Kommission zu genetischen Ressourcen für die Ernährung und Landwirtschaft (CGRFA) erhofft. Die Diskussion reicht dabei von der Einbringung des IUPGR als Protokoll zur international verbindlichen CBD bis hin zu bilateralen Lösungen. Diesem scheinbar detaillierten Ablaufverfahren für die Nutzung pflanzengenetischer Ressourcen aus dem Genbankenbereich steht aber nach wie vor Klärungsbedarf bei der Auslegung völkerrechtlicher Pflichten und Rechte gegenüber. Dies drückt sich insbesondere in den vier meistdiskutierten

Bereichen, wie Souveränität, Zugang zu „einvernehmlich festgelegten Bedingungen", Aufteilung der Vorteile sowie traditionellen Ressourcenrechten aus (HENNE 1998).

Wie im Exkurs über das Umweltvölkerrecht bereits dargelegt, ist die nationale Souveränität über die eigenen natürlichen Ressourcen ein seit der UN-Konferenz in Stockholm aus dem Jahre 1972 etabliertes Prinzip. Erst die CBD machte jedoch aus dieser Bestimmung international bindendes Recht. Existierende Probleme sind (1) die Unsicherheit über den ausschließlichen Besitz pflanzengenetischer Ressourcen, d.h. eventuell besitzen mehrere Staaten die betreffende genetische Ressource in ihrem Hoheitsgebiet, (2) die Kontrolle über den Zugang zu pflanzengenetischen Ressourcen (z.B. Samenschmuggel) und (3) die rechtliche Einschränkung des Souveränitätsprinzips. Hierbei beschränkt die CBD diesen Souveränitätsanspruch durch die Artikel 3 und 15 (CBD), in denen die Geltung der Charta der Vereinten Nationen anerkannt wird. Dort wird gefordert, die Übertragung von in nationalem Hoheitsbereich entstandenen Umweltschäden auf andere Staaten zu vermeiden und den Zugang zu pflanzengenetischen Ressourcen nicht in einer Weise zu beschränken, die den Zielen der CBD zuwiderläuft[56].

Sowohl die CBD als auch das IUPGR ermöglichen drei verschiedene Wege, auf denen pflanzengenetische Ressourcen zur Verfügung gestellt werden können: kostenlos, mittels gegenseitigem Austausch oder zu "einvernehmlich festgelegten Bedingungen". Vor allem die Option der „einvernehmlich festgelegten Bedingungen" zusammen mit der „vorherigen Zustimmung" (prior informed consent[57]) wird von der CBD präferiert (Art. 15 CBD). Die Konvention überläßt die Ausgestaltung dieser beiden Prinzipien den einzelnen Vertragsstaaten und deren Rechtssystemen. Grundsätzlich handeln die betroffenen Vertragsparteien ebenfalls die Verteilung der Vorteile aus der Nutzung pflanzengenetischer Ressourcen aus. Dieses sogenannte „benefit-sharing" ist ein anerkanntes völkerrechtliches Prinzip, das Eingang in die Agenda 21, das IUPGR, die Verfahrensregel für Keimplasma und die CBD gefunden hat. Die dahinterstehende Idee ist eine *ausgewogene* Verteilung des Nutzens an pflanzengenetischen Ressourcen. Die Staaten, die Ressourcen zur Verfügung stellen, sollen ein Recht darauf erhalten, eine angemessene Vergütung für diese Leistung in Anspruch zu nehmen. In welcher Form diese Leistung zu erfolgen hat, d.h. als Geldzahlung, als Wissenschaftstransfer, als (Bio-) Technologietransfer etc. –, wird bisher sehr unterschiedlich gehandhabt und kontrovers diskutiert (LESKIEN/FLITNER 1997).

Das Vorgehen des „benefit-sharing" löst aber nicht das Problem, daß wichtige „stakeholder" (Landwirte, indigene und lokale Gemeinschaften) unmittelbar keine Entschädigung für ihre erhöhten Opportunitätskosten empfangen. Aus diesem Grunde bemüht man sich international, „Traditional Resource Rights" zu etablieren (LESKIEN/FLITNER 1997). Diese traditionellen Ressourcenrechte sollen ein Gegengewicht zu den bereits festverankerten intellektuellen Eigentumsrechten sein und schützen sowohl das tangible, wie z.B. Boden, als auch das intangible

---

[56] Dies fordern explizit die beiden Instrumente der CBD "mutually agreed terms" und "prior informed consent".

[57] Das bekannteste international verbindliche Vertragswerk, das einen „prior informed consent" fordert, ist die Basel Convention on the Control of Transboundary Movements of Hazardous Wastes and their Disposal von 1989.

Ressourceneigentum, wie z.B. das über Jahrhunderte erworbene Wissen der indigenen und lokalen Gemeinschaften. Es wird dabei in Kauf genommen, daß viele dieser Gemeinschaften ein völlig anderes Verständnis von Besitz und Einkommen besitzen als in den Industrieländern üblich.

In der Entwicklungspolitik und in der wissenschaftlichen Forschung dominieren Partizipationsansätze, die die Mitentscheidungsrechte der indigenen und lokalen Gemeinschaften berücksichtigen. Dies wird politisch als ein wichtiges Instrument auf dem Weg zu einer nachhaltigen Entwicklung gesehen, weil solche partizipativen Ansätze dem Ideal der bottom-up Projektgestaltung Rechnung tragen und somit hohe Akzeptanz bei den Betroffenen erzielen. Dominiert wird die Diskussion über traditionelle Rechte an pflanzengenetischen Ressourcen jedoch durch das Konzept der Farmers' Rights, das seine Manifestation in der Internationalen Verpflichtung zu pflanzengenetischen Ressourcen erfahren hat[58]. Im IUPGR wird festgestellt, daß die geforderten Ziele mit der Erreichung der Farmers' Rights eng zusammenhängen und somit folgende drei Aspekte erfüllt sein müssen:

- Bereitstellung internationaler (finanzieller) Ressourcen wie z.B. durch den Internationalen Fond für pflanzengenetische Ressourcen
- „benefit-sharing" aus der Nutzung PGR
- Bereitstellung adäquater Lösungsansätze für die Bedürfnisse der bäuerlichen Gemeinschaften durch die Unterstützung nationaler und internationaler Forschungseinrichtungen

Berücksichtigt man darüber hinaus den allgemeinen Wortlaut der Definition der Farmers' Rights im IUPGR[59], dann wird deutlich, daß ein einzelner Landwirt kein Recht auf den Schutz seines geistigen Inputs in die Erhaltung der Sortenvielfalt hat. Farmers' Rights sind daher nicht mit Patenten oder Pflanzenzüchterrechten zu vergleichen. Die Intention besteht vielmehr gerade darin, ein internationales Gegengewicht zu den individuellen intellektuellen Eigentumsrechten zu schaffen, welches es den Landwirten erlaubt, die geschützten Sorten auch weiterhin nachbauen zu können (LESKIEN/FLITNER 1997). Bisher besteht Einigkeit, daß dies durch die UPOV-Akte zum Schutz der Pflanzenzüchterrechte von 1991 noch möglich ist[60]. Vor allem von Seiten der Nichtregierungsorganisationen (NGO's) wird jedoch bestritten, daß das gegenwärtige Patentrecht, geformt durch das TRIPs-Abkommen der Uruguay-Runde des GATT, mit dem Konzept der Farmers' Rights kompatibel ist (FORUM UMWELT & ENTWICKLUNG 1996). Das Patentrecht in seiner jetzigen Form geht über die Restriktionen des UPOV-Abkommens hinaus und steht somit nicht mehr im Einklang mit dem IUPGR. Die Konvention über die biologische Vielfalt sieht dagegen einen expliziten Schutz geistiger Eigentumsrechte vor (Art. 16 (3)), wenn diese nicht

---

[58] Obwohl bäuerliche Gemeinschaften nicht immer identisch mit der indigenen oder lokalen Bevölkerung sind, besitzen beide Gruppen oftmals die gleichen institutionellen Nachteile, so daß eine Unterscheidung in diesem Zusammenhang als unwesentlich erachtet wird.

[59] Siehe Kapitel 2.1.1.

[60] Dies gilt gegenüber der Akte von 1978 nur noch mit Einschränkungen, da die UPOV-Vertragsstaaten den Landwirten eine Nachbauerlaubnis erteilen können, dafür aber die Zustimmung der Züchter benötigen (In Deutschland ist dies durch das Kooperationsmodell zwischen Landwirtschaft und Pflanzenzüchtern aus dem Jahre 1996 realisiert worden.).

gegen die Ziele der CBD gerichtet sind (Art. 16 (5)). Noch nicht endgültig geklärt ist in diesem Zusammenhang das Verhältnis von TRIPs und CBD in dem Fall, daß es zu Unklarheiten in der Rechtsauslegung zwischen den beiden Abkommen kommt. Hier wurde bisher kein Präzedenzfall geschaffen. Die Argumentationen reichen vom Vorrang des TRIPs-Vertrages aufgrund seines späteren Inkrafttretens bis hin zum Vorrang der CBD aufgrund ihrer spezifizierter festgelegten Ziele (HENNE 1998).

Im folgenden Kapitel 2.3 werden die ökonomischen Anreize erörtert, die in der Literatur häufig genannt werden, wenn es um die positive oder negative Einschätzung einer politischen Maßnahme zur Agrobiodiversität geht. Es handelt sich hierbei um eine Bestandsaufnahme der derzeit am häufigsten getroffenen bzw. von der Ökonomik empfohlenen politischen Anreizmechanismen. Dabei lassen sich wichtige Methoden und Theorieansätze wie z.B. die Ermittlung des ökonomischen Gesamtwerts verdeutlichen, die gemäß der Ökologischen Ökonomie oftmals Teil der Lösung sind, aber auch Teil des Problems sein können.

2.3 Ökonomische Anreize

Unter ökonomischen Anreizen werden im folgenden positive, negative und indirekte ökonomische Mechanismen sowie die Beseitigung kontraproduktiver ökonomischer Mechanismen verstanden[61], die für den Schutz und die nachhaltige Nutzung pflanzengenetischer Ressourcen für die Ernährung und Landwirtschaft (PGRFA) von Bedeutung sind. Der politische Entscheidungsträger geht davon aus, durch staatliche Beeinflussung des Preissystems (z.B. Steuern, Abgaben, Zertifikate etc.) Anreizmechanismen zu schaffen, die die Differenz zwischen den Kosten (Wert) der individuellen Nutzung PGRFA und den dadurch der Gemeinschaft aufgebürdeten Kosten verringern oder aufheben sollen. Insbesondere die Inwertsetzung PGRFA wird für die Beseitigung dieser Differenz eine bedeutende Rolle spielen.

Die Werte der von der Agrobiodiversität zur Verfügung gestellten Güter und Dienstleistungen können in fünf Kategorien eingeteilt werden (Abbildung 2-1). Die erste Kategorie der nutzungsabhängigen Werte umfaßt zum einen jene Werte, die einen *direkten Nutzen* in Form des Konsums von Nahrungsmitteln, des Kaufs von Saatgut und anderen kommerziellen Nutzungen darstellen. Zum anderen kann man den immateriellen Nutzen (Nutzung ohne Verbrauch) bewerten, der durch den *Erhalt PGRFA* entsteht wie z.B. Erholung und Tourismus durch eine diversifizierte Land(wirt)schaft oder genetische Informationen zur Entwicklung neuer Sorten. Zweitens sind der *indirekte Nutzen* des ökologischen Wertes der landwirtschaftlichen Sortenvielfalt wie Rückführung von Nährstoffen in den Boden, Schädlingskontrolle und Erosionsschutz zu berücksichtigen[62]. In die dritte Kategorie fallen die *Optionswerte* und *Quasi-Optionswerte*, welche den potentiellen Nutzen PGRFA z.B. in der

[61] Um welche Anreize es sich dabei handelt, wird weiter unten diskutiert.

[62] YOUNG (1992: 23) bezeichnet den indirekten Nutzen auch als „ecological function value". Wenn das ökologische Ausmaß der Ressourcennutzung klein ist, kann auch der Wert der ökologischen Funktionen klein sein. Mit dem Anstieg des ökologischen Ausmaßes ökonomischer Aktivitäten wird der Wert ökologischer Funktionen signifikant.

Pflanzenzüchtung für die Zukunft bemessen. Viertens müssen für eine gesamtökonomische Bewertung auf der anderen Seite *nutzungsunabhängige* bzw. *passive Werte* wie Vermächtniswerte und/ oder Existenzwerte Berücksichtigung finden. Den Nutzen ziehen die Individuen dabei aus dem Wissen, daß die Agrobiodiversität für die Zukunft erhalten bleibt, ohne daß die gegenwärtige Generation davon profitieren kann (intertemporale Verteilung) (VIRCHOW 1999)[63].

Abbildung 2-1: Ökonomischer Gesamtwert pflanzengenetischer Ressourcen

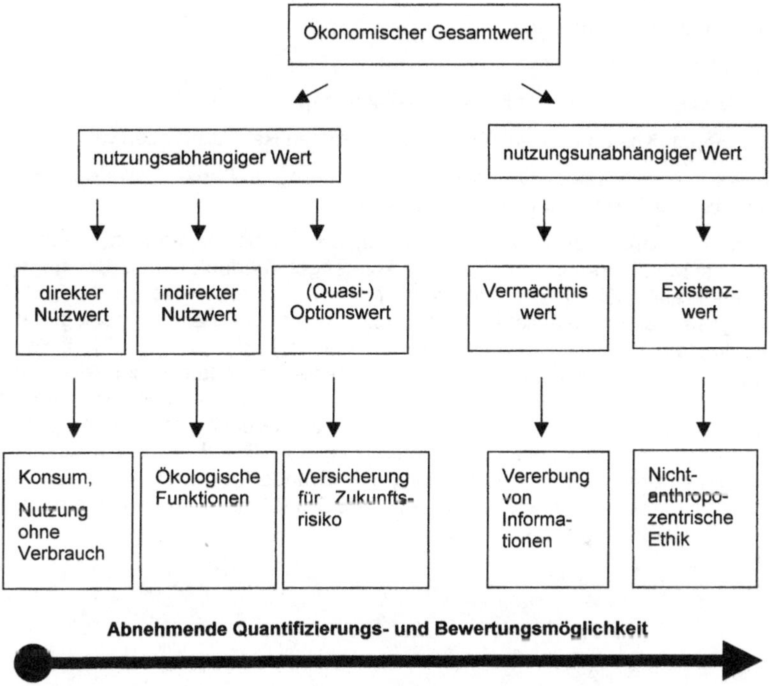

Quelle: In Anlehnung an MUNASINGHE/LUTZ 1993 und VON BRAUN/VIRCHOW 1998

Die Auflistung der Kategorien gibt erste Hinweise auf die Schwierigkeit einer kompletten Bewertung des Erhalts und der nachhaltigen Nutzung PGRFA. In Abbildung 2-1 nimmt von links nach rechts die Möglichkeit der Quantifizierung und Bewertung des Nutzens zunehmend ab (VON BRAUN/VIRCHOW 1998). Hierbei besteht die Gefahr, daß der Forscher aufgrund der Quantifizierungs- und Bewertungs-

[63] VIRCHOW (1999: 46 ff.) bietet gleichfalls einen Überblick über die Methoden und Techniken, die bei der Bewertung von Umweltgütern eingesetzt werden.

schwierigkeiten den Vermächtnis- und Existenzwert entweder unberücksichtigt läßt oder nur unzureichend berücksichtigt. Die Folge ist eine Verzerrung des ökonomischen Preises, da die maximale Zahlungsbereitschaft der Individuen für PGRFA nicht komplett abgebildet wird[64], sondern aus dem ökonomischen System ausscheidet. Es wird deutlich, daß in Abwesenheit von Informationen über die individuelle Wertschätzung PGRFA ein Handeln nach dem Vorsichtsprinzip rational sein kann.

Desweiteren muß der Forscher bei der Bewertung PGRFA zwischen deren öffentlichem (sozialen) und privatem (individuellen) Wert unterscheiden. Diese beiden Werte fallen nur zusammen, wenn gemäß PERRINGS (1995)

- keine Externalitäten vorliegen
- perfekte Information herrscht
- es keine Verzerrungen bei der Erwartungsbildung gibt
- alle zukünftigen Kosten und Nutzen mit ihrer sozialen Rate diskontiert wurden

Wie in Kapitel 2.4 noch aufgezeigt wird, fallen öffentliche und private Werte im Falle pflanzengenetischer Ressourcen nicht zusammen.

Ökonomische Anreizmechanismen scheinen nur dann Sinn zu machen, wenn ein offensichtliches Marktversagen vorliegt. Marktversagen bedeutet, daß die gegenwärtigen Marktkräfte nicht in der Lage sind, einen Ausgleich zwischen den individuellen und gesamtgesellschaftlichen Nutzen und Kosten zu schaffen. Das liegt darin begründet, daß die Vernichter der genetischen Vielfalt in der Landwirtschaft keine Kompensationszahlungen an diejenigen leisten müssen, die unter dieser Zerstörung leiden. Da der Gesamtwert PGRFA im System der politischen Entscheidungsfindung nicht berücksichtigt wird und oftmals gar keine funktionierenden Märkte vorhanden sind, sind die individuellen Kosten der Vernichtung der Vielfalt durch die fehlende Internalisierung externer Kosten relativ gering. Die Gründe für das offensichtlich vorhandene Marktversagen können nach der OECD (1996a: 51) folgendermaßen klassifiziert (Tabelle 2-5) werden:

[64] Dies folgt der simplen Alltagslogik, daß Dinge, die nichts kosten, nichts wert sind und somit auch nicht in der individuellen Wohlfahrtsfunktion auftauchen.

Tabelle 2-5: Gründe für ein Marktversagen bei PGRFA

Gründe	**Konsequenzen**
Lokales und globales Marktversagen	• *Lokal*: ineffiziente Landbesitzstrukturen; fehlende oder unvollständige Märkte; Externalitäten; institutionelles Versagen; Agrobiodiversität als öffentliches Gut • *Global*: fehlende Märkte; Macht; Agrobiodiversität als öffentliches Gut
Fehlende oder unzureichend definierte Eigentumsrechte	• Keine privaten Verhandlungslösungen nach Coase möglich; „open access“ Systeme
Intertemporales Versagen	• (zu) hohe Diskontraten lassen die erwarteten Nutzen der Agrobiodiversität für zukünftige Generationen zu niedrig erscheinen
Unsicherheit und Informationsmängel	• Stabilitäts- und Resilienzfunktionen der Agrobiodiversität für das ökologische Gesamtsystem sind kaum erforscht; Gefahr der Überschreitung von Schadensschwellen (Irreversibilitäten)
Institutionelles Versagen	• Interventionen des Staates in einem Wirtschaftssektor führen zu „spill-over“ Effekten, d.h. Preisverzerrungen
Staatsversagen	• Mangelnde Integration von Sektorpolitiken in den einzelnen Staaten[65]
Internationaler Handel	• Beim Vorliegen ineffizienter oder fehlender Märkte führt der internationale Handel mit großer Wahrscheinlickeit zu einem erhöhten Verlust der Agrobiodiversität

Quelle: Eigene Darstellung

Die vorliegenden Marktunvollkommenheiten sind so groß, daß die Schaffung eines effizienten und effektiven institutionellen Rahmens durch den Staat geboten erscheint. Die hierbei in Frage kommenden *ökonomischen* Anreizmechanismen können - wie bereits angedeutet - positiv, negativ, sowie indirekt sein und/ oder in der Beseitigung kontraproduktiver Anreize liegen. *Positiv* ist ein Anreiz dann, wenn er durch monetäre und nicht-monetäre Vorgaben die Akteure dazu bringt, die Agrobiodiversität zu erhalten. *Negative* Anreize existieren in Form von Mechanismen, die die externen Kosten der Nutzung internalisieren und somit verteuern. Handelsmechanismen, geistige Eigentumsrechte und andere institutionelle Rahmen-

[65] Die Integration der Sektorpolitiken wird auch von der Konvention über die biologische Vielfalt in den Artikeln 10 und 6 (b) gefordert.

bedingungen sind *indirekte* Anreize, die über das Markt- und Preissystem die Bewahrung und die nachhaltige Nutzung PGRFA ermöglichen. Die *Beseitigung kontraproduktiver Anreizmechanismen* spielt ebenfalls eine wichtige Rolle, da die Instrumente für das Erreichen eines bestimmten Zieles, wie z.B. die Saatgutsubventionierung oder die Forschungssubventionierung für die Gentechnologie, häufig dem Ziel des Erhalts PGRFA entgegenstehen (OECD 1996a: 9 f.). Zusammengefaßt lassen sich folgende Anreizmechanismen unterscheiden:

Positive Anreize:
- Landwirtschaftliche Flächenstillegung
- Öffentlicher Landkauf
- Traditionelle Landbewirtschaftung
- Internationale Agrobiodiversitätstransfers
- Anreizzahlungen für den ökologischen Landbau
- Besteuerung und fiskalische Maßnahmen
- Kostenteilung/ Managementübereinkommen wie z.B. der Vertragsnaturschutz oder Agrarumweltprogramme

Negative Anreize:
- Nutzergebühren (Abgaben); Strafgebühren bei Nichtbefolgung
- Strafen für Schäden
- Umwelthaftung
- Leistungsnachweise (performance bonds)

Indirekte Anreize:
- Individuelle, transferierbare Nutzungsquoten
- Handelbare Entwicklungsrechte; Eigentumsrechtsregime
- Kommerzialisierung von Pflanzenarten
- Biodiversitätsprospektierungsverträge
- Joint implementation
- Debt-for-nature-swaps

Beseitigung kontraproduktiver Maßnahmen:
- Reduzierung und Restrukturierung landwirtschaftlicher Unterstützungsmaßnahmen, die die Agrobiodiversität bedrohen
- Einführung landwirtschaftlicher „conservation compliance measures“
- Steuerstrukturreform
- Vollkostenrechnung
- Volle Berücksichtigung der Transportkosten

Die betrachteten Unvollkommenheiten können lokal, national oder global auftreten und entsprechend ändert sich auch die Ebene, auf der politische Lösungen gefunden werden müssen. Bei der Agrobiodiversität handelt es sich vornehmlich um ein globales Problem, da das weltweite „fundamental right of everyone to be free from hunger“ (FAO 1996) auch ein Recht auf die Ressourcen der Nahrungsmittelproduktion beinhaltet. Die Agrobiodiversität ist zusätzlich dadurch bedroht, daß nahezu jeder Staat und jede Wirtschaftsgemeinschaft die nationale Landwirtschaft über

Preisstützungen, Prämien und Flächenbeihilfen subventioniert. Die resultierenden Preisverzerrungen verursachen größere potentielle Änderungen in der Produktion, des Landverbrauchs und des Einsatzes der pflanzengenetischen Vielfalt.

Die Zurückführung der finanziellen Unterstützungen für die Landwirtschaft bezogen auf deren negative Auswirkungen auf die Sortenvielfalt könnte eine der kosteneffektivsten Maßnahmen der Politik sein. Den Verpflichtungen der Konvention über die biologische Vielfalt nachkommend, sollten die einzelnen Vertragsstaaten ihre nationalen Sektorpolitiken daraufhin überprüfen, ob sie die Integration des Schutzes und der nachhaltigen Nutzung der Biodiversität ermöglichen[66] (Art. 6 (b) CBD). Die Ausarbeitung nationaler Strategien, Pläne und Programme für die Erhaltung und nachhaltige Nutzung der Biodiversität im allgemeinen ist eine der wichtigsten Maßnahmen der CBD (Art. 6(a)). Hier werden die Grundlagen eines nachhaltigen Systems von Anreizmechanismen gelegt. Da es sich bei der landwirtschaftlichen Biodiversität um ein höchst komplexes Beziehungsgeflecht von sozialen, ökologischen und ökonomischen Faktoren handelt, scheint es für die Bewahrung PGRFA vorteilhaft zu sein, die ökonomischen Anreize in Verbindung mit dem Vorsichtsprinzip zu setzen. Zusammen mit einem „safe minimum standard" kann so zumindest sichergestellt werden, daß die in Agrarökosystemen auftretenden Schwellenwerte („thresholds") nicht irreversibel überschritten werden und ein bestimmter, sozial erwünschter Bestand an landwirtschaftlicher Biodiversität bestehen bleibt.[67]. Dies gilt insbesondere in Anbetracht der wissenschaftlichen Unsicherheiten bezüglich zuverlässiger ökonomisch-ökologischer Prognosen.

Eine Aufstellung der OECD, die den Nachweis der mannigfachen Implementation von staatlichen Umweltprogrammen bzw. umweltverträglichen Programmen zum Zwecke einer nachhaltigen Landbewirtschaftung aufzeigen soll, weist auf folgende Unterstützungsmaßnahmen hin (OECD 1996a: 28):

- jährliche pro Hektar Zahlungen für Landwirte und Landeigentümer im Falle der Flächenstillegung
- Umstellungsprämien für Landwirte
- Kapitalausrüstungskredite
- Steuererleichterungen für umweltfreundliche Investitionen/ Technologien
- staatlich unterstützte Forschung in nachhaltige Entwicklung/ Landwirtschaft
- staatlich unterstützte Forschung in Demonstrationsvorhaben
- Kredite zur Unterstützung landwirtschaftlicher Organisationskosten
- Unterstützung der landwirtschaftlichen Ausbildung
- Unterstützung durch Informationsprogramme und die Zertifizierung von Produkten

Die Auflistung macht deutlich, daß es nicht in erster Linie an Programmen und finanziellen Mitteln für eine nachhaltige Landbewirtschaftung fehlt. Der mangelnde Erfolg,

[66] Ein Beispiel ist die Berücksichtigung der Biodiversität bei Verkehrsprojekten oder bei der Ausweisung von Bauland.

[67] Siehe Kapitel 3.2.

die oftmals fehlende Akzeptanz bei den Betroffenen und der benötigte bürokratische Aufwand lassen jedoch Zweifel an der Effizienz und Effektivität dieser Programme aufkommen. Falls eine nachhaltige Landbewirtschaftung aus Sicht der Ökologischen Ökonomie größere Erfolge erzielen soll, müssen die Unterstützungsmaßnahmen auf ihre Kohärenz untersucht werden. Zusätzlich muß sichergestellt sein, daß neben einer veränderten Schwerpunktsetzung - z.B. die lineare Input-Output Erwartung dieser Programme bedarf einer Revision - die institutionellen Rahmenbedingungen den erhöhten Informations- und Kommunikationsansprüchen einer nachhaltigen Landbewirtschaftung Rechnung tragen.

2.4 Identifizierung der Opportunitätskosten gegenwärtiger Ressourcennutzung

The green revolution was driven by the diffusion of these mutually specialised methods of production: modern variety – specialised chemicals –specialised tools. The conversion of agricultural lands to the technologies implicit within the green revolution meant that the world's agriculture concentrated increasingly upon the same set of modern varieties. This is the process by which development has been in conflict with diversity. (SWANSON ET AL. 1994)

Wieso sind die Landwirte vor allem in den Industrieländern nicht bereit, verstärkt auf eine höhere pflanzengenetische Diversität zu setzen? Welche Kosten verhindern eine individuelle Mehrnutzung diverser pflanzengenetischer Ressourcen? In diesem Kapitel wird deshalb ein Erklärungsansatz präsentiert, der beschreibt, inwiefern alternative Verwendungen der Agrobiodiversität ihrem Erhalt und ihrer nachhaltigen Nutzung entgegenstehen. Die Opportunitätskosten, die hinter der rapiden Degradation der pflanzengenetischen Ressourcen zu suchen sind, umfassen insbesondere die *Umwandlung landwirtschaftlich genutzter Fläche bzw. der Landnutzung*[68]. Für den einzelnen Landwirt bedeuten die hohen Opportunitätskosten zugespitzt formuliert eine Wahl zwischen der Teilnahme an einer modernen, kapitalintensiven wirtschaftlichen Entwicklung oder aber dem Erhalt PGRFA. Diese kurzfristige Betrachtungsweise bestimmt die individuelle betriebswirtschaftliche Entscheidung und ist von Seiten des Landwirts als rational zu betrachten. Die Umwandlung der Landnutzung zeigt deutliche Unterschiede in den industrialisierten und vorindustrialisierten Ländern. Während sich erstere in einer Phase befinden, die von einer Anbauintensivierung bestehender landwirtschaftlicher Flächen (Nutzung technologischer/ technischer Fortschritte) geprägt ist, ist in den noch nicht industrialisierten Ländern eine Umwandlung von Wald in Acker- und Weideland zu beobachten (WORLD RESOURCES INSTITUTE 1994).

Die Nutzbarmachung von terrestrischen Flächen für die Landwirtschaft ist so alt wie die Landwirtschaft selbst. Als vor ca. 10.000 Jahren die ersten Sammler und Jäger

---

[68] Unter Umwandlung der Landnutzung wird vor allem der Prozeß bezeichnet, den die Landwirte einleiten, um an der modernen Produktivitätsentwicklung teilzuhaben. Dabei werden arbeitsintensive Produktionsmethoden durch kapital- bzw. forschungsintensive ersetzt.

seßhaft wurden, Wälder rodeten und Ackerflächen schufen, war der Grundstein dafür gelegt, daß von nun an der Mensch die Rolle natürlicher Ökosysteme übernimmt, Pflanzen- und Tierarten auf einzelne Flächen zu allozieren. SWANSON ET AL. (1994: 10) formuliert diesen Vorgang wie folgt: „...the selection of species for use rather than the use of the prevailing species". Es sind die Menschen, die heute bestimmen, welche Pflanzenarten sich auf dem Acker etablieren. Da es Menschen sind, die bestimmte Pflanzen züchten und sie anschließend auf dafür vorbereitete Flächen ausbringen, wurde die natürliche Auslese der Pflanzen – ihr evolutiver Prozeß - einem komplexen sozialen Prozeß untergeordnet, der nur durch eine Analyse der sozialen Mechanismen verständlich wird. Hier wird ein typisches Beispiel eines koevolutiven Prozesses offenbar (NORGAARD 1994).

Welche ökonomische Logik steckt hinter dem Prozeß der Umwandlung landwirtschaftlicher Flächen? In der Landwirtschaft ist seit dem Beginn der „Grünen Revolution" eine deutliche Reduzierung der angebauten Arten bzw. Sorten zu beobachten[69]. Dieser Trend von der Vielfalt der Pflanzen hin zu einer eher homogenen Nutzung bestimmter Arten weltweit ist eine kulturelle Schöpfung, die auf den jeweiligen Nutzen-Kosten-Überlegungen der Menschen beruht. Darüber hinaus trägt die demographische Entwicklung der Spezies Mensch zu einem Rückgang der biologischen Vielfalt in der Landwirtschaft bei. Geht man davon aus, daß die Menschen an einem maximalen Wohlstand durch ein optimales Portfolio interessiert sind, dann wird dieses Portfolio im Laufe der wirtschaftlichen Entwicklung tiefgreifenden Veränderungen unterworfen sein[70]. Nur wenige Menschen werden ein ausschließliches Interesse haben, das natürliche Kapital in seiner biologischen Vielfalt unangetastet zu lassen. Vielmehr werden Naturkapital und künstliches Kapital als Substitute[71] betrachtet. Mit der stetigen Steigerung der Produktivität des von Menschen geschaffenen Kapitals durch den technischen Fortschritt im Pflanzenbau, in der Pflanzenzüchtung, im Pflanzenschutz, in der externen mineralischen Düngung etc. gewinnen Investitionen in den Produktionsmittelbereich an Attraktivität. Es sind also die durch technische Fortschritte ausgelösten Produktivitätssteigerungen, die für die Umwandlung der vielfältigen Ökosysteme, Landschaften, Arten und Sorten ausschlaggebend sind (SCHUG et al. 1996).

Die große Bedeutung technischer Fortschritte deutet ebenfalls auf ein stark eingeengtes anthropozentrisches Verständnis der Naturaneignung durch den Menschen hin, das die Menschen zu alleinigen Trägern von Rechten und – oftmals vergessen – Pflichten gegenüber der Natur macht. Wird das vielfältige pflanzengenetische Vermögen als wenig wertvoll betrachtet, spielt es bei dem Wunsch des Menschen, sich kulturell und sozioökonomisch zu entwickeln, kaum eine Rolle, da es im Wett-

[69] Diese Reduzierung reicht weit vor die „Grüne Revolution" zurück. Sie ist ein Phänomen der beschleunigten Domestikation und Kultivierung von Tieren und Pflanzen seit Beginn der Industrialisierung der Landwirtschaft nach dem Zweiten Weltkrieg. Während und nach der "Grünen Revolution" in den 70iger Jahren des 20. Jh. nahm die Zahl der angebauten Pflanzensorten dann stark ab (MOONEY/FOWLER 1991).

[70] Beispiele sind die Nutzung von Autos statt Pferden zur Fortbewegung oder allgemeiner ausgedrückt, die Substitution von natürlichem zu künstlichem Kapital.

[71] Die Diskussion über Substitutionsmöglichkeiten zwischen künstlichem Kapital und Naturkapital ist eine der Kernfragen der Ökologischen Ökonomie und wird in Kapitel 3.3 behandelt.

kampf mit als wertvoller betrachteten bzw. produktiveren Ressourcen unterlegen ist. Dieses Vermögen wird mithin umgewandelt, „if they are inferior assets (when compared with competing methods of production) in terms of productive capacity by themselves or in combination with their ancillary resources (land or management)" (SWANSON ET AL. 1994: 11).

Was sind die weiteren ökonomischen Gründe, die hinter dem beschriebenen Homogenisierungs"wettrennen" stehen[72]? Wie bereits erwähnt, ist es ein Zusammenspiel verschiedener technischer Fortschritte in der Pflanzenzüchtung, im Pflanzenbau (Pflanz- und Erntemaschinen), in der chemischen Industrie, im Marketing etc., die es aus betriebswirtschaftlichen Überlegungen heraus sinnvoll erscheinen lassen, nur wenige Arten/ Sorten anzubauen. Hervorzuheben ist hierbei die internationale und nationale Pflanzenzüchtung, die die neuen Sorten erst für den erhöhten externen Dünge- und Pflanzenschutzmitteleinsatz etc. bereitstellen muß. Der Rückgang der biologischen Diversität kann demnach als ein Phänomen der Massenproduktion und des Massenkonsums aufgefaßt werden. Eine stilisierte Zusammenfassung der wichtigsten Vorgänge des Landumwandlungsprozesses ergibt die folgende Kausalkette: Sozioökonomische Zwänge führen zur Schaffung uniformer Flächen bzw. zu Umwandlungsprozessen, zur Errichtung eines modernen monokulturellen Produktionssystems und zur Auswahl einer Standard-Produktionsmethode (Sortenwahl, externer Produktionsmitteleinsatz), was zu einem beschleunigten Rückgang der pflanzengenetischen Diversität beiträgt.

Mit dieser vereinfachenden Darstellung soll nicht ausgeschlossen werden, daß es weitere Faktoren gibt, die an der Verminderung der Agrobiodiversität beteiligt sind. In seiner Bedeutung ist der sozioökonomische Einfluß gewiß der weitreichendste. Die globale Ausbreitung einiger Arten wie Weizen, Reis, Mais, Soja, Cassava[73] läßt sich ferner darauf zurückführen, daß im Laufe der Jahrhunderte ein selektives Lernen über bestimmte Arten stattfand und damit einhergehend die Entwicklung artspezifischer Produktionsmethoden. Die artspezifischen Produktionsmethoden führten zu einer Bindung des eingesetzten Kapitals. Dieser Prozeß erfuhr durch die „Grüne Revolution" eine deutliche Beschleunigung und ist auch heute noch nicht beendet (Abbildung 2-2).

Abbildung 2-2 stellt eine idealisierte Transformationskurve dar, mit traditionellen Technologien (Produktionsverfahren, Sorten etc.) auf der Ordinate und modernen Technologien auf der Abszisse. Aufgrund der stärkeren Gewichtung auf moderne Technologien spätestens seit der „Grünen Revolution" haben sich dynamische Externalitäten gebildet, die sich im akkumulierten Wissen und Lernen moderner Technologien widerspiegeln. Konkret bedeutet dies, daß mit der Zunahme des Einsatzes moderner Technologien dynamische Externalitäten in Form von spezifischem Wissen und Lernen entstehen, die zusätzlichen, nicht über den Markt entlohnten Nutzen erzeugen. Die hypothetische Preislinie zwischen den beiden Technologien „traditionell" und „modern" besitzt bei den gegebenen Preisverhältnissen nur einen

---

[72] Dies wird augenscheinlich in der Ausgestaltung der internationalen und nationalen Sortenschutzgesetze (Kapitel 2.1.4).

[73] Bemerkenswert erscheint, daß die drei wichtigsten Kulturpflanzen (Reis, Weizen und Mais) für die Nahrungsmittelversorgung zusammen über 50 % ausmachen (BUNDESMINISTERIUM FÜR ERNÄHRUNG, LANDWIRTSCHAFT UND FORSTEN 1997: 87)

Berührungspunkt mit der Produktionsmöglichkeitenkurve, der als Eckpunkt auf der Abszisse liegt. Es ist bei diesen Preisverhältnissen deshalb ökonomisch sinnvoll (optimal), moderne Technologien in der Landwirtschaft einzusetzen. Daß dieser Vorgang nicht weltweit gleichmäßig zu beobachten ist, liegt an der Verzerrung der internationalen Preise für Agrarprodukte und Produktionsmittel, die die Preislinie nach links drehen und einen Tangentialpunkt mit der Transformationskurve ermöglichen.

Abbildung 2-2: Traditionelle versus moderne Technologien

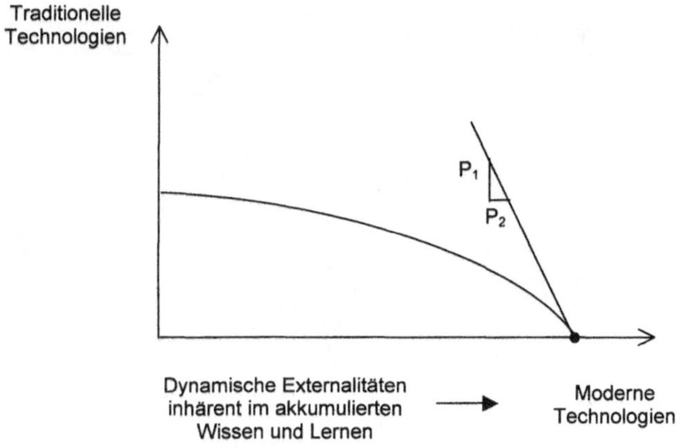

Quelle: SWANSON ET AL. (1994: 12)

Hat sich eine Produktionsmethode, d.h. die Kombination Art/ Sorte und spezifischer Kapitaleinsatz, durchgesetzt, besitzt der individuelle landwirtschaftliche Betrieb hohe Fixkosten und versunkene Kosten (sunk cost). Kurz- bis mittelfristig ist er auf den einmal eingeschlagenen Weg festgelegt (Verlust der Flexibilität) und erreicht damit sein effizientes Ergebnis. Für die gesamte industrialisierte Landwirtschaft ergibt sich hieraus eine Pfadabhängigkeit (BRANDES ET AL. 1998).

In diesem Zusammenhang sei nochmals auf die Bedeutung der Pflanzenzüchtung hingewiesen, die die Grundlage sortenspezifischen Lernens ist. Da es der einzelne Landwirt immer häufiger mit externen Faktoren zu tun hat und eine Weiterzüchtung auf dem Betrieb unrentabel erscheint, „steuert" die Pflanzenzüchtung von außen die Akkumulation des Wissens über die Sortenvielfalt und damit auch über die Produktionsmethoden. Die (akkumulierten) Informationen über eine bestimmte Pflanzensorte rivalisieren nicht unter den einzelnen Landwirten, und es wäre ebenfalls wenig effizient, sie davon ausschließen. Es handelt sich dabei offensichtlich um ein öffentliches Gut, wohingegen das Wissen über pflanzengenetische Ressourcen durch verschiedene geistige Schutzrechte eher Individuen vorbehalten ist.

Die Umwandlung von Flächen in der modernen Landwirtschaft dient dem Zweck, die Produktivität dieser Flächen in Form einer Steigerung des biologischen Ertrags zu erhöhen. Dieser Prozeß führt nicht nur zu der bereits erwähnten Homogenisierung der pflanzengenetischen Ressourcen innerhalb des Sortenspektrums, sondern bedingt auch eine Steigerung der Instabilität des Agrarökosystems (ALTIERI 1995). Die muß als Kostenfaktor mitberücksichtigt werden (Risikozunahme), zumal sie mit der stetigen Reduktion der biologischen Vielfalt im Zeitablauf zunimmt. Solche steigenden Opportunitätskosten des Agrobiodiversitätsrückgangs bei sinkender Nachfrage nach Flächenumwandlung läßt einen Optimalpunkt vermuten, der *vor* der maximal umwandelbaren Landfläche liegt. Abbildung 2-3 gibt diesen Sachverhalt wieder.

Abbildung 2-3: "Optimale" Flächenumwandlungspolitik

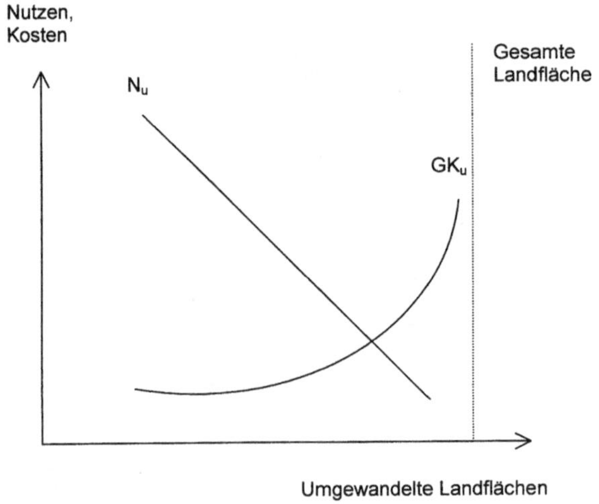

Quelle: in Anlehnung an SWANSON ET AL. (1994)

Die volkswirtschaftliche Betrachtung in Abbildung 2-3 verdeutlicht durch die steigende Kurve GK_u die zusätzlich entstehenden Kosten, wenn - global gesehen - eine weitere Flächeneinheit in intensiv bewirtschaftetes Agrarland umgewandelt wird. Diesen Grenzkosten der Umwandlung, die für die letzten zur Verfügung stehenden Flächen gegen unendlich gehen (WILSON 1988), steht weltweit eine sinkende Nachfrage N_u nach solchen Umwandlungsflächen gegenüber. Im Schnittpunkt der beiden Kurven Gk_u und N_u befindet sich annahmegemäß der gesellschaftliche Optimalpunkt. In diesem Beispielfall wird es also nicht zu einer völligen Verschiebung der Flächennutzung hin zu einer modernen Agrarbewirtschaftung kommen.

Die sinkende Nachfragekurve N_u dürfte wesentlich einsichtiger sein als die exponentiell steigenden marginalen Kosten der Flächenumwandlung bzw. die marginalen Opportunitätskosten des Agrobiodiversitätsverlusts GK_u. Die wachsenden Opportunitätskosten entstehen annahmegemäß durch die höhere Wertschätzung der Individuen gegenüber der landwirtschaftlichen Biodiversität - verursacht durch deren rapiden Verlust - und beziehen sich auf die jeweils nächste Umwandlung einer Flächeneinheit bis theoretisch alle Flächen eine Spezialisierung erfahren haben. Der Gesamtwert der Agrobiodiversität läßt sich dagegen technisch als das Integral unterhalb der Opportunitätskostenkurve in Abbildung 2-3 errechnen. Inhaltlich gibt es die Summe des Wertes wieder, der durch den Verlust an landwirtschaftlicher Biodiversität entsteht. Soll ein solcher Verlust vermieden werden, müssen die einzelnen Individuen vollständige Information über den Nutzen und die Kosten der Nicht-Umwandlung erhalten sowie ihre daraus resultierende Zahlungsbereitschaft artikulieren und erfüllen können.

Die Vorstellung liegt nahe, daß die Bestimmung eines Nettogesamtwertes auf große Hindernisse stoßen wird. Dazu tragen die erwähnten methodischen Probleme bei, aber auch die Feststellung der einzelnen Wertkomponenten. Daß eine vollkommene Umwandlung der Flächen nicht erwünscht ist und somit unendlich hohe Opportunitätskosten besitzt, dürfte schnell einen Konsens erzielen. Die Frage, welches nun diejenigen Bestandteile sind, die diesen Wert erzeugen, ist umstritten und bedarf zu ihrer Beantwortung einer engen Zusammenarbeit mit anderen wissenschaftlichen Disziplinen.

Der statische Wert der Agrobiodiversität läßt sich durch den Portfolio-Effekt verdeutlichen (SWANSON ET AL. 1994). Der Portfolio-Effekt beschreibt die Summe der Varianzen individueller biologischer Ressourcen dividiert durch die Anzahl unabhängiger Ressourcen[74]. Die unabhängigen Ressourcen sorgen hierbei für eine Verringerung der Gesamtvarianz. Man unterscheidet zwei verschiedene Formen des Portfolio-Effekts: Erstens wird durch die Erhaltung vielfältiger Flächen ein großer Genpool bewahrt, der eine Unabhängigkeit der Sortenvielfalt ermöglicht. Zweitens existiert ein geographischer Portfolio-Effekt, der die Erntevarianz reduziert, indem er standortangepaßte Sorten und Produktionsmethoden national bzw. international voraussetzt. Eine Nichtberücksichtigung des Portfolio-Effekts bedeutet, daß sich eine weltweit ständig wachsende Bevölkerung auf immer weniger Produktionsmethoden (Sorten) verläßt, ohne eine Risikostreuung auf mögliche Alternativen vorzunehmen. Dieses Verhalten widerspricht in letzter Konsequenz der Risikoaversion der Individuen (nicht-linearer Erwartungsnutzen). Abzuwägen bleibt letztlich, ob eine (oftmals kurzfristige) Steigerung des durchschnittlichen Ertrags aufgrund einer Spezialisierung auf eine Produktionsmethode (Sorte) die negativen Auswirkungen auf den Portfolio-Effekt überkompensiert (ALAUDDIN/TISDELL 1988).

Neben diesem statischen Effekt muß bei der Bewertung der landwirtschaftlichen Biodiversität der zeitliche Aspekt einbezogen werden, wenn man davon ausgeht, daß zukünftige Generationen Rechte auf gegenwärtige Ressourcen besitzen sollen. Der zeitliche Aspekt drückt die Wertschätzung der Akkumulation zukünftiger Informationen für den Entscheidungsträger aus. Sind diese Informationen exogen gegeben, so spricht man von „Quasi-Optionswerten“, weil darauf spekuliert wird, zukünftig erworbene exogene Informationen in Entscheidungen zu berücksichtigen und den Gesamtwert damit zu erhöhen (ARROW/FISHER 1974). Falls die Agrobiodiversität dem

---

[74] Unabhängig ist eine Ressource dann, falls sie keine systematischen Zusammenhänge zu anderen Ressourcen besitzt.

Entscheidungsträger tatsächlich relevante exogene Informationen mit fortschreitender Zeit liefern kann und die Umwandlung von marginalen Flächen die Chancen vielfältiger biologischer Produktionssysteme reduziert, dann besitzen diese Informationen global betrachtet einen positiven Wert (positiver Erwartungswert der Information). Dieser drückt sich vor allem dadurch aus, daß er eine größere Flexibilität in den Produktionsmethoden erlaubt, und daß auf unvorhergesehene Ereignisse mit der nötigen Anpassungsfähigkeit reagiert werden kann. Beispiele aus der Vergangenheit („Grüne Revolution"), aber auch aus der Gegenwart (neuere Biotechnologie), zeigen, daß einer Vielfalt an genetischen Ressourcen zu jedem Moment eine enorme Wichtigkeit beigemessen werden kann, wenn die in den Pflanzen „schlummernden" Informationen einen bis dahin unbekannten positiven Beitrag liefern können (SWANSON 1999).

Mit der Bewahrung der landwirtschaftlichen Biodiversität bekommt der Entscheidungsträger ein Mittel an die Hand, mit dem er in Optionen investiert, die ein Offenhalten zukünftiger Chancen erlauben und auch als Versicherungswert bezeichnet werden können. Denn die natürlichen Vorgänge auf genetischer Ebene sind derart kompliziert und komplex, daß, selbst wenn man sie überhaupt verstehen lernt, eine langfristige Prognose unmöglich ist (Faber/Proops 1993; FABER ET AL. 1996).

Ein anderer Wert, der möglicherweise im Zeitablauf Bedeutung erlangen kann, ist der Entdeckungswert („exploration value"). Dieser ergibt sich aus endogenen Informationen, die dadurch gewonnen werden, daß vielfältige, dem evolutionären Prozeß ausgesetzte biologische Ressourcen einen wesentlich größeren Beitrag zur Informationsgewinnung beisteuern können als die bereits gut erforschten spezialisierten Sorten. Der marginale Nutzen der Forschung in diversifizierte Pflanzensorten ist höher als der Grenznutzen in die Erforschung moderner Sorten, womit ein positiver Entdeckungswert angenommen werden kann. Interessant ist in diesem Zusammenhang, ob letztgenannte Aussage ebenfalls für den Einsatz der Gentechnik in die Sortenforschung und -entwicklung gilt. Der globale Wert der Agrobiodiversität setzt sich mithin aus vier Komponenten zusammen, die dem globalen Einfluß der Flächenumwandlung als Opportunitätskosten gegenübergestellt werden müssen (SWANSON ET AL. 1994):

- Differenz des Nettodurchschnittsertrags zwischen spezialisierter Landwirtschaft und traditioneller Landbewirtschaftung
- Portfolio-Effekt
- Quasi-Optionswert (Optionen, die durch exogene Informationen gegeben sind)
- Entdeckungswert (Optionen, die durch endogene Informationen gegeben sind)

Die Summe des Portfolio-Effekts, des Quasi-Optionswerts und des Entdeckungswerts ist nach obigen Überlegungen schon ohne die Einbeziehung eines Existenzwerts positiv, die Differenz des Nettodurchschnittsertrags zwischen spezialisierter Landwirtschaft und traditioneller Landbewirtschaftung dagegen negativ. In der politischen und betriebswirtschaftlichen Realität ist diese negative Differenz der bedeutendste Faktor. Alle anderen Werte sind in die Zukunft gerichtet und werden von dem einzelnen Betriebsinhaber aus rationalen Erwägungen[75] nicht berück-

[75] Zum ökonomischen Begriff der Rationalität siehe Kapitel 3.1.

sichtigt. Hier ist die nationale bzw. internationale Politik gefordert, politische Instrumente bereitzustellen, die den Portfolio-Effekt, den Quasi-Optionswert und den Entdeckungswert für den betrieblichen Entscheidungsträger bemerkbar werden lassen, so daß ein optimales gesellschaftliches Ergebnis verwirklicht werden kann. Praktisch bedeutet dies z.B. in bezug auf das Übereinkommen über die biologische Vielfalt, daß die „incremental costs" der Nicht-Umwandlung bzw. die Opportunitätskosten des Agrobiodiversitätserhalts der Landwirte kompensiert werden.

Die einzelnen Landwirte wählen die verschiedenen Produktionsmethoden bzw. Sorten aus einem gegebenem Portfolio aus. Die Theorie der Portfolioauswahl (MERTON 1998) besagt, daß die Erzielung eines erwünschten Vermögens nicht nur vom aggregierten Durchschnittsertrag der Vermögensanlage abhängt, sondern darüber hinaus von deren aggregierter Varianz. Inhaltlich bedeutet dies eine Risikoaversion der Entscheidungsträger, die im Bereich der Landwirtschaft als durchaus realistisch angesehen werden kann. Diese kann noch dadurch verstärkt werden, daß – in Abwesenheit von Kreditmärkten – eine Ertragsuntergrenze festgelegt wird, die einen vollständigen Ertragsausfall in jedem Fall vermeiden soll. Der Landwirt ist also aus dreifacher Sicht an einer Erhaltung diverser Sorten in seinem Portfolio interessiert: (1) Beitrag zum durchschnittlichen Ertrag, (2) Beitrag zur reduzierten Varianz und (3) die Sicherung eines Mindestertrags zur Subsistenz. Legt man diese Interessen zugrunde und berücksichtigt ebenfalls die Präferenzen der Konsumenten nach lokaler und abwechslungsreicher Nahrung, legt die Hypothese nahe, daß die institutionellen Rahmenbedingungen für den Erhalt und die nachhaltige Nutzung pflanzengenetischer Ressourcen unzureichend sind.

Bisher wurde angenommen, daß sich die Landwirte für ein Mindestniveau durch eine Sortenwahl mit geringerem durchschnittlichen Ertrag und niedrigerer Varianz entscheiden würden. Dieser „Versicherungsschutz" kann heute auf vielfältige Weise substituiert werden. Insbesondere die zunehmende Nähe der Landwirtschaft und der ruralen Märkte zu den urbanen Zentren bzw. zum Weltmarkt führt zu einer abnehmenden Abhängigkeit in bezug auf die Höhe des Ertragsniveaus, da in Krisenzeiten erweiterte Finanzkreditmöglichkeiten bestehen oder ein erhöhtes außerlandwirtschaftliches Arbeitsangebot finanzielle Verluste ausgleichen kann (HENRICHSMEYER/WITZKE 1991). Die Integration entfernter landwirtschaftlicher Gebiete in die urbanen Zentren mittels einer verbesserten Infrastruktur läßt für den einzelnen Landwirt den Anbau von wenig diversen „cash crops" überlegen erscheinen, zumal es hierdurch zu einer Steigerung der effektiven Nachfrage nach Produktivvermögen aus der Landwirtschaft kommt. In Kauf genommen wird bei diesem Prozeß die endgültige Vernichtung pflanzengenetischen Materials.

Aus Sicht des individuellen Landwirts ist dieses Verhalten als rational zu bezeichnen, da dieser ausschließlich an seiner eigenen Absicherung im Falle eines Ernteverlusts interessiert ist. In der Vergangenheit war es aber so, daß die Landwirtschaft zusätzlich ein globales öffentliches Gut bereitstellte – in Form der Agrobiodiversität -, das heutzutage als unrentabel aus dem Gesamtportfolio herausfällt. Akzeptiert man diese individuelle Rentabilitätsrechnung des Landwirts, so sind die Staaten bzw. ist die internationale Gemeinschaft für die Bereitstellung dieses Gutes verantwortlich. Die Realität zeigt, daß die Staaten keine hohen Anreize bieten, die Vielfalt ihrer Landwirtschaft zu unterstützen, weil sie die vollen Kosten tragen müßten, aber nur einen

Teil des resultierenden globalen Nutzens für sich in Anspruch nehmen könnten[76]. Für die weltweit anerkannten Stabilitätsfunktionen der Agrobiodiversität gibt es international keinen Mechanismus, der die Problematik eines globalen öffentlichen Gutes lösen könnte, indem er die externen Effekte der individuellen (nationalen) Erhaltung der Sortenvielfalt internalisiert. Die Konsequenz ist der Verlust an Informationen und Sicherheit. Die einzelnen Staaten setzen derzeit ihre Anreize so[77], daß eine Bewahrung der Agrobiodiversität unwahrscheinlich ist. Die wichtigsten Instrumente der Agrarpolitik, mit deren Hilfe die Spezialisierungsleistungen der Landwirte versichert werden, sind (PRETTY 1998):

- Diverse Regelungen in Sortenschutz- und Saatgutverkehrsgesetzen, die einen Handel mit traditionellen Sorten verbieten oder erschweren;
- Subventionen in die moderne Landwirtschaft für Pestizide, mineralische Düngemittel, Bewässerungssysteme, Treibstoff und Landmaschinen;
- Subventionen für Nahrungsmittelprodukte der modernen Landwirtschaft wie der Einsatz homogener Sorten für Großküchen.

Der Staat nimmt dem Landwirt auch insofern einen großen Teil des Risikos ab, als er Ernteversicherungsprogramme etabliert, die bei einem Verlust der Ernte mit verbilligten Krediten oder Transfers aushelfen[78]. Private Versicherungen werden sich kaum für solche Versicherungspolicen in der Landwirtschaft interessieren, ohne durch staatliche Gelder abgesichert zu sein. Dies liegt in der vorangeschrittenen Uniformität der Produktionsmethoden begründet, die die wesentlichste Voraussetzung eines effektiven Versicherungsmarktes, die Unabhängigkeit der einzelnen Risiken, verhindert. Konkret heißt das: Es ist nicht möglich, die Versicherungsfunktion einer vielfältigen Landwirtschaft durch einen privaten Versicherungsmarkt zu ersetzen.

Infolge der Subventionierung der privaten Versicherungen versucht der Staat, eine Varianz in den Ernteerträgen auszugleichen, die er zuvor durch eine Forcierung des Spezialisierungsprozesses verstärkt hat. Langfristig bewirkt diese Strategie eine Ohnmacht in der Entscheidungsfähigkeit des Landwirts, da er von den Subventionen des Staates abhängig ist und sich gleichzeitig einer stetig wachsenden Instabilität des Agrarökosystems ausgesetzt sieht.

Neben der finanziellen Hilfe durch Ernteversicherungen unterstützt der Staat häufig den Erhalt des exogenen Informationswertes (Quasi-Optionswert) der Agrobiodiversität aufgrund einer ex-situ Bewahrung in botanischen Gärten und vor allem in Genbanken. Es scheint offensichtlich, daß Genbanken „nur“ einen kleinen Teil des Gesamtwertes der landwirtschaftlichen Biodiversität erhalten können und daß die Nutzung des Genbankenmaterials häufig der spezialisierten Landwirtschaft zugute kommt.

---

[76] Zur Theorie internationaler (globaler) öffentlicher Güter siehe BLÜMEL (1986); FREY/KIRCHGÄSSNER (1994).

[77] Siehe Kapitel 2.3.

[78] Ein gutes Beispiel für eine solche Praxis bieten die diversen Ernteversicherungsprogramme der USA.

Der große potentielle Nutzen des Erhalts der Biodiversität in der Landwirtschaft liegt in der Nutzung der innewohnenden Informationen, z.B. für die Pflanzenzüchtung. Mittels verschiedener intellektueller Eigentumsrechte macht sich dies insbesondere der vorgelagerte Bereich der Landwirtschaft zunutze, indem er Patente oder Sortenschutzrechte auf die den pflanzengenetischen Ressourcen inhärenten Informationen bezieht[79]. Die dadurch entstehenden ökonomischen Monopolrenten kommen aber nicht bei dem Entscheidungsträger an, der für die Umwandlung des Landes verantwortlich ist. Die geeignetsten Investoren in die Agrobiodiversität, die einzelnen Staaten und ihre Landwirte, erhalten zur Zeit nur einen unerheblichen Ausgleich. Somit zielt auch die derzeitige Ausgestaltung der intellektuellen Eigentumsrechte eher auf eine Spezialisierung der Landbewirtschaftung, denn auf den Erhalt der Diversität ab.

Festzuhalten ist, daß das konsequente Denken in Opportunitätskosten - das als Ergebnis der neoklassischen Annahmen angesehen werden muß (HAMPICKE 1992) – bei den immensen Bewertungsproblemen in Verbindung mit PGRFA zu einem „cost shifting" führt, das intra- und intergenerationelle Ungerechtigkeiten hervorbringt (OPSCHOOR/ VAN DEN STRAATEN 1993). Auf der individuellen Ebene kann von einem rationalen Entscheidungsträger folgendes Verhalten erwartet werden, wobei die Gewichtung der einzelnen Elemente unterschiedlich ausfallen könnte:

- Größeren erwarteten Nutzen durch die Erhaltung PGRFA wird deren Bewahrung fördern
- Größere Risikoaversion sollte die Bewahrungsaktivitäten steigern
- Größere Verfügbarkeit von Informationen und technologischem Wissen zur effektiveren Nutzung der Agrobiodiversität sollte deren Erhalt steigern
- Höhere Erhaltungskosten bzw. Opportunitätskosten vermindern die Erhaltungsaktivitäten
- Höhere Diskontraten vermindern gleichfalls die Erhaltungsbemühungen

2.5 Identifizierung prioritärer Handlungsfelder

In diesem Kapitel werden die prioritären Handlungsfelder, die für die Bewahrung und nachhaltige Nutzung pflanzengenetischer Ressourcen grundlegend sind, identifiziert und in den weiteren Zusammenhang dieser Arbeit gestellt.

Wie die bisherigen Ausführungen gezeigt haben, existiert bei pflanzengenetischen Ressourcen insbesondere ein Eigentumsrechtsproblem (LERCH 1996). Der soziale Wert PGRFA übersteigt häufig den Wert ihrer privaten Nutzung. Die sich ergebenden Wohlfahrtsverluste können mithin beträchtlich sein, wobei es in dieser Arbeit weniger darauf ankommt, den exakten monetären Wert[80], als vielmehr die qualitativen

---

[79] Eine ausgezeichnete Übersicht der zukünftigen Aktivitäten zwischen vorgelagertem und nachgelagertem Bereich der Landwirtschaft gibt SHAPIRO (1998).

[80] Dem Autor liegen zum Zeitpunkt der Fertigstellung dieser Arbeit keine verläßlichen Quantifizierungsversuche zur monetären Bewertung des Agrobiodiversitätsverlusts vor.

Aspekte eines fortschreitenden Agrobiodiversitätsverlusts auf eine nachhaltige Ernährungssicherung zu bestimmen.

Eine wichtige Frage wird sein, wen die Verluste der Agrobiodiversität wirklich treffen (jetzige und/ oder zukünftige Generationen, Industrieländer und/ oder Entwicklungsländer, einzelne indigene bzw. lokale Gemeinschaften und/ oder die globale industrialisierte Landwirtschaft). Schwierigkeiten bei der Zuordnung von Eigentumsrechten für PGRFA erzeugen Externalitäten und Freifahrerverhalten einzelner Staaten bzw. Individuen. Die Schaffung bzw. Zuweisung von Eigentumsrechten bedeutet jedoch eine Reallokation von Ressourcen und beinhaltet zum Teil massive Distributionseffekte. Gewinnen werden die nach der Zuweisung von Eigentumsrechten Nutzungsberechtigten, auch wenn es sich nicht um die ursprünglichen Nutzer handelt (indigene und lokale Gemeinschaften). Aus den konzeptionellen Überlegungen dieser Arbeit heraus muß sichergestellt werden, daß für einen institutionellen Wandel drei Kriterien Berücksichtigung finden[81]:

- Nachhaltigkeit wird als kontinuierlicher und gerechter Nutzenfluß definiert;
- ökologische und institutionelle Effektivität wird angestrebt;
- institutionelle Durchsetzbarkeit muß gegeben sein.

Eine wenig durchdachte Zuweisung von ausschließlich privaten Eigentumsrechten führt dabei nicht unbedingt zu einer Wohlfahrtsverbesserung, die den drei Kriterien genügt.

Die ursprüngliche Nutzung PGRFA durch indigene und lokale Gemeinschaften wird nicht nur von rationalen Agenten gesteuert, die sich in ihrem individuellen Interesse strategisch verhalten, sondern auch von sozialer Kontrolle, Erziehung, Wissenschaft etc. Ein Ausweg aus dem prinzipiellen Dilemma der Nichtvorhersagbarkeit der Ergebnisse unterschiedlicher Eigentumsrechtsregime für eine nachhaltige Nutzung PGRFA bieten einzelne Fallstudien unter Partizipation der Betroffenen. Daß die Ausweisung privater Eigentumsrechte die ultimativ richtige Lösung der Ressourcendegradation ist und zu nachhaltigen Wohlfahrtsverbesserungen führt, muß in Anbetracht vielfältiger Gegenbeispiele bezweifelt werden (BROMLEY 1989, 1991; OSTROM 1990; OSTROM/ WALKER 1997).

Die Komplexität des Nutzens und der Kosten pflanzengenetischer Ressourcen in der Landwirtschaft veranlaßt die Wissenschaftler, Wechselwirkungen zu anderen Systemen wie dem globalen Ökosystem zu berücksichtigen. Bei diesem Vorgehen sollten nicht nur Teilanalysen angestrebt werden, sondern mit Hilfe interdisziplinärer Forschung ein holistisches Bild der Realität bzw. des Problems erstellt werden. Diese wissenschaftliche Herangehensweise wird in letzter Konsequenz nicht die Schärfe einer detaillierten Untersuchung erreichen und in vielen Fällen nicht zu genauen Prognosen herangezogen werden können. Die Vorteile liegen aber auf der Hand: Durch die systemische, ganzheitliche Betrachtung werden Muster erkennbar, die gegenwärtige ökonomisch-ökologische Aktivitäten offenbaren und ihre (In-) Stabilitäten verdeutlichen (VESTER 1980, 1991).

---

[81] Siehe Kapitel 3.6.

Bei der Diskussion über natürliche Ressourcen spielen Unsicherheiten eine erhebliche Rolle. Oftmals sind dies Unsicherheiten, die auch im Zeitablauf nicht wesentlich geringer werden, obwohl das Informationsangebot zunimmt (Informationsparadox). Konsequenzen bestimmter Umwelthandlungen sind kumulativ und erst spät in der Zukunft sichtbar. Es ist daher von großem Interesse, inwieweit die gegenwärtig industrialisierte Landwirtschaft einen solchen Kumulationseffekt mit negativen Umwelt- und Ressourcenwirkungen erzeugt.

Die meisten in der Vergangenheit und Gegenwart diskutierten Vorschläge für eine Erhaltung und nachhaltige Nutzung pflanzengenetischer Ressourcen weisen einen erheblichen Mangel an institutioneller Durchsetzbarkeit auf. Es ist daher auf die Frage einzugehen, wie das Zusammenspiel der großen internationalen Institutionen wie das Abkommen über handelsbezogene geistige Eigentumsrechte (TRIPs), die Konvention über die biologische Vielfalt (CBD) und die Internationale Verpflichtung zu pflanzengenetischen Ressourcen (IUPGR) untereinander funktioniert bzw. nicht funktioniert, und wie dies auf lokale Institutionen wirken kann.

Als zentrale Politikfragen bezüglich des institutionellen Rahmens PGRFA werden auf internationaler Ebene die folgenden sechs diskutiert: (VON BRAUN/ VIRCHOW 1998):

- staatliche Souveränität über PGRFA und die damit verbundenen Implikationen für die praktische Identifizierung der Herkunft genetischer Ressourcen;
- Regelung des Zugangs zu genetischen Ressourcen (vor und nach dem Inkrafttreten der CBD);
- Verteilung der Nutzen PGRFA zwischen „Besitzern“ und Nutzern;
- Etablierung geistiger Eigentumsrechte, die mit PGRFA verknüpft sind (Farmers‘ Rights vs. private geistige Eigentumsrechte);
- technische Aspekte der Konservierung – ex situ/ in situ – und optimale Kombination von Konservierungsalternativen;
- Finanzierungsaspekte der Konservierung und Bereitstellung von PGRFA

Diese zentralen Politikfragen beinhalten einige wesentliche Streitpunkte bei der Umsetzung eines internationalen Regimes zum Schutz und zur nachhaltigen Nutzung pflanzengenetischer Ressourcen für die Ernährung und Landwirtschaft, die in Tabelle 2-6 aufgelistet sind. Eine einvernehmliche internationale Lösung dieser Probleme wird jedoch für den Erfolg der Konvention über die biologische Vielfalt entscheidend sein. Eine Lösung der anstehenden Probleme ist aus Sicht der Ökologischen Ökonomie ein großer Schritt in Richtung einer nachhaltigen Ressourcennutzung in der Landwirtschaft.

Tabelle 2-6: Identifizierung prioritärer Handlungsfelder für den Schutz und die nachhaltige Nutzung PGRFA

Farmers' Rights	Resolution 5/89 FAO definiert Farmers' Rights als „rights arising from the past, present and future contributions of farmers in conserving, improving and making available plant genetic resources, particularly those in the centres of origin/diversity"
Indigene und lokale Gemeinschaften	Diesen Gemeinschaften wird in der CBD Art. 8 (j) der Status zugesprochen, bedeutende Faktoren für den Schutz und die nachhaltige Nutzung der Biodiversität zu sein
Nutzenverteilung (Benefit-sharing)	Im Kontext der CBD wird die Nutzenverteilung im allgemeinen als integraler Bestandteil bilateraler Transaktionen für den Zugang zu genetischen Ressourcen erachtet
Zugang	Unklarheit über Zugang zu genetischen Ressourcen, die sich vor dem Inkrafttreten der CBD in ex situ Sammlungen befanden und noch keine multilaterale Lösung über einen Zugang der derzeitigen, in nationalem (souveränen) Besitz befindlichen Ressourcen
Patente und Industrietrends	Insbesondere die Biotechnologie-Industrie verfolgt das Interesse, einen starken globalen Schutz ihrer geistigen Eigentumsrechte zu erzielen (z.B. TRIPs-Abkommen), wobei die Auswirkungen dieser Eigentumsrechte auf die Biodiversität, die Ernährungssicherheit und die Entwicklung noch empirischer Nachweise bedürften
Sui-generis Gesetzgebung	Andersweitige Auslegung des Begriffs im TRIPs-Abkommen Art 27.3 der WTO[82] (individuelles Pflanzenschutzrecht) und der CBD Art 8 (j) (neues Rechtssystem, welches die Besonderheiten indigener und lokaler Gemeinschaften berücksichtigt)

Quelle: Eigene Darstellung in Anlehnung an BEGEMANN (1994)

[82] Vgl. Kapitel 2.1.3.

3 Bausteine einer Ökologischen Ökonomie

Kapitel 3 vermittelt theoretische und methodologische Grundlagen einer Ökologischen Ökonomie, die aus sorgfältiger Literaturrecherche als Essenz abgeleitet werden konnten. Es ist keineswegs der Versuch, alle Denkrichtungen, theoretischen Modelle oder methodischen Analyseverfahren zu präsentieren. Dies wäre aufgrund der Heterogenität dieser relativ jungen Forschungsrichtung nicht zu leisten und entspräche sicherlich auch nicht ihrem Ziel bzw. Selbstverständnis als inter- bzw. transdisziplinär. *Kapitel 3* ist so strukturiert, daß die Leser zum Kriterienkatalog in *Kapitel 3.6* herangeführt werden, der eine Beurteilung des institutionellen Rahmens pflanzengenetischer Ressourcen für die Ernährung und Landwirtschaft (PGRFA) ermöglicht. Die Kriterien sind selbsterklärend, ihre Auswahl bedarf jedoch einer ausführlichen Erläuterung der zugrundegelegten Gedankengänge, die aus unterschiedlichen wissenschaftlichen Disziplinen wie insbesondere der Ethik, der Ökologie, der Agrarwissenschaften, der Soziologie und der Ökonomie abgeleitet sind. Durch diese Vorgehensweise soll die Frage beantwortet werden, wie ein nachhaltiges System für die Bewahrung und Nutzung PGRFA ausgestaltet sein sollte.

Kapitel 3.1 grenzt den theoretischen Ansatz der Ökologischen Ökonomie gegen das vorherrschende Paradigma der neoklassischen Umwelt- und Ressourcenökonomik ab[83]. Die Ökologische Ökonomie beschreibt nach eigenem Selbstverständnis das "Management der Nachhaltigkeit" (COSTANZA ET AL. 1991). Hierbei bedient sie sich insbesondere ökologisch-ökonomischer Modelle. Diese sind durch ihren systemischen Bezug charakterisiert. In diesem Kapitel steht die Infragestellung einiger Annahmen der neoklassischen Theorie für ein Modell der nachhaltigen Nutzung und Bewahrung pflanzengenetischer Ressourcen für die Landwirtschaft und Ernährung im Mittelpunkt der Diskussion. Es wird herausgearbeitet, daß die disziplinäre Ausrichtung der neoklassischen Ökonomik für die Suche nach langfristigen, nachhaltigen Entwicklungswegen unzureichend ist und es daher einer interdisziplinären Zusammenarbeit mit ethisch fundierter Sichtweise bedarf.[84].

Kapitel 3.2 konzentriert sich auf einen Vorschlag für die ethischen Grundlagen und die damit verbundenen Konsequenzen für eine Politik der nachhaltigen Entwicklung. Aufgrund der Heterogenität der Ökologischen Ökonomie gibt es nicht *den* ethischen Ansatz, auf dem die gesamte Theorie aufbaut. Vielmehr existieren insbesondere zwei akute Probleme, die eine Auseinandersetzung mit den normativen Grundlagen einer Theorie erforderlich machen: (1) die kaum mehr hinterfragte Akzeptanz der normativen Annahmen der neoklassischen Theorie und (2) die unzureichende Berücksichtigung des Verlusts natürlicher Ressourcen in normative Überlegungen. In

[83] Im weiteren Verlauf der Arbeit werden die Grenzen der neoklassischen Umwelt- und Ressourcenökonomik immer wieder durch Beispiele und Vergleiche mit den Aussagen der Ökologischen Ökonomie aufgezeigt.

[84] Innerhalb der Ökologischen Ökonomie gibt es eine lebhafte Diskussion über den Unterschied zwischen einer interdisziplinären und transdisziplinären Wissenschaft (vgl. die Diskussionen in Vol. 1, No. 1 der Zeitschrift Ecological Economics (1989) und COSTANZA ET AL. 1991). Für die Fragestellung in dieser Arbeit soll dieses wissenschaftstheoretische Problem jedoch ausgeblendet werden. Im weiteren Verlauf wird daher ausschließlich von Interdisziplinarität gesprochen.

dieser Arbeit wird dabei die Ansicht vertreten, daß es einzig der Mensch ist, der bewußte Entscheidungen fällt. Von diesem wird aber verlangt, daß er die jetzige anthropozentrische Ethik zu öffnen hat und auch intrinsische Werte innerhalb der nichtmenschlichen Natur akzeptieren sollte. Vor diesem Hintergrund wird über das Verantwortungsprinzip von HANS JONAS (1979) ein Vorsorgeprinzip als ethische Fundierung angenommen, wobei das Konzept des Safe Minimum Standard (SMS) das wichtigste Instrument zur Vorsorge bei Unsicherheit und Irreversibilitäten darstellt. Das Vorsorgeprinzip steht gleichfalls im Mittelpunkt der Ethikdebatte in internationalen Umwelt- und Ressourcenschutzübereinkommen[85].

Kapitel 3.3 liefert ein allgemeines theoretisches Konzept eines ökologisch-ökonomischen Begründungszusammenhangs für die Analyse von Umwelt- und Ressourcenproblemen. Grundthese ist, daß sich die (ökonomische) Welt sehr gut in den Begriffen der Systemtheorie darstellen läßt. In diesem Kapitel findet eine erste Heranführung an die Begriffswelt der Systemtheorie statt, die in *Kapitel 3.5.1* vertieft wird. Für die Ökonomie bedeutet dies eine Unterordnung als Subsystem eines umfassenderen (globalen) Ökosystems. Als Resultat ergeben sich für die Ökonomie sowohl physische Grenzen in Form von Ressourcenknappheit und Umweltverschmutzung – die bei dem derzeitigen Bevölkerungsstand und Konsumniveau als unausweichlich gelten – als auch psychische Grenzen wie z.B. die Abkehr von einem grenzenlosen Wachstumsdenken. *Kapitel 3.3.2* bietet anschließend eine Diskussion des Begriffs Nachhaltigkeit in der Ökologischen Ökonomie. Hier stehen vor allem die Gedanken eines der renommiertesten Vertretern der Ökologischen Ökonomie, Herman Daly's, im Vordergrund.

Kapitel 3.4 eröffnet eine Perspektive auf eine nachhaltige Landwirtschaft, wie sie sich aus Sicht der Ökologischen Ökonomie darstellen könnte. Dieser Ausblick ist unbedingt notwendig, da pflanzengenetische Ressourcen nur eingebettet in eine nachhaltige Landwirtschaft, d.h. eine Landwirtschaft, die mit weiniger fossilem Energieinput, diversifizierten Produktionsverfahren, geringerem Wasserverbrauch etc. auskommt als die derzeitige industrielle Agrarwirtschaft, für die *globale* Ernährungssicherheit der Menschen von Bedeutung sein können. Dies widerspricht nicht der Tatsache, daß sich ein kleiner Teil der Weltbevölkerung sehr gut durch industrielle landwirtschaftliche Produktionsverfahren mit Nahrungsmitteln versorgen kann. Die in dieser Arbeit aufgestellte Hypothese lautet aber, daß hiermit keine nachhaltige, d.h. in diesem Fall langfristig sichere, Nahrungserzeugung ermöglicht wird. Nachhaltige institutionelle Rahmenbedingungen für den Erhalt und die Nutzung PGRFA müssen daher u.a. im Einklang mit einer nachhaltigen Landwirtschaft stehen.

Kapitel 3.5 stellt das methodische Werkzeug für die Analyse in Kapitel 4 dar. Insbesondere handelt es sich hierbei um eine Systemanalyse, die in Verbindung mit politischen und institutionellen Fragestellungen Theorien des institutionellen Wandels als geeignet vorschlägt. Neben der Beschreibung systemanalytischer Begriffe und Erkenntnisse werden daher einige für das Ziel dieser Arbeit wichtigen Ergebnisse der Institutionenökonomik herangezogen, um die problemorientierte Herangehensweise

---

[85] Vgl. hierzu Kapitel 2.2.

der Ökologischen Ökonomie zu unterstreichen. Es werden unterschiedliche Denkrichtungen der Institutionenökonomik beschrieben, die dazu beitragen, dem Ziel eines institutionellen Wandels für eine nachhaltige Nutzung und Bewahrung pflanzengenetischer Ressourcen für die Ernährung und Landwirtschaft näherzukommen. In diesem Kapitel werden nochmals einige Dinge der Systemtheorie, die bereits in Kapitel 3.3.1 angesprochen wurden, thematisiert. Diese werden aber hier in einen allgemeineren Zusammenhang gestellt, so daß neue Erkenntnisse erzielt werden.

Im abschließenden *Kapitel 3.6* werden vor allem qualitative Kriterien zur Bewertung der bestehenden institutionellen Rahmenbedingungen aus den zuvor angestellten Überlegungen abgeleitet. Mit Hilfe der Kriterien (1) Erhaltung eines kontinuierlichen und gerechten Nutzenflusses aus dem Management PGRFA; (2) Institutionelle und ökologische Effektivität sowie (3) Institutionelle Durchsetzbarkeit wird im nachfolgenden *Kapitel 4* eine vergleichende Analyse zwischen den Systemen der WTO und FAO auf der einen Seite sowie der CBD als institutioneller Innovation auf der anderen Seite vorgenommen. Obwohl die Kriterien auf den ersten Blick eine deutliche Affinität zu institutionenökonomischen Fragestellungen besitzen, steht im Hintergrund stets das normative Modell der Ökologischen Ökonomie. Dieses geht teilweise von unterschiedlichen Annahmen in der Beschreibung menschlicher Verhaltensweisen aus, so daß auch die politischen Empfehlungen in Kapitel 4 einen anderen Charakter bekommen.

3.1 Die neoklassische Umwelt- und Ressourcenökonomik: Ein Baustein der Ökologischen Ökonomie

Der meta-theoretische Hintergrund einer Disziplin als Instrument der Selbstreflexion ist nicht nur für spezifisch meta-theoretische Fragestellungen, sondern auch für Fragestellungen im Objektbereich unverzichtbar. Ohne die methodologische Reflexion der eingesetzten Methoden besteht die zunehmende Gefahr der pragmatischen Sterilität. Denn: wenn die Ökonomik, ausgehend von Deskription, Erklärung und Prognose, einen funktionalen Beitrag zur Lösung gesellschaftlicher Probleme liefern will, benötigt sie Kenntnis über sich selbst (KASTROP 1993: 13).

Ziel dieses Kapitels ist es, Vor- und Nachteile der neoklassischen Umwelt- und Ressourcenökonomik im Verhältnis zur Ökologischen Ökonomie zu diskutieren[86]. Es wird eine Begründung dafür gegeben, daß eine Analyse auf Grundlage der neoklassischen Umwelt- und Ressourcenökonomik für die spezifische Problematik des Erhalts und der nachhaltigen Nutzung pflanzengenetischer Ressourcen nur einen kleineren Beitrag leisten kann als eine methodenvielfältigere Analyse auf Grundlage der Ökologischen Ökonomie (NORGAARD 1989)[87]. Dazu muß das neoklassische Theoriegebäude immer wieder mit Sachverhalten, Hypothesen und Fragen konfron-

---

[86] Vgl. hierzu u.a. BECKENBACH (1991); KLAASSEN/OPSCHOOR (1991) und WALDKIRCH (1998).

[87] Da die Ökologische Ökonomie keine objektive Methodologie anerkennt, ist die komplexe Interaktion von Theorie, Methodologie und ökonomisch-ökologischer Realität von primärer Bedeutung für die Theoriewahl (KASTROP 1993: 19). Siehe zu diesem Thema auch FEYERABEND (1988).

tiert werden, die oftmals erst im weiteren Verlauf der Ausführungen in ihrer Bedeutung erkannt werden können.

Die gesamte Debatte um eine Implementierung einer nachhaltigen Entwicklung in der Landwirtschaft wird häufig aus Sicht der neoklassischen Ökonomik so geführt, als ob die Grundlagen dieses Prozesses bereits im Theoriegebäude der Neoklassik vorzufinden sind[88]. Sind sie das wirklich? Ist es wirklich nur der Ignoranz von politischen Entscheidungsträgern zuzuschreiben, falls die wirtschaftspolitischen Empfehlungen der neoklassischen Theorie nicht umgesetzt werden?

Die neoklassische Umwelt- und Ressourcenökonomik basiert auf folgenden, in der Neoklassik gemachten Annahmen (HAMPICKE 1992: 30 ff.)[89]:

1. Methodologischer Individualismus
2. Utilitarismus
3. Rationales individuelles Verhalten
4. Tauschparadigma (Festlegung von (privaten) Eigentumsrechten; konsequentes Opportunitätskostendenken)
5. Dezentrale Allokationsentscheidungen

Die wichtigsten positiven Elemente sind dabei das Postulat der *individuellen Rationalität* (Punkt 3) und der Grundsatz der *Substituierbarkeit* (Punkt 4) aller Güter und Produktionsfaktoren. Punkt 5 macht darüber hinaus Aussagen bezüglich einer inkrementalen Anpassung, d.h. einer Anpassung durch kontinuierliche und dezentrale Reaktionen ("unsichtbare Hand" des Marktes). Aus den dargelegten Annahmen der neoklassischen Ökonomie ergibt sich für ein soziales Optimum, daß die Konsumenten ihren Nutzen und die Unternehmer ihren Profit maximieren, Eigentumsrechte existieren und alle Märkte effizient sind. Daß unter den realen Bedingungen das Erreichen eines soziales Optimums praktisch auszuschließen ist, wird dabei häufig nicht explizit geäußert. Es wird insbesondere stets die mathematische Kohärenz und Rigidität der Theorie hervorgehoben, was jedoch bislang zu keinen langfristig effektiven Lösungen im Umweltbereich geführt hat.

In der neoklassischen Theorie steht vor allem die Frage im Vordergrund, unter welchen Bedingungen der aus den Annahmen als ideal abgeleitete Marktmechanismus wirksam ist und insofern zentrale Allokationsentscheidungen unnötig macht (HAMPICKE 1992: 31f.)[90]. Annahmegemäß handelt es sich hierbei um vollkommene und friktionslose Märkte. Monopolstellungen, unvollständige Informationen, fehlende

---

[88] Beispiele sind die Arbeiten von SEDJO (1988, 1992); VOGEL (1994); VON BRAUN (1994) und VON BRAUN/VIRCHOW (1998), wobei letztere, institutionenökonomische Ansätze für die Lösung der Problematik einbeziehen.

[89] HAMPICKE (1992) betont, daß mit einem derart reduktionistischen Theoriegebäude die natürlichen Ressourcen nicht erhalten werden können.

[90] „One of the most powerful analytical models used by economists is their concept of the perferct market which, theoretically, will produce a socially optimal and, by implication, sustainable outcome" (YOUNG 1992: 20).

Eigentumsrechte, die zu einem Marktversagen führen, werden ausgeschlossen[91]. Vollständige Märkte sind dabei insbesondere in Verbindung mit verschiedenen Pareto-Optima unter wohldefinierten Bedingungen wichtig, wobei oftmals unbetont bleibt, daß Märkte *ein* bestimmtes Mittel sind, Effizienz unter restriktiven Bedingungen zu erreichen (SOHMEN 1976). Deshalb ist es aus theoretischer Sicht nicht völlig korrekt zu sagen, daß eine Politikmaßnahme alleine schon deshalb effizient ist, weil sie Marktaktivitäten fördert.

Aus der Sicht der neoklassischen Ökonomik stellen Ressourcen ein knappes Gut dar, welches effizient auf alternative Verwendungsmöglichkeiten aufgeteilt werden muß (*ökonomisches Prinzip*). Die Managementregeln der Neoklassik für den Umgang mit Ressourcen beziehen sich auf zwei unterschiedliche Ebenen: Zum einen wird ein makroökonomischer Blickwinkel eingenommen, zum anderen wird eine mikroökonomische Perspektive aus der Sicht der Nutzer gewählt. Beide Sichtweisen sind strikt anthropozentrisch. Als operationalisierte Größe des gesamten Umwelt- und Ressourcennutzens wird die auf einem (fiktiven) Markt geäußerte Zahlungsbereitschaft betrachtet (ENNEKING 1999).

Vor diesem Hintergrund ist die Rolle der Ökonomik darin zu sehen, nach einem rationalen Kalkül für die Ressourcennutzung zu suchen (BECKER 1982). Dabei greift der Ökonom auf Kosten-Nutzen-Vergleiche zurück und versucht Wohlfahrtsmessungen für ein einzelnes Individuum und für die Gesellschaft als Ganzes zu ermitteln. Das Ziel ist, Regeln und Handlungsweisen zu finden, die die Wohlfahrt steigern (SOHMEN 1976). Die Ressourcennutzung kann als erweitertes Konsum-Produktions-Problem interpretiert werden.

Die Frage nach den Bedürfnissen bzw. Nutzen des Menschen wird in der Neoklassik als eine Frage der Wohlfahrt formuliert. Intergenerationelle Gerechtigkeit kann z.B. durch eine Gleichgewichtung von gegenwärtiger und in Zukunft entstehender Wohlfahrt ausgedrückt werden. Dies entspricht dem Verzicht auf Diskontierung. Werden dennoch Diskontierungen vorgenommen, so handelt es sich dabei in den meisten Fällen um den Kapitalzinssatz, der das potentielle Wachstum des menschengemachten Kapitals angibt. In diesem Fall zeigt eine Diskontrate an, ob die Investition in ein bestimmtes Projekt mehr Nutzen stiften wird, als die potentielle Alternative (HAMPICKE 1991).

Aus ethischen Überlegungen scheint die Diskontierung des natürlichen Kapitals fragwürdig, weil es bei der Maximierung des Nutzens der gesamten Gesellschaft keine alternative Verwendungsmöglichkeit gibt. Eine Alternativenwahl ist aber die Voraussetzung für die Anwendung der Methode der Diskontierung. Falls wir das Schicksal der nachfolgenden Generationen sowie der derzeit Armen und Machtlosen bei heutigen Handlungen gering schätzen, so handeln wir aus einer Machtposition heraus. Die Diskontierung kann dazu führen, daß sowohl Kosten als auch Nutzen künftiger Generationen bei den aktuellen Entscheidungen nahezu unberücksichtigt bleiben: Bei einer Diskontrate von z.B. 5% fließen Kosten und Nutzen, die hundert Jahre später auftreten, mit einem Gegenwartswert von weniger als einem Hundert-

[91] Erst die neuere Institutionenökonomik endogenisiert einige der ausgeschlossenen bzw. externen (Marktsystem-) Effekte (vgl. RICHTER 1994).

dreißigstel ihres Zukunftswerts bei den heutigen Entscheidungen mit ein (SÖLLNER 1993). Aus diesem Grund impliziert die utilitaristische Entscheidungsregel des Wohlfahrtsoptimums die relativ schnelle Erschöpfung der Vorräte nichterneuerbarer Ressourcen. Das hierdurch auftretende Problem der intergenerationellen Gerechtigkeit wird mit dem Hinweis auf die mögliche Substitution dieser Ressourcen durch andere natürliche bzw. menschengemachte Ressourcen, die durch den technischen Fortschritt zur Verfügung stehen werden, verworfen.

Einen weiteren wichtigen Punkt stellen die Annahmen zur Substitutionsbeziehung von natürlichem Kapital und menschengemachtem Kapital dar (SOLOW 1974). Das Ergebnis dieser Überlegungen der Neoklassik ist das sogenannte „*Substitutionsparadigma*" (HAMPICKE 1992: 32). Dabei wird darauf verzichtet, daß es ein sogenanntes „kritisches natürliches Kapital" gibt, für das keinerlei Substitutionsbeziehungen zu menschengemachtem Kapital bestehen. TURNER (1993: 10 f.) klassifiziert diesen Ansatz als *very weak sustainability*. Gemeinhin wird in der Neoklassik angenommen, daß erschöpfbare Ressourcen inessentiell oder unnötig für die Produktion sind. Dynamisch betrachtet können Fortschritte beim Recycling und Effizienzsteigerungen essentielle Produktionsfaktoren in nicht-essentielle umwandeln. Dieser Auffassung liegt eine außerordentlich optimistische Haltung bezüglich technologischer Fortschritte zugrunde, die von der Ökologischen Ökonomie nicht geteilt wird (COSTANZA ET AL. 1991).

Natürliches Kapital wird in der neoklassischen Theorie als konventioneller Kapitalstock betrachtet. Insofern stellt sich die Frage nach einer nachhaltigen Ressourcennutzung als Optimierungsproblem zwischen verschiedenen Kapitalanlagemöglichkeiten. Die Problematik eines überlebenswichtigen kritischen Naturkapitals[92] und dessen Funktionen innerhalb unterschiedlicher Ökosysteme wird dagegen selten bzw. gar nicht thematisiert. Für diese Art von Ressourcen erscheint aber eine Entscheidung auf Grundlage der neoklassischen Kosten-Nutzen-Analyse fragwürdig[93].

Pflanzengenetische Ressourcen werden in der neoklassischen Umwelt- und Ressourcenökonomik als erneuerbare Ressourcen behandelt[94]. Die Theorie erneuerbarer Ressourcen beschäftigt sich vor allem mit natürlichen Wachstumsfunktionen von Populationen (vornehmlich behandelt am Beispiel von Fischen[95]), dem maximal nachhaltigen Ertrag einer Population, der auf die Gegenwart diskontierten Gewinnmaximierung des Produzenten, der Grenzbetrachtung (d.h. das

---

[92] Eine kritische Auseinandersetzung über den Begriff Naturkapital ("natural capital") liefern HINTERBERGER ET AL. (1997), die an dessen Stelle das "material input per unit of service" (MIPS)-Konzept vorschlagen.

[93] Vgl. hierzu die Ausführungen in Kapitel 3.3.

[94] Die Ressourcenökonomik untersucht in Abgrenzung zur Umweltökonomik, die sich mit den externen Effekten der Umweltnutzung auseinandersetzt, die natürliche Umwelt in ihrer Rolle als Lieferant von Inputs für die Ökonomie, wobei zwischen erneuerbaren (z.B. Tier- und Pflanzenarten) und nichterneuerbaren Ressourcen (z.B. Erdöl) unterschieden wird.

[95] Der grundlegende Artikel wurde von GORDON (1954) verfaßt.

Optimum ist dort, wo der Grenzgewinn gleich den Grenzkosten ist[96]), Diskontraten[97] sowie kurzen Zeithorizonten (max. 30-40 Jahre), und ist charakterisiert durch die Nichtsättigungshypothese (Wachstumsparadigma), die Annahme der unendlichen Teilbarkeit (Divisibilität) der Ressourcen und die Vernachlässigung von Irreversibilitäten (VEDELD 1994). Offensichtlich ist hierbei die Dominanz quantitativer Lösungen. Für den Erhalt und die nachhaltige Nutzung PGRFA sind darüber hinaus konzeptionelle Lösungen impliziert.

Bei der extraktiven Nutzung regenerativer Ressourcen kommt es zu einer Reproduktion der Ressourcen, wenn auch in qualitativen und quantitativen Grenzen. Dies bedeutet normativ, daß bei einer Nutzung erneuerbarer Ressourcen die Extraktionsrate die Regenerationsrate nicht übersteigen darf (BINSWANGER 1995: 2). Ist die Extraktion dauerhaft höher als die natürliche Regenerationskapazität, liegt eine Übernutzung vor. Die Übernutzung erneuerbarer Ressourcen kann gleichzeitig zu ökonomischen Engpaß- bzw. Anpassungsproblemen als auch zu ökologischen Belastungs- und Destabilisierungsrisiken führen (JAEGER 1994: 101). Die Abholzung tropischer Regenwälder, die oftmals zu Bodenerosion führt, verdeutlicht dies.

Überschreitet die Abbaurate die natürliche Wachstumsrate nicht oder nur kurzzeitig, und gibt es außerdem keine qualitativ schädigenden Eingriffe in die Ressourcennische, so ist eine nachhaltige Ressourcenbewirtschaftung denkbar. Der „Maximum Sustainable Yield" (MSY) kennzeichnet dabei die maximale natürliche Regenerationsmenge einer Ressource pro Periode, die dauerhaft abgeschöpft werden kann, ohne daß der Bestand vermindert wird. Diese Form der nachhaltigen Nutzung ist für die neoklassische Ressourcenökonomik auch ökonomisch optimal (JAEGER 1995)[98].

Dem widerspricht HAMPICKE (1992: 76 ff.) insofern, als er zeigt, daß die Wachstumsrate der Ressource zum Zeitpunkt der Entnahme größer und nicht gleich dem Zinssatz sein muß, damit eine dauerhafte Nutzung gewährleistet ist. Nur im Sonderfall einer zinslosen Wirtschaft und ohne das Auftreten von Abbaukosten fällt die ökonomisch optimale Nutzungsrate mit dem MSY zusammen[99]. Aus dem Gesagten lassen sich drei Schlußfolgerungen ziehen:

---

[96] PEARCE/TURNER (1990) bezeichnen als fundamentale Regeln der optimalen Nutzung erneuerbarer Ressourcen, daß „the immediate marginal gain from an increase in the current harvest of the resource must be equal to the present value of the future losses in rental brought about by that change".

[97] „... the marginal productivity of the resource plus the growth of the marginal capital gain should equal the discount rate" (PEARCE/TURNER, 1990).

[98] JAEGER (1994: 66 f.) argumentiert, analog zur Hotelling-Regel (HOTELLING 1931), daß sich im Optimum die Summe aus *user costs* und Extraktionskosten auf der einen Seite und der Verkaufspreis auf der anderen Seite entsprechen müssen. Im Periodengleichgewicht muß die Aufrechterhaltung des Ressourcenbestandes mit der Attraktivität von anderen Vermögensanlagen identisch sein. Andernfalls würden sich die *user costs* anpassen. Eine ökonomisch optimale Ressourcennutzung führt demnach nicht zu einer fortwährenden Übernutzung und ist daher als unproblematisch zu bezeichnen. Implizit bedeutet dies, daß der MSY auch ökonomisch optimal sei.

[99] Auf eine Vertiefung des zweifelsohne interessanten Gedankengangs wird hier verzichtet, weil nur gezeigt werden sollte, welche Problematik in der Ressourcenökonomik im Vordergrund steht. Für eine weitergehende Beschäftigung sei HAMPICKE (1992: 80-86) empfohlen.

- der Bestand des maximalen nachhaltigen Ertrags (MSY) ist von keiner besonderen ökonomischen Relevanz
- ökonomische Nutzung und Arterhalt sind durchaus miteinander vereinbar[100];
- aus Sicht der neoklassischen Umwelt- und Ressourcenökonomik kann es so etwas wie eine „optimale Ausrottung" geben. Dies ist genau dann der Fall, wenn der Zins höher als die maximale Eigenertragsrate einer Art ist

Nach Auffassung eines renommierten Vertreters der neoklassischen Theorie (BECKERMAN 1994) versteckt sich hinter dem Begriff der Nachhaltigkeit das folgende: „... to maximise the present value of welfare over whatever time period is regarded as relevant given one's views on intergenerational justice". Individuelles Rationalverhalten führt bei vollkommenen Märkten zu einer nachhaltigen Ressourcennutzung. Hierbei läßt sich eine offenkundige Inkonsistenz in der neoklassischen Ökonomie nicht übersehen (HAMPICKE 1992: 370 f.): In der Theorie wird angenommen, daß sich ein Individuum im Umgang mit Privatgütern ehrlich und kooperativ verhält, mit öffentlichen Gütern hingegen unkooperativ umgeht. In der Realität beobachtet man aber die scheinbar paradoxe Situation, daß ein Individuum, das auch in Situationen ohne Sanktionsdruck das Privateigentum anderer respektiert, aus *normativen* Gründen ebenfalls öffentliche Güter in ihrer Unversehrtheit respektiert und nicht als *„free-rider"* auftritt.

Die Neoklassik versteht sich in ihren Ergebnissen frei von ethischen Implikationen und sieht ihren Beitrag darin, rein technische Entwicklungspfade oder -programme vorzuschlagen. Nachhaltigkeit sagt demnach nichts darüber aus, ob ein Pfad auch gesellschaftlich wünschenswert ist (BECKERMAN 1994). Die Operationalisierungsregel der Neoklassik folgt mithin der Hicks'schen Erkenntnis, daß die Sicherung des Konsumniveaus pro Kopf von der Konstanthaltung des Gesamtkapitalstocks abhängt, wobei natürliche Ressourcen hierbei nicht berücksichtigt wurden (BECKERMAN 1994).

Es wird jedoch nicht berücksichtigt, daß für die Hicks'sche Regel eine Substitutionselastizität von ∞ erforderlich ist. Die entsprechende Isoquante hat einen linearen Verlauf. Weist die Isoquante einen zum Ursprung konvexen Verlauf auf und ist die Substitutionselastizität kleiner ∞, so ist die Konstanthaltung des Gesamtkapitalstocks nicht gleichzeitig mit einer Konstanthaltung des Einkommensniveaus verbunden. Letzteres kann bei gleicher Bestandsgröße, aber unterschiedlicher Zusammensetzung von natürlichem Kapital und menschengemachtem Kapital höher oder auch geringer als das Ausgangsniveau sein.

Die neoklassische Theorie beschäftigt sich mit relativen Knappheiten, d.h. sie vernachlässigt die Problematik absoluter Begrenztheit[101], insbesondere in Bezug auf das globale Ökosystem (BOULDING 1980; GOODLAND ET AL. 1992). Das gleiche trifft für

---

[100] Bei einem Marktpreis von Null existiert kein unmittelbarer Anreiz, eine Art zu nutzen oder auszurotten; es gibt aber auch keinen ökonomischen Grund, ihre Ausrottung, etwa bedingt durch die Zerstörung oder Umwidmung ihres Lebensraums, zu verhindern.

[101] Vgl. hierzu die Diskussionen um die „Grenzen des Wachstums" des Club of Rome (MEADOWS ET AL. 1972; 1993).

den ökonomischen Wert eines Gutes zu. Der ökonomische Wert ist ein relatives Konzept, mit dem verschiedenartige Güter wie Äpfel und Autos miteinander verglichen werden können. Berücksichtigt man die unterschiedlichen monetären Budgetbeschränkungen der Individuen, so haben reiche Menschen einen wesentlich größeren Einfluß auf ökonomische Werte als Arme. Dabei haben Geldwerte den großen Vorteil, daß sie es ermöglichen, verschiedene Alternativen in eine Reihenfolge zu bringen und in Bezug zu anderen Projekten die Opportunitätskosten jeder Option zu vergleichen[102]. Ökologen erheben jedoch zumeist vier schwerwiegende Einwände gegen die monetäre Bewertung natürlicher Ressourcen (YOUNG 1992: 24):

1. Marktpreise reflektieren die Preise, die der Konsument als Ableitung der aggregierten Nachfrage- und Angebotsfunktion bezahlen will *und* kann. Es wird angenommen, daß die Konsumenten die besten Richter über den Wert natürlicher Ressourcen sind und daß Interessen der Gemeinschaft irrelevant sind

2. Den Konsumenten wird von seiten der Ökonomie unterstellt, daß sie den Wert ökologischer Leistungen verstehen, der aus dem Zusammenspiel vieler abiotischer und biotischer Ressourcen resultiert

3. Die Techniken, die bei der ökonomischen Bewertung eingesetzt werden, tendieren dazu, viele Fragen der Gerechtigkeit und Ethik zu ignorieren. Die meisten ökonomischen Studien gehen z.B. davon aus, daß die Werte durch den Wohlstand (verfügbares Einkommen) begrenzt sein sollten und daß die gegenwärtige Verteilung des Wohlstands weltweit optimal ist

4. Die Einschätzung des ökonomischen Werts aufgrund der hohen Verzerrung (z.B. durch Subventionen) existierender Marktpreise wird stark angezweifelt

Die Aussagen des neoklassischen Modells sind - wie bereits gesagt - nur unter den sehr restriktiven Annahmen eines vollkommenen Marktes (Idealmodell[103]) gültig. Damit ist die empirische Relevanz vergleichsweise gering. In der realen Welt muß dagegen von unvollständigen Informationen, dem Auftreten externer Effekte und unklaren Eigentumsverhältnissen als Dauerfall ausgegangen werden. Dies gilt insbesondere für die institutionellen Rahmenbedingungen PGRFA.

Eine Politik der nachhaltigen Ressourcennutzung sollte auf dieser Grundlage bestehendes Marktversagen beseitigen. Eine wichtige Empfehlung der Neoklassik stellt in diesem Zusammenhang die Privatisierung des Ressourceneigentums dar. Dies ist aber bei „open access"-Gütern kaum umsetzbar, wie z.B. bei der Nutzung von Luft oder der Ozeane. Gerade deren Übernutzung macht einen wesentlichen Teil der Umwelt- und Ressourcenprobleme aus. Zur Internalisierung externer Effekte sollen marktkonforme Lösungen wie Abgaben dienen. Damit sind jedoch erhebliche Bewertungs- und Umsetzungsprobleme allein aus ökonomischer Perspektive verbunden (COSTANZA ET AL. 1989; PEARCE/TURNER 1990). Es gilt darüber hinaus zu berücksichtigen, daß die durch das gegenwärtige Ausmaß der Wirtschaft verursach-

---

[102] Vgl. hierzu Kapitel 2.4.

[103] Zur Diskussion über den Gebrauch von Idealmodellen in der neoklassischen Ökonomie vgl. KÖTTER (1986).

ten Externalitäten eine Größenordnung angenommen haben, die eine alleinige Marktlösung fraglich erscheinen läßt.

Dennoch dominiert in der neoklassischen Ökonomik die Überzeugung, daß Märkte viel besser als der Staat in der Lage sind, den Ressourcenverbrauch zu steuern. Die Gründe hierfür mögen darin liegen, daß Marktergebnisse unpersönlich sind und deshalb individuelle Konflikte vermieden werden. Darüber hinaus sind Märkte sehr schnell in der Entscheidungsfindung. Diese Eigenschaft wird in der politischen und/ oder administrativen Umgebung oftmals als zu komplex angesehen, um ein wirksames Eingreifen zu rechtfertigen[104].

Da externe Effekte in der neoklassischen Theorie zu Marktversagen führen, werden Institutionen als Substitute oder als Komplemente zu perfekten bzw. effizienten Märkten betrachtet. Hieraus entsteht nach SJÖSTRAND (1995: 20) das folgende Problem: „...the market is not regarded as an institution in itself, but is treated more as a kind of *preferable* (!) state“. In der vorliegenden Arbeit wird die Ansicht vertreten, daß erst der institutionelle Rahmen ein ökonomisches Marktergebnis erzeugt, das sich unter veränderten Bedingungen anpassen wird[105].

In dem rigiden neoklassischen Gleichgewichtsmodell entstehen Lösungsprobleme insbesondere dann, wenn externe Effekte ein Gleichgewicht verhindern. Da externe Effekte jedoch ubiquitär sind, ist ein theoretisch notwendiges Gleichgewicht in der Realität höchst unwahrscheinlich. Diese Problematik läßt sich auch nicht durch eine theoretisch geforderte Internalisierung der externen Effekte beseitigen, ohne einen passenden institutionellen Rahmen in Form von Gesetzen, Vertragsregelungen, kulturellen und religiösen Freiheiten sowie Managementregeln für eine Nachhaltigkeit zu schaffen (GAWEL 1994). Aufgrund der zentralen Bedeutung der *intertemporalen Allokation* natürlicher Ressourcen innerhalb der neoklassischen Ressourcenökonomik und der Externalisierung nicht-marktimmanenter Umwelt- und Ressourcenprobleme werden bedeutende Ressourcen ineffizient und ineffektiv eingesetzt.

Werden die bisher genannten fünf Annahmen der neoklassischen Theorie um das Pareto-Prinzip ergänzt, dann erhält man die Grundlagen der Wohlfahrtsökonomie (GANS/MARGGRAF 1997). Mit dem Kriterium der (potentiellen) Pareto-Verbesserung soll ohne zusätzliche normative Annahmen eine Aussage über die Vorzüglichkeit einer staatlichen Handlung getätigt werden können. Dieses Vorgehen wird jedoch durch die Problematik erschwert bzw. verhindert, daß verschiedene Pareto-optimale Zustände nicht miteinander verglichen werden können[106]. Dieses Dilemma versucht die Wohlfahrtsökonomie dadurch zu umgehen, daß sie die Nutzen der unterschiedlichen Gesellschaftsmitglieder zu einer *Sozialen Wohlfahrtsfunktion* aggregiert (BROMLEY 1989).

---

[104] Vgl. aber BUCHANAN/TULLOCK (1965) oder BUCHANAN (1975), die die Bedeutung einer effektiven Staatsverfassung schon frühzeitig erkannten.

[105] Vgl Kapitel 3.5.4.

[106] Dies gilt ebenfalls für den Vergleich von bestimmten Allokationspunkten, die nicht Pareto-optimal sind, mit Pareto-optimalen (GANS/MARGGRAF 1997).

Die neoklassische Theorie untersucht Entscheidungen von Regierungen, ob diese dem Effizienzkriterium (d.h. dem größten Netto-Nutzenüberschuß) unter den Nebenbedingungen von gegebenen Präferenzen, exogenen institutionellen Rahmenbedingungen und angemessener Einkommensverteilung genügt. Erfüllen die erreichten Ergebnisse aufgrund außergewöhnlicher Umstände nicht die erforderlichen Effizienzregeln, dann handelt es sich um die Redistribution von Einkommen (BROMLEY 1989). Dieser Zustand ist für den neoklassisch geschulten Ökonomen normal, da es kaum politische Instrumente (Zölle, Tarife, Subventionen, Abschöpfungen, Quoten etc.) gibt, die sich um die Einhaltung der ökonomischen Effizienz bemühen. Wie kann es aus der Sicht der Neoklassik überhaupt möglich sein, Effizienzurteile abzugeben, wenn die Einkommensverteilung nicht optimal ist[107]? Darüber hinaus existiert nicht *eine einzige* effiziente Politikauswahl, sondern für unterschiedliche Rahmenbedingungen jeweils ein anderer effizienter Punkt oder wie BROMLEY (1989) es formuliert: „What matters is not efficiency, but *efficiency for whom*?"

Neben den Annahmen der neoklassischen Theorie wird aus Sicht der Ökologischen Ökonomie vor allem deren Methodologie kritisiert, die sich aus drei Schritten entwickeln läßt (BRUNS 1995):

1. Abstraktion von der Wirklichkeit;
2. Quantifizierung dieser abstrakt gewonnenen Größen;
3. Ableitung von Gesetzen durch mathematische Methoden.

Die neoklassische Methode geht von Definitionen und Regeln aus, nimmt anschließend Deduktionen vor, die sie schließlich als Ergebnisse der Deduktionen interpretiert[108]. Es handelt sich dabei nicht um eine Beschreibung der Realität wie das Beispiel negativer externer Effekte zeigt, sondern lediglich um eine Definition derselben. Substantielle und wichtige Thesen zum Umwelt- und Ressourcenproblem beruhen nicht auf der neoklassischen Methode, d.h. auf formalen Deduktionen, sondern auf empirisch fundiertem Wissen und klugen Argumenten, deren Gültigkeit von den deduktiven Analysen völlig unabhängig ist (BRUNS 1995).

Aus dem konkreten Problem der Verhinderung von Schäden an der natürlichen Umwelt und den Menschen wird in der neoklassichen Umweltökonomie das theoretisch-begriffliche Problem, wie ein theoretisch nicht erfaßtes Phänomen in eine Theorie durch Definition integriert und innerhalb der Theorie formal gelöst werden kann (externe Effekte). Die neoklassische Umwelt- und Ressourcenökonomik ist in ihrer gesamtgesellschaftlichen Gleichgewichtsanalyse um den Begriff des – theoretisch –

---

[107] DEMSETZ (1967) bezeichnet das Effizienzideal des Pareto-Optimums als „nirvana approach".

[108] Es kann gezeigt werden, daß die Wohlfahrtsökonomik gerade die Allokationsnormen postuliert, die dann und nur dann erfüllt sind, wenn die Ökonomie sich so verhält, wie die neoklassische Theorie sie beschreibt. Unter bestimmten restriktiven Annahmen, die eine Situation vollständiger Konkurrenz beschreiben, ist die Marktwirtschaft effizient. Der Marktmechanismus führt zu einem allgemeinen Gleichgewicht, das pareto-optimal ist, solange Marktversagen (Externalitäten, natürliche Monopole, öffentliche Güter etc.) nicht auftreten (*Erster und Zweiter Hauptsatz der Wohlfahrtsökonomik).* Es wird also genau das gleiche Kriterium zur Erklärung und zur Bewertung verwendet. Dem Allokationsoptimum wird gewissermaßen eine naturgesetzliche Eigenschaft verliehen, die ökonomischen Prozessen innewohnt (HINTERBERGER 1998).

„richtigen“ Preises zentriert und läßt Aspekte wie Unwissenheit, Unfähigkeit, Egoismen etc. außer Acht. Damit wird das Umwelt- und Ressourcenproblem nicht als Problem der Zerstörung der natürlichen Lebensgrundlagen des Menschen aufgefaßt, sondern als eine Ineffizienz bei der Güterverwendung. Internalisierung externer Effekte bedeutet mithin ökonomische Allokationsoptimierung und nicht Schadensvermeidung oder –ausgleich. Verteilungs- und Gerechtigkeitsfragen sind wenig relevant (Bruns 1995).

Für Kapp (1958 [1950]), der sich schon sehr früh für eine ökologische und sozial fundierte Ökonomik aussprach, impliziert der Gebrauch des Wortes Externalitäten im wörtlichen und geschichtlichen Kontext,

> „problems that are exceptional rather than pervasive, and outside rather than systemic. Neoclassical assumptions and concepts related to externality do not reveal but conceal, resulting in misleading and apologetic conclusions. The fact of the matter is that social costs are not minor exceptions to the rule but are typical phenomena. As part of neoclassical theory, externality also assumes an exogenous institutional structure, when in fact there is a built-in tendency for the market to generate externalities. The theory of social costs has always regarded this positivistic acceptance of institutions as a severe self-imposed limitation on neoclassical analysis.“

Ein weiterer wichtiger Kritikpunkt der Ökologischen Ökonomie an der Vorgehensweise neoklassischer Ökonomen ist, daß sie in ihren wirtschaftspolitischen Empfehlungen oftmals die systemischen Anreize in einer Marktökonomie verschweigen, Kosten mit allen Mitteln zu vermeiden. Je stärker der Wettbewerb innerhalb der Ökonomie ist, desto größer ist der Druck für eine Kostenvermeidung. Wenn ein Unternehmen seine Kosten erfolgreich reduzieren konnte, sinken diese oftmals in der Gewinn- und Verlustrechnung. Die sozialen Opportunitätskosten der Produktion bleiben davon aber unberührt. Die Kosten für die Gesellschaft können sich sogar erhöhen, falls Unternehmen ethische oder rechtliche Regeln überschreiten und es lohnend finden, darüber Mißinformationen zu verbreiten. Die dabei verbrauchten Ressourcen und die Ressourcen, die die Gesellschaft aufwendet, um wertvolle Informationen zu produzieren, bezeichnet man als „deadweight social costs“ (Swaney 1987: 1760). Solche individuellen Kostenreduktionen, die mehr durch kurzfristige Vermeidung von Kosten als durch deren Reduktion entstehen, werden als „cost shifting“ (Swaney 1987a) bezeichnet.

Man kann z.B. drei Typen von Kostenverschiebungen („cost shifting“) in der Landwirtschaft identifizieren, die weder unabhängig voneinander sind noch erschöpfend dargestellt werden können:

1. die direkt ethische Standards verletzen wie z.B. die Produktion von landwirtschaftlichen Gütern mit Agrartechniken, die für hohe Erosionen sorgen
2. die einfach technologische Fortschritte übernehmen wie z.B. Hochertragssorten, die enormen Bedarf an Inputfaktoren auf petrochemischer Basis haben
3. die so extreme Umweltdegradationen verursachen, daß die Gesellschaft gezwungen ist, die Produktion von vormals kostenlosen lebenserhaltenden Funktionen zu übernehmen

Zusätzlich zu dieser Kostenverschiebung schafft ein auf strengen Wettbewerb ausgerichtetes Marktsystem[109] zusätzliche soziale Kosten in Form von Förderung der Arbeitsmobilität und vom Markt definierter Werte (SWANEY 1987a; PRETTY 1998). Eine Gesellschaft ist dagegen von sozialen Bedürfnissen geprägt, die ihrerseits nicht ausschließlich durch die aggregierten individuellen Wünsche und Zahlungsbereitschaften bestimmt sind. SWANEY (1987a) faßt das folgendermaßen zusammen: „Society is organic: the distribution of wealth and power is unjust; integrity of environmental life support systems is beyond the reach of individuals; and future generations are society's responsibility."

Die traditionelle Wohlfahrtsökonomie besitzt aus Sicht der Ökologischen Ökonomie ein weiteres Problem. PEARCE/ TURNER (1990) z.B. identifizieren vier Funktionen der natürlichen Umwelt: 1.) Angebot natürlicher Güter wie Landschaften, unberührte Gebiete etc.; 2.) Inputs für die Produktion ökonomischer Güter; 3.) Auffangbecken für Abfälle sowie 4.) Bereitstellung von Lebenserhaltungsfunktionen. PEARCE geht davon aus, daß die ersten drei Funktionen von der traditionellen Wohlfahrtsökonomie adäquat berücksichtigt werden können, die Lebenserhaltungsfunktionen aber nicht. Diese können deshalb nicht in das neoklassische Modell eingepaßt werden, weil sie nicht durch die Wirtschaft produziert werden (es existieren keine Preise) und räumlich und zeitlich unteilbar sind.

Für die Fragestellung der Arbeit sind neben der ökonomischen Theorie des institutionellen Wandels die Ethik und Ökologie von herausragender Bedeutung. Die wesentlichen Merkmale der beiden zuletzt genannten Disziplinen sind die Begrenzung des globalen Ökosystems, Langfristigkeit, Unsicherheit und Irreversibilitäten (Ökologie) sowie - die hier unterstellte - anthropozentrische Verantwortung für zukünftige Generationen (Ethik). Wie aus den bisherigen Ausführungen ersichtlich wird, wurde die neoklassische Ökonomik nicht in erster Linie dafür entwickelt, mit den Umwelt- und Ressourcenproblemen der Gegenwart umzugehen. Da wir es heutzutage mit einer neuen Kategorie von Problemen zu tun haben, erscheint es auch sinnvoll, sich mit den Alternativen des neoklassischen Paradigmas auseinanderzusetzen. Die Irreversibilität vieler Umwelteinflüsse – hierzu zählt z.B. der Verlust pflanzengenetischer Ressourcen – ist daher nur eine wichtige Ursache, die an der konventionellen ökonomischen Herangehensweise Zweifel aufkommen läßt, alle (Umwelt-) Güter in monetären Einheiten ausdrücken und substituieren zu können.

Im Zusammenhang mit Umwelt- und Ressourcenproblemen werden ethische und ideologische Streitfragen immer häufiger akzentuiert. Gesetzt den Fall, daß die Auswirkungen eines Gütertausches aufgrund monetärer Bewertung akzeptiert werden, bleibt die Höhe des Preises, zu dem dieser Handel stattfinden soll, stets offen. Es existieren ethische Gründe, z.B. die Verfügbarkeit bestimmter natürlicher Ressourcen wie gesunder Luft und ein ausreichendes Nahrungsangebot für zukünftige Generationen („intergenerationelle Gerechtigkeit") zu bewahren, aus denen man einen infiniten Preis für irreversible Schäden an der natürlichen Ressourcenbasis fordern kann. Da diese irreversiblen Prozesse für die Bewahrung pflanzengenetischer Ressourcen eine wichtige Rolle spielen, muß ein realitätsnahes,

[109] Die „Globalisierung" der Märkte ist dabei sicherlich eine Extremform des Wettbewerbsdrucks.

für politische Entscheidungen relevantes ökonomisches Modell solche Überlegungen mitberücksichtigen[110].

Falls natürliche Ressourcen, wie im vorliegenden Fall, eine Vielzahl von wesentlichen Umweltfunktionen für den Menschen erfüllen, dürfen diese nicht nur als Inputfaktoren in den ökonomischen Prozeß betrachtet werden, sondern müssen in der ganzen Fülle ihrer Leistungen berücksichtigt werden[111] (BARBIER 1989). Die Gesamtleistungen der Umweltfunktionen sind dabei nicht von einer einzigen Wissenschaftsdisziplin alleine zu begreifen. Ein interdisziplinärer Wissenschaftsansatz erfordert aber, die Bereitschaft und Möglichkeit zur Kommunikation zwischen den einzelnen Disziplinen. Hier hat die neoklassische Umwelt- und Ressourcenökonomik Defizite, da es eher unüblich ist, sich mit ethischen Grundsatzüberlegungen und Ursachen ökologischer Probleme in ihrem systemischen Zusammenhang auseinanderzusetzen. Das Resultat ist, daß die meisten Disziplinen – da bildet die neoklassische Ökonomik nur ein Beispiel unter vielen – keine gemeinsamen Kommunikationsebenen geschaffen haben. Dies ist gleichfalls eines der größten Probleme für den Erhalt und die nachhaltige Nutzung pflanzengenetischer Ressourcen.

Zusammenfassend lassen sich drei zentrale Kritikpunkte an der neoklassischen Umwelt- und Ressourcenökonomik üben, die für die Erhaltung und nachhaltige Nutzung pflanzengenetischer Ressourcen essentiell sind:

1. *Natürliche Grenzen werden ignoriert*: Die Endlichkeit natürlicher Ressourcen wird aufgrund der Möglichkeit der Substitution und des ressourcensparenden technischen Fortschritts für ökonomisch irrelevant gehalten. Die Substituierbarkeit einzelner natürlicher Ressourcen impliziert nicht die Substituierbarkeit aller verwertbarer Ressourcen. Hier gerät man in einen logischen Zirkel. Darüber hinaus sind dem technischen Fortschritt gewisse naturgesetzliche Grenzen gesetzt[112] – vor allem hinsichtlich der Höhe und der Art der genutzten Energie –, die auch nicht durch Sonnenenergie zu überwinden sind. Deshalb kann der Frage intergenerationeller Gerechtigkeit nicht mit dem Hinweis auf den technischen Fortschritt oder Substitutionsmöglichkeiten ausgewichen werden.
2. *Wichtige Interdependenzen werden außer acht gelassen*: Es wird jeweils die Nutzung einzelner Ressourcen analysiert, wobei häufig übersehen wird, daß ein komplexes Beziehungsgeflecht zwischen den verschiedenen Tier- und Pflanzenarten und ihren abiotischen Lebensbedingungen besteht. Eine neoklassisch optimale Lösung läßt sich häufig kaum bestimmen. Zudem erscheint die Trennung zwischen Ressourcen- und Umweltökonomik unangemessen, da alle Ressourceninputs früher oder später zu Ressourcenoutputs werden, da ein fester Zusammenhang zwischen Rohstoffverbrauch und Schadstoffausstoß existiert.
3. *Die wichtige Rolle der Zeit wird vernachlässigt*: Dem Faktor Zeit fehlt in neoklassischen Modellen der Charakter der realen historischen Zeit. Zum einen gibt es keine echte Unsicherheit; in den Fällen, in denen keine sichere Kenntnis der

---

[110] In Kapitel 3.2 folgt daher eine Auseinandersetzung mit dem Verantwortungs- und Vorsorgeprinzip.

[111] Vgl hierzu Kapitel 3.3.1.

[112] Siehe Kapitel 3.3.1.

zukünftigen Entwicklung unterstellt wird, wird vorausgesetzt, daß alle möglichen zukünftigen Situationen und deren Eintrittswahrscheinlichkeiten in Form einer Wahrscheinlichkeitsverteilung bekannt sind, so daß es keine Überraschungen geben kann. Zum anderen wird implizit stets von einer Reversibilität der Prozesse ausgegangen, die dem Inkrementalismus der Neoklassik zugrunde liegt. Alle Prozesse verlaufen demnach in infinitesimalen, qualitativ identischen und reversiblen Schritten. Es existieren keine kritischen Schwellenwerte, jenseits derer sich Systeme so grundsätzlich ändern, daß eine Rückkehr in den vorherigen Zustand nicht mehr (oder nur mit enormem Energieaufwand) möglich ist. Es ist offensichtlich, daß eine solche Annahme im vorliegenden Fall sehr problematisch ist, da pflanzengenetische Ressourcen nach ihrem Verlust irreversibel verloren sind. Die Gefahr nicht wiedergutzumachender, katastrophaler Schäden wird mithin ignoriert bzw. akzeptiert.

Das vorliegende Kapitel 3.1 soll nicht dahingehend mißverstanden werden, daß die gesamte neoklassische Ökonomik als unbrauchbar abgestempelt wird. Es gilt vielmehr, ein Raster zu entwickeln, das darüber Aussagen machen kann, wann ökonomische Werkzeuge und Methoden hilfreich sind und zu brauchbaren Lösungsansätzen führen und wann dieselben Werkzeuge und Methoden eher zur Lösung der „falschen" Probleme (DÖRNER 1989) beitragen. Ein mögliches Raster wird in der folgenden Tabelle 3-1 vorgestellt.

Tabelle 3-1: Charakteristika von Entscheidungsproblemen und die Relevanz ökonomischer Werkzeuge und Methoden

Charakeristika	**Ökonomik relevant**	**Ökonomik weniger relevant**
1. Zahl der Ziele	eins	Mehrere
2. Zahl der Entscheidungskriterien	eins	Mehrere
3. Zeithorizont	Kurz	Lang
4. Vorhersageunsicherheit	Niedrig	Hoch
5. Potential für Irreversibilitäten	Niedrig	Hoch
6. Potential für die Entstehung physischer Beeinträchtigungen	Niedrig	Hoch
7. Potential für die Aggregation biogeophysischer Daten ohne die Schaffung signifikanter Informationsverluste	Niedrig	Hoch
8. Berücksichtigung relevanter Dinge, die nicht adäquat vom Markt erfaßt werden	Niedrig	Hoch
9. Substitutionsfähigkeit	Hoch	Niedrig
10. Zustimmung für die ökonomische Bewertung ökologischer Leistungen	Hoch	Niedrig
11. Potential für die Berücksichtigung ethischer Werte zusammen mit monetären Werten	Hoch	Niedrig

Quelle: GLASSER/CRAIG 1999

Komplexe ökologisch-ökonomische Sachverhalte, mit einer langfristigen Perspektive und hohen Unsicherheiten und Irreversibilitäten, d.h. exakt die Charakteristika der in dieser Arbeit behandelten Problematik des globalen Verlusts pflanzengenetischer Ressourcen, bedürfen nach diesem Raster einer anderen Methodik und anderer Werkzeuge. Die Ökologische Ökonomik bietet in dieser Hinsicht eine noch darzulegende mögliche Alternative.

3.2 Ethik: Vedrantwortung für zukünftige Generationen

Die Ökologische Ökonomie kann für sich keine privilegierte Stellung in Hinsicht auf eine umfassende Umweltethik beanspruchen. Die in der Ökologischen Ökonomie diskutierte Bandbreite ethischer Ansätze reicht von einer treuhänderischen Verwaltung[113] der Natur, über einen schwachen Anthropozentrismus (NORTON 1984) bis zum GAIA-Konzept (LOVELOCK 1974) und der Tiefenökologie (deep ecology) (TURNER 1988). In diesem Kapitel wird eine ethische Konzeption vorgestellt, die in Folge der Bedeutung einer Zukunftsethik als Grundlage für eine erfolgreiche nachhaltige Entwicklung aus Sicht der Ökologischen Ökonomie gelten kann. Hierbei handelt es sich um die Verantwortungsethik von HANS JONAS (1979). Es wird dabei nicht der Versuch unternommen, eine Antwort auf die Frage zu finden, ob der von JONAS gewählte ethische Ansatz der einzig richtige für eine Gesellschaft sein kann und soll, die sich der Vision einer nachhaltigen Entwicklung verpflichtet fühlt. Sein Beitrag stellt jedoch eine solide Basis für den darauffolgenden Abschnitt dar, in dem der Frage nachgegangen wird, inwiefern das Vorsorgeprinzip (precautionary principle) und ein Safe Minimum Standard (SMS) dem Postulat der Verantwortung für zukünftige Generationen gerecht werden können. Wie bereits in Kapitel 2.1.2 erwähnt, ist das Vorsorgeprinzip explizit in der Präambel der CBD und in der Rio-Deklaration (1992) genannt und somit von gesellschaftlicher Bedeutung, national wie international.

HANS JONAS hat auf die aus den technischen Möglichkeiten erwachsende Verantwortung der Gesellschaft für zukünftige Lebensbedingungen hingewiesen und damit eine empirische – aus der vorhandenen Macht der Technik resultierende – Begründung einer Ethik der Zivilisation gegeben (BOGAI 1989: 8).

JONAS macht in seinem Buch „Das Prinzip Verantwortung“ (1979) den Versuch einer, wie er sagt, fundamental neuen Ethik, die für die vorliegende Fragestellung von großer Bedeutung ist. Nach JONAS ist es das Wesen jeglicher Ethik[114], einen ordnenden Rahmen für die Handlungen des Menschen zu schaffen. Seine *Grundthese* ist, daß sich Dimension und Qualität menschlichen Handelns im technologischen Zeitalter gegenüber früheren Epochen grundlegend gewandelt haben. Dies muß daher auch Berücksichtigung in einer Ethik für die Gegenwart und Zukunft finden, wozu alle

---

[113] Siehe z.B. das Abkommen von 1994 zwischen der FAO und den Internationalen Agrarforschungszentren über die treuhänderische Verwaltung des Genbankenmaterials (Kapitel 2.1.1).

[114] Zum Thema Ethik stehen für ökonomische Überlegungen bisher insbesondere die Überlegungen der Deontologen (KANT), der Utilitaristen (BENTHAM, MILL, SIDGWICK) und der Vertragstheoretiker (RAWLS) im Mittelpunkt. Zur Natur- und Umweltethik vgl. die Sammelbände von BIRNBACHER (1986) und KREBS (1997). Zum Thema Verantwortung für zukünftige Generationen vgl. den auf dem Utilitarismus aufbauenden Beitrag von BIRNBACHER (1988).

bisherigen Ethiken als von alten Handlungsbedingungen ausgehend nicht in der Lage sind.

Die neue Dimension im menschlichen Handeln des technologischen Zeitalters: In den vortechnologischen Epochen war laut JONAS im Bewußtsein der Menschen Zielsetzung und Wirkung zwischenmenschlichen Handelns ausschließlich auf die räumliche und zeitliche Nähe des handelnden Individuums begrenzt. Das Wissen um die Wirkungen dieses Handelns als Grundlage für das Abschätzen eines sittlich Guten oder Schlechten – eine vortechnologische Ethik also – war gering. Der Einzelne allein hatte die direkten Folgen seines Handelns zu verantworten.

Alle bisherigen Ethiken sind von diesen vortechnologischen Handlungsbedingungen ausgegangen und demzufolge notwendigerweise anthropozentrisch. Sie richten sich an das Individuum und können so nur den Nahbereich zwischenmenschlicher Handlungen betrachten und bewerten. Für den zwischenmenschlichen Bereich mag dieses nach JONAS selbst im technologischen Zeitalter sinnvoll sein. Etwas anderes ist aber für seine Überlegungen zur Verantwortung entscheidend: Mit dem Dualismus Descartes', der die Natur zum bloßen Objekt für die Selbsterkenntnis des Menschen als einzig Geistiges in der Welt degradiert, begann im 17 Jh. eine folgenschwere Verdinglichung der Natur. Durch die Aufklärung zum Ende des 18. Jh. und den in ihrem Gefolge aufkommenden Naturwissenschaften wird der Natur durch die Zerstörung der „Kategorie des Heiligen" jegliche Würde innerer Zwecke, jegliche Integrität genommen. Das Gefühl der Ehrfurcht vor der Natur weicht dem der Indifferenz.

In einer derart verdinglichten Natur wird nun der Mensch mit seiner einzigartigen Fähigkeit, Ziele bewußt zu setzen und sie mittels seiner Technik zu verwirklichen, zum Beherrscher und Schöpfer seiner Umwelt. Indem die Naturwissenschaften in ihrer weitgehenden Erkundung der Natur dem Menschen die technische Machbarkeit vormals unerreichbarer Zukunftsvisionen aufzeigen, werden sie zum rastlosen Motor einer Entwicklung, in der die Natur Nutzobjekt menschlicher Machtbefriedigung wird. Diese Entwicklung hat sich JONAS zufolge der Kontrolle des Menschen mehr und mehr entzogen. Angetrieben von den enormen kurzfristigen Erfolgen technologischer Großprojekte scheint der Mensch jegliches Maß zu verlieren, und die angepeilten Ziele ähneln ihrem (wirtschaftlichen) Ausmaß und Inhalt nach immer mehr dem, was früher einmal das Gebiet von Utopien war. Durch diesen positiven Feedback-Mechanismus erlangt die Technik – einst reines Mittel der Notwendigkeit – eine innere, utopische Triebtendenz, eine „kumulative Dynamik". Technik wird zum Ziel, zum Selbstzweck, und die Eroberung der Natur zum „Beruf" der Menschheit. Die technischen Handlungen erreichen dabei räumlich wie zeitlich vorher nie gekannte Ausmaße und mit ihnen wächst die kausale Macht des Menschen.

Das Wissen um die Folgen des Handelns als das Geschäft der extrapolierenden Wissenschaften hat sich zwar ebenfalls enorm erweitert, muß aber dennoch – nach JONAS - hinter den wissenschaftlichen Fortschritten zurückbleiben. Die Folgen technischen Handelns werden immer weitreichender sein, als es der erstellte (technische) Plan vorsieht. Nie wird der Mensch sicher sein können, daß es nicht auch anders kommen kann, und immer deutlicher stellen die prognostizierenden Wissenschaften den fundamentalen Fehlschlag als ein mögliches Resultat unserer Pläne heraus.

Bei dieser räumlich wie zeitlich immensen Ausdehnung technischer Ursachen bzw. ihrer Wirkungen würde ein solcher Fehlschlag katastrophale Ausmaße annehmen. Hier ist mit der Verdinglichung der Natur paradoxerweise plötzlich auch der Mensch zum Objekt seiner eigenen Herrschsucht geworden (JONAS 1979: 57): „Erst wird (...) die *Natur* in Hinsicht auf ihren Wert >> neutralisiert <<, dann auch der Mensch. Nun zittern wir in der Nackheit eines Nihilismus, in der größte Macht sich sich mit größter Leere paart, größtes Können mit geringstem Wissen davon, wozu". Hier wird die Möglichkeit einer Apokalypse für JONAS zum Anlaß, der Eigenmacht der Technik mit einer Ethik der Verantwortung die Zügel anzulegen. Mit der potentiellen Bedrohung allen Lebens auf Erden, also auch der Existenz und der Integrität des Menschen selbst, durch die Technik, muß diese in den Mittelpunkt ethischer Überlegungen gerückt werden. Der neuen Verantwortungs-Ethik kann es nicht mehr hauptsächlich um die Verbesserung der sittlichen Qualität des Handelns der Individuen gehen, sondern sie muß die Möglichkeit einer zukünftigen Existenz von Leben überhaupt sichern.

JONAS spricht dem Menschen eine Verantwortung für den Erhalt des Lebens zu. Damit aber setzt er voraus, daß einerseits der Mensch überhaupt Verantwortung für Zukünftiges übernehmen kann und daß es andererseits Leben auch in Zukunft geben soll. An dieser Stelle kommt JONAS von seiner Beschreibung der Situation als Ausgangspunkt seiner Ethik zur Darstellung des Prinzips Verantwortung als dem neuen ethischen Paradigma.

3.2.1 „Das Prinzip Verantwortung" als das regulative Moment einer zukunftsorientierten Ethik

Die Theorie der Verantwortung

a) Der Mensch als Subjekt einer Zukunftsverantwortung

Bevor der Begriff einer in die Zukunft gerichteten Verantwortung erläutert wird, soll zunächst einmal geklärt werden, worin JONAS die Verantwortlichkeit des Menschen für ein zukunftsorientiertes Handeln sieht. Für ihn ist die Grundvoraussetzung jeglicher Verantwortung kausale Macht. Gemeint ist hier die Macht, Ursachen in die Welt zu setzen, deren Wirkungen in die Erfüllung eines bestimmten Zieles münden sollen. Damit ist aber auch die zweite Bedingung für Verantwortung verbunden, nämlich das Wissen um diese Macht. Nur wer sich der Kausalität seiner Macht bewußt ist, kann ihre Ziele bestimmen.

Allein im Menschen treffen beide Bedingungen zusammen und somit führt nach JONAS (1979: 185) des Menschen „kausalfähige Subjektqualität als solche (...) objektive Verbindlichkeit in Form äußerer Verantwortung mit sich." Der Mensch hat also die Veranlagung zur Verantwortung und damit wird er, ob er will oder nicht, zu einem moralischen Wesen. Doch eine in die Zukunft gerichtete Verantwortung kann nur dort entstehen, wo ein Objekt im Wirkungsbereich der kausalen Macht, auf sie angewiesen oder von ihr bedroht, ein Gefühl für die Verantwortlichkeit des Menschen erzeugt. Dieses ‚wofür' einer Verantwortung kann JONAS (1979: 185) zufolge „nur das Lebendige, in seiner Bedürftigkeit und Bedrohtheit (...) sein."

Das Prinzip einer zukunftsorientierten Verantwortung entdeckt er in der elterlichen Fürsorge für das Neugeborene[115]. Hier liegt für ihn der Ursprung aller Verantwortung überhaupt und hier wird deutlich, wie die reine Veranlagung durch die Anrufung eines bedrohten Lebendigen in ein zum Handeln bewegendes Verantwortungsgefühl mündet. Erst ein unwidersprechliches Seinsollen des Objekts kann uns zu bewahrendem Tun veranlassen, und im Falle des Neugeborenen – aber auch im Fall der lebensnotwendigen Ressourcenbasis – ist dies JONAS zufolge jedem sofort ersichtlich. Bei der zukunftsorientierten Ethik geht es um ein Noch-nicht-Seiendes, das uns seine „selbsteigene Güte" nicht von Angesicht zu Angesicht vermitteln kann. Um ein bejahendes Verantwortungsgefühl für das zukünftige Leben und den zukünftigen Menschen in der Gegenwart spüren zu können, muß der Mensch also ein Seinsollen dieser Objekte erkennen können.

b) Die Pflicht zur Verantwortung – „Daß der Mensch sei" als erster Imperativ

Die Ableitung eines Sollens im Sein leistete früher die religiöse Ethik: Gott schuf den Menschen als den Bewahrer seiner als für gut befundenen Schöpfung und machte ihn damit direkt für seinen Umgang mit ihr verantwortlich. Alles Sein hatte ein inneres heiliges Eigenrecht und es sollte sein, weil es wert war zu sein. Mit der Zerstörung der „Kategorie des Heiligen" im Zuge der Aufklärung, also mit dem Entzug der Grundlage eines allgemeinen Glaubens, kann eine religiös fundierte Ethik, so JONAS, jedoch eine selbstverständliche Handlungsordnung nicht mehr begründen. Daraus folgert er, daß eine Verpflichtung zur Zukunftsverantwortung, also das Sollen eines Seins, heutzutage nur noch auf dem Wege der Vernunft abgeleitet werden kann. Doch können die Naturwissenschaften hier keinen Beitrag leisten, da sie von ihrem Wesen her wertfrei sind und sein müssen. Aus einem Sein ein Sollen abzuleiten, heißt aber, dem Sein einen Wert zuzuordnen und führt zu einem naturalistischen Fehlschluß.

Nach JONAS kommt dem Leben ein gegenüber dem Nichts absoluter Wert an sich zu, und dieser Wert fordert zirkelhaft die Bewahrung des Lebens. Es ist, weil es wert ist zu sein, und weil es wert ist zu sein, soll es auch in Zukunft sein. Damit folgt für JONAS (1979: 90) aber auch das Sollen eines zukünftigen Seins des Menschen, was dann zum ersten Imperativ seiner Ethik führt: „Daß die Menschheit sein solle". Dies wird zum unbedingten Argument, das uns Menschen aus der Zukunft heraus eine Verantwortung für die Bewahrung des Lebens auferlegt. Dies ist jedoch erst der metaphysische Grundstein für JONAS' Ethik der Zukunftsverantwortung. Wie setzt sich diese theoretische Argumentation für eine Zukunftsverantwortung in tatsächliches Handeln um?

---

[115] Ganz allgemein findet JONAS das Paradigma der Verantwortlichkeit des Menschen bei der Betrachtung des Stoffwechsels. Hier verrät ihm die Zweckmäßigkeit von Bau und Funktion der aus Materie aufgebauten Organe für das Leben eine Zielstrebigkeit der Materie zum Leben hin. In dieser Zielstrebigkeit sieht er die Selbstbejahung des Seins und leitet daraus eine absolute Güte des Seins gegenüber dem indifferenten Nichtsein ab.

Die Praxis der Verantwortung

„Erst das hinzutretende *Gefühl der Verantwortung*, welches *dieses* Subjekt an dieses Objekt bindet, wird uns seinethalben handeln machen" (JONAS 1979: 170). Im folgenden wird erklärt, wie aus der objektiven Verantwortung für das zukünftige Sein einer Menschheit ein subjektives, bejahendes Verantwortungsgefühl werden kann.

a) Die Heuristik der Furcht – Der Weg zum Verantwortungsgefühl

Für JONAS wird dieses Gefühl der Verantwortung nur durch die Vorstellung der negativen Konsequenzen gegenwärtiger und zukünftig möglicher Handlungen für das seinsollende Objekt (die Menschheit) angesprochen. Er nennt dies „die Heuristik der Furcht" (1979: 63 f.). Indem sie die potentielle Bedrohung des unserer Verantwortung anvertrauten Objektes aufzeigt, befördert sie in uns eine Furcht um die Existenz dieses Objektes. Nur eine tiefe Furcht vor dem, was möglich wird, kann den Menschen dazu bringen, das Eintreten dieser Schreckensvision mit allen uns zur Verfügung stehenden Mitteln zu verhindern. Nicht mehr die Hoffnung darauf, was wir in Zukunft erreichen können, soll uns in unserem Handeln leiten, sondern immer die Furcht davor, was wir dort verlieren können. Damit räumt JONAS bei der Betrachtung möglicher Folgen unseres technologischen Handelns der negativen Prognose den Vorrang vor der positiven ein, da bei der unüberschaubaren Dimension heutiger Technik das Eintreffen des Erhofften nur eine von vielen Möglichkeiten darstellt, während ein Fehlschlag viele Ausprägungen haben kann.

Mit Furcht meint JONAS' (1979: 392) „begründete Furcht, nicht Zaghaftigkeit; vielleicht gar Angst, doch nicht Ängstlichkeit; und in keinem Falle Furcht oder Angst um sich selbst". Praktisch heißt dies, daß die Furcht, als eine Art Zweckpessimismus verstanden, das Vermeidliche zu vermeiden versucht, anstatt es von vornherein als unvermeidlich zu deklarieren.

b) Das Objekt der Verantwortung – „Daß der Mensch so sei" als zweiter Imperativ

Für JONAS ist es mit der Aufstellung seines ersten Imperativs „daß die Menschheit sein solle" noch nicht getan. Man könnte an dieser Stelle argumentieren, daß der Mensch schon irgendwie überleben wird, und das wird von ihm auch gar nicht bestritten. Doch ist es das „irgendwie", daß er nicht akzeptieren kann, und er setzt hier seinen zweiten Imperativ entgegen: „Daß der Mensch so sei", wie er (noch) ist.

Doch wie ist der Mensch, was macht für JONAS das Wesen des Menschen aus? Er sieht das Wesen des Menschen in seiner „Zweideutigkeit", also „in seinen Höhen und Tiefen, in seiner Größe und seiner Erbärmlichkeit, seinem Glück und seiner Qual, seiner Rechtfertigung und seiner Schuld (...) (1979: 382). Für JONAS definiert sich der Mensch also zwischen seinen Polen, zwischen Gut und Böse. Diese Zweideutigkeit gilt es zu bewahren, und der Versuch, den einen Pol zugunsten des anderen abzuschaffen, hieße, den Menschen in seiner Integrität abzuschaffen. Genau das sieht er in den Verheißungen einer Utopie, sei es nun der bewußten, z.B. des Marxismus, oder der teilweise unbewußten und unkontrollierten unserer westlichen Industriegesellschaft.

c) Die Kritik der Utopie als eine grundlegende Heuristik der Furcht

Für JONAS (1979: 288) ist es das Wesen der Utopie, eine Verbesserung der Zustände in der Zukunft herbeizuführen, und somit lenkt „der Zauber der Utopie auf >>Mehr<<, nicht >>Weniger<< hin". Abgesehen von der materiellen Verbesserung, die er in der heutigen Situation für die *gesamte* Menschheit nicht mehr für verwirklichbar hält, drängt die Utopie aber auch, ob bewußt oder unbewußt, zu einer Verbesserung der menschlichen Verfassung: Der Marxismus, weil er den Menschen für an sich (nur) gut hält, die Technikgesellschaft, weil es ihr mit Hilfe bestimmter Großtechnologien möglich erscheint. Diese Utopien machen sich daran, die obengenannte Zweideutigkeit des Menschen als dessen innerstes Wesen, als die ihn erst zum Menschen erklärende Eigenschaft, in eine den Menschen an sich aufhebende Eindeutigkeit irreversibel umzuschöpfen.

Dies ist die Furcht, die JONAS angesichts unserer heutigen Probleme überkommt. Nicht nur die reine Existenz des Menschen steht auf dem Spiel, sondern die Existenz des Menschen *als Mensch*. Dies ist die eigentliche, zum Handeln antreibende Furcht und damit wird klar, was die erste Aufgabe einer Heuristik der Furcht sein muß. Sie muß uns das im Zentrum stehende Objekt, den Menschen, in seiner Würde erst wieder vor Augen führen. Indem wir uns vor dem fürchten, was nicht sein soll, erlangen wir erst wieder eine Ahnung davon, was sein soll.

JONAS legt mit der Utopiekritik den Grundstein einer Heuristik der Furcht. Sie ist damit der erste Akt seiner Ethik der Verantwortung, in der sich die Verantwortung für das Gute in der Gegenwart annimmt und so einer Entwicklung entgegentritt, die bereit ist, das gegenwärtige Gute für eine ungewisse Zukunft zu opfern[116]. Die Maxime des Handelns, die sich aus der Ethik JONAS' ableiten ließe, könnte konkret lauten: „Verantwortung der Weltgesellschaft für ihre eigene Zukunft! Verantwortung für die Mitwelt und Umwelt, aber auch für die Nachwelt" (KÜNG 1996). Diese in die Tat umzusetzende Maxime sollte als Begründung für das in der internationalen Umweltpolitik geforderte Prinzip der Vorsorge genutzt werden, da sie auch in der Ökologischen Ökonomie eine wichtige Rolle spielt.

3.2.2 Vorsorge als Verantwortung für zukünftige Generationen

Das Vorsorgeprinzip in der ökologischen – zunehmend auch in der ökonomischen (PEARCE 1995) – Diskussion impliziert vor allem zwei Annahmen:

1. Vermeidung statt Nachsorge
2. Betonung einer strengen Vorsorgehaltung im Falle von Ungewißheit bzw. hoher Unsicherheit

Insbesondere die zweite Annahme fordert vom Entscheidungsträger eine hohe Risikoaversion, die in der Ökonomie mit Hilfe des Konzepts des Erwartungsnutzens

[116] Für eine kritische Auseinandersetzung mit dem Werk Jonas' siehe BOEHLER ET AL. (1994); WETZ (1994); VON DER PFORDTEN (1996).

abgebildet wird (PEARCE 1995). Im Gegensatz zum Konzept des Erwartungswerts[117] werden hier die Gewinne und Verluste nicht notwendigerweise gleichbewertet. Der Ansatz des Erwartungsnutzens vergleicht die Kosten einer Handlung mit dem erwarteten Nutzen auf der individuellen Nutzenfunktion. Die Summe der Erwartungsnutzen soll es dem Entscheidungsträger ermöglichen, die Risikoaversion der Gesellschaft für bestimmte Handlungen zu erfassen.

In der Praxis erweist sich das Konzept des Erwartungsnutzens als wenig konsistent. Vor allem von Seiten der Psychologie wurden Anmerkungen hierzu gemacht, die eine komplexere Sichtweise auf das Risikoverhalten von Individuen und Gesellschaften erfordern. Sechs Punkte seien hier aufgeführt (PEARCE 1995):

- Menschen vermischen in der Praxis regelmäßig Plausibilitätsüberlegungen mit objektiven Wahrscheinlichkeiten
- Menschen gehen oftmals von der optimistischen Annahme aus, daß bestimmte Dinge für sie als Einzelperson nicht zutreffen werden, obwohl eine Wahrscheinlichkeit hierfür besteht
- Menschen scheinen nicht konsequent in der Lage zu sein, niedrige Wahrscheinlichkeiten korrekt wahrzunehmen
- Menschen gehen im Unterschied zu den Annahmen im Konzept des Erwartungsnutzens in ihren Entscheidungen stets von einem Referenzpunkt (Status quo) aus, an dem sie die zu tätigende Handlung messen[118]
- Die prospect theory geht davon aus, daß Menschen die unterschiedlichen Kontexte, in denen sie ihr persönliches Risiko bewerten, in unterschiedlichen geistigen Bilanzen (mental accounts) ablegen, und Probleme haben, Vergleiche *zwischen* diesen Bilanzen zuzulassen
- Menschen handeln sehr stark vom Kontext ausgehend, in dem sich ihr Risiko widerspiegelt (z.B. Lungenkrebs durch Rauchen oder erhöhte Nuklearstrahlung)

Aufgrund der komplexen Situationen und Systeme, in denen sich Menschen befinden und nach deren Maßstäben sie handeln, scheint es nahezu sicher zu sein, daß der Erwartungsnutzen keine adäquate Beschreibung menschlichen Verhaltens widerspiegelt, sondern eher auf bestimmte Fragen, wie z.B. die nach einer Katastrophenaversion, befriedigende Antworten geben kann. Wie deutlich gemacht wurde, geht die prospect theory einen Schritt weiter, in dem sie den Kontext der Entscheidung unter Risiko mitberücksichtigt und keine allgemeingültige Regel für jede Situation unter Risiko oder Unsicherheit beschreibt.

Im Kontext von Umweltdegradationen spielen Verlustaversionen eine große Rolle, die empirisch zu einem anderen Ergebnis führen als in der ökonomischen Theorie angenommen wird (FAUCHEUX/ FROGER 1995) (Abbildung 3-1).

---

[117] Ist der Entscheidungsträger risikoneutral, verfährt er in der Ökonomie nach dem Erwartungswert-Konzept, d.h. das Ergebnis der Entscheidung ist die Summe der gewichteten unsicheren Auszahlungen.

[118] Diese ersten vier Punkte bilden die Annahmen für die dem Erwartungsnutzenkonzept entgegengesetzte prospect theory (PEARCE/TURNER 1990; KLOPHAUS 1997).

Abbildung 3-1: Kosten und Nutzen der Naturkapitalbewahrung bei Verlustaversion

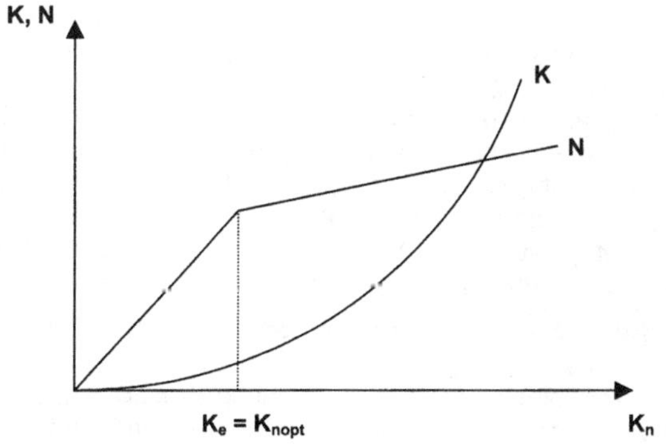

Quelle: PEARCE/TURNER 1990

Unter der Annahme, daß der derzeitige natürliche Kapitalstock im Punkt K_e liegt, erkennt man aus Abbildung 3-1 die gegenüber dem Nutzengewinn (rechts von K_e) erhöhte Verlustaversion (links von K_e). Der existierende natürliche Kapitalstock wird als Referenzpunkt gesehen und die Einstellung, etwas aufzugeben, was man schon besessen oder erfahren hat, differiert zu dem, wie ein Individuum die Aussicht auf einen Gewinn einschätzt. Aus diesem Grund behaupten PEARCE/TURNER (1990:56) zu Recht: „...a rationale in terms of *uncertainty* and *irreversibility* for conserving the existing stock [exists], at least until we have a clearer understanding of what the optimal stock is and how it might be identified."

In der neoklassischen Ökonomik findet sich als Grundannahme für die Nachhaltigkeit die Anerkennung eines optimalen anstatt eines existierenden natürlichen Kapitalstocks. Oftmals gibt es aber gute Gründe, den (noch) existierenden natürlichen Kapitalstock zu bewahren (PEARCE/TURNER 1990):

- In einigen Entwicklungsländern, die stark von ihrem natürlichen Kapitalstock abhängen, liegt der Optimalpunkt oberhalb des tatsächlichen natürlichen Kapitalstocks
- Unvollständige Informationen bzgl. des Nutzens der Konservierung, Unsicherheiten und Irreversibilitäten
- Ressourcenkonservierung dient nicht nur dem Effizienzziel
- Eine geknickte Nutzenfunktion wie in Abbildung 3-1 betont den Aspekt der Bewahrung des existierenden natürlichen Kapitalstocks

Falls die Individuen stark risikoavers gegenüber Umweltverschlechterungen sind, scheint dies eine gute Basis für das Vorsorgeprinzip zu sein, vor allem in den Fällen, wo die Eintrittswahrscheinlichkeiten niedrig, die potentiellen Schäden aber riesig sind, wo das Risiko unfreiwillig in Kauf genommen werden muß, und wo das Risiko eher einen Verlust als einen Gewinn darstellt.

Bei all den Überlegungen zum Vorsorgeprinzip fällt besonders die Bewertungsfrage auf, d.h. die Frage wie man sinnvollerweise eine vorsorgende Aktion monetär bewerten kann. Dieser Aspekt rückt dagegen etwas in den Hintergrund, wenn man sich im Kontext der Bewahrung der Biodiversität befindet (PERRINGS/PEARCE 1993). In der Ökologie gilt das (allerdings nicht unumstrittene) Prinzip, daß die Stabilität ökologischer Systeme, d.h. die Fähigkeit dieser Systeme Streß und Schocks zu widerstehen, mit ihrer Komplexität zunimmt. Als Maßstab für die Komplexität wird dabei die biologische Diversität gewählt. Je mehr Diversität vorhanden ist, desto größer ist die Resilienz bzw. die Nachhaltigkeit des Systems[119].

Die ökonomische Bewertung und das Vorsorgeprinzip verbindet dabei, daß ökologische Systeme nicht den Annahmen über ‚glatte' und kontinuierliche Kurvenverläufe innerhalb ökonomischer Systeme folgen. Vielmehr sind häufig Brüche in den Stabilitätsfunktionen zu beobachten, die bis zu dem Zeitpunkt unbedeutend sind, an dem sogenannte Schwellenwerte auftreten und das System kollabiert. Unter der Annahme des Vorhandenseins von Schwellenwerten kann das Vorsorgeprinzip als die Strategie der Vermeidung eines Systemkollapses angesehen werden. Eine ökonomische Bewertung spielt dann nur vor dem Erreichen dieses Schwellenwertes eine Bedeutung, der allein durch biologische und/ oder physikalische Informationen ermittelt wird. In der Nähe eines Schwellenwertes muß daher Vorsorge getroffen werden, diesen nicht zu übertreten[120].

Wie sollte unter den bisher genannten Umständen das Vorsorgeprinzip aus ökonomischer Sicht eingesetzt werden? Die Frage ist, wie Risiko und Unsicherheit in den Entscheidungsprozeß des Managements natürlicher Ressourcen integriert werden können. PEARCE (1994: 149 f.) schlägt für diesen Entscheidungsfindungsprozeß sechs Schritte vor:

1. Potentielle Risiko- und Unsicherheitsquellen des Gesamtsystems müssen in einem ersten Schritt identifiziert werden, z.B. mit Hilfe von Systemsimulationsmodellen
2. Die Qualität der Informationen muß eingeschätzt werden, insbesondere in Bezug auf Schwellenwerte
3. Risikoinformationen sollen als Wahrscheinlichkeitsfunktionen dargestellt werden[121]
4. Im Falle geringer Wahrscheinlichkeiten mit sehr großen Auswirkungen sollte das Vorsorgeprinzip oder ein „safe minimum standard"[122] etabliert werden, wobei dessen Opportunitätskosten Berücksichtigung finden müssen

---

[119] Oftmals wird das Diversitätsmaß auch auf die kulturellen Rahmenbedingungen angewendet, d.h. das kulturelle Diversität Systeme stabilisieren hilft (PEARCE 1994)

[120] Beim jetzigen wissenschaftlichen Stand der Biowissenschaften erscheint die Identifikation eines Schwellenwerts unrealistisch. Eine ökonomische Bewertung sollte vor diesem Hintergrund immer sinnvoll sein, es sei denn, daß glaubhafte Schwellenwerte ermittelt werden können.

[121] Zur Problematik dieses Vorgehens siehe PEARCE (1994: 150).

5. Informationen über Unsicherheiten sollen zwar in eine Auszahlungsmatrix „übersetzt" werden, verlangen aber dennoch eine Entscheidungsregel
6. Es muß untersucht werden, wie hoch die Kosten einer Verschiebung der Entscheidung in Anbetracht des ökologischen Schadens wären

Dieses Vorgehen beinhaltet einen Wandel im politischen Gebrauch von Nutzen-Kosten-Analysen (NKA), weil es möglich wird, daß ein Projekt gestoppt wird, obwohl die Kosten dieses Stopps die möglichen Nutzen übersteigen. Dies liegt in der Tatsache begründet, daß die potentiellen Schadenskosten einer unter dem Vorsorgeprinzip durchgeführten NKA stärker gewichtet werden als in einer herkömmlichen NKA. Die möglichen Nutzen der Entwicklung des Projekts reichen dann nicht aus. Auf der Grundlage dieser Überlegungen beruht in weiten Teilen das Verständnis der Konvention über die biologische Vielfalt.

Globale Umweltveränderungen legen die Berücksichtigung des Vorsichtsprinzips in dreifacher Hinsicht besonders nahe (O'RIORDAN AND CAMERON 1994):

- *die Forderung gemeinsamer Handlungen*: Die globalen „commons" – wie z.B. PGRFA – sind ein Teil unseres Lebenserhaltungssystems von enormer Komplexität. Die Menschen begreifen erst seit relativ kurzer Zeit, wie einzigartig und wertvoll diese für das Überleben einer zivilisierten und wohlfahrtsschaffenden Gesellschaft sind. Es ist nicht zu kalkulieren[123], wie hoch die Kosten sein würden, falls wir alle Dienstleistungen natürlicher Systeme wie die Bereitstellung von Ressourcen und ökologischen Senken mit künstlichen Mitteln imitieren wollten. Damit diese kritischen Lebenserhaltungsfunktionen geschützt werden können, bedarf es einer kollektiven Anstrengung jedes Staates und jedes Individuums. Es ist nicht bekannt, inwieweit die natürlichen Systeme bereits anthropogenen Streßwirkungen ausgesetzt sind, aber es ist spätestens seit der UNCED-Konferenz in Rio 1992 Konsens, daß dieser Vorgang schon sehr weit fortgeschritten ist[124].
- *Die Forderung der Lastenteilung (burden sharing)*: Da nicht alle Länder die gleiche Position als Schützer bzw. Treuhänder einnehmen können, sollte Vorsorge getroffen werden, daß die reichen Industrieländer den Entwicklungsländern beim gemeinsamen Schutz der Lebensgrundlagen helfen. Aus diesem Grund wurde in der Rio-Deklaration von 1992 in der Bestimmung 15 festgelegt, daß das Vorsorgeprinzip von jedem Land nach seinen eigenen Möglichkeiten angewendet werden soll. Diese Bestimmung erlaubt u.a. eine Teilung der Lasten (burden sharing), die die reichen Industrieländer aus moralischer Verantwortung dazu verpflichtet, bei der Vorsorge und nachhaltigen Entwicklung unterstützend tätig zu sein.
- *Das Erwachsen einer globalen Verantwortung (global citizenship)*: Globaler Wandel ist notwendigerweise sehr stark zeitabhängig. Das bedeutet, daß gegenwärtiges Handeln teilweise erst von den nächsten zwei Generationen oder noch später wahrgenommen wird. Globale Verantwortung impliziert Sorgfalt in Raum

---

[122] Siehe das folgende Kapitel 3.2.3.

[123] Vgl. aber COSTANZA ET AL. (1997).

[124] Siehe aber GLASSER ET AL. (1994).

und Zeit, in der Erkenntnis, daß jede individuelle Handlung nicht nur Implikationen für den eigenen Haushalt hat, sondern für alle derzeit und in Zukunft existierenden Haushalte. Nur wenn mögliche Katastrophen antizipiert werden (Heuristik der Furcht nach JONAS) und wenn jedes Individuum bei seinen täglichen Aktivitäten Rücksicht übt, können wir in uns selbst und in unseren Nachfahren ein Gefühl für die Notwendigkeit der Vorsorge schaffen.

Aufgrund der weitreichenden Forderungen des Vorsorgeprinzips läßt sich die Schlußfolgerung ziehen, daß die Implementierung desselben mit einigen Schwierigkeiten verbunden sein dürfte. Entscheidend sollte also sein, das Vorsorgeprinzip nach Maßgabe der Verhältnismäßigkeit seiner Kosten und Nutzen einzusetzen[125] (Abbildung 3-2).

Abbildung 3-2: Vorsorge und Abwägungsprinzip

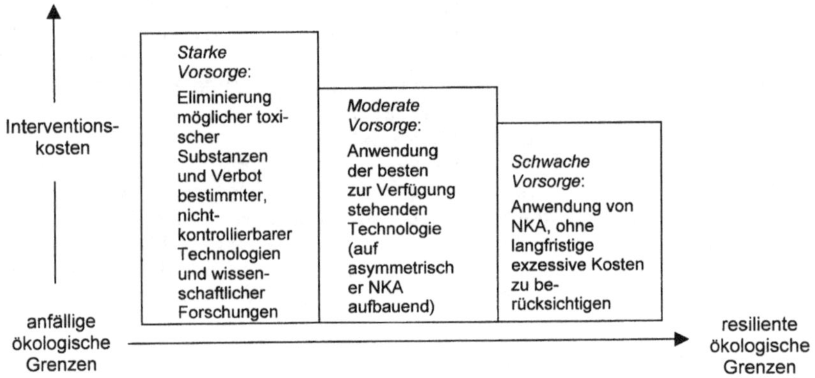

Quelle: in Anlehnung an O'RIORDAN/JORDAN (1995)

Auf der Abzisse in Abbildung 3-2 wird der Anfälligkeitsgrad des Ökosystems gemessen, wobei die Resilienz von links nach rechts zunimmt. Auf der Ordinate spiegeln sich die Kosten der Aktion wider. Links befindet sich die strenge Vorsorge, die immer dann ratsam erscheint, wenn sich z.B. toxische Stoffe langsam in der Nahrungskette aufbauen (wie z.B. bei DDT geschehen[126]). Hier erscheint schon eine geringe Eintrittswahrscheinlichkeit, die mit dem potentiell riesigen Schaden multipliziert werden

[125] Das Prinzip der Verhältnismäßigkeit (proportionality) findet Anwendung auf (O'RIORDAN/JORDAN 1995: 205): „ ... costs and benefits, where part of the benefit is the avoidance of unnecessary risk by playing safe. Proportionality is defined by attitudes to resilience, vulnerability and periodic irreversible thresholds, measured in turn by attitudes to science, expertise, international obligations, and rights of nature".

[126] Vgl. hierzu CARSON (1963).

muß, als zu groß (JACOBS 1991: 98ff.). Generell wird das strenge Vorsorgeprinzip politisch immer häufiger angesetzt, was die Regelungen in Bezug auf gentechnisch veränderte Organismen (GMO's) und z.T. den Umgang mit nuklearen Abfällen zeigen.

In der mittleren Box der Abbildung 3-2 verlangt eine moderate Vorsorge die Nutzung der besten zur Verfügung stehenden Technologie mit begrenzten Sicherheitsvorkehrungen gegen exzessive Kosten oder unsichere Nutzen (Umwelttechnologie-Industrien). Eine moderate Vorsorge läßt dem Entscheidungsträger Raum für umweltpolitische Manöver, falls neue Technologien oder wissenschaftliche Erkenntnisse zur Verfügung stehen, die die Kosten und Nutzen der Vorsorge sicherer abbilden können.

Die Anwendung des schwachen Vorsorgeprinzips unter Nutzung einer klassischen Nutzen-Kosten-Analyse scheint angebracht, wenn vermutet werden kann, daß ein bestimmtes Ökosystem resilient gegen anthropogene Störungen ist. Die Kritik an einer solchen Vorgehensweise richtet sich insbesondere gegen die Vernachlässigung intrinsischer Werte in einer Nutzen-Kosten-Analyse, die Konsequenzen der Nicht-Berücksichtigung externer Effekte und das Verlangen der Politiker, bei einer klassischen NKA die langfristigen Nutzen eines Umwelt- und Naturschutzes durch eine positive Diskontierung „klein"zurechnen und die gegenwärtigen Kosten als immens zu betrachten. Dies gilt vor allem in Zeiten wirtschaftlicher Rezession.

Das Problem des Vorsorgeprinzips scheint darin zu bestehen, daß es sich momentan gegen die meisten ökonomischen, wissenschaftlichen und politischen Strömungen durchsetzen muß[127]. In Zeiten ökonomischer Rezession und Zukunftsungewißheit wird daher verstärkt auf die Resilienz und Stabilität natürlicher Systeme vertraut[128], um nicht auch noch in diesem scheinbar unendlich zur Verfügung stehenden Bereich übermäßige Opfer zu erbringen. Die politische Legitimität des Vorsorgeprinzips beruht mithin auf einer Reihe von Faktoren, von denen hier die wichtigsten genannt seien (O'RIORDAN/JORDAN 1995):

- Das allgemeine Ansehen wissenschaftlicher Expertisen
- Die öffentliche Erfahrung mit der wissenschaftlichen Fehlbarkeit
- Der Grad wissenschaftlicher Erkenntnis, der von Individuen oder von gesellschaftlich legitimierten Gruppen überprüft wurde
- Das Ausmaß, mit dem „nicht-wissenschaftliche" Meinungen und Debatten bei der Zukunftsbestimmung beteiligt werden

Diese vier Faktoren sind Teil einer sich stetig weiterentwickelnden wissenschaftlich-politischen Kultur, an die man sich gewöhnen und der man vertrauen muß. Das Vorsorgeprinzip darf nicht in die Köpfe der Individuen „hineinbefohlen" werden, sondern

[127] Ein positives Beispiel bietet jedoch das Biosafety-Protokoll des Übereinkommens über die biologische Vielfalt, das auf Grundlage des Vorsorgeprinzips den grenzüberschreitenden Transport u.a. gentechnisch veränderter Organismen in Zukunft regeln wird (EARTH NEGOTIATIONS BULLETIN 2000). Siehe auch folgende Internetseite (Stand Februar 2000): http://www.iisd.ca/biodiv/

[128] Dieses Vertrauen spiegelt sich oft in Äußerungen wie der folgenden wider: "Die Natur wird die begangenen Umweltschäden schon irgendwie verkraften".

muß sich aus Überzeugung durchsetzen. Helfen können hierbei internationale Abkommen, die Partizipation Betroffener und Kompensationsmechanismen für den Verlust von Eigentumsrechten durch das Vorsorgeprinzip. Diese internationalen und nationalen Rahmenbedingungen setzen die quantitativen Schätzungen der wissenschaftlichen Disziplinen über die voranschreitende globale Umwelt- und Ressourcenzerstörung in quantitative, vor allem aber qualitative Anreize um. Bei diesem Vorgang gilt es, die Vorgaben des Vorsorgeprinzips zu berücksichtigen und die Flut an relevanten Daten so objektiv wie möglich aufzuarbeiten. Das angestrebte Ziel, mit diesem Vorgehen Akzeptanz für die durch das Vorsorgeprinzip veranlaßten Maßnahmen hervorzurufen, scheint begründet.

In der Wirtschaftspolitik scheint es nicht in allen Fällen angebracht zu sein, der neoklassischen Erwartungsnutzentheorie zu folgen, insbesondere dann nicht, wenn (1) große Unsicherheiten und Irreversibilitäten – wie bei PGRFA – mit im Spiel sind (PAGE/ MACLEAN 1983) oder wenn (2) die vielen sozialen, ökonomischen und ökologischen Faktoren in Entwicklungsländern herangezogen werden (TISDELL 1993: 152 f.). Der erste Fall erfordert eine soziale Entscheidungsfindung, der zweite eine politische Umsetzung von Safe Minimum Standards.

3.2.3 Vom Vorsorgeprinzip zum Safe Minimum Standard (SMS)

Wie oben erläutert, kann das Vorsorgeprinzip in verschiedenen Ausprägungen zur Anwendung kommen. Eine Interpretation ist, daß in dem Fall, in dem eine kleine oder unbekannte Schadenswahrscheinlichkeit mögliche katastrophale Konsequenzen bei ihrer Realisierung verursacht, Handlungen erst dann vorgenommen werden dürfen, falls keine wissenschaftlichen Beweise für das Eintreten des schlimmstmöglichen Falles vorliegen (Umkehrung des Beweislastprinzips).

Eine zweite Interpretation ist weniger strikt, verlangt vom Entscheidungsträger jedoch immer noch eine Verpflichtung, die natürlichen Ressourcen nicht zu zerstören, es sei denn, die Opportunitätskosten der Naturbewahrung werden in einer bestimmten Art und Weise sehr hoch. Anders ausgedrückt bedeutet dies, daß die natürliche Umwelt solange unzerstört erhalten werden soll, bis der aus der Naturumwandlung resultierende Nutzen die Kosten dieser Zerstörung *deutlich* übersteigt. Dieser Ansatz geht auf CIRIACY-WANTRUP (1952) zurück und wurde von ihm „safe minimum standard" (SMS) genannt. Sein Ziel war, den SMS als ein Mittel einzusetzen, der die Unsicherheiten bzw. Ungewißheiten und Irreversibilitäten von Projektwirkungen auf die natürliche Umwelt miteinbezieht. Als Entscheidungsregel basiert der SMS auf dem ‚Minimax' Kriterium, das die maximal möglichen Verluste minimiert und somit jegliche Entwicklung untersagt, wenn irreversible Verluste natürlicher Ressourcen auftreten. Ciriacy-Wantrup nahm mit der Postulierung des SMS und seiner Interpretation eine stärkere normative Position ein als seine Nachfolger, weil er darauf beharrte, die SMS Strategie um jeden Preis aufrecht zu erhalten (BISHOP 1978).

Ohne detailliert auf die Entstehung des SMS-Ansatzes aufgrund der Unzufriedenheit mit der Kosten-Nutzen-Analyse einzugehen[129], sollen vier Kritikpunkte genannt werden, die maßgeblich zur Entwicklung des Safe Minimum Standard beigetragen haben (ROLFE 1995):

1. Probleme hinsichtlich der intergenerationellen Gerechtigkeit
2. Nicht-angemessene Diskontraten
3. Die Unterbewertung wenig verstandener Einflüsse auf Entscheidungen
4. Das Weglassen von Werten aufgrund der Schwierigkeiten der Bewertung von Nichtmarktgütern

Die Kosten-Nutzen-Analyse genügt aus diesen Gründen nicht einer ultimativen Entscheidungsregel, da sie im wesentlichen Kriterien für die Effizienz eines Vorhabens angibt[130]. Gerechtigkeitsüberlegungen spielen eine untergeordnete Rolle. Insbesondere akzeptieren Wohlfahrtsökonomen mit der von ihnen praktizierten Kosten-Nutzen-Analyse eine gegebene Allokation der Ressourcenausstattung und spiegeln nur die Präferenzen der derzeit lebenden Generation wider, ein Problem, das auch der Ansatz von RAWLS (1971) nur scheinbar lösen kann.

Weiterentwickelt wurde die Theorie des Safe Minimum Standards von BISHOP (1978, 1979) und SMITH/KRUTILLA (1979), in neuerer Zeit von READY/BISHOP (1991), CASTLE/BERRENS (1993), ROLFE (1995), BERRENS ET AL. (1998), CROWARDS (1998) und FARMER/RANDALL (1998). Im folgenden sollen insbesondere die Arbeiten und Ergebnisse von BISHOP in den Mittelpunkt der Diskussion gerückt werden, da sie für die Zielsetzung der vorliegenden Arbeit von Bedeutung sind.

Folgt man den Überlegungen BISHOP'S (1979), dann hat der Entscheidungsträger in einer Entscheidungssituation zu bestimmen, was die totalen sozialen Kosten der Einhaltung eines SMS sind, d.h. es ist zu klären, wie sich dessen Nutzen, Kosten und Opportunitätskosten verhalten. „The decision rule states that the SMS should be adopted unless the social costs of doing so are unacceptable large" (BISHOP 1978). Die Ermittlung des SMS ist mithin kein Ersatz für eine neoklassische Kosten-Nutzen-Analyse, sondern eine Erweiterung für die Einschätzung des Nutzens einer Projektentwicklung und der Bewahrung des Status quo natürlicher Ressourcen. Darüber hinaus bietet er eine Versicherung, daß keine unüberlegten, d.h. falsch diskontierten, Entscheidungen getroffen werden.

Für das Problem des Artensterbens und damit auch der Generosion verlangt ein Safe Minimum Standard die Erhaltung einer von Naturwissenschaftlern festgelegten Mindestpopulationsgröße für die Sicherung der Lebenserhaltungsfunktionen einer Art. Wenn diese Mindestgrößen unterschritten werden, verursacht der nachfolgende irreversible Verlust einer Art für die Gesellschaft die Möglichkeit eines großen, aber sehr unsicheren, zukünftigen Verlusts (HOHL/TISDELL 1993). Eine solche extreme Unsicherheit bzw. Ungewißheit kann der Eigenschaft zugeschrieben werden, daß

---

[129] Vgl. hierzu z.B. HOEHN/RANDALL (1989) oder SCHULZE (1994), SEN (1979), MISHAN (1993)

[130] Siehe auch PEARCE (1976), der Standards Kosten-Nutzen-Analysen vorzieht, wenn dynamische negative Externalitäten vorliegen.

sich die Einstellung und das Wissen über natürliche Ressourcen durch den Wandel der Technologie, der individuellen Präferenzen und der externen Institutionen ändert (BISHOP 1978). Ein unter diesen Umständen eingesetzter SMS für die Vermeidung irreversibler Umweltschäden kann daher als ein sozialer Imperativ für die Sicherstellung der Wohlfahrt zukünftiger Generationen gewertet werden.

Die Fragen, die sich die Gesellschaftswissenschaften stellen müssen, sind, wie die sozialen Kosten der Einnahme eines SMS definiert und wann sind die sozialen Kosten der Festhaltung eines Standards unakzeptabel hoch sind.

NORTON (1986) und RANDALL (1985) vertreten hinsichtlich des SMS die Auffassung, daß der gesamte Erhaltungsnutzen zusammengefaßt werden könnte, unabhängig davon, ob er gegenwärtig beobachtet werden kann, zukünftig erwartet wird oder extrem unsicher ist. Dieser unterschiedliche Nutzen wird unterschiedslos zusammengefaßt und als berücksichtigenswert erachtet. Die sozialen Kosten der Aufrechterhaltung eines SMS werden anschließend dem verlorenen Nutzen gegenübergestellt, die durch eine verworfene Entwicklungsstrategie entstanden sind, und den direkten Kosten für die Vermeidung weiterer Schäden in der Zukunft. Diese Sichtweise erlaubt eine Vermeidung der Quantifizierung des Erhaltungsnutzens. Bei dieser Interpretation des SMS erfolgt – wie beim strengen Vorsorgeprinzip – eine Beweislastumkehr, d.h. ein Projektentwickler muß beweisen können, daß die Nutzen seiner Handlung ausreichend groß sind, um die Umweltdegradationen zu übertreffen. Bei diesen Überlegungen spielt die exakte Schätzung des Nutzens eines Entwicklungsprojektes nur noch eine untergeordnete Rolle, da der Nutzen deutlich oberhalb der entstehenden Kosten der Zerstörung natürlicher Ressourcen liegen muß.

Bei BISHOP (1978), der aus dem SMS eine normative Entscheidungsregel im Anschluß an die Arbeiten von CIRIACY-WANTRUP schuf, stellt der Erhaltungsnutzen jedoch einen wichtigen Bestandteil in dem gesamten Prozeß dar. Dies drückt sich darin aus, daß BISHOP (1978) die Differenz bildet zwischen dem Entwicklungsnutzen und dem meßbaren Nutzen der Erhaltung. Er ist der Meinung, daß dieser Nutzen in jedem Falle berücksichtigt werden muß, obwohl oftmals die Methode zu dessen Messung fehlt. Dies gilt vor allem bei öffentlichen Gütern, wie es die meisten Umweltgüter sind. Mit Hilfe direkter Bewertungsmethoden – z.B. der kontingenten Bewertung – soll diese Bewertungslücke geschlossen werden, was aber mit einigen grundsätzlichen methodischen Schwierigkeiten verbunden ist (PEARCE/TURNER 1990; ENNEKING 1999).

Trotz dieser allgemeinen Bewertungsprobleme öffentlicher Güter kamen CIRIACY-WANTRUP (1985) in einer Studie zur Ableitung eines Safe Minimum Standards für die Erhaltung des kalifornischen Elchs (‚Tule Elk') zu dem Ergebnis, daß der soziale Nutzen seiner kontinuierlichen Nutzung größer als seine sozialen Kosten ist. Der Nutzen der Erhaltung spielte also in dieser Studie – trotz der Bewertungsprobleme – einen integralen Teil bei der Bestimmung eines optimalen Bewahrungszustands und für die Anwendung des SMS als Ziel der Naturschutzpolitik.

Das Konzept des SMS basiert - wie oben bereits angesprochen - auf dem Minimax-Kriterium, das nicht von den Opportunitätskosten bestimmt ist, sondern durch einen Vergleich potentieller Verluste. Es enthält darüber hinaus inhärent nicht-quantifizierbare mögliche Zukunftsnutzen. Analysen, die von BISHOP'S (1978) modifizierten

Minimax-Prinzipien des SMS-Ansatzes ausgehen, bedürfen einer Einschätzung des erwarteten Nutzens der Erhaltung.

Es bleibt noch die Frage zu klären, welches die sozialen Kosten der Einhaltung eines Safe Minimum Standards sind. Dafür scheint zuerst eine Aufteilung seiner verschiedenen Komponenten von Vorteil:

1. Zunächst werden die verpaßten Netto-Privatnutzen, die durch eine mögliche Entwicklung hätten realisiert werden können (PB_d - Private Benefits of development), berücksichtigt.

Falls die Nutzen (und Kosten) für die Gesamtgesellschaft geschätzt werden sollen, müssen alle externen Effekte berücksichtigt werden. Diese Externalitäten sind mit hoher Wahrscheinlichkeit negativ, was darauf zurückzuführen ist, daß es der potentielle Schaden an natürlichen Ressourcen ist, der einen SMS signalisiert.

2. Nimmt man an, daß ein potentieller Schaden durch eine Entwicklung eintritt, dann können deren externe Kosten definiert werden als der Verlust des erwarteten Nutzens der Erhaltung (EB_p - Expected Benefits of preservation).

Die quantifizierbaren Kosten einer Einhaltung des Safe Minimum Standard können somit durch folgende Beziehung repräsentiert werden: $PB_d - EB_p$.

3. Die Einbeziehung von Unsicherheiten und Ungewißheiten irreversibler Umweltschäden fordert die Einführung eines zusätzlichen Terms, der die (unsicheren) unbekannten zukünftigen Nutzen der Erhaltung natürlicher Ressourcen berücksichtigt (UB_p - Unsure Benefits of preservation).

Der Term „unsichere Erhaltungsnutzen" (UB_p) subsumiert den möglichen bedeutenden Verlust bzw. den entgangenen Nutzen, der durch irreversible Schäden zukünftigen Generationen entsteht. Der unsichere Erhaltungsnutzen (UB_p) unterscheidet sich durch seinen weit in die Zukunft reichenden Zeitbezug von dem gegenwärtigen bzw. zeitlich relativ nahen quanitifizierbaren Nutzen (EB_p), der mit einer bestimmten Wahrscheinlichkeit erwartet werden kann. Die beiden Nutzengrößen (UB_p und EB_p) sind mithin komplementär zueinander. Die Essenz des Problems besteht darin, daß der Erwartungswert nicht dem wirklich unsicheren (ungewissen) zukünftigen Nutzen hinzugefügt werden kann.

Was definiert aber die sozialen Kosten des Safe Minimum Standards? In Anlehung an die Minimax-Auszahlungsmatrix von BISHOP (1978), ergeben sich unter Einbeziehung des erwarteten Nutzens der Erhaltung folgende Ergebnisse (Tabelle 3-2):

Tabelle 3-2: Verlustmatrix unter Berücksichtigung des erwarteten Nutzens der Erhaltung

Gegenwärtige Politik	Zustand A	Zustand B	Maximaler Verlust
SMS	0	0	0
Entwickeln	$UB_p + EB_p - PB_d$	$EB_p - PB_d$	$UB_p + EB_p - PB_d$

Quelle: BISHOP (1978)

Als Referenzszenario wird der Fall gewählt, in dem die Politik des SMS Vorrang erhält und dementsprechend keine Verluste auftreten, weil die Ressource ja erhalten wird. Dies gilt sowohl für den Zustand A, bei dem die Ressource in Zukunft von Nutzen ist als auch für den Zustand B, bei dem die ‚Ressource' zukünftig nicht von Nutzen ist. Wird jedoch der Entwicklungspfad eingeschlagen und die Ressource besitzt nicht den Nutzen, den die Politik ihr zugerechnet hatte, dann ist der Verlust für die Gesellschaft die Differenz zwischen dem erwarteten Erhaltungsnutzen (EB_p) und dem (positiven) privaten Entwicklungsnutzen (PB_d). Wenn dagegen eine Entwicklungspolitik eingeschlagen wird und die Ressource besitzt einen unvorhergesehenen Nutzen in der Zukunft, dann umfassen die Verluste der Gesellschaft ebenfalls die unsicheren Nutzen der Erhaltung (UB_p). Der größtmögliche Verlust, der mit der Entwicklungsoption verbunden ist, tritt dann auf, wenn die natürliche Ressource von Nutzen gewesen wäre ($UB_p + EB_p - PB_d$). Dieser Ausdruck spiegelt den vollen Nutzen der Erhaltung minus den privaten Entwicklungsnutzen wider. Der volle Erhaltungsnutzen $UB_p + EB_p$ umfaßt hierbei sowohl den unsicheren und nicht-quantifizierbaren als auch den quantifizierbaren erwarteten Nutzen.

Für den Entscheidungsträger ergibt sich damit folgende Situation:

- Die Entwicklungsoption wird immer dann den maximal möglichen gesellschaftlichen Verlust hervorbringen, wenn $UB_p + EB_p - PB_d > 0$ ist. Da der Entscheidungsträger davon ausgehen muß, daß nicht aller Nutzen quantifizierbar ist (UB_p) – dieser Nutzen aber sehr wohl extrem groß sein kann -, empfiehlt der Minimax-Ansatz von CROWARDS (1998), den SMS solange anzuwenden bis $PB_d - EB_p > X$, wobei X ein „großer" Betrag ist, den die Gesellschaft nicht durch die Erhaltungsmaßnahmen verlieren möchte, selbst wenn sie dabei mögliche zukünftige Riesenverluste in Kauf nehmen muß. Die *sozialen Kosten* der Aufrechterhaltung des SMS und somit der Absicherung gegen zukünftige Verluste, ist $PB_d - EB_p$. Dies ist gleichzeitig der gesamte soziale Nutzen der Entwicklung.

Die sozialen Kosten der Aufrechterhaltung des SMS sind nicht äquivalent zu den sozialen Opportunitätskosten der Erhaltung, die lediglich durch den entgangenen privaten Entwicklungsnutzen charakterisiert ist. Der letztere stellt den Verlust des „bekannten" Nutzens dar, den die Gesellschaft durch den SMS erlitten hat. Der private Entwicklungsnutzen alleine gibt den totalen Gewinn der Gesellschaft, falls sie diese Option einschlägt, nicht wieder. Es ist vielmehr der Nettonutzen der Entwicklungstrategie inklusive jeglicher externer Effekte, der die sozialen Kosten der Annahme des SMS ausmacht.

Für den Entscheidungsträger könnten die Betroffenen eines Projektes in Anlehnung an CROWARDS (1998) die Wahrscheinlichkeit (*w*) eines zukünftigen Verlustes festlegen, mit der der unsichere Nutzen eintritt:

$PB_d > EB_p + wUB_p$

Eine Opportunitätskostenanalyse würde der Entwicklungsstrategie solange Vorrang gewähren, solange die Opportunitätskosten der Entwicklung ($EB_p + wUP_p$) kleiner als die Opportunitätskosten der Erhaltung (PB_d) sind. Nimmt man wie in einer herkömmlichen Kosten-Nutzen-Analyse an, daß *w* gleich Null ist (keine Anerkennung der möglichen nicht-quantifizierbaren Erhaltungsnutzen), dann erhält man als Ergebnis, daß die Entwicklung solange weitergeführt werden soll, bis deren Nettonutzen ($PB_d - EB_p$), d.h. privater Nutzen minus externe Kosten, größer als Null ist.

Dieser SMS-Ansatz besagt, daß *w* (die Wahrscheinlichkeit eines großen zukünftigen Verlustes) unbekannt ist, und daß die zukünftigen Verluste UB_p unsicher und nicht-quantifizierbar sind. Die Kosten der Gesellschaft für die Vermeidung dieser möglichen sehr großen Verluste in der Zukunft sind der Nettonutzen der nicht eingeschlagenen Entwicklung $PB_d - EB_p$. Dieser Wert entspräche nur dann den Opportunitätskosten der Erhaltung PB_d, wenn der erwartete Nutzen der Erhaltung gleich Null wäre. Die Entscheidungsregel lautet also: Akzeptiere die Entwicklungsstrategie nur dann, falls ihr Nettonutzen $PB_d - EB_p$ den unbekannten Ausdruck wUB_p *deutlich* übersteigen. Diese Vorgehensweise wird auch von PEARCE (1994) unterstützt, der aus Sicht der Ökonomie eine Nutzen-Kosten-Ratio von über Eins fordert, wobei sich das Vorsorgeprinzip im "Sicherheits"betrag, der Eins übersteigt, widerspiegelt.

Ein Safe Minimum Standard (SMS) zielt darauf ab, ökologische Systemstabilität und Resilienz zu sichern. Unter den Bedingungen von Unsicherheit und Irreversibilität in der Nutzung natürlicher Ressourcen stellt ein SMS die Trennlinie zwischen ökonomischen Aktivitäten und der Leistungsfähigkeit des ökologischen Systems dar. Ein SMS kann daher als eine gesellschaftliche Entscheidung darüber verstanden werden, in welchem normativ festgelegten Rahmen sich das Prinzip des freien Marktes bewegen kann. Insofern stellt dieser Ansatz eine normativ begründete Einschränkung des ökonomischen Handlungsraums dar, wie Abbildung 3-3 darstellt.

Als Kriterium für den Umgang mit irreversiblen ökologischen Schäden sind auf der Ordinate die ökologischen Schadenskosten eines Vorhabens abgetragen und auf der Abzisse das Ausmaß der irreversiblen Schäden. Menschen, die technische Lösungen für die gegenwärtigen Umweltprobleme in der Zukunft erwarten, lehnen umweltpolitische Maßnahmen ab, die oberhalb der TT-Linie liegen, da diese die Selbstorganisation der Märkte relativ stark einschränken. Vertretern der Ökologischen Ökonomie, denen es um eine *strenge Nachhaltigkeit* geht, ist an der Vermeidung von Irreversibilitäten gelegen, womit alle Punkte links von der PP-Linie inakzeptabel sind. Die Bewertung der Risiken von Seiten der Entscheidungsträger ist für die Bestimmung des zu erhaltenden Mindestniveaus ausschlaggebend. Für die Anhänger eines Technik-Optimismus' führt allein das Kriterium der hohen ökologischen Kosten unabhängig von der Irreversibilität der Schäden zur Ablehnung einer Handlungsalternative. Für die andere Extremposition der Ökologischen Ökonomie hat schon das Auftreten von Irreversibilitäten eine Zurückweisung der Maßnahme zur Folge, unabhängig davon, ob die entstehenden ökologischen Schäden einer Handlungsoption gering sind (TURNER 1993: 11 ff.)[131].

[131] Ein SMS unterscheidet sich vom Krutilla-Fisher-Algorithmus (FISHER ET AL. 1972) insofern, als das explizit auf die Vermeidung irreversibler Schäden durch die Ressourcennutzung abgezielt wird und neben den ökonomischen auch andere Kriterien einfließen. Gleichwohl sind die resultierenden Ergebnisse „unpräzise", was nicht zuletzt an der Vielzahl der zu berücksichtigenden Kriterien liegt.

Abbildung 3-3: Safe Minimum Standard (SMS) und normative Entscheidung zur Ressourcennutzung

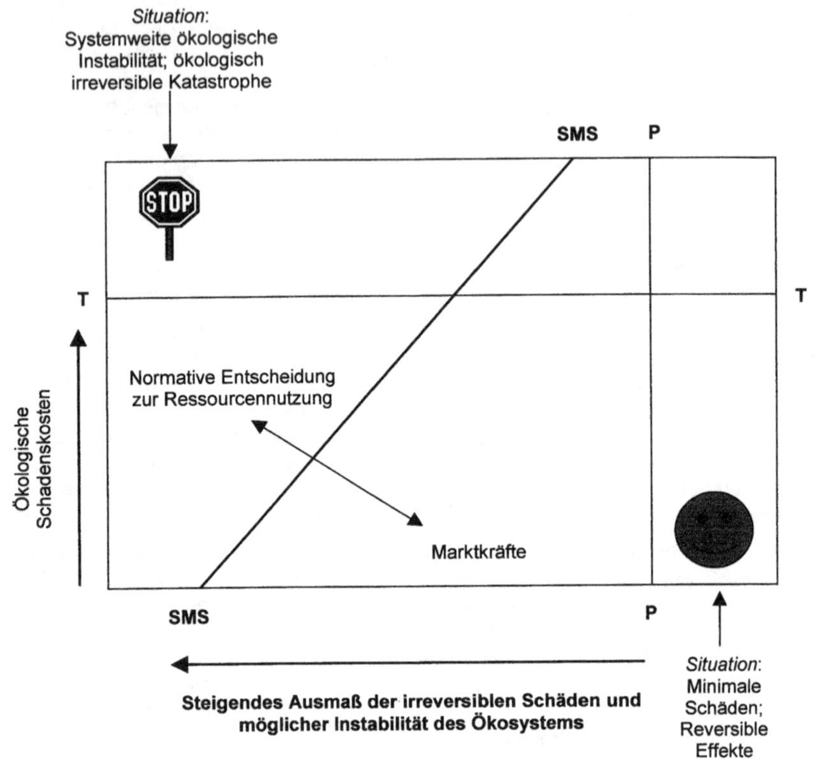

Quelle: In Anlehnung an MUNASINGHE/ MCNEELY (1995: 35) und TURNER (1993: 12)

Der Ansatz der Safe Minimum Standards (SMS) ist in der Lage, sowohl das Anliegen der Ressourcenbewahrer in Bezug auf die Vermeidung von irreversiblen Schäden zu berücksichtigen, als auch das ökonomische Kalkül der Technikoptimisten nicht zu vernachlässigen. Der genaue Verlauf der Grenzlinie SMS-SMS in Abbildung 3-3 entscheidet sich im außerökonomischen gesellschaftlichen Entscheidungsprozeß. Der SMS-Ansatz betont dabei nach CIRIACY-WANTRUP (1971: 40): „*... avoiding overuse rather than optimal use, on establishing base levels rather than on locating peaks, on not entering dead-end streets and on keeping direction rather than on computing the shortest distance, and on mobility and adaptability of production factors rather than on their optimum combination.*"

Damit unterscheidet sich der SMS insofern von der traditionellen Herangehensweise, als diese eine ausnahmslos monetäre Bewertung der Ressourcen, die Festlegung der optimalen Allokation und den Einsatz ökonomischer Anreize fordert. Dies bedeutet für einen SMS jedoch nicht, auf ein besseres Verstehen von ökologischem und ökonomischem Nutzen und Kosten zu verzichten. Insgesamt stellen SMS Rahmenbedingungen dar, die Gegenstand ökonomischer Kosten-Nutzen Abwägungen sein können. Auf den Artenschutz bezogen bedeutet dies (MUNASINGHE/MCNEELY 1995: 34): Das Aussterben einer Art muß vermieden werden (Schutz"standard"), solange die Erhaltungskosten für die Gesellschaft als Ganzes nicht unzumutbar sind. HAMPICKE (1992: 313) illustriert dies anhand einer Entscheidungssituation der gegenwärtigen Generation folgendermaßen (Abbildung 3-4):

Abbildung 3-4: Kosten eines Safe Minimum Standards für die gegenwärtige Generation

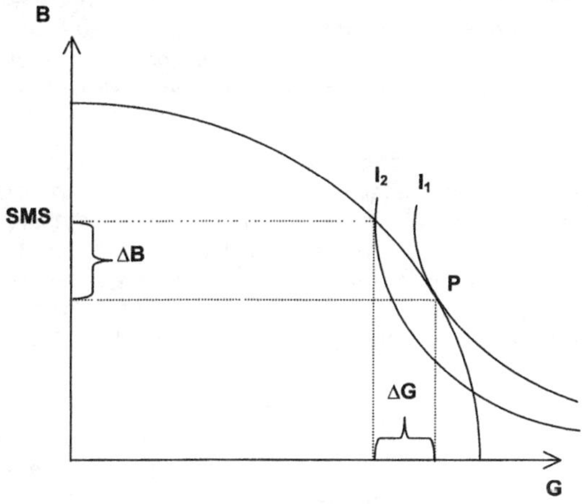

Quelle: HAMPICKE (1992)

In Abbildung 3-4 sind auf der Transformationskurve alle Wahlmöglichkeiten einer Gesellschaft dargestellt zwischen der Güterversorgung G und der Erhaltung der natürlichen Ressourcenbasis B. Der Punkt P wird erreicht, falls die Koordination der gesellschaftlichen Präferenzen allein über den Marktmechanismus erfolgt. Wird dagegen ein SMS aufgrund relevanter ökologischer Erkenntnisse fixiert, kommt es zu einer Einschränkung des Konsumniveaus in Höhe von ΔG und einem Anstieg der natürlichen Ressourcenbasis um ΔB. Dies würde aus wohlfahrtsökonomischer Perspektive zu einer ineffizienten Allokationssituation führen (GANS/MARGGRAF 1997). Das ursprüngliche Wohlfahrtsniveau der gegenwärtigen Generation, dargestellt als gesellschaftliche Indifferenzkurve I_1, sinkt durch die Einführung des SMS auf das niedrigere Niveau I_2. Das bedeutet aus Sicht der Wohlfahrtsökonomie eine falsche Verteilung von Ressourcen im Konsum und in der Produktion, so daß gesellschaftliche Ineffizienzen entstehen.

Der Verzicht auf ΔG ist möglicherweise mit sehr hohen monetären und nichtmonetären Kosten verbunden. HAMPICKE (1992: 313) erläutert dies am folgenden

Beispiel: Ein SMS beinhalte den Schutz der letzten Exemplare der Berggorillas in einer dichtbesiedelten Region Ostafrikas. Menschen und Berggorillas stehen dort in sehr enger Konkurrenz um den vorhandenen Lebensraum. Eine Bewahrung des für den Gorilla notwendigen Waldes verhindert, daß die Menschen diese Fläche zur Landbewirtschaftung nutzen können. Eventuell hätte die Bevölkerung durch diese restriktive Schutzpolitik zu wenig zu essen und müßte (ver-)hungern.

Es stellt sich die Frage, ob zukünftige Generationen unter dem Aspekt der Nachhaltigkeit und der intergenerationellen Gerechtigkeit von der gegenwärtigen Generation derartige Opfer erwarten können. Gleichzeitig existiert auch ein intragenerationelles Distributionsproblem. Es wird deutlich, daß inter- und intragenerationelle Verteilungsgerechtigkeit häufig miteinander verknüpft sind: Das geschilderte intergenerationelle Problem ließe sich möglicherweise dadurch lösen, daß gegenwärtig wohlhabendere Menschen den betroffenen Menschen in den Gorillagebieten materielle Unterstützungen gewährten. Der geschilderte trade-off zwischen dem Überleben der Gorillas und dem Überleben der dort wohnhaften Menschen existierte in dieser Schärfe nicht mehr.

Aufgrund der Bedingtheit des Imperativs zum Schutz natürlicher Ressourcen wird der SMS für einige Vertreter des strong sustainability-Ansatzes schwer zu akzeptieren sein. Gleichzeitig werden die Vertreterinnen einer uneingeschränkten Kosten-Nutzen-Analyse von der Umkehr der Beweislast zugunsten natürlicher Ressourcen schwer zu überzeugen sein. Der SMS-Ansatz fällt mithin zwischen die beiden Ansätze strong und weak sustainability[132], d.h. die Wichtigkeit der Biodiversität als kritisches Naturkapital wird anerkannt, ohne jedoch einen Absolutheitsanspruch zu besitzen (BERRENS ET AL. 1998).

Auch wenn man die logischen Grundlagen des SMS akzeptiert, wird die Definition der „unacceptable costs“ für Verwirrung sorgen. Hier wird man sich auf Entscheidungsfindungsprozesse einigen müssen, die auf einer breiten und demokratischen Basis beruhen[133] und historische ökonomische Analysen als Maßstab für den wirtschaftlichen Einfluß auf bedrohte Ökosysteme bzw. natürliche Ressourcen zu Rate ziehen. Entscheidungsfindungsprozesse für die Höhe der „unacceptable costs“ können die Bandbreite von der Bedrohung der menschlichen Subsistenz bis hin zu einfachen ökonomischen Vergleichen von Kosten und Nutzen einnehmen (ROLFE 1995).

Zusammenfassend lassen sich mehrere Vorteile erkennen, die für die Anwendung eines Safe Minimum Standards bei der Erhaltung und der nachhaltigen Nutzung PGRFA sprechen:

1. es wird eine starke Aversion gegenüber Großrisiken wie der Auslöschung genetischer Ressourcen geäußert

[132] Für eine Unterscheidung zwischen weak und strong sustainability vgl. TURNER (1993).

[133] Eine Lösungsmöglichkeit könnte die Multikriterienanalyse darstellen, die immer häufiger auch für gesellschaftliche Entscheidungsfindungsprozesse eingesetzt wird (MUNDA 1996).

2. es erfolgt eine Beweislastumkehr im Vergleich zur Kosten-Nutzen-Analyse und die Kosten und Nutzen eines Vorhabens werden mit einer höheren Fehlertoleranz gebildet
3. die Aufweichung von Umweltstandards erfordert einen öffentlichen Entscheidungsfindungprozeß (d.h. es wird ein a priori Nutzen des Ressourcenschutzes unterstellt)
4. es werden eine Reihe unterschiedlicher philosophischer Positionen berücksichtigt, nicht nur konsequentialistische wie bei einer Kosten-Nutzen-Analyse

3.3 Ökologie und Ökonomie

Während sich die herkömmliche Umwelt- und Ressourcenökonomie weit überwiegend mit den beiden paradigmatischen (dabei keineswegs nebensächlichen) Problemkomplexen der Umweltverschmutzung durch Schadstoffe und der Verknappung klar definierbarer, „singulärer" Ressourcen (Erdöl, Fischbestände, [...]) befaßt, ist für die ökologische Ökonomie ein bedeutend weiterer Horizont, eine höhere Kontaktbereitschaft mit den relevanten naturwissenschaftlichen Disziplinen, Aufgeschlossenheit – ja, eine Haltung, die mit „Wißbegierde" bezeichnet werden kann – festzustellen (HAMPICKE 1992: 303).

Die Ökologische Ökonomie (ÖÖ) ist ein relativ neues transdisziplinäres Forschungsfeld, das sich mit der Gründung der *International Society for Ecological Economics* (1988) und der Zeitschrift „*Ecological Economics*" (1989) konstituierte. Deren Vertreter unterscheiden sich in ihrem Selbstverständnis von der neoklassischen Umwelt- und Ressourcenökonomik, weil sie diese in vielerlei Hinsicht für zu disziplinär und reduktionistisch halten. Die Ökologische Ökonomie ist jedoch keine gradlinige Fortführung des wissenschaftlichen Ansatzes der neoklassischen Umwelt- und Ressourcenökonomik. Dies scheint auch nicht möglich, da die beteiligten Wissenschaftler einer Vielzahl von Disziplinen angehören[134] und Ergebnisse durch die enge Zusammenarbeit unterschiedlicher Forschungsbereiche gesucht werden.

Im folgenden werden die wichtigsten naturwissenschaftlichen Bausteine der Ökologischen Ökonomie vorgestellt. Sie gehören zu den wesentlichen Gründen, die für den Beginn der Ökologischen Ökonomie verantwortlich sind. Es sind vor allem biologische und physikalische Grenzen unseres globalen Ökosystems, die eine Änderung menschlicher Verhaltensweisen erzwingen (werden) und zudem Platz für alternative theoretische Modelle, wie z.B. des hier vorgestellten, lassen.

---

[134] Vgl das Membership Directory 1997-1998 der International Society of Ecological Economics (Internetadresse: http://kabir.umd.edu/isee/iseehome.html

3.3.1 Grundlagen einer Ökologischen Ökonomie

Als *Grundlage einer Ökologischen Ökonomie* – in Abgrenzung zur neoklassischen Theorie – lassen sich *Strukturelemente und Methoden* zusammenfassen, deren *Ziel* (Tabelle 3-3) es ist, ökonomisch-ökologische Zusammenhänge zu erkennen und Wissen zu erarbeiten, das zur Sicherung der Lebenserhaltungsfunktionen der Biosphäre beiträgt. Es handelt sich hierbei insbesondere um die *Übertragung der Strukturelemente ökologischen Denkens auf das ökonomische Denken*, wobei die Besonderheiten sozialer Systeme Berücksichtigung finden (JACOBS 1996:).

Tabelle 3-3: Ziele der Ökologischen Ökonomie

***Wissenschaftliche* Ziele der Ökologischen Ökonomie**	***Politische/ ethische* Ziele der Ökologischen Ökonomie**
Erhaltung der langfristigen Dynamik von Interaktionen zwischen Mensch und Natur (*nachhaltige Entwicklung*)	Politikanalyse
Finden einer gemeinsamen Sprache[135]	Analyse intertemporalen Verhaltens
Gesetze der Biophysik sind für die Ökonomie bindend	Einflußnahme auf Entscheidungsträger
Offener Systemansatz	

Quelle: Eigene Darstellung

Die Herausbildung der Ökologischen Ökonomie unterlag wie jede Theorieentwicklung einem Prozeß, bei dem einzelne Personen sowie gesellschaftliche Entwicklungen und Wahrnehmungen von Problemen eine wichtige Rolle spielten. Bedeutende Vordenker der Ökologischen Ökonomie der letzten vier Jahrzehnte sind u.a. für die Ökonomie CIRIACY-WANTRUP (1952), GEORGESCU-ROEGEN (1971), DALY (1968; 1974), für die Ökologie/ Biologie CARSON (1963), EHRLICH (1968), ODUM ([1971] 1983) sowie für die Sozialwissenschaften BOULDING ([1966] 1980) und MEADOWS ET AL. (1972)[136]. In den 1980er Jahren wurden, ausgehend von der Wachstumsdebatte der 70er Jahre und einer zunehmenden Internationalisierung der Umweltprobleme[137],

---

[135] „Ecological Economists have an obvious responsibility to the non-specialist public that involves speaking in a language that is straightforward and free of jargon. However, skilled rhetoric needs to complement analysis, not replace it" (DUCHIN 1996). Die Wissenschaftlerin muß sich jedoch darüber im klaren sein, daß auch Analyse rhetorisch ist (FUNTOWICZ/ RAVETZ 1994). Als intellektueller Meilenstein der gegenwärtigen Diskussion über die Rhetorik in der Ökonomik gilt McCloskey's Essay „The rhetoric of economics" (MCCLOSKEY 1983).

[136] Für das Verständnis der Ökologischen Ökonomie ist es von großer Bedeutung, die historischen Wurzeln dieses relativ „jungen" Wissenschaftszweiges zu kennen. Für einen detaillierteren historischen Gesamtüberblick sei auf MARTINEZ-ALIER (1987), CHRISTENSEN (1989) und VAN DEN BERGH (1996) hingewiesen.

[137] Zu nennen sind hier sicherlich die Stockholm-Konferenz der Vereinten Nationen zum Thema „Der Mensch und seine natürliche Umwelt" von 1972, die Gründung des Umweltprogramms der

neue Zielorientierungen sowie neue Ansätze und Methoden zur Bewältigung der Bevölkerungsproblematik, der Umweltproblematik und sozialer und ökonomischer Ungleichheit gesucht. Denn die bisherigen Konzepte und Analysemethoden schienen keine hinreichenden Antworten mehr zu liefern. Anfang der 80er Jahre wurde von der World Commission on Environment and Development die Brundtland-Kommission, benannt nach ihrer Vorsitzenden, eingesetzt, die 1987 ihren Bericht „Our Common Future" vorlegte und den Begriff „sustainable development" (in dieser Arbeit übersetzt mit nachhaltige Entwicklung) einführte. Dieser Begriff wurde insbesondere durch die Konferenz der Vereinten Nationen zu Umwelt und Entwicklung (UNCED) in Rio de Janeiro im Jahre 1992 sehr populär. Obwohl politische Einstimmigkeit herrscht, eine nachhaltige Entwicklung anzustreben, mangelt es immer noch an einer Operationalisierung[138].

Elemente der Ökologischen Ökonomie können unter verschiedenen wissenschaftlichen Überschriften gefunden werden: steady-state economics (DALY 1974); physico-economics (FABER ET AL. 1996), co-evolutionary development (NORGAARD 1984, DURHAM 1991), spaceship earth economics (BOULDING [1966] 1980) oder neo-institutional environmental economics (SWANEY 1987). Wie die englischen Bezeichnungen erkennen lassen, ist die Ökologische Ökonomie insbesondere im amerikanischen Sprachraum entstanden und ist erst seit Mitte der 1990er Jahre in Europa institutionalisiert worden[139].

Was in der konventionellen Umwelt- und Ressourcenökonomik kaum eine Erwähnung wert ist, spielt für die Ökologische Ökonomie eine wichtige Rolle: Wissenschaftliche Analysen beginnen von einem bestimmten Standpunkt aus, oder in den Worten Schumpeters (zit. nach DALY 1991: 33):

> In practice we all start our own research from the work of our predecessors, that is, we hardly ever start from the scratch. But suppose we did start from the scratch, what are the steps we should have to take? Obviously, in order to be able to posit to ourselves any problems at all, we should first have to visualize a distinct set of coherent phenomena as a worthwhile object of our analytic effort. In other words, analytic effort is of necessity preceded by a preanalytic cognitive act that supplies the raw material for the analytic effort. In this book, this preanalytic cognitive act will be called Vision. It is interesting to note that vision of this kind not only must precede historically the emergence of analytic effort in any field, but also may reenter the history of every established science each time somebody teaches us to see things in a light of which the source is not to be found in the facts, methods, and results of the pre-existing state of the science.

Untersuchungsgegenstand der Ökologischen Ökonomie ist im weitesten Sinne die Beziehung zwischen Öko*systemen* und ökonomischen *Subsystemen* (COSTANZA ET AL. 1989). Eine Inter- bzw. Transdisziplinarität versteht sich als disziplinenübergreifende Perspektive für anstehende Probleme und umfaßt eine Vielfalt von Metho-

---

Vereinten Nationen (UNEP) im Jahre 1972 und zahlreiche internationale Umweltverträge siehe auch Kapitel 2.1.

[138] Siehe Kapitel 3.3.2.

[139] Vor allem durch die Gründung der European Society of Ecological Economics (ESEE) in Versailles im Jahre 1996.

den (NORGAARD 1989). Mit dieser Methodenvielfalt soll das Ziel erreicht werden, problemadäquate wissenschaftliche "Werkzeuge" zu nutzen und nicht mit *einer* Methode alle Probleme lösen zu wollen. Die beiden wichtigsten Methoden sind zweifellos die Input-Output-Analyse und die Systemanalyse, wobei letztere für den Fortgang dieser Arbeit von ausschlaggebender Bedeutung ist[140]. Das Forschungsziel der Ökologischen Ökonomie ist ganz allgemein „The Science and Management of Sustainability" (COSTANZA 1991).

Die Ökologische Ökonomie läßt sich gegenüber der neoklassischen Umwelt- und Ressourcenökonomik zum einen durch ihre Visionen, die sie voranalytisch nennt, und durch eine methodische und normative Erweiterung bzw. die Vielfalt der beteiligten Fachdisziplinen abgrenzen. Die Sichtweise der Ökologischen Ökonomie[141], mit der sie Probleme untersucht, beruht im wesentlichen auf drei Grundüberzeugungen (BECKENBACH 1994) (siehe auch Abbildung 3-5):

1. Die Auffassung von Ökonomie als System, i.e. die Dynamik ökonomischer Systeme ist abhängig von der Dynamik der sie konstituierenden ökologischen und sozialen Systeme; Ökonomien wachsen relativ zu ihrer natürlichen Umwelt, was Auswirkungen auf die Dynamik beider Systeme hat (PERRINGS ET AL. 1995: 3). Eine systemische Ökonomie ist nicht gleichgewichtsorientiert und berücksichtigt darüber hinaus Irreversibilitäten und Unsicherheiten aufgrund der Anerkennung des Vorsorgeprinzips.

2. Explizite Berücksichtigung normativer gesellschaftlicher Forderungen in theoretischen Überlegungen (Ethik). Der Gesellschaft werden aufgrund ihres gegenüber einem Individuum wesentlich längeren Zeithorizonts Werte zugeordnet, die von den aggregierten individuellen Werten abweichen. Indem Nachhaltigkeit und Umweltkompatibilität wirtschaftlicher Handlungen als ultimative Werte gesetzt sind, wird eine Wertehierarchie etabliert.

3. Endogenisierung institutioneller Rahmenbedingungen in die Ökonomik und die damit einhergehende Forderung, einen institutionellen Wandel wissenschaftlich auf Effizienz *und* Effektivität hin[142] zu analysieren.

---

[140] Siehe Kapitel 3.5.

[141] Die hier vorgetragenen Überlegungen zur Ökologischen Ökonomie spiegeln die deutsche bzw. europäische Grundüberzeugung wider, daß das Attribut „Ökologisch" sehr weit zu fassen ist und den holistischen, systemübergreifenden Charakter der Ökonomie ausdrückt.

[142] Vgl. Kapitel 3.6.

Abbildung 3-5: Die Teilbereiche der Ökologischen Ökonomie

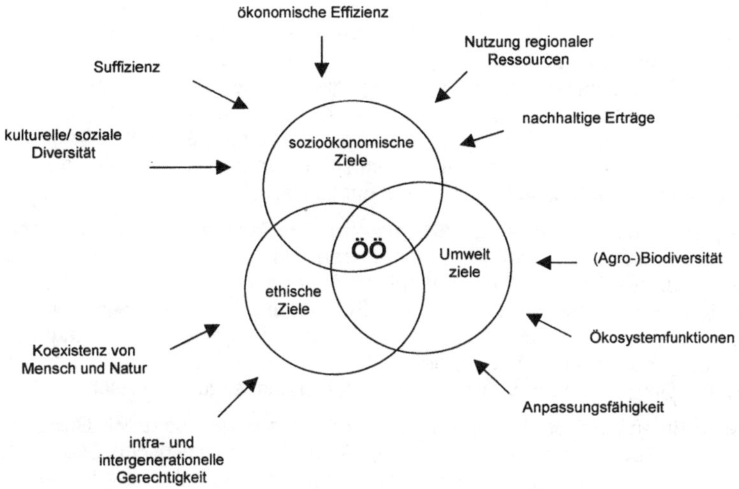

Quelle: EIGENE DARSTELLUNG

Naturwissenschaften und Ökonomie

Im folgenden Abschnitt wird verdeutlicht, welche Inhalte die einzelnen Grundüberzeugungen besitzen, in welchem Maße sie miteinander verflochten sind, und wie sie zu einer konkreten Problemlösung beitragen können. Für das Verständnis der Ökologischen Ökonomie ist es aber unerläßlich, vorab einige wichtige Einflußfaktoren bzw. Gesetze der Physik und Biologie vorzustellen (GEORGESCU-ROEGEN 1971)[143]:

- die physikalischen Eigenschaften des Produktionsprozesses und die Erhaltung der Masse
- der zweite Hauptsatz der Thermodynamik (Entropiegesetz)
- die Unzertrennbarkeit verschiedener Funktionen der Natur

Die Gesetze der Thermodynamik wurden schon Ende des 19. Jahrhunderts auf ökonomische Fragestellungen angewandt (MARTINEZ-ALIER 1987). Das Gesetz von der *Erhaltung der Energie* (erster Hauptsatz der Thermodynamik) besagt, daß Materie und Energie weder geschaffen noch zerstört werden können (CANSIER 1996: 6f.). Die Inputs in den ökonomischen Prozeß sind Brennstoffe, Nahrung und Roh-

---

[143] Eine Kritik am thermodynamischen Konzept Georgescu-Roegen's läßt sich u.a. bei KHALIL (1990) nachlesen.

material (AYRES/KNEESE 1969; KNEESE ET AL. 1971). Diese werden zum Teil zu Fertigprodukten umgewandelt, teilweise werden sie zu Abfall. Fertigprodukte geraten dabei früher oder später ebenfalls in den Abfallkreislauf. Konsumierte Güter erbringen in der Realität nur bestimmte Dienste. Danach müssen sie entweder rezykliert oder an die natürliche Umwelt abgegeben werden. Dies impliziert, daß Abfall ein notwendiges Produkt des Produktionsprozesses und des Konsums ist, es sei denn, ein vollständiges Recycling ist möglich. Eine andere Implikation des Masseerhaltungsgesetzes ist, daß jede physische Ausweitung des ökonomischen Systems, das ein Subsystem des globalen Ökosystems darstellt, notwendigerweise ein Sinken der physischen Größe seiner natürlichen Umwelt mit sich bringt, da die auf der Erde verfügbare Masse bzw. Materie endlich ist.

Als Konsequenz ergibt sich eine obere Grenze für das Ausmaß, mit dem menschengemachtes Kapital durch natürliche Inputressourcen substituiert werden kann (KLAASSEN/OPSCHOOR 1991). Die Substitution von menschengemachtem Kapital für natürliche Ressourcen löst das Problem der Begrenzung materiellen ökonomischen Wachstums nicht, da „künstliches" Kapital (Gebäude, Maschinen) notwendigerweise physisches bzw. natürliches Material beinhaltet[144]. Dies gilt aus den gleichen Gründen, wenn auch in geringerem Maße, auch für den Dienstleistungsbereich.

Physikalische Eigenschaften des Produktionsprozesses legen zusätzlich Grenzen für Substitution und Recycling auf (CHRISTENSEN 1989). Die neoklassische Ökonomik ist im Normalfall zu optimistisch, was die Substitutionsmöglichkeiten der drei Produktionsfaktoren Land, Arbeit und (menschengemachtes) Kapital betrifft, weil diese eine oftmals inadäquate Darstellung einer Produktionsbilanz erlauben. Jede dieser klassischen Produktionsfaktoren beinhaltet eine heterogene Aggregation der grundlegenderen Faktoren Wissen, Energie und Materie (BOULDING 1978: 173). Produktion ist aus dieser Sicht nichts anderes als die Transformation von Material in Output mit Hilfe von Arbeit und Kapital, die beide Energie verbrauchen. Inputs sind entweder Arbeit und Kapital, Material oder Energie. Outputs sind Güter und Abfall in Form von Energie oder Material. Die Substitution von materiellen Inputs für Kapital und Arbeit plus Energie ist begrenzt: Die Produktion einer gegebenen Menge an materiellem Output erfordert zumindest eine bestimmte Menge materiellen Inputs plus eine Menge an produktiver Arbeit. Sowohl Zielkonflikte („trade-offs") zwischen Energie- und Materialverbrauch als auch die vielfältige Verzweigung der Abfallkontrolle sind von Relevanz (GEORGESCU-ROEGEN 1971)[145]. Eine Zerstreuung von Materie könnte nur dann wieder komplett rückgängig gemacht werden, falls genügend Energie zur Verfügung stehen würde. Da dieser Prozeß der Rückgewinnung von Materie wiederum Material verbrauchen würde, gelangt man in einen unendlichen Regreß, der die theoretische Wahrscheinlichkeit einer vollständigen Wiederverwendung scheitern läßt (BIANCIARDI 1996).

Den Naturgesetzen der Thermodynamik trotzend besitzen Informationsprozesse die Fähigkeit, den stofflichen und energetischen Verbrauch konkreter Systeme in bezug

---

[144] Vgl. die Analyse der Möglichkeiten der Gütersubstitution im Konsum und in der Produktion bei STERN (1997).

[145] Siehe auch BRANDTWEINER (1998).

auf eine bestimmte Funktion zu senken. Informationsprozesse wirken dem Anwachsen der kosmischen Entropie mittels Strukturbildung entgegen: Information ist negative Entropie. Der fortwährende Prozeß der Informationsproduktion und -reproduktion einzelner Lebensformen entsteht aufgrund des auf sie ausgeübten Selektionsdrucks zur Stoff- und Energieeinsparung. Die ungehemmte Durchführung von Informationsprozessen ist daher eines der wichtigsten Überlebensprinzipien sich selbst regulierender Systeme und bietet erhebliche Chancen für ein nachhaltiges Wirtschaftssystem. Ein Beispiel stellt die Organisation eines Unternehmens dar. Auch hier bewirken bestimmte, Informationsflüsse beschleunigende Organisationsformen, eine Verlangsamung der Entropiezunahme, indem sie den intern benötigten Energieaufwand reduzieren und stabile Strukturen schaffen. Ein imposantes Beispiel aus der Natur bietet ein Bienenvolk, das Strukturen geschaffen hat, die eine äußerst energiesparende Informationsübermittlung ermöglicht.

In Anlehnung an GOODLAND (1992: 16) bedeutet die weiter oben angesprochene hierarchische Einordnung der Ökonomie in das Ökosystem[146] folgendes: „... das Größenverhältnis des humanwirtschaftlichen Teilsystems zum globalen Ökosystem, von dem das Subsystem abhängt und von dem es ein Teil ist". Es ist mithin das Produkt von Bevölkerung multipliziert mit dem Pro-Kopf-Ressourcenverbrauch, das die Annäherung oder die Entfernung an die Grenzen des Ökosystems angibt. Grenzen existieren auf der Input-Seite bezüglich der vorhandenen natürlichen Ressourcen und der nutzbaren Energie („low-entropy material-energy") sowie auf der Output-Seite hinsichtlich des enormen physikalischen Wärmeverlustes einer Ökonomie und der nicht-recyclierbaren Abfallmenge („high-entropy material-energy"). Die Domaine der Ökologischen Ökonomie ist die Darstellung des gesamten Beziehungsnetzes zwischen ökologischen und sozioökonomischen Systemen, wie Abbildung 3-6 zeigt.

Abbildung 3-6 verdeutlicht, daß nicht nur die einzelnen Wirtschaftssubjekte (Unternehmen und Haushalte) Teil eines übergeordneten Wirtschaftssystems sind, sondern daß die Aggregation auf der Makroebene ebenfalls in ein größeres System eingebunden ist, das natürliche globale Ökosystem. Das Makrosystem als offenes Subsystem ist demnach vollständig abhängig von dem natürlichen Ökosystem und zwar in seiner Funktion als Quelle für den Input von Energie und Ressourcen und als Deponie für den Output von nicht-verwertbarer Energie und Abfall (DALY 1996).

[146] „Unter einem Ökosystem versteht man ein ganzheitliches Wirkungsgefüge von Lebewesen und deren anorganischer Umwelt, das zwar offen, aber bis zu einem gewissen Grad zur Selbstregulation befähigt ist" (HEINRICH UND HERGT 1994: 61)

Abbildung 3-6: Globales Ökosystem als Begrenzung für das Subsystem Ökonomie

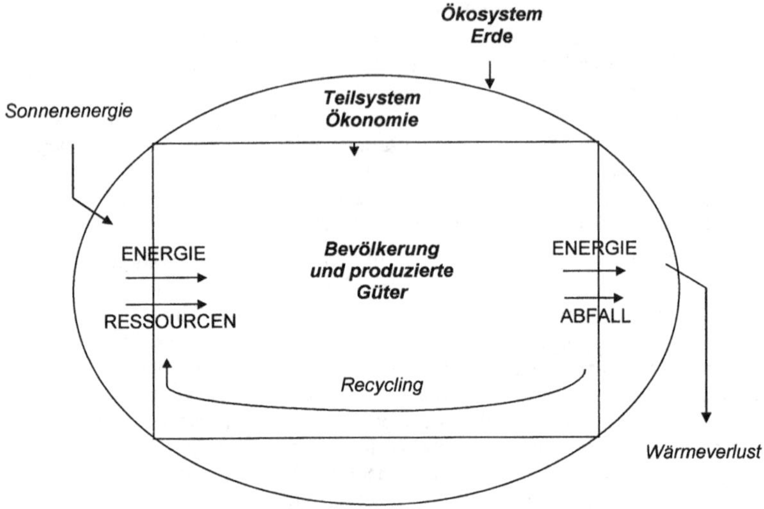

Quelle: GOODLAND (1992)

Neben der Thermodynamik hat insbesondere die Bioökonomik, die einer der Grundpfeiler der konventionellen Ökonomik erneuerbarer Ressourcen ist, einen wichtigen Impuls für die Herausbildung der Ökologischen Ökonomie beigesteuert (CLARK 1976; CONRAD/CLARK 1987). Die komplexen mathematischen Gleichungsmodelle der Bioökonomik[147], die Variablen wie Fische, Wälder, genetische Ressourcen etc. kontrollieren, sollen die ökonomisch effiziente Nutzung erneuerbarer Ressourcen über die Zeit ermöglichen. Sie besitzen den Nachteil, daß sie keine Systemperspektive einnehmen und somit relevante Beziehungen („feedbacks") zwischen verschiedenen Variablen eines Ökosystems außer Acht lassen (PERRINGS ET AL. 1995). Die Stabilität der Ökosysteme wird in diesen Modellen häufig überschätzt, so daß in Streßsituationen keine Anpassung[148] erfolgen kann. In vielen Fällen kommt es zu Fehlspezifikationen von Schlüsselfaktoren, d.h. die Identifizierung von bestimmten Populationen und Gemeinschaften unterbleibt ebenso wie die („unsicheren") Auswir-

[147] Ein Beispiel ist die HAMILTON-Funktion (CLARK 1976).

[148] Die Anpassungsfähigkeit wird von PERRINGS ET AL. (1995: 12) folgendermaßen definiert: „... the propensity of a system to retain its organisational structure following perturbation, and so refers to the stability of structure, process and function rather than the component populations of an ecological system."

kungen der Ressourcennutzung auf Klima, Atmosphäre, Wasser, Boden etc. Die Ökologische Ökonomie zieht daraus die Konsequenz, *Pfadabhängigkeiten* (NORTH 1990), *Irreversibilitäten* sowie *Schwellen- und Grenzwerte* der gemeinsam untersuchten nichtlinearen Systeme in ihren Analysen zu berücksichtigen. In einer ökonomischen Realität, die immer öfter an die Grenzen des globalen Ökosystems stößt, werden ständig Gleichgewichte durch die Überschreitung kritischer Schwellenwerte abrupt gestört, und das System erfährt einen diskontinuierlichen und unvorhersehbaren Wandel.

Die moderne ökologische Theorie, aus der die Ökologische Ökonomie viele Erkenntnisse und Konzepte übernimmt, unterscheidet zwischen der Stabilität und der Resilienz (Nachhaltigkeit[149]) eines Systems (ODUM 1991). Die Stabilität ist jene Fähigkeit eines Systems, die es ihm ermöglicht, nach vorübergehenden Störungen seinen Gleichgewichtsbereich wieder zu erreichen. Je schneller dies geschieht und je kleiner die Fluktuationen verglichen mit dem Gleichgewichtszustand, desto stabiler ist das System. Für die langfristige Persistenz (Beständigkeit) der Ökosysteme ist die Resilienz von entscheidender Bedeutung. Die Resilienz bezeichnet jene Fähigkeit eines Systems, Änderungen und Störungen zu absorbieren und auch über einer bestimmten Bandbreite von Fluktuationen einen Gleichgewichtsbereich zu finden. Stabilität und Resilienz eines Systems können miteinander in einem inversen Verhältnis stehen: Ein Ökosystem kann eine hohe Stabilität entwickelt haben, in dem es eine Reihe von Störungen schnell und effizient verkraften kann, es kann aber eine geschwächte Resilienz in seiner Entwicklung aufweisen, weil sich seine Reaktionsfähigkeit auf neue, ungewohnte oder starke Störungen verringert hat. Umgekehrt können hochresiliente Systeme, die häufig vielfältigen und starken Fluktuationen ausgesetzt sind, ihre Stabilität eingebüßt haben.

Parallel zu dem Stabilität-Resilienz-Verhältnis kann die für die verschiedenen Spezies geltende Regel betrachtet werden, die besagt, daß Arten, die unter einem verhältnismäßig breiten Spektrum von Umweltbedingungen überlebensfähig sind, weniger häufig neue Arten ausbilden müssen, als jene, die sich in engeren ökologischen Nischen befinden (LASZLO 1996). Hochspezialisierte Systeme, die im allgemeinen von ihrer Umgebung stark abhängig sind, sind weniger stabil als nicht- oder weniger spezialisierte. Zwischen dem Spezialisierungsgrad eines Systems und seinen Interdependenzen mit seiner Umgebung besteht ein stetiger, positiver Zusammenhang. Wie ein System auf Störungen oder Änderungen reagiert bzw. reagieren kann, hängt davon ab, wie es diese Informationen aufnimmt und verarbeitet, d.h. der Kommunikationsmechanismus muß funktionieren.

Ökonomisches Wachstum und das globale Ökosysteme

Eine der Kernthesen der Ökologischen Ökonomie besagt, die *Grenzen* des offenen Subsystems Wirtschaft bezüglich des übergeordneten, praktisch geschlossenen Ökosystems Erde anzuerkennen und auf dessen Selbstregulation zu setzen. Die sich hieran anschließende Frage lautet, wie groß das Subsystem Ökonomie in Relation

149 Nachhaltigkeit wird von CONWAY (1985) als Synonym für ökologische Resilienz in die agrarökologische Diskussion (siehe Kapitel 3.4) eingebracht.

zu dem übergeordneten globalen Ökosystem werden sollte (AYRES 1988, 1996; DALY 1991a). Dies impliziert eine Änderung des ökonomischen Wachstums unter den Bedingungen der ökologischen und sozialen Nachhaltigkeit. Was die Möglichkeit eines *nachhaltigen Wachstums* der Wirtschaft betrifft, reichen die Meinungen von „ohne weiteres möglich" (BECKERMAN 1974, 1994) bis hin zur Postulierung eines Widerspruchs (DALY 1991a, 1996)[150]. Neben substantiellen Differenzen zwischen existierenden Meinungen herrscht oftmals Unklarheit, was mit dem Begriff „Wachstum" gemeint ist. In Anlehnung an DALY (1990, 1996) wird in dieser Arbeit unter „Wachstum" ein quantitatives Ansteigen verstanden, unter „Entwicklung" dagegen eine qualitative Veränderung. Wachstum kann, muß aber nicht, eine notwendige Bedingung für Entwicklung sein. Das hängt davon ab, was unter Wachstum subsumiert wird. Nach EKINS (1993) können vier Wachstumsarten, die eine Beziehung zur Ökonomie aufweisen, unterschieden werden:

1. Wachstum des physischen Durchsatzes („physical throughput") von Materie und Energie und damit auch des Abfalls;
2. Wachstum des Bruttosozialprodukts in konventioneller Art und Weise gemäß des Konzepts der Volkswirtschaftlichen Gesamtrechnung;
3. Wachstum der Biomasseproduktion, welches als Brutto*natur*produkt bezeichnet werden könnte;
4. Wachstum der ökonomischen Wohlfahrt oder des Nutzens.

In einer nach physikalischen Gesetzen endlichen Welt, die durch die Gesetze der Thermodynamik bestimmt wird, ist unendliches Wachstum des Typs 1 unmöglich. Das Wachstum an Materialverbrauch scheint seit längerer Zeit viele der sozialen und Umweltprobleme zu verursachen.

Das Wachstum vom Typ 2 ermöglicht die Ausweitung der physikalischen Grenzen der Erde, falls es zu Änderungen in der Zusammensetzung des Güteroutputs, der Substitution zwischen Faktorinputs und einer effizienteren Nutzung dieses Inputs – infolge technischer Fortschritte - kommt.

Das Wachstum von Typ 3, das viele verschiedene Arten von Biomasse enthält, kann sinnvollerweise nicht aggregiert ausgedrückt werden. Dennoch erscheint es von außerordentlicher Bedeutung für eine Debatte über Wachstumsbegriffe. Erstens erzeugt die Umwandlung der Sonnenenergie durch Pflanzen zu Biomasse die einzige langfristige Chance von außerhalb der Biosphäre, die Entropiezunahme zu verlangsamen. Zweitens ist die Quantität und Qualität der Biomasse entscheidend für die Stabilität wichtiger natürlicher Prozesse wie den Kohlenstoff- und Wasserzyklus. Drittens beinhaltet die gesamte Biomasse das Nahrungsangebot des Menschen, das durch das hohe Bevölkerungswachstum in nächsten Jahren enorm gesteigert werden muß[151]. Die Produktion von Nahrungsmitteln ist seit längerer Zeit Teil eines konfligierenden Prozesses: Auf der einen Seite hat sich das Nahrungs-

---

150 Vgl. die Diskussion zwischen BECKERMAN (1994, 1995) und DALY (1995a) bzw. JAKOBS (1995) in der Zeitschrift Environmental Values.

151 Hierbei ist anzumerken, daß es sich nicht ausschließlich um ein Produktionsproblem handelt, sondern die Verteilung des Nahrungsangebotes ebenfalls zur Disposition stehen sollte.

angebot durch die „Grüne Revolution“ – durch Chemie- und Düngemitteleinsatz, Hochertragssorten, Mechanisierung des Produktionsanbaus etc. – stark erhöht, auf der anderen Seite gingen damit aber Umweltdegradationen, soziale Zerrüttungen und beschleunigter Ressourcenverbrauch einher, die diesen positiven Trend langfristig umzukehren drohen (HAZELL/RAMASAMY 1991). Die Frage einer nachhaltigen Landwirtschaft rückt somit in den Mittelpunkt einer langfristigen Sicherstellung des Nahrungsangebotes[152].

Das Wachstum vom Typ 4 scheint mit dem vom Typ 2 positiv korreliert zu sein. Die Existenz möglicher negativer externer Effekte durch die Produktion auf Umwelt, Gesundheit, Einkommensverteilung etc. bedeutet, daß diese Beziehung nicht überall die gewünschten Ergebnisse erzeugt. Insbesondere DALY (1996) und DALY UND COBB (1989) zweifeln eine positive Beziehung des BSP-Wachstums und der menschlichen Wohlfahrt stark an.

Entwicklung im hier verstandenen Sinne ist am engsten mit dem Wachstum vom Typ 4 verbunden und besitzt somit eine komplexe Beziehung zum Typ 2 Wachstum. Die Beziehung zwischen einer nachhaltigen Entwicklung und dem BSP-Wachstum hat verschiedene Ebenen der Komplexität, weil Nachhaltigkeit der natürlichen Umwelt eher mit dem Wachstum vom Typ 1 (negative Korrelation) und 3 verbunden ist.

Daß die Grenzen des globalen Ökosystems vielfach erreicht werden, wird durch die anthropogen-beschleunigte globale Erwärmung der Erdatmosphäre, die in ihrer Häufigkeit und Intensität zunehmenden Ozonlöcher, die Bodendegradation sowie die Reduzierung der biologischen Vielfalt deutlich. Insbesondere die Aneignung der Nettoprimärproduktion der Photosynthese durch den Menschen erscheint alarmierend: Diese liegt derzeit bei etwa 25 % für die gesamte Erde und bei etwa 40 % für terrestrische Ökosysteme. Diese Zahlen beinhalten sowohl die direkte Aneignung als auch die indirekte Aneignung durch Reduktion der photosynthetischen Kapazität des globalen Ökosystems aufgrund menschlicher Interventionen (VITOUSEK ET AL. 1986)[153].

Erste Bewertungsansätze in der Ökologischen Ökonomie

Der Systemansatz der Ökologischen Ökonomie hat Konsequenzen für die Analyse der Unterscheidung von nutzungsabhängigen und nutzungsunabhängigen Werten sowie die Behandlung der Verbindung zwischen nutzungsunabhängigen Werten und öffentlichen Umweltgütern. In der Ökologischen Ökonomie wird bewertet, inwieweit einzelne biotische oder abiotische Ressourcen die ökologischen Funktionen unterstützen. Dieses Vorgehen erfordert die Spezifizierung einer Produktionsfunktion[154], die den indirekten Nutzungswert einer individuellen Ressource erfaßt. Vor allem die Dynamik der gemeinsamen Betrachtung ökologisch-ökonomischer Systeme muß in

---

[152] Vgl. Kapitel 3.4.

[153] Nimmt man die niedrigere Zahl 25 % für die Aneignung der Nettoprimärproduktion durch den Menschen, dann kann man den Faktor 4 als die äußerste Grenze für das weitere Wachstum der Wirtschaft ansetzen. Diese Folgerung widerspricht den Ergebnissen des Brundtland-Berichts, der davon ausgeht, daß eine nachhaltige Entwicklung einen Wachstumsfaktor in der Größenordnung von 5-10 erfordert (DALY 1994).

[154] Im Folgenden beziehe ich mich auf die Darstellung der Problematik in PERRINGS ET AL. (1995).

einer solchen Produktionsfunktion spezifiziert werden, d. h. biophysikalische Systeme wirken als Beschränkungen ökonomischer Aktivitäten, wobei sich die internen komplex-dynamischen Strukturen in Abhängigkeit von ökonomischen Tätigkeiten befinden (Höhe des Ressourcenverbrauchs und der Abfallmenge). Daraus kann geschlossen werden, daß sogar die besten auf einer Produktionsfunktion basierenden Schätzungen des Nichtmarktwertes natürlicher Ressourcen den Gesamtbeitrag eines Ökosystems für die primären Lebenserhaltungsfunktionen nicht erfassen (PERRINGS ET AL. 1995).

Ein erster Ansatz für die monetäre Evaluierung der Lebenserhaltungsfunktionen des globalen Ökosystems und des natürlichen Kapitals wird von COSTANZA ET AL. (1997) vorgeschlagen. Für die gesamte Biosphäre wird ein Wert von $16-54 Billionen pro Jahr geschätzt, wobei der Durchschnitt bei $33 Billionen liegt. Zum Vergleich: Das globale Bruttosozialprodukt betrug dagegen im Jahr 1996 ca. $18 Billionen. Die Autoren beabsichtigten bei ihrer Analyse keineswegs die Ermittlung exakter Produktionswerte. Sie zeigen mit ihren Ergebnissen lediglich das bestehende Größenverhältnis zwischen den Leistungen des globalen Ökosystems und den von Menschen geschaffenen Bruttosozialprodukten.

Die strukturellen und funktionellen Werte „gesunder“, sich entwickelnder Ökosysteme können im allgemeinen nicht mit den gleichen Methoden erfaßt werden. Fundamentale Lebenserhaltungsleistungen, die durch ihre Resilienz (Nachhaltigkeit) und Stabilität gekennzeichnet sind, sind öffentliche Güter, die einen Wert besitzen, der in gewisser Weise den Wert anderer ökologischer Güter und Dienstleistungen bestimmt, von den individuellen Ressourcennutzern aber ignoriert wird (TURNER/PEARCE 1993). In diesem Sinne ist der Primärwert eines Ökosystems der Versicherungswert, den es gegen den Verlust der Lebenserhaltungsfunktionen bereitstellt[155].

Dem aus den aggregierten privaten Werten errechneten Gesamtnutzen eines Ökosystems läßt sich also zusammenfassend entgegenhalten, daß er

1. durch unvollständige Information zustande gekommen ist, da die Komplexität der Anpassungsfähigkeit verschiedener Ökosysteme aufgrund von Diskontinuitäten, Irreversibilitäten, Schwelleneffekten und allgemeinen Unvorhersagbarkeiten nicht oder nur teilweise bekannt ist
2. die Problematik eines öffentlichen Umweltgutes nicht oder nur teilweise berücksichtigt, d.h. der momentane instrumentelle Wert ist mehr oder weniger willkürlich und entspricht nicht den Opportunitätskosten, da er den grundlegenden „Primär“wert nicht mißt
3. durch die individuellen Zahlungsbereitschaften errechnet wurde. Dabei wurden die externen Effekte sowie die Tatsache, daß ein (gesundes) Ökosystem mehr ist als die Summe seiner Teilkomponenten, unberücksichtigt gelassen
4. die Änderungen der sozialen Präferenzen mit den Modifikationen der ökologisch-ökonomischen Systemcharakteristika nicht berücksichtigt, d.h. die Annahme der

[155] „... we conjecture that much of what is currently being treated as existence value reflects the subjective evaluation of primary (use) value“ (PERRINGS ET AL. 1995: 15).

Konstanz individueller und sozialer Präferenzen kann langfristig mit dem sich weiterentwickelnden ökologisch-ökonomischen System nicht aufrechterhalten werden

5. den „Versicherungs"wert unterschlägt, der durch die Redundanz verschiedener Arten zum Ausdruck kommt (SWANSON ET AL. 1994).

Innerhalb der Ökologischen Ökonomie bilden diese Diskrepanzen zwischen privatem und sozialem Wert einen wichtigen Forschungsgegenstand und den Ausgangspunkt für politischen Schlußfolgerungen. Wenn man die Argumente in Bezug auf die Dynamik ökologisch-ökonomischer Systeme als einen Grundstein der Ökologischen Ökonomie akzeptiert, folgt daraus die Bewertungsproblematik, die sich um die Rolle und Signifikanz einer Reihe öffentlicher, gegenwärtig wenig verstandener Umweltgüter und –funktionen rankt (MEYERHOFF 1997).

Die Bewertung eines natürlichen Systems erfolgt in der Ökologischen Ökonomie nach der Maßgabe, daß jede Struktur eines Ökosystem die Quelle bzw. der Bestandteil eines Primärwertes (PW) ist (BATEMAN/TURNER 1993). Dieser Wert ist identisch mit dem Existenzwert (E) des Ökosystems. Die Existenz eines gesunden, d.h. anpassungsfähigen Ökosystems erbringt eine Reihe von Funktionen und Dienstleistungen, die den Sekundärwert (TSW) desselben ausmachen. Der Gesamtwert (TW) eines Ökosystems beträgt mithin

$$TW = TSW + PW,$$

wobei der Gesamtwert größer als der Sekundärwert ist. Nimmt man an, daß der Sekundärwert eines Ökosystems gleich dem ökonomischen Gesamtwert (TÖW) ist und der Primärwert den Existenzwert widerspiegelt, so ergibt sich

$$TW = (TÖW, E)$$

wobei TÖW die Summe[156] aus nutzungsabhängigem und nutzungsunabhängigem Wert ist. Der Wert dieser Funktion ist bei E=0 Null, d. h. $TW = (TÖW, 0) = 0$. Bei TÖW=0 ist er mindestens Null, d. h. $TW = (0, E) \geq 0$. Dies drückt die fundamentale Bedeutung der primären Lebenserhaltungsfunktionen aus, die von der neoklassischen Umweltökonomie in dieser Form nicht berücksichtigt werden (BATEMAN/TURNER 1993).

Einen anderen Bewertungsansatz aus Sicht der Ökologischen Ökonomie, der hier nicht näher erläutert werden soll, beschreibt MUNDA (1996), der das Konzept der Multikriterienanalyse vorschlägt. Insbesondere die Annahmen des Pareto-Konzepts, Reduzierung eines Gutes auf den eindimensionalen Standard *Geld* und die Unabhängigkeit der Präferenzen, die eine Separabilität der Werte nach sich zieht, werden von MUNDA (1997) angezweifelt. Ein Zusammenfassen der Umweltkomplexität – globaler Verlust der Agrobiodiversität – in eine singuläre Metrik von Geldwerten resultiert gewöhnlich in einem nichttrivialen Verlust an Informationen (VATN/ BROMLEY 1994).

[156] Die Summation ist aufgrund von trade-offs zwischen nutzungsabhängigen und nutzungsunabhängigen Werten, wie aus dem bisher gesagten deutlich wurde, nicht immer eindeutig.

3.3.2 Nachhaltigkeit im Konzept der Ökologischen Ökonomie

Was sind die bestimmenden Faktoren einer nachhaltigen Entwicklung aus Sicht der Ökologischen Ökonomie, und welche politischen Instrumente werden vorgeschlagen? Zur Beantwortung dieser Frage muß man sich vor allem damit auseinandersetzen, was die Nachhaltigkeit eines Systems bedeutet und welche Aspekte in die Wirtschaftsanalyse einbezogen werden müssen.

Was ist Nachhaltigkeit?

Die bestimmenden Faktoren und Zusammenhänge der Nachhaltigkeit lassen sich am besten mittels unterschiedlicher Definitionen spezifizieren (HOWARTH 1997). Ein Großteil der Literatur zur nachhaltigen Entwicklung legt dabei einen deutlichen Schwerpunkt in den Entwicklungsländern (BARTELMUS 1986; REPETTO 1986; REDCLIFT 1987; TOLBA 1987; SCHRAMM AND WARFORD 1989; PEARCE ET AL. 1990; SIMONIS 1990; PEARCE AND WARFORD 1993)[157]. Einige Autoren präferieren historische oder theoretische Argumente, die zu einer Empfehlung für eine nachhaltige Entwicklung führen (BARBIER 1987; PEZZEY 1989; YOUNG 1992), während wiederum andere die Breite der Meinungen und Methoden aufzeigen, die für eine nachhaltige Entwicklung in Frage kommen (COLLARD et al. 1988; TURNER 1988; ARCHIBUGI AND NIJKAMP 1989; COSTANZA ET AL. 1991; GILBERT AND BRAAT 1991; DIETZ ET AL. 1992; OPSCHOOR 1992; BANNISTER AND BUTTON 1993). KUIK/VERBRUGGEN (1991) und ENDRES/RADKE (1998, 1998a) unterbreiten eine Reihe von Vorschlägen, die Nicht-Nachhaltigkeit gegenwärtiger Muster und des Ausmaßes der Wirtschaftsaktivitäten zu beobachten und zu messen.

Um die dynamischen Aspekte einer nachhaltigen Entwicklung herauszustellen, kann das Ziel der Nachhaltigkeit sehr allgemein „als langfristige Erhaltung der Entwicklungsbedingungen ökologischer, sozialer und ökonomischer Systeme verstanden werden" (HINTERBERGER 1998: 20). Ökonomisch betrachtet kann man Umweltschäden als langfristige, akkumulierte Ineffizienzen der Wirtschaft ansehen. Das Aufstellen von Effizienznormen im ökonomischen Sinn kann nicht von dem unabhängig sein, was man über natürliche und gesellschaftliche Prozesse weiß. HINTERBERGER (1998: 22) kommt zu dem Schluß, daß der von der neoklassischen Theorie bevorzugte Preismechanismus nicht abgeschafft werden sollte, aber daß „[d]as Diktum ‚Preise müssen die ökologische Wahrheit sagen' ... eher ein politischer *device* denn eine Aufforderung zur Internalisierung im strengen neoklassischen Sinn [ist]".

Der von einem Nachhaltigkeitskonzept ausgehende ganzheitliche Ansatz kann auf drei methodologischen Ebenen ermittelt werden (NEUNTEUFEL 1997):

---

[157] Die Weltbank, als ein wichtiger Akteur für das Erreichen einer nachhaltigen Entwicklung, definiert Nachhaltigkeit ganz streng im Sinne eines durch eine Kosten-Nutzen-Analyse erzielten Investitionsergebnisses. Die Definition für die Nachhaltigkeit eines Projekts ist „the maintenance of an acceptable net flow of benefits from the project's investments after its completion, that is, after the project ceased to receive World Bank financial and technical support" (CERNEA 1987: 3). Ein Projekt ist mithin nachhaltig, wenn die generierten ökonomischen Gewinne (rate of return) mindestens genauso groß sind wie die Opportunitätskosten des Kapitals.

1. Auf der normativen Ebene wird untersucht, ob das Konzept als Leitidee für das Handeln des Menschen in der Natur geeignet ist.
2. Auf der kognitiven Ebene wird untersucht, ob das Konzept Lösungsmöglichkeiten für die gegenwärtigen Probleme zwischen Mensch und Biosphäre anbietet.
3. Auf der Verfahrensebene wird untersucht, was das Konzept für die Wechselwirkung Mensch-Natur im konkreten Fall bedeutet.

Für eine hinreichende Auseinandersetzung mit dem Konzept der Nachhaltigkeit sind alle drei Untersuchungsebenen notwendig. Die unterschiedlichen Untersuchungsebenen bestimmen dabei oftmals die Definition einer nachhaltigen Entwicklung. Eine allgemein akzeptierte Definition nachhaltiger Entwicklung auf normativer Ebene ist die aus dem sogenannten Brundtland-Bericht (WCED 1987), die feststellt, daß damit eine Entwicklung gemeint ist „that meets the needs of the present without compromising the ability of future generations to meet their own needs. It contains within it two key concepts: the concepts of ‚needs', in particular the essential needs of the world's poor, to which overriding priority should be given; and the idea of limitations imposed by the state of technology and social organization on the environment's ability to meet present and future needs. [...] At a minimum, sustainable development must not endanger the natural systems that support life on earth: the atmosphere, the waters, the soils and the living beings." Aus dieser Definition entwickelte sich die für das Konzept der nachhaltigen Entwicklung charakteristische „Dreidimensionalität" eines sozialen, ökonomischen (technischen) und ökologischen Zusammenhangs[158].

Damit aus dieser sehr allgemein gehaltenen Analyse ökologisch-sozioökonomischer Zusammenhänge ein operationalisierbares Konzept werden kann, hat DALY (1990) drei Managementprinzipien einer ökologischen Nachhaltigkeit aufgezeigt, die in der Ressourcenökonomik breite Zustimmung fanden:

1. es dürfen nur so viele *erneuerbare Ressourcen* entnommen werden, wie sich gleichzeitig regenerieren können
2. es dürfen nur so viele *erschöpfbare Ressourcen* abgebaut werden, wie gleichzeitig erneuerbare Ressourcen für dieselbe Art der Nutzung und zur Bedarfsdeckung geschaffen werden
3. die *Schadstoffassimilationskapazität* der Umwelt muß eingehalten werden

Diese Managementprinzipien sind methodologisch auf der Verfahrensebene konzipiert und verlangen für eine hinreichende gesellschaftliche Akzeptanz die Beantwortung folgender Fragen auf der normativen und kognitiven Ebene (NEUNTEUFEL 1997): Sind die Regenerationszeiten von Ressourcen bekannt? Wie nimmt man die aus unserem unvollkommenen Wissen zwangsläufig entstehenden Unsicherheiten wahr, und wie verhält man sich bei den daraus resultierenden Risiken? Wie werden diese Informationen verbreitet damit sie in die Entscheidungsprozesse einbezogen werden können? Was sind die Grundlagen dieser Entscheidungsprozesse? Wie soll eine Gesellschaft einen sanften Übergang von einer Technologie zu einer anderen

---

[158] Vgl. weiter oben Abbildung 3-5.

(„backstop"-Technologien), von einer Ressourcennutzung zu einer anderen bewerkstelligen? Sind unsere derzeitigen institutionellen Rahmenbedingungen in der Lage, einen solchen Übergang zu gewährleisten oder benötigen wir etwas völlig anderes? Wie soll die Nutzung erschöpfbarer Ressourcen, z.B. der Agrobiodiversität, die nicht substituierbar sind, geregelt werden?

Das Nachhaltigkeitskonzept der Ökologischen Ökonomie ist durch einen holistischen Ansatz geprägt, der im Gegensatz zur konventionellen neoklassischen Theorie keine reduktionistische Analyse vorsieht[159]. Ein funktionsfähiges Nachhaltigkeitskonzept muß operationalisiert werden, indem Indikatoren mit festgelegten Kriterien bestimmt werden. Die Festsetzung der Indikatoren darf jedoch nicht dazu führen, daß der systemische Gesamtzusammenhang und seine Prozesse mit ihren vielfachen Interdependenzen und Rückkopplungen aus dem Auge verloren werden (KAUFMANN/CLEVELAND 1995). Die Nachhaltigkeit eines landwirtschaftlichen Systems kann daher nicht nur unter dem Gesichtspunkt der ökologischen Tragfähigkeit untersucht werden und dabei sozioökonomische Fragen – die Integration der Landwirtschaft in die Gesamtwirtschaft, die Nachfrage nach Nahrungsmitteln, soziale Bindung der Landwirte in der Landwirtschaft - außer Acht lassen.

Für eine operationale Vorgehensweise bei der Umsetzung des Konzeptes der Nachhaltigkeit werden nach NORGAARD (1988) die folgenden Fragen zu beantworten sein:

1. Können die landwirtschaftlichen und industriellen Aktivitäten in einer bestimmten Region zeitlich unbegrenzt fortgesetzt werden?
2. Hängt diese Region von nicht-erneuerbaren stofflichen und energetischen Inputs ab, die ihren Ursprung außerhalb ihrer Grenzen besitzen und zudem in nichtnachhaltiger Produktion gewonnen werden?
3. Ist die Region kulturell abhängig, d.h. erfährt sie einen „Nettoimport" von kulturellen Leistungen?
4. In welchem Maße trägt die Region zu globalen Umweltproblemen bei, kann sie sich selbst vor solchen Änderungen schützen und zwingt sie andere Regionen, Ressourcen aufzuwenden (genetische Erosion, Ozonloch, Klimaerwärmung etc.)?
5. Wie groß ist die kulturelle Stabilität aller Regionen in ihrem wechselseitigen Zusammenwirken (Harmonie vs. Kriegstendenzen)?

Angesichts dieser Überlegungen ergibt sich die Problematik der Bestimmung der regionalen Größe und deren Abgrenzung zu anderen Regionen. Problematisch erscheint auch die Messung physischer und insbesondere kultureller Ströme. Als konzeptionelle Beiträge liefern solche Überlegungen wichtige Einsichten in die unterschiedlichen Ressourcenströme zwischen den Regionen. Ansätze für die teilweise Berücksichtigung dieser unterschiedlichen Ströme in regionaler Sicht bietet z.B. das RAUMIS-Modell der Forschungsanstalt für Landwirtschaft (FAL) in Braunschweig (WISSENSCHAFTLICHER BEIRAT 1994).

---

[159] Vgl. hierzu Kapitel 3.3.1.

Nachhaltigkeit im Konzept von Herman E. Daly

Die verschiedenen Definitionen eines nachhaltigen Systems machen deutlich, daß Nachhaltigkeitskonzepte in Abhängigkeit vom jeweiligen Untersuchungsziel unterschiedlich ausfallen. Ein Allgemeingültigkeit beanspruchendes Konzept der Nachhaltigkeit wird es nicht geben können, es sollten in einer Analyse aber stets die Annahmen transparent gemacht und eine kohärente, logische Argumentation angestrebt werden. Im Hinblick auf einige allgemeine Charakteristika besteht innerhalb der reichhaltigen Literatur jedoch Konsens. Im folgenden wird ein Ansatz von DALY (1994, 1996) vorgestellt, der die Nachhaltigkeitsdiskussion innerhalb der Ökologischen Ökonomie seit Jahren sehr stark forciert und bestimmt[160].

Wenn der Mensch die Wirtschaft als offenes Subsystem eines größeren, aber endlichen, nicht wachsenden Ökosystems begreift, dann hat ihr Wachstum offensichtlich Grenzen. Die Wirtschaft mag sich weiter qualitativ entwickeln, aber sie kann nicht stetig quantitativ weiter wachsen. Nachhaltige Entwicklung aus Sicht der Ökologischen Ökonomie (DALY 1994) ist deshalb eine Entwicklung ohne physisches Wachstum, d.h. eine physische stabile Wirtschaft, die eine größere Kapazität zur Befriedigung menschlicher Bedürfnisse entwickelt, indem sie die Ressourceneffizienz steigert, nicht aber den Ressourcendurchsatz („throughput"). Zwei Dimensionen gilt es dabei zu unterscheiden: (1) Bestände (stocks) und (2) Dienstleistungen (services). Bestände stellen das menschengemachte und natürliche Kapital dar, während Dienstleistungen erst durch die Bestände ermöglicht werden und Nutzen erzeugen. Der Durchsatz ist dabei der physische Stoffwechselstrom, der die Bestände erhält und Kosten verursacht. In einer ("leeren") Welt mit kleiner Wirtschaft wird eine Erhöhung des Durchsatzes keine übermäßigen Opfer an Ökosystemleistungen bedingen; in einer ("vollen") Welt, in der sich das wirtschaftliche System bereits weit ausgedehnt hat – und in der befinden wir uns annahmegemäß - ist dies aber der Fall.

Die höchsten Kosten entstehen, wenn man bestimmte Ökosystemleistungen opfert, indem Naturkapitalbestände als Quelle für mehr Durchsatz statt als Quelle direkter Ökosystemleistungen genutzt werden. Der Durchsatz beginnt mit der Entnahme von Ressourcen und endet mit Abfall. Beides bedeutet in einer „vollen" Welt Kosten, weshalb es sinnvoll ist, für jeden gegebenen Bestand den Durchsatz zu minimieren (VON WEIZSÄCKER 1995).

Die Effizienz, mit der wir die Natur zu unserer Bedürfnisbefriedigung verwenden, hängt nach DALY von zwei Dingen ab: (1) der Dienstleistungsmenge, die sich pro Einheit des vom Menschen geschaffenen Kapitals ergibt wie z.B. die Erzeugung von einem Kilowatt Strom und (2) der Dienstleistungsmenge, die dafür pro Einheit naturgegebenen Kapitals geopfert wird wie z.B. der ökologische Nutzen eines für die Stromerzeugung gefällten Baums. Diese ökologisch-ökonomische Effizienz wird in folgender Gleichung ausgedrückt:

MK/ NK

---

[160] Eine Kritik des Ansatzes von DALY findet sich z.B. bei LUKS (1997).

MK spiegelt die aus dem von Menschen geschaffenen Kapital gewonnenen Dienstleistungen und NK die geopferten Dienstleistungen aus naturgegebenem Kapital wider.

In einer „leeren“ Welt (siehe oben) fällt das durch eine Steigerung des MK erforderliche Opfer an NK kaum ins Gewicht. In einer „vollen“ Welt dagegen bedeutet jedes Ansteigen von MK einen Rückgang von NK und seiner Dienstleistungen. Das dargestellte Effizienzkriterium läßt sich nach DALY (1996) in vier Einzelfaktoren zerlegen:

gewonnene MK-Dienstleistungen/ geopferte NK-Dienstleistungen =

(1) gewonnene MK-Dienstleistungen/ MK-Bestände x

(2) MK-Bestände/ Durchsatz x

(3) Durchsatz/ NK-Bestände x

(4) NK-Bestände/ geopferte NK-Dienstleistungen

Relation (1) beschreibt die Dienstleistungseffizienz der MK-Bestände. Sie hängt von verschiedenen Faktoren ab: Erstens vom technischen Produktdesign; zweitens von der Ressourcenallokation; drittens von der Einkommensverteilung. Die ersten beiden Faktoren sind leicht nachvollziehbar und stimmen mit den Standardkonzepten der neoklassischen Ökonomik überein. Der dritte Faktor bedarf jedoch einer Erklärung.

Gewöhnlich werden Verteilung und Effizienz sorgfältig voneinander getrennt, gemäß der Pareto-Annahme, daß der Nutzen zweier Individuen nicht intersubjektiv vergleichbar sei und die Status quo-Verteilung als gegeben hingenommen wird[161]. Im täglichen Leben wird dieser Vergleich durchaus vorgenommen. Es kann angenommen werden, daß der Gesamtnutzen einer Gesellschaft insgesamt steigt, wenn die Ressourcen vom niedrigen Grenznutzen der Reichen auf den hohen Grenznutzen der Armen umverteilt würden. In einer „vollen“ Welt darf die Steigerung der Effizienz durch Umverteilung daher nicht länger negiert werden.

Relation (2) spiegelt die Dauerhaftigkeit (Unterhaltseffizienz) der MK-Bestände wider. Eine niedrige Durchsatzrate bedeutet, ceteris paribus, eine Verminderung von Ressourcenentnahme und Umweltverschmutzung. Die Unterhaltseffizienz wird gesteigert durch die Herstellung langlebiger, reparaturfähiger und rezyklierbarer Produkte bzw. durch Verhaltensmuster, die den Verbrauch bestimmter Produkte von vornherein überflüssig machen. Eine längere Lebensdauer der Bestände bedeutet, daß weniger Durchsatz erforderlich ist und damit weniger Ressourcenentnahme und Umweltverschmutzung.

Relation (3) beschreibt die Wachstumseffizienz, d.h. den Zuwachs, den das NK erbringt und der zu Durchsatz wird. Dieser Faktor wird bestimmt durch die biologische Reproduktionsrate der genutzten Populationen des Ökosystems. Tannen wachsen z.B. schneller als Mahagoni. Bei Verwendungen, die den Einsatz beider Holzarten erlauben, sind daher Tannen effizienter. Wenn wir unsere Technologien und Konsummuster so entwerfen würden, daß ein Rückgriff nur auf die schneller wachsenden Ressourcen erfolgte, so wäre dies, ceteris paribus, effizienter.

---

[161] Vgl hierzu Kapitel 3.1.

Relation (4) mißt die NK-Bestände, die entweder als Quelle oder als Senke genutzt werden. Wenn man einen Wald so nutzt, daß der nachhaltig erwirtschaftete Holzertrag maximal ist, opfert man bis zu einem gewissen Grad andere Dienstleistungen des Waldes, z.B. den Lebensraum wild lebender Tiere und Pflanzen. Relation (4) kann somit als ökologische Leistungseffizienz bezeichnet werden.

Die reale Welt ist jedoch komplexer, als daß in einer einzigen Gleichung alles Wichtige erfaßt werden könnte. Die vier beschriebenen Dimensionen ökologisch-ökonomischer Effizienz können allerdings helfen, Investitionen für den Erhalt des natürlichen Kapitals rational zu begründen. Bei der Umwandlung von NK in MK wollen wir aus dem Anstieg des MK gewonnene Dienstleistungen erhöhen und den Verlust von Leistungen aus dem Ökosystem aufgrund der Abnahme von NK minimieren. Dieser Prozeß der Umwandlung von NK in MK wird aber ab einem bestimmten Punkt an Grenzen stoßen, bei deren Überschreiten die ökologischen Kosten schneller ansteigen als der durch die Produktion geschaffene ökonomische Nutzen. Dieses in der Neoklassik als optimales Niveau der Wirtschaftstätigkeit bezeichnete Kriterium ist durch den Ausgleich von Grenzkosten und Grenznutzen definiert. Es wird unterstellt, daß der Grenznutzen stetig abnimmt und die Grenzkosten stetig ansteigen. Es scheint vernünftig anzunehmen, daß der Grenznutzen stetig sinkt, da Menschen hinreichend rational sind, um ihre dringensten Bedürfnisse zuerst zu befriedigen. Die Annahme, daß die Grenzkosten (geopferte Ökosystemleistungen) stetig und nicht sprunghaft bzw. abrupt steigen[162], ist allerdings problematisch (DALY 1994).

Mit der Ausweitung der vom Menschen genutzten Nischen der Welt ist die Beanspruchung des globalen Ökosystems enorm gestiegen, doch hat keine rationale Ordnung dafür gesorgt, daß die weniger wichtigen Ökosystemleistungen zuerst geopfert werden. Es scheint vielmehr so zu sein - siehe Klimaveränderung oder Biodiversitätsverlust -, daß einige der lebenswichtigen Leistungen des globalen Ökosystems recht früh preisgegeben wurden. In der obigen Effizienzgleichung bedeutet dies: Relation (4), die ökologische Leistungseffizienz, wird grundsätzlich ignoriert. Erst wenn diese Dimension berücksichtigt wird, können wir erwarten, daß menschliche Vernunft die Opferung von Ökosystemleistungen auf einer Schadensskala ordnet und damit die Annahme stetig steigender Grenzkosten gerechtfertigt wird. Dies würde auch bei der praktischen Bestimmung des optimalen Niveaus („scale") der Wirtschaftsaktivitäten helfen.

Dieses Konzept des optimalen Niveaus ist, wie schon in Kapitel 3.2 begründet wurde, rein anthropozentrisch, d.h. alle nicht-menschlichen Arten werden nur mit ihrem instrumentellen Wert für das menschliche Wohlergehen veranschlagt. Wenn wir z.B. Tieren und Pflanzen ebenfalls einen Eigenwert zugestehen, dann liegt das optimale Niveau der Wirtschaftstätigkeit erheblich niedriger.

Das Kapital nicht sinken zu lassen, ist grundlegend für eine realistische Definition des Einkommens (HICKS 1946). Diese Forderung sollte aber neben dem menschengemachten Kapital (MK) auch auf das natürliche Kapital (NK) angewendet werden. Eine ökologisch stabile Wirtschaft, wie sie DALY (1974) beschrieben hat, leistet dies

[162] Hinweise für eine abrupte, sprunghafte Änderung ökologischer Leistungen liefern (EHRLICH/ EHRLICH 1981; ODUM 1991; ALTIERI 1995).

in physischer Hinsicht, wenn sie das kritische NK unverzehrt läßt und die Substitution von MK durch NK über einen bestimmten Punkt hinaus vermeidet[163].

Grundsätzlich ist in der Ökologischen Ökonomie zwischen drei Makrozielen einer nachhaltigen Wirtschaftsweise zu unterscheiden, die jeweils unterschiedliche Instrumentarien zu ihrer Durchsetzung erfordern[164]:

- Optimale Allokation
- Optimale Verteilung
- Optimales Ausmaß („scale")

Die Unterscheidung zwischen Allokation und Distribution ist Bestandteil der neoklassischen Standardökonomik. Dort wird nicht die Ansicht vertreten, daß die Kosten, die aufgrund ungerechter Einkommensverhältnisse bestehen, als Teil des Effizienzproblems in das Preissystem eingehen sollten. Gerechtigkeit steht auf der einen, Effizienz auf der anderen Seite. Daß das optimale Ausmaß der Wirtschaftsaktivität ein separates Problem darstellt, sehen nur wenige, da sie die Kosten einer Überschreitung dieses optimalen Niveaus in den Preisen wiederzufinden glauben.

Das Ausmaß der Wirtschaftsaktivitäten ist vereinfachend das Produkt aus Bevölkerungszahl und Ressourcenverbrauch pro Kopf. Die Bevölkerungszahl kann sich demnach verdoppeln oder um die Hälfte verringern, ohne daß der Markt versagen müßte, Ressourcen optimal auf ihre alternativen Nutzungen zu verteilen und ein Pareto-Optimum zu erreichen. Der Ressourcenverbrauch pro Kopf könnte sich aufgrund zufälliger Entdeckungen verdoppeln oder infolge von Naturkatastrophen drastisch absinken, und trotzdem würde der Markt eine optimale Allokation gewährleisten. Änderungen der relativen Preise führen zur bestmöglichen Anpassung, welche Verteilung und welches wirtschaftliche Ausmaß auch immer erreicht ist. Preise helfen uns daher immer, das Beste aus der jeweiligen Situation zu machen. Diese Situation kann aber höchst ungerecht sein und immer weniger einer nachhaltigen Entwicklung folgen.

Ein Beispiel soll die obengenannte Situation verdeutlichen (DALY 1994): Ausgangspunkt ist ein sehr niedriges Niveau der Wirtschaftsaktivität, bei dem die effizienten Preise für Wasser und Luft gleich Null sind. Bei Verdopplung der Bevölkerung und des Pro-Kopf-Ressourcenverbrauchs steigt der gesamte Durchsatz auf das Vierfache, so daß sich herausstellt, daß die effizienten Preise für Luft und Wasser größer als Null sein müssen. Die resultierenden Preise sind in jedem Fall effiziente Preise und erzeugen ein Pareto-Optimum. Obwohl in beiden Fällen die Preise richtig sind, erscheint die Frage berechtigt, ob es uns in einer Situation, in der wir für Wasser und

---

[163] In strenger Logik hieße das einen Verzicht auf nichterneuerbare Ressourcen, weil sie bei der Nutzung per definitionem nicht unversehrt bleiben. In der Ökologischen Ökonomie gilt deshalb die Managementregel für eine Quasi-Nachhaltigkeit nichterneuerbarer Ressourcen: Nichterneuerbare Ressourcen sollen nicht schneller entnommen werden als ein Ersatz entwickelt werden kann (DALY 1994).

[164] Die Regel, daß es ein separates Politikinstrument für jedes politische Ziel geben muß, entwickelte JAN TINBERGEN (TINBERGEN 1970). Eine interessante Auseinandersetzung bezüglich dieser drei Ziele bieten DALY (1992, 1999) und STEWEN (1998, 1999) in der Zeitschrift Ecological Economics.

Luft bezahlen müssen, besser oder schlechter geht im Vergleich zu vorher. Wiegt der gewonnene Nutzen des gesteigerten Niveaus der Wirtschaftsaktivität die Kosten für die Nutzung von Luft und Wasser auf? Trotz der großen Bedeutung dieser Frage sind Ökonomen hierüber oftmals in ihren Äußerungen sehr zurückhaltend und verweisen darauf, daß dies eine Sache der Politik sei.

Eine zentrale politische Aufgabe liegt also darin, das Niveau der Wirtschaftsaktivitäten auf „optimalem" Niveau zu begrenzen. Da die gegenwärtige Dimension der Wirtschaft keine nachhaltige Entwicklung fördert, sollte das Niveau durch eine Senkung der physischen Wachstumsrate reduziert werden.

Ein Ansatz, den physischen Durchsatz in der Wirtschaft zu analysieren und Strategien zur Lösung dieses absoluten Ausmaßes zu präsentieren, boten EHRLICH/HOLDREN schon 1974. Sie bezogen die gesamten ökologischen Auswirkungen ökonomischer Aktivitäten auf den Umfang des Durchsatzes, der auf drei wesentlichen Faktoren beruht (EHRLICH/HOLDREN 1974; EHRLICH/EHRLICH 1990):

$$I = PCT$$

wobei I die ökologische Gesamtwirkung ökonomischer Wirtschaftsaktivitäten (Durchsatz), P die Größe der Bevölkerung, C den durchschnittlichen Lebensstandard (Wohlstand) bzw. den Pro-Kopf-Ressourcenverbrauch und T den Stand der Technologie bzw. die ökologische Effizienz der Ökonomie ausdrückt. Diese simple Formel zeigt die Zusammenhänge zwischen ökologischem und sozioökonomischem System. Eine 50%ige Effizienzsteigerung bei der Ressourcennutzung T würde z.B. durch die Verdopplung der Bevölkerung nivelliert.

Verallgemeinernd läßt sich sagen, daß für Entwicklungsländer der größte Handlungsspielraum für eine Verbesserung bei P liegt, d.h. bei einer Reduzierung der Bevölkerungswachstumsrate. In den Industrieländern liegt dieser Spielraum hingegen bei C, d.h. einer Reduzierung des Pro-Kopf-Ressourcenverbrauchs; für die Transformationsländer im Osten (MOE) bei T, d.h. einer Reduzierung der Durchsatz-Intensität der Technologie. Insgesamt ist es aber wichtig, daß alle Länder auf alle drei strategischen Faktoren achten[165].

Trotz einiger berechtigter Zweifel - siehe oben - möchte ich mich in meiner Untersuchung insbesondere auf die ökologische Effizienz T konzentrieren, ohne die beiden anderen Punkte aus dem Auge zu verlieren. Da es kurz- bis mittelfristig nicht möglich sein wird, die beiden Variablen P (= Bevölkerung) und C (= Pro-Kopf-Ressourcenverbrauch) zu reduzieren, hängt sehr viel davon ab, technische Veränderungen und technologische Fortschritte zu nutzen. Im Fall PGRFA könnten dies sein:

- Umorientierung auf Produkte und Dienstleistungen, die weniger Material (ver-) brauchen wie z.B. standortangepaßte Sorten, die weniger Input benötigen, nicht

---

[165] Die meisten Ökonomen gehen davon aus, daß sich die Probleme größtenteils durch neuere Technologien lösen lassen werden. Schaut man sich jedoch die Zahlen der Vereinten Nationen zu Ressourcenverbrauch, Umweltverschmutzung und Bevölkerungsentwicklungen an, so müßte die Ressourcenproduktivität aufgrund neuerer Technologien in den nächsten Jahren riesige Sprünge machen, was derzeit nicht absehbar ist (DALY 1994).

ausschließlich arbeitssparende technische Fortschritte unterstützen und deren Vermarktungstransportwege kürzer sind

- Veränderung zu mehr energie- und ressourceneffizienten Verarbeitungsprozessen auf jeder Stufe der Produktion. Auch hier können standortangepaßte Sorten dazu beitragen, weniger Energie – vor allem in Form fossiler Energie – zu verbrauchen
- Ein beschleunigter Wandel zu Prozessen, die weniger schädliche und kleinere Mengen an Abfall produzieren. Hier kann man sich Anbausysteme mit den dazugehörigen Sorten vorstellen, die weniger Methan (Reisproduktion) herstellen oder auch flächengebundene Tierhaltungssysteme
- Eine Orientierung zu Technologien, die den Abfall verarbeiten oder rezyklieren und weniger Naturkapital verbrauchen. Auch in diesem Fall spielen PGRFA eine wichtige Rolle, indem sie als sogenannte „Bioreaktoren“ eingesetzt werden. Über die Fixierung von CO_2 hinaus sorgen verschiedene Pflanzen auch dafür, menschliche Abfälle zu speichern, zu verarbeiten und dem biologischen Kreislauf wieder zur Verfügung zu stellen

Diese Auflistung verdeutlicht, daß die Menschen – insbesondere die in den Industriestaaten – die negativen Wirkungen der derzeitigen Ökonomie reduzieren können und die Einhaltung ökologischer Grenzen trotz des Bevölkerungswachstums möglich ist, falls es gelingt, die ökologische Effizienz T ausreichend zu verbessern. Betrachtet man den gesamten Durchsatz jedoch global, dann wird eine alleinige Steigerung der ökologischen Effizienz mit großer Wahrscheinlichkeit nicht ausreichen. Aus der Sicht der Ökologischen Ökonomie wird die menschliche Fähigkeit, Erfindungen und Innovationen voranzutreiben und zu erzielen, nicht bestritten; es werden allerdings die potentiellen Probleme aufgezeigt, die ein natürliches System erfährt, wenn es plötzlich gezwungen ist, sich der Nachfrageänderung aufgrund des technologischen Wandels zu stellen (PERRINGS ET AL. 1995).

Nachhaltigkeit und internationaler Handel

Die Degradation natürlicher Ressourcen als Allokationsproblem gesehen erscheint aufgrund von Externalitäten ineffizient. Wo Externalitäten nicht durch eine angemessene Allokation der Eigentumsrechte internalisiert werden können, liegt die Lösung in der Korrektur der Marktpreise durch den Einsatz von Steuern, Abgaben, Gebühren oder z.B. ordnungsrechtlichen Regelungen mit den dazugehörigen Strafen. Die Lösung liegt demnach in der Intervention in das Preissystem.

Eine Liberalisierung der Handelspolitik auf der anderen Seite impliziert das Entfernen aller Barrieren (einschließlich Steuern, Subventionen und protektionistischen Maßnahmen) zum Wohle eines funktionierenden Marktes. Getragen vom Streben nach potentiellen Effizienzgewinnen durch einen freien Handel auf konkurrierenden Märkten scheint die Liberalisierung der nationalen und internationalen Märkte, der Internalisierung externer Effekte aufgrund von inhärenten Wahrnehmungsproblemen entgegenzustehen (KULESSA 1995).

Der mögliche Widerspruch zwischen beiden Ansätzen liegt in den Konsequenzen der Handelspolitik auf die Umwelt und der Umweltpolitik auf den Handel[166]. Auf der internationalen institutionellen Ebene betrifft dies insbesondere die Abkommen der World Trade Organization (WTO)[167], die derzeit als diejenige Basis strukturiert sind, auf der die Internalisierung externer Umwelteffekte stattfinden soll.

Es existieren im wesentlichen zwei Streitfragen bezüglich einer Handelsliberalisierung, die darauf gerichtet sind, ob (1) eine Handelsliberalisierung unabhängig von der Internalisierung externer Umwelteffekte ist und (2) wie diese auf die Einkommen der einzelnen Staaten wirkt. Zu (1) ist zu sagen, daß aufgrund der direkten Auswirkungen der Handelspolitik auf das Volumen und den Ort der Produktionsaktivitäten eine Zunahme der Umweltschäden erfolgen wird, wenn eine Handelsliberalisierung die Nachfrage nach Produkten mit umweltschädigenden Aktivitäten stimuliert. Falls zusätzlich die externen Umweltkosten dieser Aktivitäten stärker steigen als die möglichen Gewinne der Liberalisierung, erzielt man einen Nettowohlfahrtsverlust (ANDERSON 1992). Sogar ohne Nettowohlfahrtsverlust wird das Handelsmuster gestört sein, da eine Handelsliberalisierung die Ineffizienzen von Umweltexternalitäten unberücksichtigt läßt. Die Ökologische Ökonomie ist hier der Überzeugung, daß die durch eine Handelsliberalisierung induzierte Spezialisierung mit Rücksicht auf die dabei entstehenden sozialen Kosten des Gebrauchs natürlicher Ressourcen, die an Stelle des Weltmarktpreises zugrunde gelegt werden, unangemessen ist (DALY/GOODLAND 1994; YOUNG 1994). Darüber hinaus verursacht ein Anstieg des physischen Handelsvolumens eine Erhöhung der Gütertransporte. Insofern ein Anstieg des Handelsstroms mit zusätzlichen Umweltexternalitäten verbunden ist, wird eine Handelsliberalisierung unabhängig von der Ausrichtung der Spezialisierung die Umweltschäden erhöhen (ROPKE 1994).

Ein zweiter Punkt betrifft die positiven Wirkungen des Handels auf die Wohlfahrt unter der Kompensationsbedingung, daß die Gewinner die Verlierer im Hinblick auf eine Autarkiesituation kompensieren können. Die Argumentation der Handelsliberalisierer für eine Umweltverbesserung durch mehr Handel lautet: mehr Handel => steigende Einkommen => Anstieg der Ausgaben für das Luxusgut Umweltschutz. In der Ökologischen Ökonomie wird diese Argumentation in der Weise nicht akzeptiert (ROPKE 1994). Viele (Entwicklungs) Länder befinden sich vielmehr in einer Situation, in der die Spezialisationsmuster der exportorientierten Aktivitäten festgefahren sind und so die für eine globale Wohlfahrtssteigerung nötige Kompensationsleistung nicht erbracht wurde. Aus diesem Grund führen die Einkommenseffekte des Handels auf die Umwelt und den Ressourcenverbrauch zu nichtgewollten Ergebnissen. Dort, wo Länder sich auf Produkte spezialisieren, für die die terms of trade sinken, existiert aufgrund der Notwendigkeit, ausländische Währungen zu verdienen, eine Tendenz, die Exporte durch eine Expansion des wirtschaftlichen Grenzprodukts zu steigern. Dies beutet fortwährend ökonomisch marginale, bedrohte natürliche Ressourcen aus (PEARCE/WARFORD 1993).

---

166 Siehe die Beiträge in ANDERSON/ BLACKHURST (1992).

167 Siehe Kapitel 2.1.3.

Während unbestritten sein dürfte, daß Umwelt- und Sicherheitsstandards auf Seiten der Industrieländer dazu mißbraucht werden, die nationale Industrie gegen ausländische Konkurrenz abzuschirmen, dürfte es mittlerweile ebenso offensichtlich sein, daß es Staaten gibt, die äußerst geringe institutionelle Umweltkontrollen besitzen, damit die nationale Wettbewerbsfähigkeit der Industrie verbessert wird. Ein solches „Ökodumping" kann Wettbewerber dazu veranlassen, Gegenmaßnahmen in Höhe der durch das Ökodumping verursachten Schäden einzuleiten (REGE 1993). In der Ökologischen Ökonomie wird die Position vertreten, daß Tarife und Zölle als Gegenmaßnahmen optimal sein können und deshalb unter GATT erlaubt sein müssen.

Konsens besteht darüber, daß Handelsbeschränkungen nicht der beste Weg sind, mit Umweltexternalitäten umzugehen. Es gibt aber Meinungsunterschiede, ob es Sinn macht, mit der Handelsliberalisierung unabhängig von einer Reform in der Umweltpolitik weiterzumachen. Es mehren sich die Stimmen, die für eine nächste WTO-Runde eine Einbeziehung von Umwelt- und Sozialstandards in die Handelspolitik verlangen, da eine schnelle Handelsliberalisierung die Umweltprobleme zu verschlechtern scheint[168].

Nachhaltigkeit und die Konsequenzen für die Politik

Eines der Hauptresultate der Ökologischen Ökonomie ist, daß die intertemporale Effizienz in der Ressourcenallokation weder eine notwendige noch eine ausreichende Bedingung für die Nachhaltigkeit der Ressourcennutzung darstellt (COMMON/PERRINGS 1992). Tatsächlich wird der Begriff Nachhaltigkeit in weiten Kreisen der Ökologischen Ökonomie zuerst als eine Kategorie der Gerechtigkeit und erst danach der Effizienz angesehen (PEARCE 1987; NORGAARD 1994). Ebenso hat die Diskussion über die Bewertung von natürlichen Ressourcen in der Ökologischen Ökonomie gezeigt, daß viele Ursachen der Umweltdegradation auf die Diskrepanz zwischen privater Zahlungsbereitschaft und sozialen Opportunitätskosten für die natürlichen Ressourcen und Dienstleistungen zurückzuführen sind. Selbstverständlich hat das auch politische Implikationen.

In Kapitel 3.3 wurde gezeigt, daß die Nichtlinearität eines gemeinsamen ökologisch-ökonomischen Systems die Allgegenwärtigkeit von Pfadabhängigkeiten, Schwellenwerteffekten und der Irreversibilität von Änderungen verdeutlicht. Die Umwandlung und Modifikation von Ökosystemen durch die gegenwärtige Generation bedeutet weniger (Bio-)Diversität und eventuell weniger Umweltqualität für zukünftige Generationen. Der Verlust der Biodiversität und die damit verbundenen irreversiblen Umweltveränderungen bieten ein gutes Beispiel. Ein Resultat ist deshalb, daß die Umweltrisiken, die mit dem Niveau der ökonomischen Aktivitäten steigen, endogenisiert – (die Risiken werden von der Aktivität beeinflußt) und korreliert (die Risiken sind statistisch voneinander abhängig) wurden. Berücksichtigt man

[168] Ein beeindruckendes Beispiel dieser Problematik bot das Scheitern der Verhandlungen bezüglich einer neuen WTO-Runde in Seattle 1999. Die Vertragsstaaten konnten sich nicht auf eine Agenda für eine zukünftige Verhandlungsrunde einigen, da z.B. die meisten Entwicklungsländer kein Interesse an restriktiven Umwelt- und Sozialstandards haben.

zusätzlich die potentiellen katastrophalen Folgen, dann ist es folgerichtig, daß als sinnvolle Politikmaßnahme die Bewahrung von Optionen und die Aufforderung zur Wissensakkumulation und Fortbildung stehen (CHILCHILNISKY/HEAL 1993).

Das spezifische Problem gegenwärtiger Politikformulierung zeigt sich in der Tatsache, daß es noch keine Signale gibt, die die langfristigen Auswirkungen einer ganzen Reihe von Umwelteffekten wie z.B. dem Verlust der ökologischen Resilienz (Nachhaltigkeit) anzeigen. Dies liegt teilweise in der kurzzeitigen Kontinuität ökologischer Funktionen begründet, obwohl die Resilienz "schleichend" abnimmt. Der Verlust der Resilienz ist im Gegenteil oftmals dadurch gekennzeichnet, daß solche Systeme durch externe Schocks plötzlich „umkippen" und ihr Verhalten ändern[169]. Die grundsätzliche Politikherausforderung ist nicht nur die Korrektur der institutionellen Verzerrungen in den Preissignalen, die die Hauptmaßeinheit einer Systemleistung darstellen, sondern das Design innovativer Institutionen zur Aufklärung komplexer Ökosysteme und der resultierenden Unsicherheit.

Die Unsicherheit wird im allgemeinen von zwei Quellen gespeist, die beim politischen Design nachhaltiger Managementstrategien berücksichtigt werden sollten: Ökologisch-ökonomische Systeme sind (1) weder durch einen Preisvektor beobachtbar noch (2) durch irgendeine Art von Preisanreizen kontrollierbar. Wenn ein System nicht beobachtet werden kann, schließen die vorhandenen Informationen eine Vorhersage über das zukünftige Verhalten des Systems aus (PERRINGS 1991). Dies mag daran liegen, daß neuere Entwicklungen vorliegen, deren Konsequenzen auf das Zeitverhalten des Systems unklar sind, relativ wenige relevante Beobachtungen existieren und/ oder gänzlich neue, unvorhersagbare Effekte auf das System einwirken.

Obwohl ein großes ökonomisch-ökologisches System wegen der vorhandenen Unsicherheit nicht kontrollierbar erscheint, kann es dennoch stabilisiert werden, indem die Resilienz des Systems geschützt wird (HOLLING 1973, PERRINGS 1991). Ist es daher möglich, Systemresilienz zu erreichen, wird es im allgemeinen auch möglich sein, die Nachhaltigkeit eines Systems zu erzielen. Die ökologische Nachhaltigkeit fordert aus diesem Grund, daß die ökonomischen Aktivitäten innerhalb der Grenzen der lokalen Stabilität essentieller Ökosysteme begrenzt werden (COMMON/PERRINGS 1992).

Im Brundtland-Bericht (WCED 1987) wird nachhaltige Entwicklung u.a. als der Schutz der Produktivität des globalen Ökosystems im Hinblick auf die Erhaltung von Optionen für zukünftige Generationen gesehen. Nachhaltige Entwicklung wird also als eine Bedingung für die gegenwärtige Generation erachtet, um dem Gedanken der intergenerationellen Gerechtigkeit zu genügen. Die gleichen Überlegungen sind Grundlage der Ökologischen Ökonomie, wenn es um die Politikimplikationen einer nachhaltigen Entwicklung geht[170]. Es wird argumentiert, daß die gegenwärtige Generation die zukünftige für die Auswirkungen des gegenwärtigen Verhaltens durch

---

[169] Ein Beispiel ist die irreversible Zerstörung tropischer Regenwälder und die Konsequenzen für das regionale bzw. globale Klima (ODUM 1991).

[170] Siehe z.B. die Diskussionen in PEARCE ET AL. 1989; DALY/COBB 1989; TURNER/PEARCE 1993, welche auf den Arbeiten von SOLOW (1974) und HARTWICK (1977, 1978) aufbauen,

den Transfer von Kapital kompensieren sollte. Dies schließt den Transfer von Biodiversität und anderem natürlichen Kapital mit ein. Falls intergenerationelle Gerechtigkeit als ein gesellschaftlich anerkanntes Ziel akzeptiert wird, kann die gegenwärtige Generation den Wohlstand Zukünftiger durch die Unterstützung von Gesundheit, Diversität, Resilienz und Produktivität natürlicher Systeme sichern.

Das Ziel der intergenerationellen Gerechtigkeit kann durch Strategien erreicht werden, die darauf ausgerichtet sind, eine ökologisch nachhaltige Ökonomie durch die Aufrechterhaltung des natürlichen Kapitalstocks zu fördern. Insbesondere gilt dies für die Aufrechterhaltung des kritischen, nicht-substituierbaren natürlichen Kapitals, dessen Verlust irreversible wäre (TURNER 1993). Obwohl diese Überlegungen zu vielen der bereits existierenden alternativen Politikinstrumente führen, wird den aus dem Vorsorgeprinzip abgeleiteten Safe Minimum Standards (SMS) eine bevorzugte Stellung eingeräumt[171]. Daraus geht jedoch keineswegs ein besonders risikoscheues Verhalten hervor. Vielmehr reflektiert es die Art von endogenen, korrelierenden Risiken, die im Standardansatz der erwarteten Nutzenmaximierung nicht so leicht eingeordnet werden können. Vorsorgeinstrumente wie der SMS versuchen sicherzugehen, daß ungeachtet des tatsächlichen Resultats gegenwärtiger Aktivitäten, die nächste Generation mit einer äquivalenten Ressourcenausstattung und Chancen ökonomischer Entwicklung leben kann (YOUNG 1992).

Wie bereits angesprochen, privilegiert die Ökologische Ökonomie die Systemperspektive, d.h. in vielen Fällen werden die Erfordernisse des Gesamtsystems über seine individuellen Elemente gestellt. Diese Ansicht ist nicht wertfrei. Es widerspricht dem Prinzip der Konsumentensouveränität, das die Rechte eines Individuums nicht nur in Hinsicht auf die Gemeinschaft bevorzugt, sondern auch gegenüber zukünftigen Generationen. Es berührt z.B. den Umgang mit der privaten Diskontrate. Die Gesellschaft als Ganzes sollte demnach nicht die gleiche Diskontrate wählen wie ein privater Entscheidungsträger (HAMPICKE 1991). Das Prinzip der Konsumentensouveränität impliziert aber, daß es die private Diskontrate ist, die zählt. Wenn also das Prinzip der Konsumentensouveränität aufrecht erhalten bleibt, bleibt den politischen Entscheidungsträgern nichts weiter übrig, als die individuellen Ressourcennutzer von der Notwendigkeit zu mehr Verantwortung gegenüber zukünftigen Generationen zu überzeugen. Die Gemeinschaft als Ganzes hat aber kein eigenständiges Mandat, die Konsumwahl der Individuen zu begrenzen. Es ist die private Bewertung der Ressourcen, die zählt, nicht ihre soziale Bewertung.

Politiken, die die Bandbreite zukünftiger Optionen schützen, indem sie die Resilienzschwellenwerte aufrechterhalten, werden im allgemeinen als Nachhaltigkeitsbegrenzungen konzeptualisiert (PEARCE 1987; CONWAY 1987; PERRINGS ET AL. 1992). Das Ziel solcher Begrenzungen liegt in der Sicherung selbstorganisierender Ökosysteme, die eine ausreichende Stabilität aufrecht erhalten, damit sich die menschliche Gesellschaft den in der natürlichen Umwelt vorkommenden Änderungen anpassen kann. Nachhaltigkeit fordert hier, daß jede Generation die selbstorganisierenden Ökosysteme erhalten soll, die für die zukünftigen Chancen menschlicher Aktivitäten

---

[171] Siehe Kapitel 3.2.

notwendig sind. Eines der wichtigsten Instrumente in diesem Zusammenhang ist der in Kapitel 3.2.3 besprochene Safe Minimum Standard (SMS). Die Ratio, die hinter einem SMS in der Ökologischen Ökonomie steckt, ist das Marktversagen, die Nähe oder Entfernung zu einem Schwellenwert anzuzeigen, obwohl in der Theorie der Marktpreis für ein solches Gut gegen unendlich tendieren müßte (DASGUPTA/HEAL 1979)[172].

Ein Safe Minimum Standard ist generell als quantitative Restriktion in der Form von Erntequoten, Jagdsaison, Emissionsrecht oder Immissionsstandard konzeptualisiert. Da diese Restriktionen nur fühlbar wirken, wenn sie mit Strafe durchgesetzt werden können, hängt sehr viel von den Durchsetzungsmöglichkeiten dieser Strafen ab. Solche „Straf"instrumente können sowohl marktorientiert als auch als Standard eingerichtet sein, wobei die Strafe so wirkt, daß sie die privaten Kosten der Ressourcennutzung erhöht. Der Grund für die hohe Aktzeptanz von SMS in der Ökologischen Ökonomie liegt nicht in der Aufstellung quantitativer Restriktionen begründet, sondern in der Einbeziehung diskontinuierlicher privater Kostenfunktionen, die ein realitätsnäheres Bild an die Diskontinuitäten der sozialen Kostenfunktion durch ökologische Schwellenwerte erlauben (PERRINGS/PEARCE 1994). Die Schlußfolgerung aus der Akzeptanz eines SMS liegt darin, daß für viele Ökosysteme Entscheidungen über zu treffende Konservierungsmaßnahmen aufgrund von ethischen, kulturellen und/ oder politischen Überlegungen getroffen werden müssen.

Faßt man die wesentlichen Ergebnisse des Kapitels 3.3.2 zusammen, leiten sich aus dem Nachhaltigkeitsleitbild der Ökologischen Ökonomie folgende potentiellen Politikoptionen ab:

- Vorsorgeprinzip (Reduzierung der Unsicherheit)
- Safe Minimum Standard (Bewahrung des kritischen Naturkapitals) $\Rightarrow$ die Möglichkeit der unendlichen Versorgung zukünftiger Generationen mit Gütern der Landwirtschaft zu sozial akzeptablen ökonomischen und ökologischen Kosten.
- modifizierte Kosten-Nutzen-Analysen
- Multikriterienanalyse
- institutionelles Design, das die langfristigen Konsequenzen für das Ökosystem offenbart (Ökosozialrechnung, physische Leistungsbilanzen)
- Preiskorrekturen (Marktanreize wie z.B. eine Ökosteuer)
- Stabilisierung lebensnotwendiger Ökosysteme $\Rightarrow$ Naturschutz
- Environmental assurance bonds (im voraus zu entrichtende Versicherungssumme für den „worst possible case" bei der Nutzung der Umweltressource)
- Modifikationen des gegenwärtigen internationalen Handelssystems (WTO)

[172] Selbst in dem Fall, daß ein spezielles Gut, wie z.B. Erdöl, einen Preis erzielt, der gegen unendlich ginge, wäre noch nichts über die zugrundeliegenden Veränderungen der Systemstabilität gesagt, die der Verbrauch von Erdöl verursacht (hat), und der sich nur unzureichend in den Marktpreisen widerspiegelt. Dies ist insbesondere auf die mangelnde Berücksichtigung der „user costs" in der Bewertung natürlicher Ressourcen zurückzuführen (BARBIER ET AL. 1994: 111).

- finanzpolitische Anreizmechanismen (Subventionen)
- Landreformen
- Gleichberechtigung traditioneller Ressourcenrechte
- debt-for-nature swaps als innovater Marktansatz für differierende Nachfrage nach Umweltgütern
- Anpassung der Diskontraten in Umwelt- und Ressourcenprojekten

3.4 Agrarökosysteme und pflanzengenetische Ressourcen aus Sicht der Ökologischen Ökonomie

Für die Ernährungssicherheit der Menschen sind pflanzengenetische Ressourcen unabdingbar. Die Hauptnahrungsquellen der Menschheit reduzieren sich dagegen auf immer weniger Arten (BUNDESMINISTERIUM FÜR ERNÄHRUNG, LANDWIRTSCHAFT UND FORSTEN 1997: 86 ff.): 60 % der Kalorienzufuhr liefern die drei Stärkepflanzen Weizen, Mais und Reis, 75 % der pflanzlichen Nahrungsenergie stammen von neun Kulturpflanzen: Weizen, Reis, Mais, Sorghum/ Hirse, Gerste, Kartoffel, Süßkartoffel/ Yam, Sojabohne und Zuckerrohr. 15 bis 20 Nahrungspflanzen sind von ökonomischer Bedeutung (MOONEY/FOWLER 1991: 34). Beim industriellen Anbau von Nahrungspflanzen ist nicht nur die Zahl der Arten begrenzt, sondern es werden auch nur wenige Sorten einer Art angebaut (VELLVÉ 1993: 57). Diese Pflanzen sind genetisch verarmte Hochertragssorten, die nur aufgrund ihrer genetischen Gleichförmigkeit in Monokulturen anbaufähig sind: Sie besitzen die gleiche Größe, werden zur gleichen Zeit reif, benötigen die gleiche Art und Menge an Düngemitteln etc. Sie sind so ertragreich, weil sie unter künstlich stabil gehaltenen Bedingungen angebaut werden, unter Einsatz enormer Energieressourcen in Form von Pflanzenschutzmitteln, Düngemitteln, Bewässerung etc. Hochertragssorten konnten entwickelt werden, indem aus zahlreichen Landsorten unterschiedlichster Herkunft die für das Zuchtziel idealen Eigenschaften eingekreuzt wurden. Landsorten sind die Grundlage bzw. das Ausgangsmaterial der Hochertragssorten (BOMMER/BEESE 1990: 27).

Wegen ihrer Gleichförmigkeit und bedingt durch die Art des Anbaus sind Hochertragssorten anfällig für klimatische Veränderungen sowie für Krankheits- und Schädlingsbefall (CLEVELAND ET AL. 1994). Da nur wenige Pflanzen die Ernährungsgrundlage bilden, kann bei Gefährdung einer Sorte die Ernährung eines großen Teils der Menschheit bedroht sein (BOMMER/BEESE 1990: 26; MOONEY/FOWLER 1991: 60 ff.), wie es Irland in der Mitte des 19. Jahrhunderts der Fall war. Die Züchtungsbemühungen müssen daher auf die sich ständig verändernden Außenbedingungen reagieren können. So stehen die Pflanzenzüchter im Wettlauf mit der biologischen Evolution, die laufend Resistenzen gegenüber Pflanzenschutzmitteln und gentechnisch veränderten Sorten entwickelt. Dafür werden die Wildformen der Nahrungspflanzen und die in den Industrieländern fast vollständig verdrängten Landsorten zum Einkreuzen neuer Eigenschaften benötigt. Solche Sorten beinhalten eine Fülle von Dispositionen wie z.B. solche zur Anpassung an sich verändernde Umwelt- und Streßbedingungen, zu Ertragssteigerung, Qualitätsverbesserung etc. (BOMMER/BEESE 1990; BECKER 1993)[173].

Die Hochertragssorten tragen zu hohen Ernteerträgen bei, benötigen aber intensive Bewirtschaftungsmethoden mit Gefahren für Umwelt und Gesundheit. In der Agenda 21, Kapitel 14.2, wird deshalb eine Anpassung u.a. im Agrar- und Umweltbereich gefordert, damit eine nachhaltige, standortgerechte ländliche Entwicklung möglich ist. Nachhaltige Nutzung (sustainable use) wird im Übereinkommen über die biologische Vielfalt definiert als (Art. 2) „the use of components of biological diversity in a way and at a rate that does not lead to the long-term decline of biological diversity, thereby maintaining its potential to meet the needs and aspirations of present and future generations."

Eine nachhaltige Landwirtschaft verlangt demnach von den Vertragsparteien der Konvention über die biologische Vielfalt (CBD) per definitionem die Erhaltung der landwirtschaftlichen Vielfalt. Zudem soll gemäß Agenda 21, Kapitel 14, die chemische Bekämpfung von Schadorganismen durch integrierten Pflanzenschutz ersetzt werden, der biologische Bekämpfung, resistente Ackerpflanzen und angepaßte Anbaupraktiken miteinander verknüpft und die Anwendung von Pflanzenschutzmitteln auf ein Minimum reduziert.

Die heutigen Hochertragssorten sind aufgrund langjähriger Züchtung gegenüber bestimmten Krankheiten/ Schädlingen anfälliger als die nicht selektierten, in den Industrieländern vernachlässigten und in Genbanken gelagerten Landsorten. Letztgenannte haben jedoch bei geringerem, aber dafür sicherem Ertrag, eine größere Resistenzbreite und sind gegenüber Umweltveränderungen toleranter (CLEVELAND ET AL. 1994). Für standortgerechte Mischkulturen unter Nutzung von biologischen und biotechnischen Verfahren sowie keinem oder möglichst geringem Pestizideinsatz ist genetische Vielfalt eine wesentliche Voraussetzung (MOONEY/FOWLER 1991: 230; CLEVELAND ET AL. 1994).

Für eine nachhaltige Landwirtschaft in den Entwicklungsländern ist die Erhaltung und die Verbesserung lokaler Sorten von besonderer Bedeutung. Dies schließt das Wissen der Bauern über Anbaukombinationen, Eigenschaften und Verhalten der Sorten mit ein. Viele indigene und lokale Gemeinschaften nutzen seit Jahrhunderten die Wirkung des Anbaus gemischter Kulturen, die zum Teil wesentlich ertragssicherer als Monokulturen sind. Nur durch vermehrte Nutzung des Potentials lokaler Landsorten, verbunden mit dezentralisierter agrarökologischer Forschung und lokalen Züchtungsprogrammen unter Berücksichtigung der Kenntnisse der Bevölkerung, ist eine nachhaltige Entwicklung möglich. Eine Ertragssteigerung und –sicherheit durch Züchtung sowie die Anpassung von Agrarökosystemen, in denen sich die gezüchteten „Informationen" umsetzen lassen, wird ausschließlich koevolutiv erreicht. Es handelt sich daher nicht um einen Antagonismus zwischen nachhaltiger indigener und nichtnachhaltiger industrieller Landwirtschaft. Es soll vielmehr ein Bezug zwischen potentiellen Ertragssteigerungen auf der einen sowie Umwelt- und

[173] Vor allem die von der Industrie propagierte Beseitigung des weltweiten Hungers wird nur mit Hilfe alter Sorten/ Wildpflanzen, die sich durch eine hohe Trockenheits- und/ oder Salztoleranz auszeichnen, möglich sein.

Ressourcenschutz auf der anderen Seite unter Berücksichtigung traditioneller Lebensformen und Mitbestimmung der Betroffenen hergestellt werden (REID 1992: 6 ff.).

Im folgenden werden die ökologisch-ökonomischen Rahmenbedingungen vorgestellt und analysiert, in die pflanzengenetische Ressourcen eingebettet sind. Das Ziel der dieser Ausführungen besteht darin, die scheinbar untergeordnete Bedeutung pflanzengenetischer Ressourcen für die Landwirtschaft für das Agrarökosystem als Ganzes darzustellen, wobei im Blickpunkt steht, welche Faktoren eine nachhaltige Landwirtschaft aus Sicht der Ökologischen Ökonomie ausmachen.

In Anlehnung an BARBIER ET AL. (1994: 19) wird in dieser Arbeit unter dem Erhalt und der nachhaltigen Nutzung der Agrobiodiversität aus Sicht der Ökologischen Ökonomie verstanden: „...how ecology, economics and possibly other disciplines can best work together to improve our understanding of the biodiversity problem and to help design strategies for tackling it." In Anlehnung an CONWAY (1997: 178) wird ein wichtiges ökologisches Prinzip zugrunde gelegt, das die Bedeutung der Erhaltung und, wo möglich, Steigerung der Diversität betont: Je vielfältiger ein Agrarökosystem ausgestaltet ist, als desto nachhaltiger (stabiler) erweist es sich. Darüber hinaus ist es häufig produktiver als ein ansonsten vergleichbares System[174].

Die umfassendste Definition von nachhaltiger Landwirtschaft („sustainable agriculture") geben ALLEN ET AL. (1991): „A sustainable food and agriculture system is one which is environmentally sound, economically viable, socially responsible, non-exploitive, and which serves as the foundation for future generations. It must be approached through an interdisciplinary focus which addresses the many interrelated parts of the entire food and agriculture system, at local, regional, national and international level." Diese Definition berücksichtigt neben dem Aspekt der *inter*-generationellen Gerechtigkeit, den Erhalt der Produktionsgrundlagen Boden, Wasser und Luft, den Erhalt der biologischen Vielfalt, eine sozioökonomische Komponente, gesellschaftliche Verantwortung und ein globales Bewußtsein (*intra*generationelle Gerechtigkeit). Eine Beschreibung der Situation der gegenwärtigen industrialisierten Landwirtschaft ergibt allerdings das nachfolgende - in seinem Muster erkennbare - Bild (FRISVOLD/ KUHN 1999):

Verbrauch natürlicher Ressourcen:

- hoher Energieeinsatz, der zu einem verstärkten Verbrauch nicht-erneuerbarer Ressourcen beiträgt
- hoher „Import"bedarf an natürlichen Ressourcen wie Öl, Boden, Wasser
- hohe Bewässerungsleistung
- hoher Trinkwasserverbrauch durch Tierhaltung

[174] Die Auffassung von CONWAY ist nicht unumstritten, wie die Beiträge von BECKER (1997) und WOOD (1998) zeigen.

Umweltprobleme:

- abnehmende Bodenproduktivität / zunehmende Bodenerosion
- Entsorgungsprobleme bei Massentierhaltung
- Klimaauswirkungen
- durch landwirtschaftliche Pestizide und Düngemittel belastete Böden, Oberflächengewässer, Meere und Grundwasser

Sozioökonomische Kennzeichen:

- ausgeprägte großflächige Monokulturen, Rückgang landwirtschaftlicher (Familien-) Betriebe (hohe Opportunitätskosten der Erhaltung traditioneller Landbewirtschaftung)
- enge Verflechtung zu den Finanzmärkten
- Exportorientierung von Betrieben mit sehr guten Böden und geographischen Lagen; hohe Futtermittelimporte
- hohe Kapitalintensität im Vergleich zu anderen Wirtschaftsbranchen
- Auslagerung landwirtschaftlicher Aktivitäten auf vor- und nachgelagerte Bereiche
- Forcierung der Landflucht („Urbanisierung") aufgrund „besserer" Erwerbsmöglichkeiten etc. in städtischen Ballungsgebieten
- vorherrschendes langfristiges Konzept: technischer Fortschritt und Produktivitätssteigerungen
- vorherrschendes Paradigma: nahezu vollständige Substitutionsmöglichkeiten der Produktionsfaktoren
- Produktivitätsmessung erfolgt anhand einzelner Fruchterträge, d.h. es finden selten gesamtbetriebliche Produktivitätsmessungen statt

Politische Kennzeichen:

- ausgeprägte Subventionsstrukturen
- Risikominimierung des derzeitigen Ressourcenmanagements durch Versicherungs- und Zukunftsmärkte des Staates
- ungleichmäßige Verteilung des Bodenbesitzes
- hoher Transportbedarf, der durch Subventionen verbilligt wird
- privatrechtliche Organisation des materiellen und geistigen Eigentums

Wissen und Wissenschaft:

- Abnahme des Wissens einzelner Landwirte über Handlungsmöglichkeiten bei Frucht- und Tierkrankheiten aufgrund zunehmender Bedeutung externer Beratung
- Marginalisierung des Wissens und der Traditionen indigener und lokaler Gemeinschaften
- Abhängigkeit moderner Technologien von einer stark zentralisierten Wissenschaft
- Ausrichtung von Ausbildung und Forschung vornehmlich auf konventionelle Landwirtschaft

Pflanzengenetische Ressourcen und Biotechnologie:

- weltweite Konzentration auf einige wenige landwirtschaftlich genutzte Pflanzen- und Tierarten
- zunehmende Instabilität von Agrarökosystemen, weil das ökologische Gleichgewicht durch Artenverlust gefährdet ist
- Ausrichtung der Pflanzenzüchtung auf Hochertragssorten („Green/ Gene Revolution")
- Verstärkter Einfluß vor- und nachgelagerter Industriebereiche durch moderne Biotechnologie

Die auf diesem deutlichen Muster der industrialisierten Landwirtschaft gewonnenen Ergebnisse, die international oftmals das Vorbild für ein zukunftsträchtiges landwirtschaftliches Produktionssystem abgeben, nutzt insbesondere die Agrarökosystemforschung, um sich der Beschreibung und Konstruktion einer nachhaltigen Landbewirtschaftung wissenschaftlich zu nähern. In der Forschung über Agrarökosysteme wird postuliert, daß die ökologischen Probleme der Landwirtschaft mit naturräumlichen Verhältnissen, regionalen Agrarstrukturen und Produktionsverfahren zusammenhängen (GLIESSMAN 1990; HÄPKE 1997). Die Ressourcen eines Agrarökosystems lassen sich in vier Kategorien einordnen: (1) Natürliche Ressourcen, die vor allem lokal verfügbar und nützlich sein müssen; (2) Humanressourcen; (3) Kapitalressourcen und (4) Outputressourcen (Ernte- und Tierbestand).

Ein Agrarökosystem ist ein durch menschliche Nutzung gekennzeichnetes Ökosystem, in dem die funktionale Einheit der Biosphäre als Wirkungsgefüge aus wildwachsenden Pflanzen und wildlebenden Tieren einerseits und Kulturpflanzen und Nutztieren andererseits besteht. Die energetischen, stofflichen und informatorischen Wechselbeziehungen in diesem Wirkungsgefüge werden durch den Menschen in unterschiedlichem Grade gesteuert. Besonderheiten der Agrarökosysteme sind die Stoffzufuhr (Düngung) und Stoffentnahme (Ernte) durch den Menschen sowie die Tatsache, daß die durch Züchtung genetisch ausgeformten Kulturpflanzen als Hauptbestandteil der Vegetation den Einsatz vielfältiger Steuerungsmaßnahmen, u.a. des Pflanzenschutzes, erfordern (ARLT/EGGERS 1997).

Die ökologischen Konzepte der Resilienz (Nachhaltigkeit) und Stabilität von Ökosystemen[175] gelten gleichfalls für bewirtschaftete Ökosysteme, insbesondere für Agrarökosysteme, bei denen das Ziel des Menschen darin besteht, das vorhandene Ökosystem absichtlich zu verändern (STEUBING 1995). Die Hauptfrage hierbei ist, inwieweit die von Menschen verursachte Modifikation und Transformation der Agrarökosysteme ihre Stabilität und Resilienz (Nachhaltigkeit) beeinflußt. Eine Analogie in der Ökonomik, die die Resilienz und Stabilität eines Systems betrifft, sind langfristige Trends (Resilienz) versus kurzfristige Fluktuationen um diese Trends herum (Stabilität). Falls die natürlichen Mechanismen der Kontrolle und Stabilisierung

---

[175] BARBIER (1989: 59 f.) definiert Stabilität als „the ability of a system to maintain a relatively constant condition in terms of its species composition, biomass and productivity, with minor fluctuations areound a mean value (the equilibrium point) whereas resilience (sustainability) is simply adaption to change, that is the ability of a system to maintain its structure and patterns of behaviour in the face of disturbance."

durch verstärktes Management und Kontrolle des Menschen, durch die Anwendung menschlichen Wissens und den Gebrauch von menschlichen und natürlichen Resourcen mit minimalen ökologischen Störungen ersetzt werden, könnte das Ergebnis eine kaum merkliche Änderung der ökologischen Stabilität oder Nachhaltigkeit sein (NORGAARD 1984). Unter anderem von Seiten der Ökologischen Ökonomie werden zunehmend Bedenken geäußert, daß die Transformation ökologisch ungeeigneter Flächen existierender landwirtschaftlicher Systeme für Monokultur oder Hybridsortensysteme, die in hohem Maße von Düngemitteln und Pestiziden abhängen, die Tendenz aufweisen, die Resilienz (Nachhaltigkeit) zu vermindern[176].

Der Gebrauch von Düngemitteln und Pestiziden erhöht im Normalfall die Produktion im jährlichen Erntezyklus, und es scheint so, als hätte dies keine (negativen) Auswirkungen auf die Stabilität des Agrarökosystems. Andererseits erhöht sich dadurch die Auswaschung und der Oberflächenabfluß der chemischen Restbestände, was zu stärkeren Störungen in den umliegenden natürlichen Ökosystemen führen kann, die dadurch ihre Stabilität und Resilienz einbüßen. Ob das ökonomisch-ökologische System als Ganzes eine globale Verschlechterung der Stabilität und Resilienz erfahren würde, hängt von den Rückkopplungseffekten zwischen den natürlichen und modifizierten Ökosystemen ab.

Da Agrarökosysteme von Menschen modifiziert werden, um Agrarprodukte herzustellen, kann ihre Kapazität für Nachhaltigkeit und Stabilität nicht alleine aus dem Austausch von Energie und Materie abgeleitet werden. Eine Konsequenz besteht darin, daß Agrarökosysteme eine sozioökonomische Dimension beinhalten. Diese sozioökonomische Dimension kann nach CONWAY (1987) definiert werden als:

> „... a function of the amounts of goods and services produced by the agroecosystem, their relationship to human needs (or happiness) and their allocation among the human population.... In practice, therefore, an assessment of an agroecosystem's performance has to be made not in terms of the theoretical goal but in relation to those key system properties that contribute most directly to realizing the goal."

CONWAY (1985) schlägt darüber hinaus vier verschiedene Eigenschaften von Agrarökosystemen vor, die es zu analysieren gilt: Produktivität, Stabilität, Nachhaltigkeit und Gerechtigkeit. Diese Eigenschaften beziehen sich direkt auf die Realisierung des sozialen Werts und werden umgekehrt von Versuchen beeinflußt, den sozialen Wert durch verschiedene landwirtschaftliche Entwicklungsmöglichkeiten zu maximieren. Die Vorgehensweise CONWAY's weist jedoch Defizite auf, die vor allem in der mangelnden Voraussagefähigkeit einer ex post Analyse mit kurzem Zeithorizont begründet liegen (BECKER 1997). Langfristige ex ante Voraussagen des Systemverhaltens eines Agrarökosystems sind damit nicht möglich und auch im allgemeinen sehr schwer zu treffen. Hierfür sind insbesondere Systemeigenschaften wie Komplexität, Verbundenheit, Nichttransparenz und Dynamik von Systemvorgängen aufgrund von Rückkopplungsmechanismen, Kumulationseffekten, unterschiedlichen Zeitskalen sowie evolutive Prozesse verantwortlich (DÖRNER 1989).

---

[176] Siehe z.B. WCED (1987) oder NORGAARD/SIKOR (1995).

Diese Systemeigenschaften veranlassen ALTIERI (1995: 369 f.) dazu, die genetische Vielfalt in der Landwirtschaft als Schlüssel für die Operationalisierung einer nachhaltigen Landwirtschaft zu bezeichnen. In der modernen, industrialisierten Landwirtschaft ermöglicht der Anbau diversifizierter Sorten z.B. die Reduzierung des Pflanzenschutzmitteleinsatzes. In Entwicklungsländern, die oftmals eine Subsistenzlandwirtschaft betreiben, ermöglicht eine große Agrobiodiversität die Reduzierung der Varianz in der Ernte und den Anbau auf marginalen Flächen, die für eine moderne Landbewirtschaftung untauglich sind.

Die landwirtschaftliche Nutzung hat in vielen Agrarökosystemen zu starken qualitativen Veränderungen der Artenvielfalt geführt. In einigen Gebieten Mitteleuropas ist sie z.B. entgegen dem globalen Trend zum Teil bis in die Gegenwart angestiegen. Als Maßstab für eine ökologisch intakte Agrarlandschaft kann die Artenzahl jedoch nur bedingt verwendet werden. Auswertungen belegen, daß eine Florennivellierung bei regional erheblichem Rückgang indigener Arten und gleichzeitiger Zunahme von Neophyten erkennbar ist. Zudem konnte festgestellt werden, daß insbesondere Spezialisten (stenöke Arten) zurückgedrängt wurden und sich Generalisten (euröke Arten), sowohl der Flora als auch einzelner Gruppen der Fauna, ausbreiten konnten. Als wesentliche Ursache wirkt dabei neben Nutzungsänderungen die Eutrophierung naturnaher Biotope, vor allem bei Kontakt mit landwirtschaftlichen Nutzflächen (KRETSCHMER ET AL 1997).

Agrarökosysteme werden in der Ökologischen Ökonomie als offene Systeme modelliert. Wie in Abbildung 3-6 dargestellt[177], nimmt das Agrarökosystem Ressourcen von außerhalb (Energie, Materie etc.) auf und gibt solche als Abfall und Entropie wieder ab. Darüber hinaus können die Ressourcen innerhalb des Systems gespeichert und/ oder transformiert werden. Ein wichtige Grundlage der Ökologischen Ökonomie ist die Berücksichtigung dynamischer Prozesse. Diese Sichtweise ist nicht nur an der Beschaffung von Energie, sondern ebenfalls an der Umwandlung derselben im landwirtschaftlichen Produktionsprozeß, interessiert (ALTIERI 1995).

Aufgrund der großen Vielzahl von Agrarökosystemen existieren keine globalen Managementstrategien. Wichtig ist vielmehr die Beachtung lokaler Unterschiede bezüglich biophysikalischer Gegebenheiten wie Klima, Boden, Wasserverfügbarkeit oder Schädlinge, sozioökonomischer Faktoren wie Anbindung an Märkte, soziale Organisation etc. sowie kultureller Besonderheiten wie Traditionen, Glauben und Geschichte. Der gegenwärtige „Zustand“ eines bestimmten offenen Agrarökosystems ist durch ständige Bewegung gekennzeichnet, d.h. durch interne und äußere Faktoren, die auf den Prozeß wirken. Konkret handelt es sich hierbei um Bevölkerungs- und Umweltveränderungen, Ressourcenverfügbarkeit, sich ändernde Marktsignale, technologische Innovationen, soziale Auseinandersetzungen, Bodenbesitzstrukturen etc. (PLANCK/ZICHE 1979).

Nachhaltigkeit beschreibt unter sozioökonomischen Einflüssen die langfristige Überlebensfähigkeit und Produktivität eines Ökosystems[178] sowie die Bewahrung pflanz-

---

[177] Siehe Seite 112.

[178] Die Produktivität eines Ökosystems läßt sich als Produktionsrate durch den Ertrag an Biomasse pro Fläche in der Zeit bestimmen.

licher und tierischer Diversität. Das Agrarökosystem muß daher trotz externer Einflüsse in der Lage bleiben, über einen langfristigen Zeithorizont seine Erträge zumindest konstant zu halten[179]. Die langfristige Betrachtungsweise ist für die Nachhaltigkeit sehr wichtig, wobei kurzfristig der konventionelle Umgang mit Agrarökosystemen ein höheres Nettoeinkommen generieren kann (Abbildung 3-7).

Abbildung 3-7: Konventionelle und nachhaltige Nutzung von Agrarökosystemen und deren Nettoeinkommen

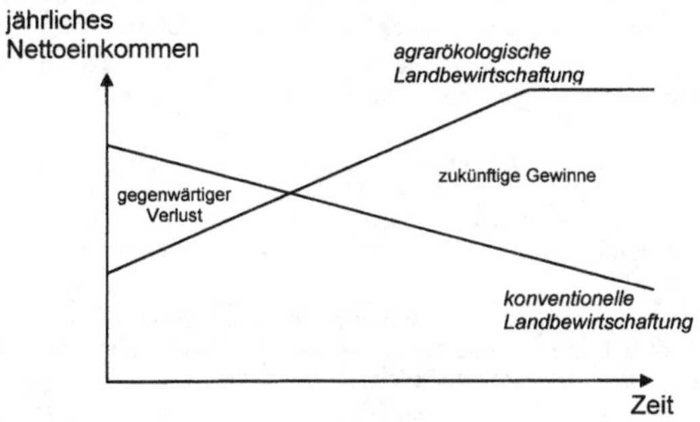

Quelle: ALTIERI (1995)

Abbildung 3-7 enthält einige Hypothesen, die für die Ökologische Ökonomie von Bedeutung sind. Insbesondere sind dies die eher pessimistische Einstellung gegenüber den langfristigen Gewinnen (technologischen Fortschritten) der konventionellen Landbewirtschaftung und die stetig wachsende Profitabilität einer Landwirtschaft, die den aufgestellten agrarökologischen Kriterien genügt. Nach einer Übergangsphase wird der Gewinn der konventionellen Landbewirtschaftung langfristig unter dem einer agrarökologischen Landbewirtschaftung liegen. Es handelt sich dabei um den Zeitraum einiger Jahrzehnte, der in ökonomischen Maximierungsanstrengungen keine Berücksichtigung findet, in agrarökologischen Überlegungen aber von äußerster Wichtigkeit ist. Die daraus abzuleitenden Konsequenzen für eine nachhaltige Landwirtschaft werden in der folgenden Tabelle 3-4 näher ausgeführt.

179 Eine empirische Analyse der landwirtschaftlichen Ertagstrends geben HARRIS/KENNEDY (1999).

Tabelle 3-4: Klassifikationsmuster einer nachhaltigen Landbewirtschaftung

Haupteinfluß auf	Faktoren/Thesen
ökologische Nachhaltigkeit	• Die Nährstoffe, die dem Agrarökosystem durch den Entzug der geernteten Produkte/ Biomasse verloren gehen, müssen mit Hilfe externer Inputs ausgeglichen werden • Bewässerungssysteme können auf Dauer keine an den Standort angepaßte Landwirtschaft ersetzen • Die laufend reduzierte Energieeffizienz (Energieoutput/ Energieinput) muß aufgrund der Begrenztheit fossiler Energien gesteigert werden[180] • Reduzierung der durch menschliche Eingriffe geschaffenen naturfremden bzw. naturfernen Pflanzengesellschaften (z.B. Monokulturen) • Schädlingsbekämpfung sollte alle den Landwirten zur Verfügung stehenden Aktionsmöglichkeiten ausnutzen, d.h. Gewährung, Vorsorge und Nachbehandlung • Die biologische Vielfalt und die strukturelle Komplexität erhöhen die Stabilität (Anpassungsfähigkeit) eines Agrarökosystems in einer sich ändernden Umwelt; gleiche Bedeutung besitzen daneben die ökonomische und kulturelle Stabilität sowie die Fähigkeit des Landwirts, seinen Betrieb zu führen
ökonomische Entwicklung	• Eine Aufspaltung der Agrarökosysteme in intensive Landbewirtschaftung einerseits und Bracheflächen ohne jegliche Nutzung andererseits führt zum Verlust der biologischen Vielfalt • Sozioökonomische Faktoren werden in ihrer konkreten Beziehung zum Agrarökosystem berücksichtigt und schaffen und zerstören interaktiv diese Gemeinschaft • Landwirte wählen die Produktionstechnologie, die zum gesamten Betrieb paßt und nicht ausschließlich zu einer Frucht • Internationaler Handel ist nicht nur auf Effizienzkriterien wie Zollvermeidung und Tarifreduzierung zu richten, sondern gleichfalls an Sozial- und Umweltstandards zu binden
soziale Gerechtigkeit	• In Anlehnung an den menschlichen Bedarf muß die Landwirtschaft gesunde Nahrungsmittel produzieren und den dort tätigen Menschen eine Existenzgrundlage geben[181]; • Die gerechte Verteilung der Agrarökosystemprodukte wird unter der Bedingung angestrebt, die sozialen Kosten der Nutzung zu minimieren; • Ohne institutionelle Anreize sowie ein forciertes „capacity building" wird eine nachhaltige Landwirtschaft in ihrer Entwicklung stark gehemmt;

Quelle: Eigene Darstellung in Anlehnung an LINCKH ET AL. (1996)

Das Ziel dieser Klassifikation ist es, das Muster einer nachhaltigen Landbewirtschaftung zu beschreiben, dessen Bausteine wie ein Puzzle ineinander passen und das erst komplett ist, wenn alle Bausteine zusammengelegt sind. Es genügt mithin nicht, sich einen ökologischen Faktor herauszugreifen, bis in kleinste Details zu

---

180 Die Produktivität der Energienutzung für die Landwirtschaft der USA analysiert z.B. CLEVELAND (1995).

181 Ohne im Detail darauf einzugehen, sei darauf hingewiesen, daß die Qualität und Quantität der Nahrungsaufnahme in den Industrieländern für eine nachhaltige Entwicklung bedeutend ist (GOODLAND 1997)

untersuchen und - nachdem dieses Verfahren mit allen anderen Faktoren geschehen ist - zu einem Abbild der Realität zu aggregieren[182]. Darüber hinaus erscheint die Abgrenzung ökologischer, ökonomischer und sozialer Faktoren manchmal willkürlich. Dies ist unvermeidbar, da es in einer komplexen Welt wenige isolierte Problembereiche gibt. Aufgrund der Tatsache, daß jede andere Einteilung ebenfalls willkürlich wäre, muß es das Ziel wissenschaftlicher Analyse sein, Muster zu identifizieren.

Mit Hilfe der angegebenen Faktoren/ Thesen wird der institutionelle Rahmen einer nachhaltigen Landwirtschaft aus der Perspektive der Ökologischen Ökonomie mitberücksichtigt, um dem hierarchischen Systemaufbau gerecht zu werden. Eine konventionelle Betrachtung würde eher dahin tendieren, die Faktoren der Bedrohung einzeln, ohne Bezug zum Gesamtkontext zu analysieren, um detailliert Lösungsvorschläge für die Bewahrung und Nutzung der Agrobiodiversität zu machen. Ohne den dazugehörigen Kontext, den institutionellen Rahmen, und das Systemverhalten führt eine solche Vorgehensweise jedoch häufig zu kurzfristigen, nichtnachhaltigen Lösungen (ALTIERI 1995).

Zusammenfassend lassen sich also eine Vielzahl von Gründen finden, die institutionellen Rahmenbedingungen pflanzengenetischer Ressourcen für die Ernährung und Landwirtschaft (PGRFA) aus der Sicht der Ökologischen Ökonomie zu analysieren. Sechs davon seien hervorgehoben:

1. PGRFA besitzen eine besondere Stellung innerhalb eines *Agrarökosystems*
2. Der *Optionswert* (Versicherungswert) PGRFA wird als sehr hoch eingeschätzt
3. Die Erhaltung PGRFA dient der *langfristigen natürlichen Stabilität* von Agrarökosystemen
4. Die Verluste PGRFA sind *irreversibel*
5. PGRFA sind *evolutiv* in die natürliche Umwelt eingebunden
6. Fehlende *institutionelle Rahmenbedingungen* verhindern gewünschte Marktlösungen

3.5 Systemanalyse und institutioneller Wandel

„Institutional sustainability is a complex phenomenon and thus requires a range of interventions. Targeting individual organizations is still important, but needs to be done both as part of a larger set of actions and with the recognition that important factors will always lie beyond the specific target. The systems level perspective can open eyes to the kinds of linkages and interactions that might otherwise be overlooked." (BRINKERHOFF ET AL. 1990: 46)

---

[182] Um Mißverständnissen vorzubeugen, sei nochmals erwähnt, daß eine detaillierte Auseinandersetzung mit einem Teilproblem sehr wohl fruchtbare Ergebnisse erzeugen kann. Dies gilt jedoch nicht allgemein, sondern sollte im Lichte modernerer Wissenschaftstheorien überdacht werden (DÖRNER 1989; KASTROP 1993; CAPRA 1996).

Die Schwierigkeiten bei der Analyse des wechselseitigen Zusammenhangs zwischen Ökonomie, Ökologie und Sozialem erfordern eine Methodik, die für diese komplexe Aufgabe geeignete Lösungsansätze bereitstellt. Im weiteren wird daher auf die Erkenntnisse der allgemeinen Systemtheorie zurückgegriffen, um mit ihrer Hilfe die komplexen Zusammenhänge des institutionellen Wandels für eine Bewahrung und nachhaltige Nutzung PGRFA zu beschreiben und zu analysieren (Abbildung 3-8). Die Systemtheorie unterstützt das bessere Verständnis der realen institutionellen Bedingungen. Da es in dieser Arbeit um die Bedeutung von Institutionen im ökonomischen System im allgemeinen und um die möglichen Konsequenzen unterschiedlicher Eigentumsrechtsregime im besonderen geht, werden im Anschluß an die Diskussion über die Systemtheorie, wichtige Inhalte der Institutionenökonomik und der Eigentumsrechtsanalyse vorgestellt. Diese Vorgehensweise ermöglicht in *Kapitel 4* die Charakterisierung nachhaltiger institutioneller Systeme.

Abbildung 3-8: Theoretisch-methodische Herangehensweise an den institutionellen Wandel

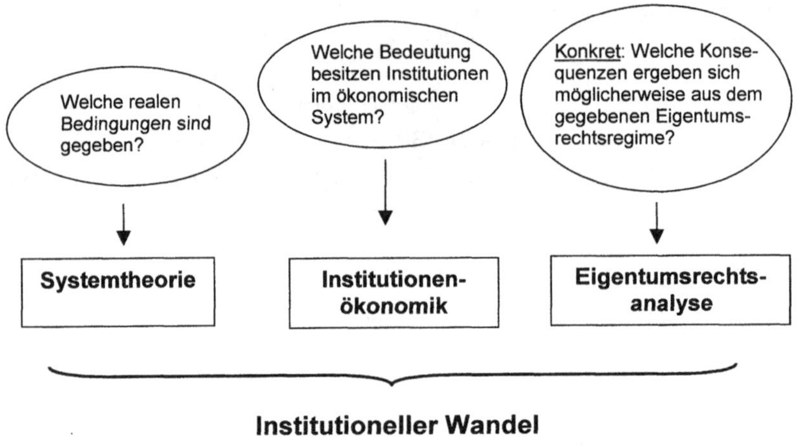

Quelle: Eigene Darstellung

3.5.1 Allgemeine Systemtheorie und ihre Beziehung zur Ökologischen Ökonomie

Die allgemeine Systemtheorie ist durch neuere Ergebnisse unterschiedlicher wissenschaftlicher Disziplinen bzw. einzelner Personen entstanden[183]. Zu nennen

[183] Siehe hierzu z.B. DÖRNER 1989; WILKE 1993; VESTER 1980; MATURANA/VARELLA 1987; LASZLO 1996. Einen guten Überblick über Begriffe, Bereiche und Grundlagen der allgemeinen Systemtheorie geben KRATKY/BONET (1989) und LASZLO (1986).

sind hierbei vor allem: Ökonomie, Biologie, Soziologie, Physiologie und Physik. Die Systemtheorie hat zu der Erkenntnis geführt, daß es allgemeine Gesetze gibt, die in verschiedenen Disziplinen Gültigkeit besitzen. Die scharfe Abgrenzung einzelner Wissenschaften voneinander wird dabei als willkürlich und oftmals als Behinderung des wissenschaftlichen Erkenntnisprozesses erachtet. Problembereiche in den Fachwissenschaften, die auf externe Umwelteinflüsse zurückzuführen sind, werden nicht beachtet, als exogen angesehen oder mit Hilfe von Annahmen definitorisch eliminiert[184]. Die Isolierung einzelner Problemkreise und ihre reduktionistische Herangehensweise verhindern, daß Zusammenhänge unterschiedlicher Wissenschaftsbereiche und deren Rückkopplungen analysiert werden. Es besteht daher die Notwendigkeit, die Erkenntnisse der verschiedenen Wissenschaftsdisziplinen systemisch miteinander zu verbinden (LASZLO 1996).

Die Systemtheorie ist keine geschlossene große Theorie, sondern ein Sammelbegriff für zwei grundlegende Dinge (KRATKY/ BONET 1989: 13):

1. „Die Bereitschaft, in unserer Umwelt Systeme zu erkennen und für ein variables Wechselspiel zwischen Teil und Ganzem offen zu sein. Diese Grundhaltung wird oft mit Systemdenken, Systemansatz oder systemischer Sichtweise umschrieben. [...];
2. Das aktuelle Auskristallisieren des Systemdenkens in konkreter Form in bestimmten Wissenschaften [...]. Diese speziellen ‚Systemtheorien' haben sich unter verschiedenen Namen entwickelt, führen aber schon aufgrund ihres Ansatzes dazu, integrativ und interdisziplinär zu wirken [...]."

Nach Auffassung der Systemtheorie besteht das Universum aus offenen Subsystemen, die mit ihrer Umgebung Information, Energie und Materie austauschen. Evolution findet statt, wenn diese Systeme massivem und andauerndem Energiezufluß ausgesetzt sind. Zwischen Größe, Organisationsniveau, Komplexität und Bindekraft eines Systems besteht ein kontinuierlicher, logischer Zusammenhang.

Systeme können sich in einem von drei verschiedenen Zuständen befinden: (1) im Gleichgewicht, (2) nahe des Gleichgewichts oder (3) weit vom Gleichgewicht entfernt. Die radikal neuen Erkenntnisse der Systemtheorie beziehen sich auf den dritten Zustand (LASZLO 1996).

Im Gleichgewicht sind die Elemente des Systems ungeordnet und zufallsverteilt, das System ist homogen und dynamisch träge. Im gleichgewichtsnahen Zustand ist die Verteilung der Elemente nicht zufällig, es existiert eine interne Struktur, das System ist nicht träge. Diese Systeme streben nach einem Gleichgewicht, wenn jene Faktoren, die sie in dem Nicht-Gleichgewichtszustand halten, entfernt werden. Solche Systeme sind vorhersagbar, weil sie sich unabhängig von ihrem Anfangszustand dem Gleichgewicht nähern. Der dritte Zustand ist dagegen grundlegend verschieden von den anderen beiden. In diesem Zustand spielt der Anfangszustand des Systems eine entscheidende Rolle: Das System ist nicht vorhersagbar, durch nicht-lineare Interaktionen und Rückkopplungen sowie auto- und

[184] Vgl. die Problematik externer Effekte innerhalb der Ökonomik (Kapitel 3.1).

kreuzkatalytische Prozesse gekennzeichnet (LASZLO 1996). Für die Entwicklung von komplexen, dynamischen Systemen sind diese ungleichgewichtigen (chaotischen) Phasen charakteristisch.

Wie der Übergang vom zweiten in den dritten Zustand im allgemeinen vor sich geht, ist eines der grundlegenden Probleme der Physik. Es gibt offensichtlich kritische Bereiche, in denen kleine, zufällige Änderungen die Grundeigenschaft des Systems, ob es nach einem Gleichgewicht strebt oder nicht, verändern können (PRIGOGINE/ STENGERS 1993 [1980]).

Komplexe lebende Systeme - wie Zellen, Organismen oder Gruppen und Populationen – sind zu weit vom thermodynamischen Gleichgewicht entfernt, um ohne die Fähigkeit der Duplizierung oder Reproduktion ihrer Struktur auf Dauer überlebensfähig sein zu können. Solche Systeme nennt man autopoietisch, also selbstschaffend (MATURANA/ VARELA 1987). Dies bedeutet mehr als Selbstorganisation, weil es auch die Reproduktionsfähigkeit des Systems miteinschließt.

„Systeme selbst definieren ihre Grenzen, sie selbst differenzieren sich aus und konstituieren damit Umwelt als das, was jenseits ihrer Grenzen liegt. Umwelt in diesem Sinne ist dann kein eigenes System, nicht einmal eine Wirkungseinheit, sondern nur das, was als Gesamtheit externer Umstände die Beliebigkeit der Morphogenese von Systemen einschränkt und sie evolutionären Selektionen aussetzt“ (LUHMANN 1988). Autopoiesis ist jedoch nicht mit Evolution gleichzusetzen.

Wenn ein oder mehrere relevante Parameter eines Systems sich so verändern, daß der autopoietische Mechanismus des Systems gestört wird, bewegt sich das System in einen anderen Gleichgewichtsbereich (steady state), wenn es bi- oder multistabil ist. Andernfalls kann das System aufhören zu existieren. Jene Punkte, in denen das System von einem Gleichgewichtsbereich in einen potentiellen anderen wechselt, nennt man Bifurkationen. Im allgemeinen läßt sich sagen, daß je weiter ein System vom Gleichgewicht entfernt ist, desto größer die Zahl der möglichen Zustände ist, in die es wechseln kann[185]. Welcher der möglichen neuen Zustände tatsächlich eintritt, hängt vom Zufall ab, d.h. solche Systeme sind nicht prognostizierbar (LASZLO 1996), bzw. sie sind kontingent.

Die Konzepte - Gleichgewicht, Bifurkationen, Stabilität, Spezialisierung, Informationsverarbeitungsfähigkeit etc. – sind in abgewandelter Form nach Ansicht der allgemeinen Systemtheorie auf die sozio-kulturelle Entwicklung menschlicher Gesellschaften anwendbar (WILKE 1993: 2 ff.)[186]. Sie können aus der Sicht der Ökologischen Ökonomie einen großen Beitrag zur Untersuchung ökologischer Probleme, die aus der Wechselwirkung zwischen sozioökonomischen und ökologischen Systemen entstehen, und zum Konzept einer nachhaltigen Entwicklung

---

[185] Es wird angenommen, daß sich die komplexe Realität der Gegenwart – insbesondere in den OECD-Ländern – weit entfernt von einem Gleichgewicht befindet.

[186] Insbesondere weil die Systemtheorie die erstaunlichen Ähnlichkeiten der Systemprobleme unterschiedlicher Wissenschaften wie Ökologie, Medizin, Soziologie und Wirtschaftswissenschaften ausdrückt (Interdisziplinarität) und eine langjährige Erfahrung mit dem Umgang von realen Komplexitätsproblemen (antipositivistische Herangehensweise) besitzt.

beitragen. Menschliche Gesellschaften bestehen aus bewußten, wenn auch nicht immer rational handelnden, Individuen und aus Gruppen von diesen Individuen, die miteinander durch spezifische Relationen verbunden sind. Die durch sie beeinflußten Strukturen besitzen jedoch strukturelle und dynamische Eigenschaften, die es ermöglichen, sie unabhängig von der Einzigartigkeit der individuellen Personen zu untersuchen. Die Tatsache, daß die Elemente dieser Systeme bewußte Individuen sind, erhöht zwar den Komplexitätsgrad und die Instabilität dieser Systeme (die Komplexität und die Bindekraft der Systeme stehen in einem inversen Verhältnis zueinander), kann auf der anderen Seite aber zu flexiblen, korrigierend wirkenden Rückkopplungsmechanismen führen, die die Systeme wieder stabilisieren können (HEINER 1983).

Die umgekehrte Erkenntnis, daß die Individuen gleichzeitig mehreren Systemen angehören, sie sogar in synergetischen Summen verschiedener Systeme in sich vereinen – als biologisches, psychisches, sozio-kulturelles, ökonomisches etc. Wesen – hat zu Ergebnissen geführt, die das menschliche Verhalten auf Grund dieser Vielschichtigkeit der Beweggründe zu erklären versuchen. Die durch die Ökonomik angenommene individuelle Rationalität ist zwar ein wichtiger, aber keineswegs der einzige Bestimmungsgrund des Verhaltens, insbesondere wenn man Risikoverhalten und die Möglichkeit und Fähigkeit der individuell-psychischen Informationsverarbeitung in Betracht zieht (HEINER 1983). Die Eindimensionalität des homo oeconomicus steht im Widerspruch zu der systemischen Betrachtungsweise.

Die Arrowsche Paradoxie bzw. (Un-)Möglichkeitstheorie, daß jede nicht-diktatorische Gesellschaft Diktatoren hervorbringt (ARROW 1957), zeigt, untersucht man sie unter systemanalytischen Gesichtspunkten, daß sich kollektives Verhalten nicht auf individuelles Verhalten reduzieren läßt. Es ist nicht als einfache Summe von Einzelverhaltensweisen abzuleiten. LEINFELLNER (1989: 71f.) spricht in diesem Fall von „Superadditivität". Das unteilbare Ganze des sozialen Systems ist entscheidend, individuelles Verhalten kann also nicht isoliert betrachtet und anschließend zu einer gesamtgesellschaftlichen Verhaltenstheorie addiert werden (Nicht-Existenz einer Sozialen Wohlfahrtsfunktion).

Eine der wichtigsten allgemeingültigen Aussagen der Systemtheorie besagt, daß unterschiedliche Systemebenen eines Gesamtsystems hierarchisch aufgebaut sind und nur dann Stabilität erzeugen, falls höherentwickelte Systemebenen für die Steuerung niederer Systemebenen verantwortlich sind. So kann sich ein verantwortungsbewußter Mensch unmöglich gegen objektiv vorhandene natürliche *und* gesellschaftliche Grundzusammenhänge durchsetzen, ohne das Gesamtsystem in seiner Stabilität zu gefährden. Die Strukturmerkmale stabiler Systeme sind durch Offenheit gegenüber anderen Systemen (Wechselwirkungen) charakterisiert, über verschiedene Vernetzungen sowohl positiv als auch negativ rückgekoppelt, versuchen mit möglichst wenig Energie auszukommen und den Wirkungsgrad des Energieflusses bzw. der Energiekaskaden zu erhöhen.

Offene Systeme streben darüber hinaus eine optimale Art der Vernetzung der Systemteile und der Reduzierung des Stoffaustausches mit der Umwelt zur Sicherung der Existenzgrundlagen an (VESTER 1980). Die optimale Struktur der Vernetzung der Systemteile gewährt die Aufrechterhaltung der Systemfunktionen. Derzeit ist jedoch eher der Trend zu beobachten, einzelne Systemteile ohne die

Berücksichtigung der Netzwerkstruktur zu analysieren, was sich z.B. in der diziplinären Herangehensweise an komplexe Probleme äußert, die detaillierte, oftmals leider völlig zusammenhangslose Ergebnisse produziert.

Ein weiterer Punkt, der Allgemeingültigkeit in der Systemtheorie besitzt, ist die quantitative *und* qualitative Entwicklung von Systemen, wobei das mengenmäßige Wachstum durch negative Rückkopplung, die ihre Wirksamkeit aufgrund zeitlicher Verzögerung fortlaufend einbüßt, ständig reguliert wird[187]. Eine Ausschaltung der Funktion der negativen Rückkopplung führt bei Systemen, die sich in unmittelbarer Nähe des Systemgrenzwertes bzw. der Tragfähigkeitgrenze (carrying capacity) befinden, zu (VESTER 1991)

1. Selbstzerstörung durch einen zu hohen Umwelt- und Ressourcenverbrauch
2. Teilvernichtung zur Selbsterhaltung des Systems
3. Höherentwicklung durch die Umwandlung („Metamorphose") des Gesamtsystems

Die unausweichlichen Systemstrukturänderungen erfolgen immer dann, wenn die Existenz und Entwicklung des Gesamtsystems gefährdet sind. Der erhoffte Entwicklungspfad in der Ökonomie soll eine Höherentwicklung durch die Umwandlung des Gesamtsystems erreichen, wobei viele der Systemparameter einer Revision bedürfen. Die gegenwärtige systembedingte Umweltdegradation hat dagegen die Reproduktions*unfähigkeit* des Systems zur Folge. Insbesondere die internen und externen Probleme (quasi-) exponentiell wachsender Systeme - positive Rückkopplung[188] - wie Bevölkerungs- und Industriewachstum auf der einen und Bodenerosion, Waldsterben, Grundwasserdegradation etc. durch die Bevölkerungszunahme auf der anderen Seite bedürfen einer schnellen Lösung. Dabei muß dem Stopp der Bevölkerungsexplosion und dem verheerenden Naturverbrauch höchste Lösungsdringlichkeit beigemessen werden (VESTER 1980; DALY 1994).

Obwohl es bei einigen Individuen/ Institutionen ein Bewußtsein dafür gibt, die drängendsten ökologischen Probleme zu lösen, wird dies aus der Sicht der Systemtheorie nur dann gelingen können, wenn diese Probleme in der Gesamtgesellschaft kommuniziert werden (LUHMANN 1988). Im folgenden soll daher näher auf die Kommunikation zwischen Ökonomie und Ökologie eingegangen werden.

---

[187] Diese trivial anmutende Systemgesetzmäßigkeit wird jedoch immer wieder mißachtet, wenn z.B. den Ländern des Südens suggeriert wird, sie könnten das *gleiche* quantitative Wachstum wie der Norden durchlaufen, obwohl die Begrenztheit des globalen Ökosystems dies nicht zuläßt.

[188] Eine positive Rückkopplung sorgt für die Selbsterneuerung des durch ständige innere Entropieproduktion bedohten Systems. Wird diese positive Rückkopplung jedoch nicht durch systemimmanente Funktionen gehemmt, dann zerstört sich das System von selbst.

3.5.2 Kommunikation zwischen den Systemen Ökonomie und Ökologie

Die Wirtschaft wird in der systemtheoretischen Betrachtungsweise der Ökologischen Ökonomie als ein offenes Subsystem im Gesamtsystem angesehen, das sich gegen seine Umwelt differenziert und sich selbst entsprechend seiner eigenen spezifischen Regelungen strukturiert. In gleicher Weise können andere Subsysteme in der Gesellschaft als Recht, Politik, Erziehung etc. identifiziert werden. Für jedes dieser Systeme bilden die anderen Systeme und das alles umfassende globale Ökosystem die Umwelt. Das Gesellschaftssystem besteht aus einem Kommunikationsnetz und „durch die laufende Reproduktion von Kommunikation durch Kommunikation grenzt sie sich gegen eine Umwelt andersartiger Systeme ab" (LUHMANN 1988: 24).

In der Ökologischen Ökonomie stellt sich die Frage, wie ein komplexes ökonomisches System in einer noch viel komplexeren Umwelt[189] langfristig bestehen und sich selbst reproduzieren kann. Den Gesetzmäßigkeiten der Evolution zufolge existiert ein System nur, solange eine sinnhafte Verarbeitung der Informationen – bzw. in Gesellschaftssystemen eine effektive Kommunikation z.B. in Form von Preisen – stattfindet. Dies ermöglicht die adäquate Reaktionsfähigkeit des Systems, die sich durch seine Resilienz und Stabilität ausdrückt. Die Entwicklung eines Systems wird durch seine Umwelt bedingt und ermöglicht, wobei das System sich seiner Umwelt und ihren eventuellen Änderungen anpassen muß. Die Anpassungsfähigkeit eines Systems hängt davon ab, wie es seine Umwelt wahrnimmt, diese Informationen verarbeitet und welche Reaktionen es folgen läßt. Eine ökologische Selbstgefährdung der Gesellschaft kann also eintreten, wenn diese Anpassungsfähigkeit unzureichend ist (LUHMANN 1988). Für einen nachhaltigen institutionellen Wandel ist es mithin eine Schlüsselfrage, wie die Gesellschaft die wahrgenommenen Informationen aus der Umwelt strukturiert und auf sie reagiert.

Die verschiedenen Funktionssysteme der Gesellschaft (LUHMANN 1996) – Recht, Wirtschaft, Wissenschaft, Politik etc. - strukturieren ihre Informationen nach einem historisch entstandenen Codesystem. Für das Recht lautet diese Codierung Recht vs. Unrecht, in der Ökonomie Geld haben vs. nicht haben, in der Wissenschaft Wahrheit vs. Unwahrheit etc. Diese Codierung ist nur innerhalb eines Systems gültig und kann nur auf Operationen, die innerhalb des Systems ablaufen, angewendet werden. Die Codes der verschiedenen Systeme können nicht unbedingt durch eine eindeutige Relation miteinander verbunden werden. Es fehlt ein geeigneter Translator (LUHMANN 1996).

In der gegenwärtigen Ökonomie ist die binäre Codierung auf das Geld als allgemeine Maßeinheit abgestimmt: Zahlen oder Nichtzahlen bestimmen das wirtschaftliche Geschehen. Der Preis, bei dem ein Gut oder eine Dienstleistung produziert oder nicht produziert wird, ist jenes Signal, mit dessen Hilfe die Wirtschaft kommuniziert, sich organisiert und sich von anderen Subsystemen der Gesellschaft unterscheidet. Wie gelingt es der Wirtschaft nun, die Codierungen anderer Subsysteme und der natürlichen Umwelt in den spezifischen Code „Preis" zu übersetzen, bzw. wie können andere institutionelle Regelungen (rechtliche, religiöse, kulturelle etc.) eine

[189] Unter Umwelt ist bei Luhmann nicht ausschließlich die natürliche Umwelt gemeint, sondern alles was sich nicht innerhalb des Systems befindet (LUHMANN 1988).

erfolgreiche Übersetzung des Codes garantieren? Die Übersetzung der Codes anderer Systeme in den der Wirtschaft wird Internalisierung genannt und erfordert das Handeln des Staates als Vertreter der Gesellschaft. Dies erscheint nur möglich zu sein, wenn die Gesellschaft ihre Entwicklung rational wahrnimmt, analysiert und ihre Subsysteme so steuert, daß sie sich der durch anthropogene Einflüsse veränderten natürlichen Umwelt anpassen können. Derzeit findet LUHMANN (1988), daß eine gesellschaftliche Rationalität fehlt, die systemische Verbindungen reflektieren könnte[190].

Die Notwendigkeit einer ökologischen Rationalität scheint außer Zweifel. Die Evolutiongeschichte beschreibt, daß Spezies, die sich ihrer Umgebung nicht anpassen, überlebensunfähig sind. Die Gesellschaft bedarf daher einer adäquaten ökologischen Kommunikation (LUHMANN 1988), weil diese eine angemessene Reaktion ermöglicht.

Für eine Ökologische Ökonomie bedeutet dies eine gemeinsame Betrachtung der physischen Ökonomie und einer Werttheorie, weil es nicht gelingen kann, alle natürlichen Ressourcen – insbesondere die nicht-erneuerbaren – monetär zu bewerten. Die physische Ökonomie könnte die physischen Produktionsprozesse beschreiben, vor allem neue Informationen über die Verflechtungen des Ressourcenverbrauchs und der Emissionen, die mit den wertproduzierenden Prozessen verbunden sind (vgl. z.B. VAN DIEREN 1995).

Falls die physikalischen Prozesse innerhalb der Wertproduktionskette bekannt sind, kann die Frage nach der Wahl eines effektiven Signals untersucht werden. Ist eine korrekte Übersetzung des physikalischen Codes möglich, dann wird die Wirtschaft ihren Regeln entsprechend reagieren. Wenn dies nicht möglich ist, müssen Informationen über Mengenbeschränkungen in Form von Rechtsvorschriften, Normen, Quoten etc. in die Wirtschaft übermittelt werden.

Eine physikalische und eine monetäre Ökonomie könnten dazu beitragen, das von DALY (1991) geforderte Prinzip der Beachtung der Allokationseffizienz, der Distribution *und* des Ausmaßes (scale) der Wirtschaft umzusetzen. DALY (1991) fragt sich zurecht, weshalb die Makroökonomie in ihrer derzeitigen Form vollkommen auf die Analyse verzichtet, in welchem Ausmaß die Ökonomie optimal operieren kann. Die derzeitige Vorgehensweise ergäbe aber nur dann einen Sinn, wenn die Wirtschaft ein geschlossenes System wäre, das keine Materie, Energie und Informationen mit seiner Umgebung austauscht. Da die Wirtschaft aber ein in ihre natürliche Umwelt eingebettetes, offenes System ist, spielt es eine wichtige Rolle, wieviel Energie, Materie und Informationen die Grenzen des Systems passieren. Diese Betrachtungsweise ist unabhängig von den Überlegungen zur optimalen Allokation und erfordert nach TINBERGEN (1952) voneinander unabhängige wirtschaftspolitische Instrumente. Der Preis als Informationsträger bei der optimalen Allokation von Gütern und Dienstleistungen erscheint in diesem Lichte unbrauchbar zur Lösung des optimalen Ausmaßes der Wirtschaftsaktivitäten (carrying capacity).

---

[190] Vgl. hierzu die Diskussion über die Internalisierung externer Effekte in das Marktpreissystem aus Kap. 3.1.

Oder in den Worten von Daly (1991): „Optimally loaded boats will still sink under too much weight – even though they may sink optimally.“

3.5.3 Institutionelle Nachhaltigkeit aus Sicht der Systemtheorie

Ein Bestandteil der Systemtheorie – die Analyse kontingenter Beziehungen von Systemen – ermöglicht Einsicht darüber, inwieweit die vorhandenen Institutionen am besten in Kongruenz mit den sie umgebenden Kräften gebracht werden können (Brinkerhoff et al. 1990)[191]. Die Kontingenztheorie vermeidet zudem die vorherrschende Tendenz in der Ökonomik, alles umfassende Aktionen und Lösungen anzubieten. Diese Vorgehensweise wird explizit abgelehnt.

In der Auseinandersetzung mit Kontingenzen[192] in der Systemtheorie, gilt als Prämisse, daß die optimale Struktur und der Managementstil einer Institution kontingent gegenüber unsicheren, exogenen Umweltzuständen sind. Jeder Versuch, menschliche Handlungsmuster zu aggregieren, muß in Beziehung zu der Komplexität der äußeren Systemumwelt gesehen werden, die das Überleben und die Ausweitung menschlicher Institutionen bedrohen oder verbessern will. In der Kontingenztheorie wird die Auffassung vertreten, daß keine bestimmte institutionelle Konstellation als die „Beste“ angesehen werden kann (Brinkerhoff et al. 1990). Es gilt vielmehr die Frage zu beantworten, welche Institutionen die besten für Was sind? Hierbei spielt es für die Nachhaltigkeit von Institutionen eine besondere Rolle, daß sie variabel genug sind, sich an ihre externe Umwelt anzupassen.

Institutionelle Nachhaltigkeit ist also weder durch externe noch interne Faktoren strikt bzw. absolut vorbestimmt. Institutionen bzw. die Elemente („stakeholder“) einer Institution, haben gewöhnlich einen Spielraum, um sich der veränderten Nachfrage für ihre Produkte und Dienstleistungen anzupassen. Institutionen sind mithin strategiebestimmende, relative Einheiten. Obwohl die Breite ihrer Auswahlmöglichkeiten begrenzt ist, können sie Strategien entwickeln, die unter verschiedenen Szenarien überlebensfähig sind. Die Chancen für die Entstehung einer nachhaltigen Institution steigen, wenn sich ihre Mitglieder einen Überblick über die Wahlmöglichkeiten verschaffen und proaktiv ihre Opportunitäten ausschöpfen (Brinkerhoff et al. 1990).

Wie auch in natürlichen Systemen organisieren sich die Elemente ökonomischer Systeme selbst, indem sie ihre Ordnung selbst schaffen und weiterentwickeln. Der Verlauf der Selbstorganisation ist deshalb nicht vorherzusehen, weil die Menschen als Subjekte die Ordnung mitgestalten und dabei jeweils eigene Handlungsfreiheiten haben und ausnutzen. Eine Ökonomie, die von der Selbstorganisation ökonomischer Systeme ausgeht, muß den Menschen als Subjekt anerkennen und kann ihn nicht als ein Objekt auffassen, das sich nach allgemeinen Gesetzmäßigkeiten verhält

---

[191] Die folgenden Überlegungen lehnen sich eng an den konzeptionellen Rahmen zur Beurteilung institutioneller Nachhaltigkeit von Brinkerhoff et al. (1990) und Goldsmith/ Brinkerhoff (1990).

[192] Unter Kontingenz versteht Luhmann (1975, Zit. nach Wilke, 1993: 30) das >Auch-anders-möglich-sein< des Seienden, d.h. ein System muß als kontingent bezeichnet werden, falls es unvorhergesehen, offen, variabel und im Einzelfall entscheidend (re-)agiert.

(SIEBENHÜNER 1995: 69 ff.). Um dieser subjektiven Dimension gerecht zu werden, sind verstehende Methoden erforderlich, die stets den maßgeblichen Einfluß der Wissenschaftler selbst auf sein Ergebnis anerkennen.

Im Folgenden werden die Aspekte betrachtet, die die Austauschbeziehung zwischen dem System und seiner Umwelt beschreiben. Dabei wird deutlich, daß Systeme - wie z.B. internationale Institutionen zur Bewahrung der Biodiversität - ein Außenverhältnis besitzen, daß durch Angebot und Nachfrage charakterisiert werden kann.

Externes Angebot und externe Nachfrage einer Institution aus Sicht der Systemtheorie

In der Systemtheorie wird die das System umgebende Umwelt als kritisch betrachtet, d.h. es wird die Frage gestellt, welchen Einfluß das externe Angebot auf ein System nimmt und wie die externe Nachfrage aus demselben ist (WILKE 1993). Die externe Hauptbeeinflussung auf gegebene Institutionen – direkt oder indirekt - findet durch Faktor- und Produktmärkte statt. Direkte Einflüsse der Umwelt auf das System sind sofort wirksame Effekte auf Inputs innerhalb des Systems, seinen Output oder seine Struktur und Prozesse. Wichtig sind insbesondere die Änderungen in der Menge oder Wertschätzung von „Rohstoffen“ und „fertigen Produkten“ eines Systems[193].

Wieviel die Inputs und Outputs eines Systems wert sind, ist mehr als nur ein objektiver Maßstab des Energieverbrauchs oder der marginalen Kosten der Produktion. Es ist vielmehr ein subjektiver Maßstab des Nutzens (BRINKERHOFF ET AL. 1990) oder wie PORTER (1992: 21) es formuliert: „Wert ist das, was Abnehmer zu zahlen bereit sind, ...“ Für eine korrekte Wertschätzung der Umwelt und natürlicher Ressourcen ist es unerläßlich, Externalitäten bei Privatgütern zu internalisieren bzw. zu vermeiden sowie bei Kollektivgütern Anreize zu schaffen, das Freifahrerverhalten zu unterlassen (ARNOLD 1992).

Wie erwähnt, spielen neben den direkten auch indirekte Einflüsse aus der Umwelt eine große Rolle und zwar in Form von externen Bedingungen, Anreizen oder Politiken. Ausbildung ist hier das beste Beispiel. Die Förderung der Ausbildung und die Steigerung von Wissen kann indirekt dazu beitragen, die Inputkosten eines Agrarökosystems rechtzeitig zu erkennen und ihnen entgegenzuwirken. Schlüsselfaktoren eines indirekten Umwelteinflusses auf eine institutionelle Nachhaltigkeit bilden die Prinzipien: Stabilität, Flexibilität und Künstlichkeit (BRINKERHOFF ET AL. 1990).

Stabilität: Die Veränderungsrate (Stabilität) in der Umwelt eines Systems ist eine wichtige Quelle des indirekten Einflusses, da sie größere Sicherheit darüber vermittelt, wie interne institutionelle Arrangements beschaffen sein müssen, um gewünschte Ziele zu erreichen. Institutionen verändern sich ständig durch die Beziehung zu externen Umweltelementen, die ebenfalls einer ständigen Änderung unterworfen sind. Geringe externe Veränderungen benötigen oftmals nur Routinekorrekturen, während größere externe Eruptionen zu einer starken

193 Vgl. Kapitel 3.3.1.

Beeinflussung des Systems bis hin zu seiner Zerstörung führen können. Wie wird die Stabilität der Umwelt eingeschätzt und wie kann sie vom internen System beeinflußt werden?

Flexibilität: Die Duldung oder Flexibilität eines Systems ist von großer Wichtigkeit, weil sie die Möglichkeiten für einen Systemwandel bedingt. Ist die Umwelt z.B. aufgrund von kulturellen Normen unnachgiebig und verzeiht keine Fehler, dann kann die Leistungsfähigkeit des Systems verringert oder sogar bedroht werden. Die knappen Ressourcen, die dem System für die Überwindung inflexibler Umwelten verloren gehen, beeinträchtigen die Gesamtleistungsfähigkeit. Oftmals geäußerte Abhilfen für Rigiditäten innerhalb staatlicher Organisationen sind: Umorientierung der Bürokratie, administrative Dezentralisation oder Privatisierung.

Künstlichkeit: Die artifizielle Ausgestaltung einer Systemumwelt hängt von den Ressourcen ab, die das System von außerhalb der unmittelbaren Umwelt empfängt wie z.B. Gelder der Weltbank für ein Entwicklungsprojekt. Die artifizielle Umwelt eines lokalen Systems kann nur dann aufrecht erhalten bleiben, wenn der Fluß der zusätzlichen externen Ressourcen bestehen bleibt oder durch systemimmanente Elemente abgelöst wird. Im obigen Beispiel bestünde das in einer Umorientierung der nationalen oder regionalen Politik in bezug auf die Verwendung finanzieller Mittel. Die geschaffene Künstlichkeit externer Umwelten trägt auch eine wichtige makroökonomische Dimension in sich, vor allem dann, wenn Entwicklungsländer von den großen internationalen Organisationen wie z.B. der Weltbank-Gruppe, dem Internationalen Währungsfond, der IBZ, den regionalen Entwicklungsbanken etc. Restrukturierungsauflagen gegen finanzielle Unterstützungen „empfohlen" bekommen. Hierbei besteht – meiner Meinung nach – das Problem nicht in der fälligen Anpassung der Zinsen und Wechselkurse, sondern in der zuvor bestehenden Duldung solch inflexibler, instabiler und künstlicher Systemumwelten, die durch diese internationalen Organisationen geschaffen wurden.

Induzierte Veränderungen in der externen Umwelt der Institutionen

Es existieren jedoch nicht nur externe Einflüsse auf das interne System, sondern es besteht auch eine umgekehrte Beziehung. Systeme sind nicht nur einfach durch externe Bedingungen determiniert. Zwischen den Institutionen bestehen zumeist reziproke Beziehungen, welche zu Anpassungen sowohl der internen sozioökonomischen Umwelt als auch der externen Umwelt i.w.S. führen. Diese Effekte können ebenfalls direkt oder indirekt sein.

Direkte Einflüsse treten z.B. auf, wenn zusätzliche Ressourcen aus der Umwelt abgezogen werden oder wenn die Umwelt die Outputs des Systems neu bewertet. Die wichtigsten Mechanismen, die bei Analyse solcher Einflüsse berücksichtigt werden müssen, sind die Wirkungen der „stakeholder", i.e. Individuen und Gruppen – aber auch die der natürlichen Umwelt -, die die Aktionen eines Systems beeinflussen können oder von diesen beeinflußt werden. Stakeholders sind mithin Kunden, die die Güter eines Systems kaufen, Wähler, die politische Dienstleistungen in Anspruch nehmen oder gesellschaftliche Gruppen, die andere ethische Normen bevorzugen und verteidigen. Bezieht man ökologische Systeme in dieses Denkgebäude mit ein, dann treten diese vor allem als Senke für menschliche Abfälle auf[194]. Wegen ihrer ungeheuren Vielfältigkeit wägen die Stakeholder die Produkte des Systems unterschiedlich. Aber im Aggregat versorgen sie das System mit den Mitteln, die es braucht, um sich mit den nötigen Inputs aufrechtzuerhalten. Mittel- bis langfristig passen die Stakeholder ihre Einschätzung über den Nutzen der Produkte des Systems an[195].

Indirekte Einflüsse des Systems auf die externe Umwelt treten auf, falls interne institutionelle Änderungen Wirkungen auf externe Politiken oder Anreize haben bzw. das globale Ökosystem zu Reaktionen veranlassen, die zu wesentlichen Veränderungen auf sozioökonomische Faktoren führen wie z.B. die Ozonschichtzerstörung, die Klimaerwärmung oder die Vernichtung der Biodiversität. Ein Beispiel ist die Erhaltung tropischer Regenwälder durch Entwicklungsländer und die damit bewirkten positiven Reaktionen auf den Güterexport.

Kritische Punkte im internen System von Institutionen

Die Bedingungen der externen Umwelt machen – wie gesehen – nur einen Teil der Kontingenzen aus, die für das nachhaltige Management eines Systems von Bedeutung sind. Interne Faktoren, vor allem die *Technologie* und die *Struktur* eines Systems bedürfen in der Nachhaltigkeitsdiskussion der gleichen Aufmerksamkeit.

Technologie:

Nach BRINKERHOFF ET AL. (1990: 32) versteht man unter der wörtlichen Übersetzung des griechischen Wortes Technologie „an understanding of the art“. Technologie besitzt mehrere Dimensionen, die eine nachhaltige Entwicklung beeinflussen wie z.B. Variabilität, Häufigkeit, Skaleneffekte („economies of scale“) und informelle Asymmetrien.

Variabilität beschreibt den Zustand, wie standardisiert oder gewöhnlich eine Technologie ist. Die industrielle Nahrungsmittelproduktion nutzt hierbei z.B. relativ invariable Technologien, während soziale Technologien häufig variabel sind und keiner bestimmten Routine unterliegen.

Häufigkeit meint, wie oft eine bestimmte Operation ausgeführt wird. Obwohl es eine enge Beziehung zwischen Häufigkeit und Variabilität geben kann, muß dies nicht so sein. Variable Aktivitäten können durchaus selten ausgeführt werden. Betroffen sind in beiden Fällen das Lernen und die Anreizmechanismen. Die institutionellen Rahmenbedingungen im Bereich des Sortenschutzes und Saatguthandels in Industrieländern haben z.B. dazu geführt, daß viele Landwirte verlernt haben, mit welchen Sorten eine inputextensive Fruchtfolge gewährleistet werden kann. Diese Aufgabe hat die vorgelagerte Industrie für die wichtigsten Kulturen übernommen.

---

[194] Vgl. die Management-Regeln aus Kapitel 3.3.2.

[195] Wie nachhaltig ein System letztendlich ist, hängt in großem Umfange davon ab, wie lange es seine stakeholder zufriedenstellt.

Skaleneffekte bzw. „Economies of scale" beschreiben das Sinken der Stückkosten eines Produktes oder einer Dienstleistung, wenn die absolut produzierte Menge in einer Periode steigt. Skaleneffekte können dabei durch verschiedene institutionelle Arrangements oder ökologische Bedingungen verhindert werden wie z.B. die Nutzung *einer* Pflanzensorte oder *einer* Technologie in einem Gebiet. Was auf einer Fläche große Erfolge erzielen kann, kann auf der anderen zu beträchtlichen Ernteverlusten führen. Eine Lösung bietet hier das „farming systems research", welches sich auf das relevante landwirtschaftliche Wissen und die Begrenzungen auf der Mikroebene konzentriert. Gerade für die armen Länder, die unter Hunger, Krankheiten und Bevölkerungsdruck leiden, ist es eine wichtige Herausforderung, die entscheidenden Skaleneffekte zu identifizieren und zu nutzen. Dies schließt das Erkennen und Beseitigen von „diseconomies of scale" ein.

Asymmetrische Informationen bei der Nutzung einer Technologie entstehen, weil die Nutzer unterschiedlichen Zugang zu Informationen haben. Meistens ist es der Beauftragte, der im Gegensatz zum Auftraggeber die gewählte Aktion vollständig beobachten kann. Wichtig sind die häufig in der Institutionenökonomik wiederzufindenden Erklärungsansätze des „moral hazard" und der „adverse selection"[196]. Asymmetrische Informationen sind ein wesentlicher Grund, weshalb Institutionen zusammenbrechen oder ineffizient agieren.

Struktur:

Die Struktur eines Systems setzt die Grenzen für den Produktionsprozeß mittels vorhandener Technologien. Die soziale Struktur eines Systems legt die Rollen, Verantwortlichkeiten und Beziehungen der involvierten Individuen und Gruppen fest. Märkte, Familien, Unternehmen, politische Parteien etc. sind Beispiele für soziale Institutionen, die auf verschiedene Art und Weise strukturiert sein können. Die Struktur eines Systems ist aus drei Gründen von Bedeutung:

1. Die Struktur berührt wie die Technologie Verhaltensanreize. Beispiele sind die unterschiedlichen Erhaltungsinitiativen für PGRFA der EU oder in Entwicklungsprogramme eingebettete Schutzmaßnahmen für pflanzengenetische Ressourcen.

2. Die Struktur beeinflußt den Informationsfluß innerhalb des Systems. Pünktliche, nützliche Informationen sind knappe Ressourcen in vielen Systemen, und verschiedene strukturelle Arrangements variieren in ihrer Fähigkeit, diese aufzunehmen und effektiv zu nutzen. Falls das Wissen über pflanzengenetische Ressourcen unverbunden in den nationalen Systemen etabliert bleibt, ist eine effektive Strategie zur Bewahrung und nachhaltigen Nutzung PGRFA unwahrscheinlich.

3. Die Struktur eines Systems beeinflußt darüber hinaus die internen Transaktionskosten. Strukturen, welche exzessive Transaktionskosten in Form von „Reibungsverlusten" auf den Märkten generieren, sind oftmals nicht überlebensfähig. Komplexe Systeme bergen die Gefahr in sich, daß sie vordergründig übermäßig hohe Transaktionskosten produzieren. Bei näherer

[196] Siehe DICHTL/ISSING (1987).

Analyse wird man jedoch öfter feststellen, daß eine Reduktion der Transaktionskosten zur Destabilisierung des Systems führt.

Mit Hilfe der bisher gemachten Ausführungen zur Systemtheorie lassen sich die vorhandenen Systeme hinreichend beobachten und beschreiben. Hierin sieht die Systemtheorie auch ihre vornehmliche Aufgabe, insbesondere wenn sie darauf hinweist, daß die Beobachtungen und Beschreibungen auf die Einsichten des Beobachters zurückzuführen sind und sich mithin ständig ändern (LUHMANN 1988: 51 ff). In einem weiteren Schritt gilt es nun, diese Erkenntnisse gesellschaftlich/ politisch zu nutzen, damit sich die gewünschten Strukturen und Funktionen in der Gesellschaft etablieren können. Aus Sicht der Ökologischen Ökonomie scheint vor allem die Institutionenökonomik wertvolle Hilfestellungen in Bezug auf einen sich vollziehenden institutionellen Wandel leisten zu können. Aus diesem Grund wird im folgenden selektiv die Methodik der unterschiedlichen Strömungen innerhalb der Institutionenökonomik – mit dem Schwerpunkt auf der Analyse von Eigentumsrechtsregimen - vorgestellt[197]. Zudem werden die wichtigsten Erkenntnisse für die Beurteilung eines institutionellen Wandels bei der Erhaltung und nachhaltigen Nutzung PGRFA in Kapitel 4 Anwendung finden.

3.5.4 Institutionelle Analyse

Die wichtigsten Aufgaben der Zukunft werden im Bereich der institutionellen Rahmenbedingungen des Wirtschaftens anzusiedeln sein[198]. Die Allokation von knappen Ressourcen wird über Weltmärkte geregelt, die vor allem in zwei wichtigen Aspekten der Nachhaltigkeit ihrer Aufgabe strukturell nicht gerecht werden können. Auf der einen Seite geht es um die Langfristigkeit der Zuteilung von Ressourcen (sowohl bei erneuerbaren als auch nichterneuerbaren), da die Zukunftsmärkte, die vor allem im Rohstoffbereich existieren, im ökologischen Zusammenhang viel zu kurze Zeithorizonte aufweisen, um eine effiziente Allokation langfristig erreichen zu können. Zahlreiche externe Effekte bei der Erschließung und Nutzbarmachung der Ressourcen, die darüber hinaus nicht in das Marktpreissystem zu internalisieren sind, führen zu den bekannten Phänomenen des Marktversagens[199]. Externen Effekte, die nach der Theorie auf mangelnde Zuteilung von geeigneten Eigentumsrechten zurückzuführen sind, spielen eine besondere Rolle bei Volumen und Struktur des gegenwärtigen Ressourcenverbrauchs und der Umweltbelastungen. Eigentumsrechte werden der ökonomischen Theorie nach typischerweise geschaffen, wenn der Wert einer Ressource steigt (BARZEL 1989). Es wird daher von besonderer Bedeutung sein, institutionelle Voraussetzungen zu schaffen, um ein System nachhaltigen Ressourcenmanagements durch eine Anerkennung diverser Ressourcenwerte zu ermöglichen, die auch erkannt werden können. Da sich die spezifischen Aufgaben und Schwerpunkte, die auf dieses nachhaltige

---

[197] Für einen umfassenden Überblick über die verschiedenen Bereiche der Neuen Institutionenökonomik siehe RICHTER/ FURUBOTN (1996).

[198] Vgl. hierzu z.B. BECKER-SOEST (1998).

[199] Vgl. Kapitel 3.1.

Managementsystem zukommen, ständig ändern, muß sich das Entscheidungs- und Implementierungssystem anpassen können.

Eine Institution wird hier als Infrastruktur verstanden, die die Koordination der Menschen untereinander und die Allokation der Ressourcen positiv oder negativ beeinflussen kann[200]. In diesem Sinne funktionieren Institutionen als rationaler Kontext, welcher simultan menschliche Beziehungen erzeugt und überwacht. Da menschliches Verhalten – wie bereits dargelegt wurde – hier nicht als absolut rational im Sinne des homo oeconomicus verstanden werden soll, ist die Einhaltung der institutionellen Rahmenbedingungen ebenfalls mit Unsicherheiten und Irrationalitäten verbunden. Dieses Argument verstärkt zusätzlich die Bemühungen der Ökologischen Ökonomie um die Anwendung des Vorsorgeprinzips. Darüber hinaus handelt es sich bei öffentlichen Institutionen um „öffentliche Güter", die für viele relevant sind und von ihnen geteilt werden, aber im Prinzip durch ihre Nicht-Ausschließbarkeit und Nicht-Rivalität gekennzeichnet sind (OSTROM/OSTROM 1977).

Institutionen spielen für die Erreichung gesellschaftlich erwünschter Ziele eine herausragende Rolle. Ihre Definition umfaßt „persistent and connected sets of rules and practices that prescribe behavioral roles, constrain activity, and shape expectations. They may take the form of bureaucratic organizations, regimes (rule-structures that do not necessarily have organizations attached), or conventions (informal practices)" (KEOHANE ET AL. 1993: 4f.).

Institutionen können dahingehend betrachtet werden, daß sie sowohl Restriktionen als auch Chancen verkörpern, in beiden Fällen aber die Unsicherheit reduzieren. Institutionen sollen die physischen und mental-psychologischen Interaktionen der Individuen erleichtern, indem sie nicht von diesen getrennt, sondern als ein Teil erfahren werden. Deshalb sind Institutionen sowohl in konkrete Organisationen eingebettet als auch in den Ideen und Konzepten, die die Menschen brauchen, um ihre Sicht der Realität zu entwickeln. Beispiele für die letzteren sind Verhaltensregeln oder Kommunikationshilfen. Ferner drücken Institutionen einige ihre Werte bzw. Normen in physischen Arrangements wie z.B. Gebäuden aus (SJÖSTRAND 1995). Alle diese mentalen, physischen, kognitiven und emotionalen Aspekte sind eng miteinander verwoben und dürfen bei der Analyse von Institutionen nicht unberücksichtigt bleiben. Darüber hinaus gilt es, bestimmte „genetisch" festgelegte Regelmäßigkeiten in menschlichen Aktivitäten zu berücksichtigen[201].

Institutionen werden von den meisten Individuen als gerecht empfunden, wenn sie keine willkürlichen Unterschiede zulassen und einen sinnvollen Ausgleich zwischen

---

[200] Bei der Analyse der verschiedenen internationalen Vereinbarungen in Kapitel 4 wird es sich einschränkend insbesondere um rechtliche Institutionen handeln.

[201] Im Gegensatz zu anderen Autoren (siehe z.B. SJÖSTRAND 1995) wird in dieser Arbeit kein grundlegender Unterschied zwischen Organisationen und Institutionen gemacht. Das Organisationen als eigene Systeme inhärente Gesetzmäßigkeiten besitzen, wird dabei nicht bestritten. Das Ziel hier ist jedoch zu verstehen und zu erklären, welche institutionellen Rahmenbedingungen in den von der WTO, FAO und CBD verwalteten internationalen Übereinkommen im Hinblick auf die Erhaltung und nachhaltige Nutzung pflanzengenetischer Ressourcen entstehen und wie sie hinsichtlich eines nachhaltigen Nutzenstroms und ihrer Effektivität ausgestaltet sein müßten.

konkurrierenden Ansprüchen zum Wohle des gesellschaftlichen Lebens herstellen. Die wichtigsten Institutionen sind die (über-)staatliche Verfassung sowie die bedeutensten wirtschaftlichen und sozialen Rahmenbedingungen.

Konkreter definiert SCHMID (1987) Institutionen: „[Institutions are] ordered relationships among people that define their rights, their exposure to the rights of others, their privileges, and their responsibilities." Der Begriff Institution impliziert hierbei eine breite Zusammenfügung von bestimmten (Eigentums-) Rechten und Regeln, die in geordneten Rahmenbedingungen (sets) gruppiert sind wie z.B. Marktinstitutionen. Die Beobachtung, Veränderung und Kontrolle dieser individuellen Rahmenbedingungen bzw. „opportunity sets"[202] spielen für einen institutionellen Wandel eine sehr große Rolle. Folgende Fragen sind für eine ökonomische Analyse von besonderer Bedeutung: Sind die gegenwärtigen opportunity sets erwünscht? Wer erzeugt Kosten für wen? Wie offenbaren sich die Nutzen des Eigentümers? Wie schränken sich unterschiedliche opportunity sets einzelner Individuen gegenseitig ein?

Diese individuellen Rahmenbedingungen sind dynamisch und wirken kollektiv, d.h. sie interagieren innerhalb einer sich wandelnden institutionellen Gesamtstruktur. Darüber hinaus sind opportunity sets durch alternative, offenstehende Aktionswege gekennzeichnet und durch die relative Kapazität des Individuums, von diesem Recht Gebrauch zu machen[203].

Die institutionelle Bedeutung der durch die individuellen opportunity sets erzeugten Kosten liegt in dem Unterschied zwischen der Absicht einzelner Individuen und den tatsächlichen physischen Rahmenbedingungen begründet. Institutionalisierte Kosten finden ihre Ausprägung in einer gewählten Struktur. Die Kosten entstehen hierbei aufgrund physischer Rechte bzw. Anteile anderer (SCHMID 1987). Das Eigentumsrecht einer Person generiert die Kosten für eine andere bzw. die Möglichkeit, eine andere Person durch die Ausübung von Macht (Zwang) daran zu hindern, ihre Wünsche zu erfüllen. Macht ist die Möglichkeit, seine eigenen Interessen durchzusetzen, falls sie mit denjenigen anderer konfligieren. Macht spielt immer eine Rolle, wenn es zu solchen Konflikten kommt. Bezogen auf eine einzelne Ressource existieren keine gleichen Machtverhältnisse aufgrund der unterschiedlichen opportunity sets des Ressourceneigentümers und des Nicht-Eigentümers. Die Machtverhältnisse können nur in ihrer Gesamtheit gerecht verteilt sein (SCHMID 1987).

Eine so verstandene Institutionenökonomik fragt, warum einige Menschen[204] niemals irgendwelche Kosten bei anderen verursachen und sie deshalb geringe Einkommen besitzen. Diese Frage dreht sich vor allem um eine gegebene Einkommensverteilung und die daraus entstehenden Kosten bzw. Opportunitätskosten der Individuen.

---

[202] Opportunity sets definieren ganz allgemein die Möglichkeiten eines Individuums, sich unter seinen individuellen Rahmenbedingungen (intellektuelle, kulturelle, physische etc.) zu entwickeln.

[203] Man denke hierbei an das formal gleiche Rechte für alle in den verschiedenen WTO Councils, wobei niemand ernsthaft die Führungsrolle der USA, Europas oder Japans anzweifelt.

[204] In unserem Zusammenhang bezieht sich das nicht nur auf einzelne Menschen, sondern gleichfalls auf indigene und lokale Bevölkerungsgruppen bis hin zu einzelnen Staaten.

Externalitäten sind keine Ausnahmen im Marktsystem, da sie allgegenwärtig sind, was auf die Ausübung der Rechte verschiedener opportunity sets zurückzuführen ist, d.h. auf das Zusammenspiel gegenseitigen Zwangs. Es besteht also ein sich verstärkender Zusammenhang zwischen steigenden Opportunitäten eines Individuums, den daraus resultierenden geringeren Kosten und der größeren Möglichkeit, andere zu beeinflussen (Schaffung von Kosten bzw. Externalitäten).

Wenn die Forscherin die ökonomische Leistungsfähigkeit unter alternativen Institutionen und Eigentumsrechten voraussagen möchte, braucht sie mehr als die Informationen über den Grad des Wettbewerbs, der nominalen Markteintritts- bzw. -austrittschancen und der Verfolgung von Betrug und Diebstahl. Sie muß sich stets bewußt sein, welche anderen institutionellen Faktoren kontrolliert werden müssen, um die Ergebnisse interpretieren zu können (BROMLEY 1989).

Analyse von Eigentumsrechtsregimen

Eigentumsrechte sind für eine nachhaltige Ressourcennutzung von zentraler Bedeutung und wirken unmittelbar auf die übergelagerten bürokratischen Organisationen sowie die informellen Regeln und Praktiken (COSTANZA/ FOLKE 1995). Sie stehen deshalb im Mittelpunkt der Überlegungen zum Wandel institutioneller Rahmenbedingungen.

BROMLEY (1991, S. 2) versteht unter Property Rights „... a claim to a benefit stream that the state will agree to protect through the assignment of duty to others who may covet, or somehow interfere with, the benefit stream". Das Ziel eines erfolgreichen Ressourcenmanagements muß es mithin sein, Anreize zu schaffen, einen möglichst hohen Nutzenstrom der Ressource zu ermöglichen. Eigentumsrechte sind dabei niemals dichotom zu verstehen. Neben der Verbindung eines Eigentümers zu einem Objekt steht die Durchsetzung der Rechte gegenüber anderen Personen. Wenn dieser Anspruch existiert oder wenn die Erwartungen dahingehen, dann hat man Eigentum an einem Objekt. Falls lediglich Zugang zu einem Objekt besteht, ohne den Einkommensstrom, der von der Gemeinschaft geschützt wird, verbindlich beanspruchen zu können, existiert lediglich ein Zugangsrecht für alle, aber kein Eigentum.

Es ist wichtig, den Unterschied zwischen demjenigen zu erkennen, der das Recht hat, eine Sache zu nutzen, demjenigen, der das Recht hat, den Nutzenstrom einer Sache zu erhalten und demjenigen, der den Zugang zu der Ressource kontrolliert. Diese vielfältigen Dimensionen der Eigentumsrealisierung sind für ein klares Verständnis des Eigentums als soziale Institution unerläßlich. Darüber hinaus besitzt das Eigentum die legale Möglichkeit, Kosten für andere zu verursachen (BALKS 1995).

Die unterschiedlichen Property-Rights-Regime – staatlich, gemeinschaftlich oder privat – sind einer zumeist langsamen[205], aber stetigen Veränderung und Entstehung unterworfen. Ein Eigentumsrechtsregime wird entstehen oder sich verändern, falls

---

[205] Revolutionen oder Landreformen sind dagegen Ausnahmezustände, die eine abrupte Eigentumsstrukturänderung bewirken.

die auftretenden externen Effekte den Nutzen im Falle der Berücksichtigung der Transaktionen steigern werden (Internalisierung). Ein Lösungsansatz, der die Internalisierung ineffizienter Marktergebnisse (externe Effekte) durch Verhandlungen der betroffenen Parteien erklärt, ist das COASE-Theorem. Unter den Annahmen fehlender oder hinreichend kleiner Transaktionskosten sowie der Invarianz der Verteilung der Eigentumsrechte und der zugrunde gelegten Haftungsregel führt die Verhandlungs"lösung" von COASE zu einem *effizienten, pareto-optimalen* Ergebnis (COASE 1960). Externe Effekte drücken in diesem Fall die Änderungen des Umfangs oder der Stärke von Eigentumsrechten einer anderen Partei aus. Dies gilt nur für Modifikationen, die nicht Konsequenz vertraglicher Abmachungen sind[206]. DEMSETZ (1967: 348), der konzeptionelle Gründer der Property-Rights-Schule des institutionellen Wandels[207], formuliert diesen Sachverhalt folgendermaßen: „The cost of a transaction in the rights between the parties (internalization) must exceed the gains from internalization". Die in der bisherigen Diskussion aufgestellten Annahmen erfordern drei Kriterien eines effizienten Systems von Eigentumsrechten (POSNER 1977):

1. Universalität (jede Ressource ist einem Eigentümer eindeutig zugewiesen)
2. Exklusivität
3. Übertragbarkeit

Für die Ausgestaltung eines Eigentumsregimes haben die Überlegungen der Ökologischen Ökonomie Konsequenzen, die bei Effizienzüberlegungen eine Rolle spielen müssen. Aussagen, welches Eigentumsregime grundsätzlich überlegen ist - z.B. ein Private-Property-Regime -, können demnach nicht getroffen werden und sind abhängig von den gegebenen Rahmenbedingungen, den sozialen und kulturellen Hintergründen, der Art der Ressource usw. (BEAUMENT/ WALKER 1996). Effektive Eigentumsrechte sind allerdings ausreichend spezifiziert, kontext-spezifisch und durch staatliche Durchsetzungsorgane einklagbar[208].

Eine Unterscheidung muß in diesem Zusammenhang noch getroffen werden (BROMLEY 1991): Darf der Besitzer eines Eigentumsrechts fremde Rechte gefährden - bei Haftung für die entstandenen Schäden - („liabilty rule", „laissez-faire-Regel" oder ex post-Entschädigung) oder besitzt der Eigentümer des fremden Rechts die Möglichkeit der Untersagung einer potentiellen Gefährdung seines persönlichen

---

[206] Aber: Wie werden die Eigentumsrechte der Schwächeren und Schwächsten behandelt z. B. die der zukünftigen Generationen, der Nicht-Privilegierten, der Natur etc.?

[207] Einen guten Einstieg in die Property-Rights-Schule bekommt man nach wie vor durch den Literaturüberblick von FURUBOTN/ PEJOVICH (1972)

[208] Interessant ist in diesem Zuammenhang sicherlich die Bemerkung BROMLEY's (1989): „The property-rights model yields the curious asymmetry that institutional arrangements (non-private property) are the direct cause of land degradation in one instance, yet in the counterfactual institutional setting (private rights) it is not the property institutions at all but rather market imperfections or myopia that are to blame."

Eigentums („property rule", Verursacher-Regel oder ex ante-Genehmigung[209]). Darüber hinaus kann eine Haftungsregel existieren, die es unter allen Umständen untersagt, das Eigentum an einer Ressource zu gefährden („inalienability rule"). Für den Innovationsprozeß spielen diese drei Regeln eine große Rolle, weil sie diesen in die gewünschte Richtung lenken können (z. B. strenge Prüfvorschriften bei der Pflanzenzüchtung). Da sich im Laufe der Zeit eine Entwicklung hin zu neuen, exklusiven Eigentumsrechten an pflanzengenetischen Ressourcen etabliert hat, existiert nach LERCH (1994: 297) ein wichtiger „Ansatzpunkt für eine ökonomische Analyse im Sinne einer ex-ante-Untersuchung verschiedener möglicher Eigentumsrechtsoptionen auf ihre Allokations- und Distributionswirkungen"[210].

Die bisherigen Ausführungen betrafen grundsätzliche theoretische Überlegungen zu Eigentumsrechten an den physischen Bestandteilen eines Gutes (z.B. Saatgut, Früchte, Pflanzen). In der internationalen Diskussion über den Erhalt und die nachhaltige Nutzung von natürlichen Ressourcen erlangen die intangiblen Teile derselben eine immer größere Bedeutung, d.h. die ihnen innewohnende Information für die Nutzung (produktions-) technischer Fortschritte (SWANSON 1996). Es handelt sich daher um Konzepte geistigen Eigentums, die Erfindungen und Innovationen fördern, und für den Mehrwert der hinzugefügten geistigen Leistungen Eigentumsrechte fordern (ROBERTSON/CALHOUN 1995). Für einen Dritten ist die so erbrachte geistige Leistung eine Information. Da Informationen, ohne selbst verbraucht zu werden, beliebig nutzbar sind, wird für die geistige Leistung ein Rechtsschutz geschaffen. Das gleiche Prinzip ist auf genetische Ressourcen anwendbar, die auch Informationen enthalten, die heute durch biotechnologische Methoden beliebig vermehrbar sind (HENNE 1998).

Die spannende Frage lautet: Wie ist es möglich, eine Gesellschaft zu Investitionen in Kapitalformen zu ermutigen, die unzureichende direkte Kompensationen versprechen, aus Gründen der sozialen Wohlstandsverbesserungen jedoch erwünscht sind[211]? Die Aufgabe eines geistigen Eigentumsrechtsregimes besteht in der Kompensation von Investitionen in das Humankapital, welche keine direkten Einkommensströme generieren. Solche Einkommensströme entstehen erst durch die Schaffung einzelner Märkte (Surrogatmärkte) für geistige Eigentumsrechte und spiegeln die „Belohnung" für getätigte Investitionen in das Humankapital wider. Ein Beispiel für die Funktionsweise eines solchen Surrogatmarktes wäre die Konservierung eines bestimmten Gebiets tropischen Regenwalds als Gegenleistung für die Überlassung der potentiellen Einkommensströme mit den aus diesem gewonnenen innovativen Technologien. Dem Innovator werden für eine festgelegte Zeitperiode die exklusiven Monopolrechte zugestanden, die ihm zumindest den

---

209 Das Besondere eines Rechtes, das durch die „property rule" geschützt ist, liegt darin begründet, daß eine Partei, die gegen diese Rechte verstoßen möchte, den Verhandlungsprozeß beginnen und den größten Teil der Transaktionskosten des Prozesses tragen muß.

210 Hier stellt sich bereits die Frage, welche Rechte zukünftigen Generationen eingeräumt werden sollten, da sie unter den gegebenen „entitlements" rights/duties und privilege/no right (statisch) bzw. power/liability und immunity/no power (dynamisch) gegenüber der gegenwärtigen Generation eindeutig benachteiligt sind.

211 Siehe Kapitel 4.2.

Rückfluß der investiven Forschungsaufwendungen sichern soll. Die Ausgestaltung geistiger Eigentumsrechte erzeugt keine Kongruenz zwischen den zu veröffentlichenden Forschungsergebnissen und den damit verbundenen exklusiven Monopolrechten an Informationen. Ein Großteil dieser Informationen geht als „sunk costs" des Innovators in ein öffentliches Gut über, welches für jeden anschließenden Nutzer frei verfügbar ist. Als Grundprinzipien eines funktionsfähigen intellektuellen Eigentumsrechtssystems lassen sich nach HENZE ET AL. (1995: 166 ff.) die folgenden vier benennen:

1. Der Erfinder bedarf eines Anreizsystems, das ihm das zeitlich befristete Ausschließlichkeitsrecht für die Nutzung der Erfindung überläßt (Abschöpfung ökonomischer Renten)

2. Aus gesellschaftlicher Sicht ist abzuwägen zwischen dem Nutzen der Fortschrittsstimulierung als Folge eines Rechtsschutzes für ein Individuum und den Opportunitätskosten einer verzögerten breitangelegten Fortschrittsnutzung durch die zeitlich befristete Monopolstellung des Erfinders

3. Den größten Nutzen (produktions-) technischer Neuerungen bringt eine globale Anwendung[212], so daß ein Eigentumsrechtssystem nach Prinzipien ausgerichtet sein sollte, die den Marktzutritt eines jeden Erfinders auf allen Märkten international schützen

4. Ethische Überlegungen sollen eine Restriktion darstellen, die die Schutzwürdigkeit von Erfindungen in Frage stellt, wie dies z. B. durch die Untersagung eines positiven Nutzungsrechts oder die Vorschaltung ethischer Normen im Erfindungsprozeß der Fall sein könnte

Die von HENZE ET AL. (1995, 1996) vorgeschlagenen Grundprinzipien zur Förderung eines Systems intellektueller Eigentumsrechte sind aus Sicht der Ökologischen Ökonomie sicherlich zu kurz gegriffen. Die ethische Dimension des Problems ist zwar in Punkt 4 angesprochen, die soziale wird dagegen unter dem ökonomischen Begriff der Opportunitätskosten subsumiert und die ökologische gar nicht erst erwähnt. Dieses Defizit gilt es aufgrund von Effektivitätsüberlegungen zu beseitigen, wobei die Analyse der Betroffenen („stake-holders") ein wichtiger Schritt ist. Hiermit könnte sichergestellt werden, daß alle beteiligten Gruppen eine Berücksichtigung erfahren. Eine potentielle Lösung begnügt sich deshalb nicht mit einer Modellierung der Effizienz, sondern ermöglicht durch Plausibilitätsüberlegungen Aussagen über reale Auswirkungen eines ins Auge gefaßten intellektuellen Eigentumsrechtsregimes. Verallgemeinerungsfähige Antworten sind nicht zu erwarten, da die sozialen, ökonomischen und ökologischen Umstände von Region zu Region stark variieren. Dagegen könnte der Einsatz vielfältiger Fallstudien bei der Entscheidungsfindung

[212] Diese Annahme läßt aber die vielfältigen traditionellen, kulturellen, religiösen und ökologischen Probleme außer Acht, die mit der Einführung technischer Fortschritte in die Entwicklungsländer verbunden sind.

von großem Nutzen sein[213]. Ein oben skizziertes holistisches Eigentumsrechtsregime sollte in jedem Fall sowohl den individuellen Patentinhaber schützen als auch die Etablierung des Rechts auf gemeinsames Eigentum an traditionellem Wissen sicherstellen. Zudem sollte es die gleiche und gerechte Verteilung der Patentnutzen ermöglichen. Ein geistiges Eigentumsrecht für traditionelles Wissen müßte dabei folgende Punkte umfassen (UNEP 1996c: 24):

1. die Anerkennung traditionelles Wissen besitzender Gruppen als rechtliche Einheiten mit der Absicht, diesen Zugang zu nationalen und internationalen Übereinkommen zu ermöglichen
2. die Anerkennung des Rechts dieser Gruppen, traditionelles Wissen für sich zu behalten
3. die rechtliche Anerkennung traditionellen Wissens als gemeinsames Eigentum (z.B. Farmers' Rights)
4. jeder Zugang auf traditionelles Wissen müßte durch ein Übereinkommen mit den Eigentümern beschlossen sein
5. die Definition der Bedingungen der Zugangsübereinkommen für unterschiedliche Zwecke (z.B. kommerzielle Patente, freier Wissensaustausch, partizipative Ökosystemgestaltung mit Hilfe der Regierung etc.)

Traditionelle Wissenssysteme sind für eine umfassende Theorie deshalb von enormer Bedeutung, weil sie Beispiele für lokal angepaßte, mit geringer Energie und externen Inputs auskommende Landbewirtschaftung darstellen. Dieses Wissen bezieht sich auf die örtliche physische Umwelt, die biologischen Klassifikationssysteme und auf die experimentielle Natur des „trial and error" (ALTIERI 1995: 114 ff.). Es wird jedoch nur erhalten bleiben, falls es ebenso wie die intellektuellen Eigentumsrechte geschützt werden kann. Diese menschliche Ressource besitzt einen hohen Wert und sollte alleine aus diesem Grund in ökonomischen Effizienzbetrachtungen Berücksichtigung finden, wenn diese Anspruch auf Vollständigkeit erheben wollen. Daneben ist die Schaffung eines Systems „genetischer Ressourcenrechte", das analog zu dem der geistigen Eigentumsrechte etabliert werden könnte, zu erwägen (SWANSON ET AL. 1994: 75). Die Ausdehnung des Begriffs des „geistigen Eigentums" auf die von natürlich vorhandenen Ressourcen geschaffenen Informationen wäre ein rationaler Ansatz und würde einen Ausgleich zwischen den Staaten, die reich sind an natürlichen Ressourcen, und denen, die reich sind an Humankapital[214], schaffen.

Welche ökonomischen Argumente sprechen für oder gegen eine Etablierung eines Systems geistiger Eigentumsrechte? Aufgrund steigender Bevölkerungszahlen und der Knappheit nationaler und globaler Ressourcenausstattung ist ein konstanter Fluß wissensbasierter Innovationen für den Erhalt und die nachhaltige Nutzung natürlicher

---

[213] Das von der WTO eingeforderte intellektuelle Eigentumsrechtssystem oder *sui generis* System läßt die Tatsache unberücksichtigt, daß viele indigene Gemeinschaften einen Mangel an finanziellen, technischen und rechtlichen Mitteln haben, um solche Eigentumsrechte einzufordern.

[214] Reichtum an Humankapital bezieht sich vor allem auf die durch wissenschaftliche Wissensakkumulation gewonnenen Werte.

Ressourcen essentiell. Neue Prozesse und Produkte, die durch diese Innovationen geschaffen wurden, ermöglichen neue Chancen für ökonomische Aktivitäten, fördern Einkommen und die Schaffung von Arbeitsplätzen und verbessern in den meisten Fällen den gesamten Lebensstandard. Dieses wird vor allem in den industrialisierten Ländern deutlich, deren moderne Technologien immer häufiger wissensbasiert denn materialbasiert sind. Inwieweit geistige Eigentumsrechte diesen Innovationsprozeß fördern, wird dabei aber durchaus kontrovers diskutiert (Tabelle 3-5).

Tabelle 3-5: Ökonomische Argumente Für und Wider geistige Eigentumsrechte

Für	**Wider**
Mechanismus, um finanzielle Rückflüsse aus den Investitionen zu schöpfen	Monopolstellung einzelner Unternehmen
Entlohnung des eingegangenen Investitionsrisikos durch hohe, aber unsichere, Forschungs- und Entwicklungskosten	Zurückdrängung indigener, lokal angepaßter Technologien, die andere Wertmaßstäbe als Geld besitzen
Verhinderung bzw. Reduktion von Produktpiraterie	verlangsamte allgemeine Entwicklung durch mangelnden Zugriff auf neueste Technologien[215] (im Extremfall: Patentierung eines Produktes mit dem Ziel, es *nicht* auf den Markt zu bringen)
langfristige gesellschaftliche Gewinne – auch in Entwicklungsländern – durch gestiegen Forschungsaktivitäten und technologischen Weiterentwicklungen	kurzfristige Verluste vor allem in Entwicklungsländern aufgrund höherer Arbeitslosigkeit und gefallener Produktion patentierter Produkte

Quelle: HETTINGER (1995)

3.5.5 Institutioneller Wandel

Die Konstruktion eines institutionellen Rahmens, der eine nachhaltige Landwirtschaft und die Erhaltung PGRFA ermöglicht, erfordert für eine effektive Politik ein klares Verständnis, wie Institutionen evolvieren. Es ist nicht möglich, effektive Institutionen zu schaffen, ohne einen Einblick darüber zu gewinnen, was sie sind, wie sie sich zu anderen Institutionen verhalten und wie sie sich verändern. Eine Theorie des institutionellen Wandels ist für die Ökologische Ökonomie wesentlich, da von ihr Antworten auf die diversen Leistungen einer Gesellschaft und ihrer Ökonomie im Laufe der Zeit gegeben werden können (NORTH 1994).

---

[215] Oftmals werden moralische Argumente als Kritik an geistigen Eigentumsrechten geäußert (GOLLIN 1993). Obwohl in einigen Fällen sicher berechtigt, sollen diese Argumente in ihrer Allgemeinheit hier nicht berücksichtigt werden.

Ein Analyse des institutionellen Wandels soll die Frage beantworten, wie eine Veränderung der institutionellen Rahmenbedingungen das Verhalten der Individuen ändern kann. Diese Prognose muß jedoch häufig unter vollkommener Ungewißheit bzw. Unsicherheit geschehen, d.h. es ist nicht möglich, exakte Vorhersagen zu tätigen, weil die Komplexität des Problems keine direkte Kausalität von einem Instrumenteneinsatz der Politik auf die Zielerreichung erlaubt. Vieles bleibt einfach in der Analyse der Gegenwart und Zukunft unbestimmt (BÖBEL 1988).

Ausgehend von der Annahme, daß die Antriebskräfte, die hinter einem institutionellen Wandel stehen, auf die Lücken bzw. Nichtübereinstimmungen zwischen der individuellen Mikroebene und gesellschaftlichen Makroebene zurückzuführen sind, sind Institutionen also Phänomene, die die menschlichen Aktivitäten auf einer Makroebene koordinieren, regulieren und stabilisieren. Gleichzeitig stellen sie einen Teil des Rohmaterials für Veränderungen zwischen Individuen auf der Mikroebene dar.

Ein in der Literatur oftmals zitiertes Modell ist das von RUTTAN/HAYAMI (1984). Die Essenz dieses „induced institutional innovation model" ist, daß RUTTAN/HAYAMI die Entstehung neuer Institutionen vermuten, wenn der Nutzen einer neuen institutionellen Struktur die Kosten eines Wandels übersteigt. Kritisch kann man dazu anmerken, daß die beiden Autoren eine Unterscheidung treffen zwischen Institutionen als „rules and conventions of society that facilitate coordination among people regarding their behaviour" und Institutionen als Organisationen wie Stadtverwaltung, Kirche, Universität, öffentlicher Dienst etc. Ferner berücksichtigen sie nicht, daß es die gegenwärtig bestehenden Institutionen sind, die den Individuen ihre täglichen Kosten aufbürden. Das Modell induzierter Innovationen beruht letztlich auf den Kosten- und Nutzenströmen der existierenden institutionellen Strukturen, die als Antrieb zum Wechsel betrachtet und gleichzeitig als empirische Basis ihrer Bestätigung herangezogen werden. Es schweigt sich aber über die wichtigen Distributionsfragen aus, die im Mittelpunkt institutioneller Innovationen stehen (BROMLEY 1989).

Warum und wann kommt es zu einer institutionellen Innovation? In der konventionellen Theorie des institutionellen Wandels (DAVIS/NORTH 1970; LIBECAP 1978; NORTH 1994) ist ein solcher Wandel auf die Verbesserung der Effizienz in der Ökonomie gerichtet (Pareto-Kriterium, Steigerung der sozialen Nettodividende) oder er sorgt für eine Umverteilung der Ressourcen, so daß der Gewinn einer Gruppe von Individuen durch den Verlust einer anderen aufgehoben oder im Falle eines Effizienzverlustes unterkompensiert wird. Eine Effizienzverbesserung kann nach DAVIS/NORTH (1970) vier mögliche endogene Quellen haben: 1. economies of scale, 2. Externalitäten, 3. Risiko, und 4. Marktversagen. Eine Ressourcenumverteilung ist dagegen exogen, was sich beispielsweise in einer Disposition des privaten Eigentums durch die Verfassung ausdrückt. Darüber hinaus werden durch „rent seeking" institutionelle Arrangements geschaffen „either by voluntary groups or by the government, which are designed to capture gains for individual groups at the expense of others (in short, to redistribute income)" (NORTH/THOMAS 1970).

Institutionen umfassen die Auswahlmöglichkeiten unabhängiger ökonomischer Akteure, die Beziehung zwischen diesen Akteuren und ihre Verhaltens*möglichkeiten* (SCHMID 1972). Institutionelle Arrangements (Normen, Konventionen, Regeln,

Praktiken, und Gesetze) üben folgerichtig einen wesentlichen Druck auf die Wahl und das Verhalten der Individuen zu einem gegebenen Zeitpunkt aus (BROMLEY 1989a: 740). Es ist aber nicht nur so, daß ein vorhandener institutioneller Rahmen das Möglichkeitsspektrum („opportunity set") definiert, sondern es kommt ebenfalls zu einer Beeinflussung desselben durch ökonomische Bedingungen. Das Aufkommen der Gentechnologie macht beispielsweise eine Anpassung der geistigen Eigentumsrechte notwendig, damit die daraus entstehenden Implikationen adäquat in die ökonomische/ gesellschaftliche Entwicklung eingepaßt werden können. In diesem Fall schafft eine technische Neuerung die Nachfrage für ein neues Gesetz, das es den in diesem Markt befindlichen Teilnehmern erlaubt, größere Investitionen in Forschung und Entwicklung zu tätigen[216]. Eine Analyse der möglichen Ursachen des institutionellen Wandels führt nach BROMLEY (1989) zu fünf verschiedenen Varianten:

1. eine Änderung der relativen Preise induziert einen institutionellen Wandel, der zur (Wieder-) Herstellung der ökonomischen Effizienz führen soll

2. Änderungen in den technologischen Möglichkeiten induzieren einen institutionellen Wandel und erlauben die Abschöpfung neuer Einkommensströme

3. Änderungen der kollektiven Einstellungen über die gegebenen Einkommensanteile zwischen den Gesellschaftsmitgliedern induzieren den institutionellen Wandel, die Einkommensverteilung direkt zu modifizieren

4. Änderungen der kollektiven Einstellungen zu den gesamten Konsumptionsmöglichkeiten einer Nation induzieren den institutionellen Wandel, diese Konsumptionsmöglichkeiten zu modifizieren (institutional transactions that reallocate economic opportunity)

5. Möglichkeiten der Redistribution ökonomischer Vorteile („rent seeking");

„The conventional view of institutional change is that it is either in the interest of economic efficiency, or it merely redistributes income" (BROMLEY 1989a: 735). Hierbei handelt es sich um die in der neoklassischen Ökonomik gebräuchliche Unterscheidung zwischen Effizienz und Gerechtigkeit. In der politischen Realität findet man jedoch selten Optionen, die einen institutionellen Wandel auf ein Erklärungsmodell zu reduzieren vermögen, das diesen entweder als Beitrag zur Erhöhung der ökonomischen Effizienz oder als Umverteilung der individuellen Einkommen betrachtet. Dort geht es häufiger um die Beschaffung von Vorteilen jeglicher Art durch Lobbyarbeit („rent seeking"), d.h. die Umverteilung ökonomischer Vorteile, oder die Reallokation ökonomischer Opportunitäten in Form von veränderten Konsumentenpräferenzen (Änderung der Lage der sozialen Indifferenzkurven).

---

[216] „Treating technology or new factor endowments as the primary source of institutional change is circular because all technology encompasses institutional dimensions in terms of who owns the new technology, who controls its use and benefit stream, and who must bear the costs of its implementation. The meaning of some new miracle variety of rice is not simply to be found in its chromosome map, but is, instead, bound up with: (1) how the seed is provided (public or private sector); and (2) what other technical complements are required for the seed's effective use (e.g. fertilizers, irrigation, new tillage practices)" (BROMLEY 1989: 111).

Einer der Grundsteine des institutionellen Ansatzes ist die Zurückweisung der Betonung im Hinblick auf die Bestimmung *der* effizienten Lösung rechtlicher Rahmenbedingungen (SAMUELS/ SCHMID 1981; SCHMID 1987; BROMLEY 1989; MERCURO/ MEDEMA 1995). Die obengenannten Institutionalisten negieren die Bedeutung des Effizienzbegriffs als eine wichtige Variable innerhalb der ökonomisch-legalen Beziehungen nicht, sie stehen aber auf dem Standpunkt, daß Effizienz alleine nicht die Zuweisung von Rechten bestimmen kann und soll.

Ihre Überlegungen gehen davon aus, daß die Resultate ökonomischer Aktivitäten – Preise, Kosten, Outputs, Risiko, Einkommen, Wohlstand etc. – kein natürlich auftretendes Phänomen darstellen, sondern vielmehr von den in der Gesellschaft existierenden Rechtsstrukturen bestimmt sind. Das Ausmaß und die Veränderungen dieser Variablen sind das Ergebnis der Funktion der Rechte und damit der legalen Struktur und der legalen Veränderungen in der Zeit. Jede einzelne Rechtsstruktur bestimmt ein gewisses Set von Preisen, Kosten Outputs etc. und somit auch die effiziente Allokation der Ressourcen. Aus diesem Grund gibt es keine singuläre effiziente Lösung. Eine „atomistische Industriestruktur", „Individuen als Mengenanpasser", „Markt contra Staat" etc. sind für die Institutionalisten lediglich Schlagwörter, die – falls sie aussagekräftig sein sollen - in Bezug zu den rechtlichen Rahmenbedingungen gesetzt werden müssen. Oder in den Worten von SAMUELS (1981; zit. nach MERCURO/ MEDEMA 1995: 104): „To argue that wealth maximization [or any other efficiency criterion] can determine rights serves only to mask a choice of which interests to protect as rights. Legal decisions or changes can be said to be efficient only from the point of view of the party whose interests are given effect through the identification and assignment of rights."

Bei der Beurteilung effizienter Zustände ist es mithin von großer Bedeutung, welche spezifisch normative Definition von Output zugrundegelegt wird. In der vorliegenden Arbeit handelt es sich vornehmlich um eine volkswirtschaftliche Betrachtung, weshalb der *soziale* Output (aggregierte Wohlfahrt der Gesellschaft) von Interesse ist. Das außerordentlich schwierige Problem besteht in der normativen Auswahl der sozialen Wohlfahrtsfunktion. Darüber hinaus existieren keine objektiven Maßstäbe, die eine Unterscheidung verschiedener sozialer Wohlfahrtsfunktionen zulassen. Die Bestimmung einer effizienten Lösung involviert eine normative und selektive Auswahl, welche Interessen berücksichtigt werden, wer die Gewinne realisieren wird und wer die Verluste.

Da die Frage eines effizienten sozialen Outputs sinnvollerweise nicht ohne die dazugehörige Distribution beantwortet werden kann, strukturiert der rechtliche Rahmen ebenfalls die zukünftige Verteilung von Einkommen und Wohlstand in der Gesellschaft. Daraus folgt: „... the definition of the efficient solution is both the object and the subject of the legal system" (SAMUELS 1981; zit. nach MERCURO/ MEDEMA 1995: 105).

Für die institutionelle Analyse wird in der vorliegenden Arbeit eine sehr generelle Form der Repräsentation gewählt. Dies hat zur Folge, daß institutionelle Details, die die Struktur des anfänglichen Aktionsraums generierten, aus dem Blickwinkel der Analyse verschwinden (OSTROM 1986). Dies hat den Vorteil einer Erstellung höchst allgemeiner theoretischer Ergebnisse. Der Nachteil besteht darin, daß sich dieser Prozeß von der Analyse einiger praktischer Probleme, die in enger Beziehung zur institutionellen Analyse und dem institutionellen Design stehen, entfernt (OSTROM 1986).

Im Mittelpunkt der institutionellen Analyse steht die Überprüfung der Beziehungen zwischen den unterschiedlichen Aktionsräumen (Systemen) der WTO, FAO und CBD. Während bereits die Analyse eines einzigen Aktionsraums eine große Anzahl von Teilnehmern und komplexe Kettenreaktionen beinhaltet, erzeugt die Untersuchung der simultan existierenden bzw. aufeinanderfolgenden Aktionsräume eine noch größere Komplexität und Unsicherheit. Dennoch ist es wichtig, deutlich erkennbare Muster eines jeweiligen Aktionsraumes und deren Verbindung zu anderen Mustern zu beschreiben und anschließend zu versuchen, diese Verbindungen und die daraus resultierenden Aktionen und Ergebnisse zu erklären bzw. vorherzusagen.

Die Regeln eines Aktionsraums spielen für ein sinnvolles Verständnis einer Handlung eine herausragende Rolle. Es ist daher durchaus möglich, das Verhalten einzelner Akteure in einer bestimmten Situation mit Hilfe von komplexen mathematischen Modellen zu beschreiben, es ist aber nicht möglich, das „Wieso" dieses Verhaltens zu erklären. Hierzu bedarf es der Analyse von Regeln wie z.B. Gesetze, Konventionen, Bräuche etc. Diese geben an, welches Verhalten gefordert, verhindert oder erlaubt sein soll. Diese Regeln sind das Ergebnis von impliziten bzw. expliziten Bemühungen, Ordnung und Vorhersagbarkeit zwischen den Menschen zu erreichen, in dem diese in verschiedene Klassen eingeteilt werden[217]. Die vorherrschenden und neu entstehenden Regeln besitzen drei wesentliche Merkmale (OSTROM 1986):

- Regeln stehen in einem bestimmten Kontext
- Regeln schreiben eine Verhaltensweise vor
- Regeln können eingehalten werden oder nicht

Das letzte Merkmal unterscheidet regelgeleitete Aktionen von wissenschaftlichen Gesetzen: Die ersteren „können", die letzteren müssen eingehalten werden. Dies wird dadurch verstärkt, daß Regeln einer Auslegung bedürfen, die sehr stark durch ihre Formulierung, ihre Anwendung in bestimmten Situationen und dem Versuch, die erbrachte Leistung mit den Regeln in Übereinstimmung zu bringen, geprägt ist.

Die Erklärung institutioneller Nachhaltigkeit bedarf – häufiger als in der konventionellen ökonomischen Theorie – plausibler ad hoc-Argumente wie z.B. die verstärkte Beteiligung der nationalen Regierungen und NGOs an den wiederkehrenden (Transaktions-) Kosten, eine angemessene Mischung öffentlicher und privater Institutionen, die Beachtung des Subsidiaritätsprinzips, ein Gespür für Fragen ökologischer Zerstörung und langfristiger landwirtschaftlicher Produktivitätserhaltung und eine Anpassung der Managementsysteme zur Steigerung des „capacity building" (OSTROM 1993).

Zusammenfassend läßt sich sagen, daß die Analyse nachhaltiger Institutionen die Charakterisierung der Schlüsseldimensionen ihrer externen Umwelt erfordert, wobei

---

[217] Eine interessante, aber in diesem Zusammenhang nicht weiter zu vertiefende Frage lautet, weshalb Menschen Ordnung und Vorhersagbarkeit in Organisationen suchen (ABRAHAMSSON 1993).

hier die Institutionenökonomik von großer Hilfe ist. Diese Denkschule der Ökonomik fokussiert auf den Austausch von Ressourcen (Effizienz) und stellt Mittel bereit, um die Strukturen und Aufgaben von Institutionen zu charakterisieren. Die Hilfestellung bei der Identifizierung der Umstände, unter denen die verschiedenen Ressourcenarten produziert und gehandelt werden, erweitert gleichfalls den Ansatz der Systemtheorie.

Nach dem Verständnis der Ökologischen Ökonomie finden Teilschritte eines institutionellen Wandels nicht auf einem linearen Kontinuum, sondern in einem vernetzten System statt. Das systemtheoretische Denkmodell ist dabei mit einem Halmaspiel vergleichbar, wo von verschiedenen Ecken her in einem Netz gezogen wird (HERDER-DORNEICH 1993). Ein institutioneller Wandel vollzieht sich umso reibungsloser und schneller, je mehr in einer Richtung bereits unternommen wurde (kumulative und beschleunigte Entwicklungsprozesse). Wer in vernetzten Strukturen denkt, der beobachtet Systeme immer auch in Vernetzung. Nach einem bestimmten Zeitablauf der Vernetzung ergeben sich typische Muster. Wo diese Muster schnell und deutlich zu erkennen sind, da ist die Entwicklungsgeschwindigkeit groß und eine relativ zuverlässige Prognose möglich.

3.5.6 Institutionen und politische Entscheidungen

Nachhaltigkeit bzw. nachhaltige Entwicklung erfordert vom politischen Entscheidungsträger, Rahmenbedingungen zu schaffen, in denen die Umweltpolitik Umwelt- und Ressourcenprobleme *langfristig* lösen kann. Wichtig hierbei ist, daß das Umweltproblem überhaupt erkannt und analysiert werden kann[218] und daß sich die entsprechende Politikebene damit befaßt (lokal, national, global). Um den politischen Entscheidungsträger zu einer Änderung der institutionellen Rahmenbedingungen zu bewegen, muß diesem die Verschlechterung der Umweltqualität bewußt sein und auf diese Weise zu einem Politikproblem werden. Wie wird aber ein Umweltproblem zu einem Politikproblem? Nach DOVERS (1995) erscheint es sinnvoll, eine Unterscheidung zwischen „problem-framing attributes“ und „response-framing attributes“ zu machen (siehe Tabelle 3-6).

Die „problem-framing attributes“ sind die Grundlage dafür, daß die gegebenen Umweltprobleme von einem institutionellen Rahmen korrekt eingeordnet werden können. Diese Attribute sind vorwiegend naturwissenschaftlicher Art und sollen helfen, ein Umweltproblem in seiner ganzen Breite zu erfassen. Sie reichen dabei jeweils von „geringem Einfluß“ bis „sehr starkem Einfluß“. Die „response-framing attributes“ dienen dazu, den politischen Entscheidungsträgern bei der Information über die Beschaffenheit angemessener Politiken zu unterstützen. Diese Aufteilung verdeutlicht sehr gut die mögliche Diskrepanz zwischen einem drängenden Umweltproblem und dem Handeln politischer Entscheidungsträger.

---

[218] Siehe Kapitel 3.5.2.

Tabelle 3-6: Attribute von Politikproblemen

„problem-framing attributes“	„response-framing attributes“
• Räumliche Dimension der Ursache oder Wirkung einer Umweltzerstörung	• Beschreibung der Ursache(n) (sind einfache oder komplexe Verhaltensänderungen der Gesellschaft nötig?)
• Ausmaß der möglichen Konsequenzen - Auswirkungen auf natürliche Systeme - Auswirkungen auf menschliche Systeme	• Relevanz für die politischen Akteure (gesetzliche Kompetenzen etc.)
• Zeitliche Dimension einer möglichen Auswirkung	• Mittelverfügbarkeit *und* deren Akzeptanz
• Reversibilität	• Basis und Niveau öffentlichen Bewußtseins
• Verständnis der involvierten Faktoren und Prozesse	• Existenz von Umweltzielen
• Ausmaß der Komplexität und der Verbindungsstrukturen	

Quelle: DOVERS (1995)

Folgt man der Einteilung der Attribute aus Tabelle 3-6, dann läßt sich daraus eine allgemeine Taxierung von Umweltproblemen – für ein bestimmtes Land und Umweltproblem – generieren. In Anlehnung an DOVERS (1995) erscheint eine Kategorisierung in drei Teile sinnvoll:

1. *Mikroprobleme*

- Räumlich und zeitlich weniger komplex und unsicher
- Geringer Ressourceneinsatz nötig
- Fall zu Fall Lösungen mit gegebener Technologie innerhalb bestehender Institutionen

2. *Mesoprobleme*

- Signifikante Wichtigkeit der Attribute, aber keine systemische Bedrohung für gegenwärtige Produktion und Konsum
- Eine Vielzahl von Politikproblemen summiert sich zu einem Mesoproblem
- Nationale Begrenztheit der Umweltprobleme

3. *Makroprobleme*

- Fragen der Nachhaltigkeit
- Alle Attribute befinden sich am äußersten Rand ihrer Wichtigkeit bzw. Ausprägung
- Bedrohung für Menschen und Ökosysteme

Das Erreichen der jeweils nächsthöheren Problemebene – Mikro-, Meso- und Makroebene – erhöht mithin die Systemunsicherheit und verlangt einen umfassenderen Entscheidungseinsatz. Für jedes einzelne Land fällt das gleiche Umweltproblem eventuell in eine andere Kategorie wie z.B. der Erhalt der Biodiversität in der Sahara im Vergleich zum Erhalt der Biodiversität im tropischen Regenwald Lateinamerikas. Die Frage der Nachhaltigkeit ist aus dieser Sichtweise nur dann sinnvoll, wenn man alle miteinander verbundenen Probleme berücksichtigt und sie relativ untereinander vergleicht. Dieser Ansatz ermöglicht eine systemische Vorgehensweise, die eine umfassendere Analyse der obengenannten Attribute erlaubt und viele Umweltprobleme von der Mikro- auf die Makroebene befördert. Dies trifft insbesondere auch für den Erhalt der Biodiversität zu. Die dadurch hervorgerufene Komplexität der Entscheidungsfindung verlangt, daß neue institutionelle Rahmenbedingungen geschaffen werden, deren zentraler Punkt darin besteht, ökologische, ökonomische und soziale Aspekte in die Politikentscheidung einfließen zu lassen. Konkrete Prinzipien und Instrumente wurden bereits in Kapitel 3.2 angesprochen (Vorsorgeprinzip, Safe Minimum Standard). Das von DOVERS (1995) vorgeschlagene „policy-framework" unterstützt den politischen Entscheidungsträger in jedem Fall bei der Berücksichtigung ernster und irreversibler Umweltschäden.

3.6 Kriterien zur Beurteilung institutioneller Rahmenbedingungen

Die bisherigen Ausführungen lassen den Schluß zu, daß man zur Bewältigung von Umwelt- und Ressourcenproblemen einen *systemischen* Ansatz benötigt, der zudem ökologische, sozioökonomische und kulturelle Aspekte berücksichtigt. In der Vergangenheit haben insbesondere die Arbeiten von MEADOWS ET AL. (1972), COMMON UND PERRINGS (1992), GRIZZLE (1994), JOHN ET AL. (1994) und DE GRAAF ET AL. (1996) für einen solchen „complete system approach" (DE GRAAF ET AL. 1996) plädiert. Für die Beurteilung bestehender politischer Maßnahmen und für die Ableitung von Verbesserungsvorschlägen werden in der vorliegenden Arbeit die drei nachfolgend beschriebenen Kriterien aufgestellt, die aus den vorangegangenen theoretischen Kapiteln abgeleitet werden können:

1. Ökologische und institutionelle Effektivität
2. Nachhaltigkeit als kontinuierlicher und gerechter Nutzenfluß (Effizienz aus Sicht der Ökologischen Ökonomie)
3. Institutionelle Durchsetzbarbeit

Die Stärke dieser Kriterien ist auf gewisse Weise auch ihre Schwäche: Einerseits verdeutlichen diese Kriterien in ihrer holistischen, auf Institutionen ausgerichteten

Betrachtungsweise sehr eindrucksvoll die gegenwärtigen institutionellen Rahmenbedingungen und deren Perspektiven für eine Bewahrung und nachhaltige Nutzung pflanzengenetischer Ressourcen. Andererseits bieten sie nicht die detaillierten Ergebnisse einer quantitativen Analyse. Eine solche Detailanalyse ist - wie mehrfach betont - nicht das Ziel dieser Arbeit. Auf Grundlage der theoretischen Bausteine einer Ökologischen Ökonomie und den präsentierten Kriterien bietet eine solche quantitative Studie eine logische Fortführung der hier gewonnenen Resultate.

1) Ökologische und institutionelle Effektivität

Das Kriterium der ökologischen und institutionellen Effektivität bezeichnet die Eignung einer institutionellen Innovation wie der CBD zur Erreichung des gesteckten ökologischen Ziels "Erhaltung und nachhaltige Nutzung PGRFA in langfristig funktionierenden Agrarökosystemen".

Staaten und deren Regierungen etablieren ständig internationale Umweltinstitutionen[219], um kollektiv auf Probleme zu reagieren, die ohne internationale institutionelle Zusammenarbeit nicht zu lösen wären. Effektive Reaktionen bzw. Proaktionen auf der staatlichen Handlungsebene werden in diesem Bereich im Prinzip durch drei Hauptfaktoren behindert (HAAS ET AL. 1993: 398):

1. Niedriges Besorgnisniveau über gegenwärtige und insbesondere zukünftige Umweltbedrohungen und Ressourcenknappheiten
2. Kapazitätsmangel im Umweltmanagement
3. Unfähigkeit, die Probleme von Kollektivaktionen zu bewältigen

Die ersten beiden Faktoren gelten sowohl bei internationalen Gemeinschaftsgütern als auch bei nationalen Umweltproblemen. Der dritte Faktor bezieht sich hingegen vorrangig auf internationale Gemeinschaftsgüter, obwohl er auch bei nationalen Problemen relevant werden kann, wenn z.B. die Vereinfachung von Ordnungsregeln gefragt ist.

Institutionen, die bessere Ergebnisse in den Umweltschutzbemühungen erreichen, d.h. *effektive* Institutionen, tragen zur Lösung der obengenannten drei Konflikte bei. Die Beurteilung der Effektivität internationaler Umweltinstitutionen erfolgt in Bezug auf (1) die Steigerung der Umweltsensibilität, (2) die Behebung des Kapazitätsmangels und (3) die Verbesserung der rechtlichen bzw. vertraglichen Rahmenbedingungen.

Diese sogenannten „paths to effectiveness“ internationaler Umweltinstitutionen (HAAS ET AL. 1993: 406) können folgender Tabelle 3-7 entnommen werden.

---

[219] Unter "Umweltinstitutionen" subsumiere ich in dieser Arbeit gleichfalls Institutionen zum Schutz und zur nachhaltigen Nutzung von natürlichen Ressourcen.

Tabelle 3-7: Effektivität internationaler Umweltinstitutionen

Rolle der Institution	**Repräsentative institutionelle Aktivitäten**
A) Steigerung der staatlichen Umweltsensibilität	• Erleichterung direkter und indirekter Kommunikationswege über das Umweltproblem • Schaffung, Sammlung und Verbreitung wissenschaftlichen Wissens • Schaffung von Möglichkeiten, den innerstaatlichen öffentlichen Druck zu erhöhen
B) Aufbau nationaler Kapazitäten	• Schaffung interorganisationeller Netzwerke mit operationalen Organisationen für den Transfer von Technologie- und Managementexpertisen • Transfer finanzieller Beihilfen • Transfer politikrelevanter Informationen und Expertisen • Verstärkung der bürokratischen Macht nationaler Verbündeter
C) Verbesserung der rechtlichen Rahmenbedingungen	• Schaffung von Verhandlungsforen, die - Transaktionskosten senken - Einen iterativen Entscheidungsfindungsprozeß ermöglichen • Ausübung eines Monitorings - der Umweltqualität - der nationalen Umweltleistung - der nationalen Umweltpolitiken • Steigerung der nationalen und internationalen Zuordnungsfähigkeit von Umweltproblemen

Quelle: HAAS ET AL. (1993)

Das simultane Erfüllen dieser drei Kriterien, die die unterschiedlichen Rollen internationaler Umweltinstitutionen beschreiben, stellt sicher, daß Synergien realisiert werden können und effektivere Ergebnisse erzielt werden als dies beim Erfüllen nur einer Funktion möglich scheint. Für das Funktionieren effektiver Institutionen müssen deren Interaktionen mit vorausblickenden Strategien in einem dynamischen Prozeß operieren. Diese Vorgehensweise erzeugt nicht notwendigerweise „first best"-Resultate, sie generiert jedoch kreative, kontinuierliche Lösungen, die sich dem institutionellen Wandel bzw. den komplexen Rahmenbedingungen anpassen (BARRETT 1997, 1998).

Die Effektivität von Institutionen hängt - im Gegensatz zu ihrer Effizienz - in erheblichem Umfang von der individuellen Wahrnehmung ab. Diese ist letztlich dafür verantwortlich, daß Institutionen respektiert und eingehalten werden und die mit der Respektierung verbundenen Transaktionskosten als gering eingeschätzt werden.

In Bezug auf den Beitrag pflanzengenetischer Ressourcen für die *ökologische Effektivität* von Agrarökosystemen sollten aus Sicht der Ökologischen Ökonomie drei Kriterien erfüllt sein, um Nachhaltigkeit gewährleisten zu können (ALTIERI 1995: 62):

1. Erhaltung der Produktionskapazitäten des Agrarökosystems
2. Bewahrung der pflanzlichen und tierischen Vielfalt
3. Fähigkeit des Agrarökosystems, sich selbst zu erhalten (Stabilität)

Diese sehr allgemein gehaltenen Kriterien erlauben – wie bereits in Kapitel 3.3 erläutert - keine detaillierten Aussagen über den Zustand und die Entwicklung von Agrarökosystemen. Mit ihrer Hilfe ist es aber möglich, eine *Systemstruktur* aufzudecken, deren wahrscheinlichste Entwicklung vorausgesagt werden kann. Es handelt sich also um die Einschätzung des Erhalts eines bestimmten Systems, hier des Agrarökosystems, das auf pflanzengenetische Ressourcen angewiesen ist[220].

2) Nachhaltigkeit als kontinuierlicher und gerechter Nutzenfluß (Effizienz aus Sicht der Ökologischen Ökonomie)

Dieses Kriterium wird für die Untersuchung der Eignung der Konvention über die biologische Vielfalt als internationale Institution herangezogen, eine nachhaltige Nutzung und den Erhalt PGRFA zu generieren. Eine nachhaltige Institution wird dabei ganz allgemein durch die systemtheoretischen Kriterien (1) Offenheit sowie (2) Struktur und Funktionen beschrieben (BRINKERHOFF ET AL. 1990)[221].

In ihrem Buch „Governing the Commons" hat E. OSTRUM (1990) durch das Zusammentragen empirischen Materials sowie durch eigene Feldstudien einen Kriterienkatalog aufgestellt, der eine Grundlage dieser Arbeit bildet. Er dient insbesondere bei der Beantwortung der Fragen, (1) unter welchem Management Gemeingüter lange und erfolgreich überleben können (Nachhaltigkeit von Institutionen) und (2) wann damit zu rechnen ist, daß ein institutioneller Wandel Erfolg hat. Als Faktoren, die für das *Management* (Erhaltung und Nutzung) von Gemeingütern wichtig sind, gelten (OSTMANN ET AL. 1997: 118 f.):

1. es gibt klare Grenzen des Gemeingutes; insbesondere ist klar festgelegt, wer nutzungsberechtigt ist
2. Aneignungsregeln, Beitragsregeln und lokale Bedingungen sind aufeinander abgestimmt

---

220 Vgl. hierzu z.B. die Leipziger Deklaration über die Erhaltung und nachhaltige Nutzung pflanzengenetischer Ressourcen für Ernährung und Landwirtschaft aus dem Jahre 1996 (BUNDESMINISTERIUM FÜR ERNÄHRUNG, LANDWIRTSCHAFT UND FORSTEN 1997).

221 Vgl. die systemtheoretischen Ausführungen in Kapitel 3.5.

3. ein Großteil der durch die Regeln des Normalbetriebs Betroffenen kann an der Änderung der Regeln mitwirken
4. Überwachung des Zustandes, der Bedingungen des Gemeingutes und des Verhaltens der Teilnehmer wird entweder von den Nutzern selbst oder von einem ihnen verantwortlichen Agenten geleistet
5. im Falle von Regelverstößen werden Sanktionen verhängt, die je nach Schwere der Verletzung bemessen sind
6. es gibt Lösungsmechanismen für Konfliktfälle
7. externe Autoritäten, insbesondere staatliche Stellen, machen den Gemeingutmitgliedern nicht das Recht streitig, ihre eigenen Institutionen zu gestalten
8. große Nutzergruppen sind in mehreren Ebenen (hierarchisch oder in Verbänden) organisiert, so daß insbesondere durch die überschaubare Anzahl auf der untersten Ebene die Anreize für opportunistisches Verhalten gering bleiben

Für einen erfolgreichen *institutionellen Wandel* (Umgestaltung der Regeln, Erhalt und Nutzung unter neuen Regeln, Institutionengründung) müssen folgende Voraussetzungen gegeben sein (OSTMANN ET AL. 1997):

1. die Partner teilen eine gemeinsame Vision von den durch die alternativen Regeln erreichbaren Erträgen
2. durch den Übergang zu den neuen Regeln werden die Nutzer der Gemeingüter in vergleichbarem Maße betroffen
3. die Partner schätzen den individuellen Ertrag aus zukünftiger Beteiligung hoch ein; in diesem Sinne kann man auch sagen, das entspreche einer niedrigen Diskontrate in ihrer individuellen Präferenzfunktion
4. Transaktionskosten im weitesten Sinne, das heißt die Kosten für Aufrechterhaltung der Nutzung, für Information und Kontrolle etc., sind gering
5. im Umgang untereinander wirken Normen der Reziprozität und des Vertrauens
6. die Gruppe der Nutzer ist relativ klein und stabil

3) Institutionelle Durchsetzbarkeit

Die institutionelle Durchsetzbarkeit bezeichnet die Fähigkeit einer institutionellen Innovation wie z.B. der CBD, administrative, unternehmerische, gesellschaftliche und politische Akzeptanz zu erzielen. Kriterien sind hierbei nach KEMPER (1989):

1. *Praktikabilität der Instrumente:* Umweltpolitische Instrumente sollten so ausgestaltet sein, daß sie für die direkt damit befaßten Gruppen, also die Administration und die Verursacher von Umwelt- und Ressourcenschäden einfach zu handhaben sind.
2. *Verbandstheoretische Aspekte* der Durchsetzbarkeit: Bei einer Übertragung verbandstheoretischer Aussagen, wie sie von Downs, Buchanan, Tullock und insbesondere Olson entwickelt wurden, liegt der Schluß nahe, daß im Bereich der Umwelt- und Ressourcenpolitik eine Asymmetrie in der Interessenvertretung

vorliegt, die für ein unterschiedliches Gewicht verschiedener Interessengruppen in der Ziel- und Entscheidungsfindung sorgt. PAUL (1986) stellt hierbei die „Umweltschutzgegner“ (umweltintensive Industriebranchen und ihre Vertretungen sowie Gewerkschaften) den "Umweltschützern" („Ökologen“) gegenüber.

3. *Akzeptanz in der Administration*: Bei der Durchsetzung umweltpolitischer Instrumente innerhalb der Administration, muß tendenziell mit verschiedenen Widerständen gerechnet werden, wie z.B. mit einer grundsätzlichen Abneigung gegen Neues (Erhalt des Status quo), oder mit Aufwandsminimierungen, wenn Änderungen unumgänglich sind. Macht und Ansehen der Administration sollen auch nach einer Innovation erhalten bleiben bzw. gesteigert werden.

4. *Akzeptanz bei den Unternehmen*: Ob Unternehmen an Umweltschutzmaßnahmen und Instrumenten Interesse haben, hängt in hohem Maße davon ab, inwieweit ihre Marktposition durch neue Marktchancen oder durch zusätzliche Kosten beeinflußt wird.

5. *Akzeptanz bei den Gewerkschaften*: Gewerkschaften treten an erster Stelle für die Sicherung von Arbeitsplätzen und Reallöhnen ein. Erst nach der Erreichung dieses Zieles besitzen sie Präferenzen für (kostengünstige) Umweltschutzinstrumente, wobei oftmals noch ideologische Verzerrungen gegen marktwirtschaftliche Instrumente überwunden werden müssen.

6. *Akzeptanz bei den politischen Entscheidungsträgern*: Aufbauend auf die Erkenntnisse der Neuen Politischen Ökonomie (KIRSCH 1997) wird den Politikern ein ausgeprägter Wille zur Machterhaltung unterstellt, die solche Instrumente präferieren, die zu schnellen und ihnen zurechenbaren Erfolgen führen und ihre Anhänger möglichst wenig belasten.

7. *Akzeptanz in der Bevölkerung*: Tendenziell werden die Instrumente in der Bevölkerung Zustimmung erfahren, die eine sichere Zielerfüllung gewährleisten und möglichst wenig Opfer von der Bevölkerung verlangen.

4 Globale Gefährdung PGRFA: Ein ökologisch-ökonomisches Konzept

Im Anschluß an den Diagnoseteil und den normativen Vorgaben der Ökologischen Ökonomie folgen in *Kapitel 4* die abgeleiteten Gestaltungsempfehlungen ("Therapie"). Zunächst werden in *Kapitel 4.1* in einer vergleichenden Analyse, die sich an dem aufgestellten Kriterienkatalog aus Kapitel 3.6 orientiert, die Möglichkeiten und Restriktionen eines institutionellen Wandels für die nachhaltige Nutzung und Bewahrung pflanzengenetischer Ressourcen für die Landwirtschaft und Ernährung aufgezeigt. Die getroffenen Aussagen über Chancen und Risiken eines institutionellen Wandels hin zu der Bewahrung und nachhaltigen Nutzung PGRFA leiten sich aus den Fakten ab, die in Kapitel 2 über die allgemeinen institutionellen Rahmenbedingungen beschrieben wurden. Wie bei der Darstellung qualitativer Szenarien unvermeidlich ist, werden auch in der vorliegenden Analyse häufig subjektiv gezogene Schlußfolgerungen in die Bewertung einfließen. Mit Hilfe einer Gegenüberstellung von Chancen und Risiken wird es möglich, vorherrschende Muster der Realität abzubilden und wahrscheinliche Szenarien gegenüber unwahrscheinlichen hervorzuheben.

Desweiteren werden in *Kapitel 4.2* Vorschläge erarbeitet, wie die bestehenden „klassischen" Instrumente und Strategien der Welthandelsorganisation und der FAO mit den innovativen Instrumenten und Strategien des Übereinkommens über die biologische Vielfalt zusammen funktionieren können. Im Vordergrund stehen dabei Erhaltungsstrategien unter Berücksichtigung des Vorsorgeprinzips. Ein Beispiel verdeutlicht abschließend die Anwendung eines Safe Minimum Standards für die Erhaltung und nachhaltige Nutzung PGRFA.

Die Analyse der institutionellen Rahmenbedingungen anhand des Kriterienkatalogs sowie die abgeleiteten Erhaltungs- und Nutzungsstrategien ermöglichen in *Kapitel 4.3* umwelt- und wirtschaftspolitische Empfehlungen aus Sicht der Ökologischen Ökonomie. Das resultierende normative Modell ähnelt in einigen Aspekten, wie z.B. der Forderung nach einer engeren internationalen Zusammenarbeit, den derzeit etablierten Lösungsansätzen. Insbesondere in Hinblick auf einen durch das Vorsorgeprinzip geforderten Risikoaufschlag, der der Ökologischen Ökonomie eigen ist, werden jedoch rasch Unterschiede deutlich.

Im abschließenden *Kapitel 4.4* werden Schlußbetrachtungen auf einen möglichen institutionellen Wandel sowie auf weiterführende Forschungsfelder der Ökologischen Ökonomie gegeben.

4.1 Die Bewertung der CBD

Internationale Institutionen wie die CBD, FAO und WTO/ TRIPs werden hier als Systeme begriffen und dementsprechend nach bestimmten Regeln analysiert. Diese Regeln wurden in Kapitel 3 theoretisch abgeleitet und werden im folgenden anhand des Kriterienkatalogs für die Beschreibung und Analyse der zu behandelnden Institutionen herangezogen. Dabei steht die Konvention über die biologische Vielfalt im Mittelpunkt der Untersuchung.

Die Analyse des *Zielerreichungsgrades* der aufgestellten Kriterien beruht im wesentlichen auf *Plausibilitätsüberlegungen*, da es an wissenschaftlichen Arbeiten mangelt, die sich mit einer ganzheitlichen, systemischen Mustererkennung beschäftigen (VESTER 1980; SCHMID 1987: 260; PISTORIUS 1997). Bei der Anwendung des Kriterienkatalogs kommt es daher vor allem auf das Erkennen von Mustern an, die eine schnellstmögliche Problemlösung gewährenleisten können. Dies ist das Gegenteil eines reduktionistischen Ansatzes, der eine Detailanalyse des zu lösenden Problems anstrebt. Aus diesem Grund werden die herangezogenen Argumente in eine *Chancen-/Risiken-Auflistung* überführt, mit deren Hilfe deutliche Tendenzen sichtbar gemacht werden können (MEFFERT 1998: 63 f.). Eine Analyse der Chancen und Risiken läßt langfristige Trends erkennen, die durch die Umwelt auf ein System einwirken und dessen Struktur und Funktionen nachhaltig beeinflussen können. In den nachfolgenden Tabellen ist als Essenz der vorangegangenen Kapitel bzw. der darin vorgestellten institutionellen Rahmenbedingungen und theoretischen Modellen eine Auflistung der wichtigsten Argumente zu sehen. Aus Gründen der Übersichtlichkeit sind diese immer nach dem gleichen Schema geordnet: Am Anfang stehen sich eher *allgemeine* Statements über Chancen und Risiken des betrachteten Kriteriums gegenüber, die von den Argumenten in Bezug auf die CBD, die WTO und abschließend der FAO gefolgt werden. Die unausgefüllten Tabellenzellen ("--") symbolisieren, daß aus Sicht des Autors ein wichtiges Argument für das jeweilige Kriterium fehlt. Die aufgelisteten Argumente sind die Essenz der aus den vorangegangenen Kapiteln dargestellten institutionellen Rahmenbedingungen und theoretischen Modellen.

4.1.1 Ökologische und institutionelle Effektivität

Für eine Beurteilung der Chancen und Risiken der ökologischen sowie der institutionellen Nachhaltigkeit sind - wie in Kapitel 3.6 dargelegt - die folgenden Kriterien von Bedeutung:

Ökologische Nachhaltigkeit

1. Erhaltung der Produktionskapazitäten des Agrarökosystems
2. Bewahrung der pflanzlichen Vielfalt
3. Fähigkeit des Agrarökosystems, seine Stabilität zu erhalten

Institutionelle Nachhaltigkeit

4. Steigerung der staatlichen Umweltsensibilität
5. Beseitigung des Kapazitätsmangels im Umweltmanagement (=> „capacity building")
6. Verbesserung der rechtlichen Rahmenbedingungen zur Bewältigung der Probleme von Kollektivaktionen

Die Ergebnisse der Analyse dieser Kriterien werden im weiteren durch die sechs Tabellen 4-1 bis 4-6 dargestellt, in denen die Chancen für eine ökologische und institutionelle Nachhaltigkeit den Risiken gegenübergestellt werden.

Tabelle 4-1: Chancen und Risiken für die Erhaltung der Produktionskapazitäten des Agrarökosystems

Chancen	Risiken
Allgemein: intensive Forschungsbemühungen mit Bezug auf eine nachhaltige Landbewirtschaftung zeigen erste Erfolge bei der Einsparung von energieintensiven - auf Erölbasis beruhenden – Produktionsfaktoren	*Allgemein*: geringe Zuwachsraten beim Ertrag aufgrund des fortschreitenden Verlusts der Produktionsbasis durch nicht-nachhaltige Landbewirtschaftung (Bodenerosion und -verdichtung etc.) Intensität von Produktionsfaktorleistungen nimmt weltweit immer noch zu Maximierungsbemühungen in der Landwirtschaft beziehen sich insbesondere auf den Produktionsfaktor Arbeit (daraus ergibt sich eine hohe Korrelation zu Mechanisierung, zu Monokulturen und eine starke Abhängigkeit von Inputfaktoren zur Stabilisierung des Agrarökosystems)
CBD: unterstützt holistischen multifunktionalen Ansatz in-situ bzw. on-farm Erhaltung hat den Vorzug vor ex-situ Erhaltung Indigene und lokale Gemeinschaften werden explizit in die Entscheidungsfindung einbezogen	*CBD*: multilaterales System der FAO wird nicht als rechtsverbindliches Protokoll aufgenommen
WTO: --	*WTO*: die Denk- und Entscheidungsstrukturen sind vornehmlich neoklassisch-ökonomisch und weniger systemtheoretisch geprägt
FAO: Agrarökosystemansatz gewinnt zunehmend an Bedeutung	*FAO*: --

Trotz verstärkter Bemühungen, die wissenschaftliche Erforschung einer nachhaltigen Landwirtschaft auf ein solides Fundament zu stellen, beruhen die meisten dieser Ansätze noch immer auf den Annahmen des "älteren" neoklassischen Ökonomie- bzw. Produktionsmodells. Die damit verbundenen Risiken werden dagegen in traditionellen Kosten-Nutzen-Analysen nicht erfaßt.

Anders handhabt dies die CBD, die in dieser Hinsicht sicher eine Leitbildfunktion einnimmt, da sie sich nicht mehr lediglich für eine Spezies oder ein bestimmtes Habitat verantwortlich zeigt, sondern einen Ökosystemansatz verfolgt, der eine holistische Problemlösung ermöglicht. Diese Vorgehensweise wird aus Sicht der Ökologischen Ökonomie ausdrücklich bevorzugt, da kurzfristige Kausalketten keine Grundlage für langfristige nachhaltige Ergebnisse sein können. Die FAO nähert sich ebenfalls zunehmend diesem agrarökosystemischen Ansatz, wobei hier die vorherrschende Meinung existiert, daß die Resultate der Forschungsbemühungen der FAO ausschließlich auf Entwicklungsländer bezogen sein sollten. Selten besitzen die Empfehlungen überregionalen Charakter.

Ganz eindeutig ist in diesem Zusammenhang die Position der WTO: Die Denk- und Entscheidungstrukturen sind neoklassisch-ökonomisch geprägt und haben das Ziel, einen freien Welthandel zu ermöglichen. Obwohl es keinen direkten Bezug zu der Ausgestaltung von Agrarökosystemen gibt, sind insbesondere die gebundenen institutionellen Kapazitäten in Wissenschaft, Politik, Erziehung etc. erheblich.

Die potentiellen Gewinneinbußen, die den Landwirten kurzfristig entstehen, weil sie ihre Produktionssysteme auf geringere Abhängigkeiten von Inputfaktoren (Pestizide, Düngemittel, Maschinen etc.) ausrichten, senkt deren Bereitschaft zu einem Wechsel hin zu einem agrarökosystemischen Ansatz erheblich.

Eine qualitative Analyse dieses Chancen/ Risiken-Profils erzeugt daher in Bezug auf das Kriterium der ökologischen Nachhaltigkeit eher ein Übergewicht pessimistischer Einschätzungen für die Erhaltung und nachhaltige Nutzung PGRFA.

Tabelle 4-2: Chancen und Risiken für die Bewahrung der pflanzlichen Vielfalt

Chancen	**Risiken**
Allgemein: --	*Allgemein*: zunehmender Anteil der Produktionsflächen als Monokultur weniger Rotation, Brache und Diversifizierung in der Landwirtschaft zu beobachten hohe Opportunitätskosten bei derzeitigen Preisrelationen
CBD: ein explizites Ziel	*CBD*: --
WTO: ein weit gefaßtes sui-generis System für den Schutz geistiger Eigentumsrechte mit Bezug auf Pflanzen und Tiere[222]	*WTO*: das TRIPs-Abkommen ist bestrebt, ständig Neues (Innovationen) hervorzubringen
FAO: das IUPGR wurde für die Erhaltung der pflanzengenetischen Ressourcen ins Leben gerufen[223]	*FAO*: völkerrechtlich nicht bindende Verein-barung

Die Chancen für die Bewahrung der pflanzlichen und tierischen Vielfalt liegen institutionell darin begründet, daß sie ein explizit ausgesprochenes Ziel der CBD sind. Zusammen mit der Internationalen Verpflichtung zu pflanzengenetischen Ressourcen (IUPGR) der FAO und den internationalen Agrarforschungszentren (CGIAR) kann sich hier eine starke Phalanx bilden, die ein Gegengewicht zu den institutionellen Beschlüssen der WTO bildet.

Die Risiken, die den Erhalt der pflanzlichen und tierischen Vielfalt gefährden, liegen insbesondere im derzeitigen industriellen Produktionsmodell begründet und werden durch die hohen Opportunitätskosten - ausgelöst aufgrund verzerrter Preisrelationen[224] - verstärkt. Das TRIPs-Abkommen ist darüber hinaus bestrebt, fortlaufend Neues hervorzubringen, was eine Bewahrung traditioneller Sorten, Produktionsmethoden etc. erschwert. Dieses Risiko ließe sich nur reduzieren, falls das TRIPs-Review Ende 1999 den Art. 27.3 TRIPs-Abkommen unverändert bestehen läßt und somit ein effektives sui-generis System ermöglicht, das auch geistigem Eigentum einen rechtlichen Schutz gewährleistet, das nicht ausschließlich

---

[222] Vgl. Kapitel 2.1.3.

[223] Die Commission on Genetic Resources for Food and Agriculture (CGRFA), die für das IUPGR administrativ verantwortlich ist, hat sich seit 1995 zusätzlich der Frage der tiergenetischen Ressourcen angenommen (BUNDESMINISTERIUM FÜR ERNÄHRUNG, LANDWIRTSCHAFT UND FORSTEN 1997: 134).

[224] Siehe Kapitel 2.4.

aus individuellen Ideen bzw. Erfindungen besteht, wie das bei Patenten und Sortenschutzrechten der Fall ist. Ein Beispiel hierfür bieten die in der FAO diskutierten Farmers' Rights[225].

Die qualitative Analyse der Aussichten für eine generelle Bewahrung PGRFA kommt zu dem Schluß, daß die Risiken die Chancen überwiegen, da kurz- bis mittelfristig das internationale institutionelle Regime der WTO und die allgemeinen ökonomischen Verhältnisse eher eine Reduzierung der pflanzlichen Vielfalt hervorrufen werden.

Tabelle 4-3: Chancen und Risiken für Agrarökosysteme, ihre Stabilität zu erhalten

Chancen	Risiken
Allgemein: Ausweitung des ökologischen Landbaus als *einer* Form, Agrarökosysteme unabhängiger und stabiler zu machen	*Allgemein*: Zunehmende Instabilität von Agrarökosystemen vor allem in Entwicklungsländern zu beobachten Ertrag soll mit Hilfe von Inputfaktoren wie Düngemitteln und Pestiziden maximiert werden Sorten- und Saatschutzgesetze fördern oftmals eine Homogenisierung der Landbewirtschaftung
CBD: der Ökosystemansatz fordert, die Stabilität der ökologischen Funktionen zu garantieren	*CBD*: --
WTO: --	*WTO*: biotechnologische Innovationen in der Pflanzenzüchtung – durch Patente geschützt - sind hauptsächlich auf Monokulturen konzentriert, was zu einer höheren Verletzlichkeit (Instabilität) der Agrarökosysteme führt
FAO: die Aufbewahrung pflanzengenetischer Ressourcen im Globalen System verringert die Zukunftsunsicherheit	*FAO*: --

Agrarökosysteme sind dann stabil, wenn sie ihre Haupteigenschaften während externer oder interner Störungen beibehalten[220]. Hierbei ist es sicherlich von Vorteil, daß in den Industrieländern ein zunehmender Anteil von Agrarökosystemen auf dem ökologischen Landbau aufbauen. Dies kommt ausdrücklich in der CBD zur Geltung, indem diese eine Stabilitätsgarantie für ökologische Funktionen in bestehenden Ökosystemen fordert, die nicht durch externe Maßnahmen wie Dünger- oder Pestizideinsatz kurzfristig substituiert werden.

Die Risiken liegen vor allem darin begründet, daß in den Entwicklungsländern die Instabilität von Agrarökosystemen weit vorangeschritten ist. Die Forderungen der WTO, biotechnologische Innovationen in der Pflanzenzüchtung durch Patente zu

---

225 Ob das TRIPs-Abkommen in jedem Fall eine Schlechterstellung der Entwicklungsländer bedeutet, diskutiert EATH (1996).

226 Siehe Kapitel 3.3.

schützen, forcieren zusätzlich die Konzentration auf Monokulturen, die per definitionem instabil sein müssen.

Ein Chancen/ Risiken-Profil für die Stabilität von Agrarökosystemen ergibt sicherlich ein ambivalentes Bild: Während in den Industrieländern Stabilität durch externe Inputfaktoren wie fossile Energieträger "erkauft" wird, was als nicht-nachhaltig bezeichnet werden muß, ist die Lage in vielen Entwicklungsländern bereits jetzt katastrophal. Die Stabilität dieser Agrarökosysteme bedarf eines standortangepaßten, diversen Ansatzes mit einem hohen Maß an Flexibilität, was kurz- bis mittelfristig nicht zu erreichen sein wird.

Neben den Kriterien zur ökologischen Effektivität der untersuchten Institutionen sind in diesem Zusammenhang jene von Bedeutung, die ihre institutionelle Effektivität betreffen (Tabellen 19-21).

Tabelle 4-4: Chancen und Risiken für die Steigerung der staatlichen Umweltsensibilität

Chancen	**Risiken**
Allgemein: der Agenda 21-Prozeß	*Allgemein:* niedriges Preisniveau für natürliche Ressourcen (Hauptursache: Verteilung der Eigentumsrechte) Internalisierung externer Effekte ist ein lediglich theoretisches Konstrukt Verschiebung des Problemfeldes Ökologie ist gegenwärtig in Anbetracht von Themen wie Arbeitslosigkeit, Krieg und Globalisierung zu beobachten
CBD: Forderung nach einem nationalen „capacity building“	*CBD*: --
WTO: zunehmende Forderung nach Umwelt-standards im internationalen Handel	*WTO:* Schwerpunkt liegt auf Handelsliberalisierung (Paradigma des Wohlstandswachstums ist festgeschrieben)
FAO: ständige Veröffentlichungen weisen auf die größten zukünftigen Gefahren hin	*FAO*: --

Die allgemeine Tendenz in Bezug auf die staatliche Umweltsensibilität verdeutlicht, daß durch die Preisverzerrungen auf den nationalen und internationalen Märkten falsche Anreize gesetzt werden, die zu einem erhöhten Umwelt- und Ressourcenverbrauch beisteuern. Hinzu kommt in Zeiten hoher Arbeitslosigkeit, Krieg und Globalisierungsängsten eine Vernachlässigung ökologischer Probleme. Diese sind zudem eine Konsequenz der zuvor genannten Probleme und dürfen keineswegs ohne das enorme Bevölkerungswachstum analysiert werden.

Ein Gegengewicht hierzu bildet der Agenda 21 Prozeß und die Ergebnisse der Kommission für nachhaltige Entwicklung sowie die Forderung der CBD nach einem nachhaltigen Kapazitätsaufbau, der eine Umweltsensibilität fördern und das Wissen über die Zusammenhänge unserer Ökosysteme vermitteln helfen soll, wie es z.B. durch den Clearing House-Mechanismus geschieht.

Die Analyse des Chancen/ Risiken-Profils für die Erhöhung der staatlichen Umweltsensibilisierung zeigt ein deutlich gesteigertes Bewußtsein für die Größe des Problems bei einer gleichzeitigen bewußten Verdrängung der langfristigen, oftmals abstrakt wirkenden Argumente für die Erhaltung der Agrobiodiversität. Dagegen stehen für ein verstärktes gegenwärtiges Eingreifen die Probleme aus anderen sozialen Systemen (Beschäftigung, Altersvorsorge etc.) ganz weit oben auf der staatlichen Prioritätenliste.

Tabelle 4-5: Chancen und Risiken der Beseitigung des Kapazitätsmangels

Chancen	Risiken
Allgemein: Einsicht für ein globales politisches Handeln ist (spätestens) seit der UNCED 1992 gegeben	*Allgemein:* Organisationen der Vereinten Nationen werden institutionell (finanziell und organisatorisch) vernachlässigt
CBD: Erhöhung der "carrying capacity" explizit im Konventionstext gefordert bestehender „Clearing-House"-Mechanismus im Internet regelmäßige Aufstellung nationaler Pläne und Programme	*CBD*: viel zu geringe Finanzmittel durch den Global Environmental Facility (GEF)
WTO: öffnet sich seit 1998 zunehmend für eine Mitarbeit von Nichtregierungsorganisationen Umwelt- und Sozialfragen werden zunehmend ein Thema für die nächste Welthandelsrunde	*WTO*: strittige Entscheidungen werden nach wie vor einstimmig und in geheimen Sitzungen gefällt(mangelndes Demokratieverständnis)
FAO: Bemühungen richten sich auf einen partizipativen „bottom-up" Ansatz	*FAO*: der vorgesehene Finanztopf des Globalen Systems ist seit 1988 nicht aufgefüllt worden

Ein effektiver Kapazitätsaufbau wird von der CBD explizit gefordert und mit Hilfe des "Clearing-house"-Mechanismus bereits erfolgreich in die Tat umgesetzt[227]. Die regelmäßige Aufstellung nationaler Pläne und Programme trägt dazu bei, die von einem Staat durchgeführten Aktivitäten zu verfolgen und die Ergebnisse zu überprüfen.

Probleme existieren insbesondere in der mangelhaften Ausstattung mit finanziellen Mitteln. Die Globale Umweltfazilität (GEF) ist bei weitem überfordert, wenn sie als permanenter Finanzierungsmechanismus der CBD fungieren soll. Für den Schutz und die nachhaltige Nutzung der Biodiversität und der PGRFA sind andere finanzielle Größenordnungen nötig[228]. Es fehlt aber nicht nur an Geld, sondern gleichfalls an einem funktionsfähigen institutionellen Rahmen. So werden innerhalb der WTO weiterhin Entscheidungen einstimmig und in geheimen, nicht-öffentlichen Sitzungen gefällt, obwohl dies einem weitreichenden Demokratieverständnis widerspricht. Institutionelle Reformen kommen nur langsam voran und sind von einigen wenigen Staaten wie den USA, der Europäischen Union und Japan abhängig. Erst in letzter Zeit - vor allem auf der Ministerkonferenzrunde in Seattle Ende November 1999 - wurde das mangelnde Demokratieverständnis der WTO wieder von vielen Nichtregierungsorganisationen und Entwicklungsländern in Frage gestellt.

---

[227] Siehe Kapitel 2.1.2.

[228] Die Agenda 21 spricht in diesem Zusammenhang in Kapitel 14 G von 600 Millionen US$ jährlich alleine für PGRFA (UNCED 1992a).

Für das Chancen/ Risiken-Profil der Beseitigung des Kapazitätsmangels ergibt sich ein erkennbarer Trend für ein erhöhtes Risiko. Insbesondere die gegenüber dem System der WTO geringen finaziellen und institutionellen Mittel erschweren ein effektives "capacity building", wie es in der CBD explizit gefordert wird.

Tabelle 4-6: Chancen und Risiken für die Verbesserung rechtlicher Rahmenbedingungen zur Unterstützung von Kollektivaktionen

Chancen	Risiken
Allgemein: --	*Allgemein:* --
CBD: Forderung rechtlicher Mindestsicherung in jedem Mitgliedsstaat (aber: Bewahrung staatlicher Souveränität) regelmäßige Vertragsstaatenkonferenzen sorgen für Druck auf die Verbesserung der nationalen rechtlichen Rahmenbedingungen	*CBD*: die USA als der wichtigste globale Akteur weigert sich bislang, die CBD zu ratifizieren die Verhandlungen für ein Biosafety[229]- und Farmers' Rights- Protokoll sind derzeit im Stocken
WTO: --	*WTO*: Präferenz für Individualrechte an pflanzengenetischen Ressourcen
FAO: enge Zusammenarbeit mit dem Sekretariat der CBD in Bezug auf die mögliche Ausgestaltung des IUPGR als Protokoll der CBD	*FAO*: Bestimmungen des IUPGR haben zur Zeit „nur" politische/ moralische Konsequenzen

Kollektivaktionen gehören international zu den wichtigsten institutionellen Voraussetzungen. Die meisten Staaten sind sowohl politisch als auch wirtschaftlich zu klein, als daß sie vorhandene Probleme ohne die Mithilfe der internationalen Staatengemeinschaft lösen könnten. Die CBD und die FAO unterstützen deshalb explizit eine enge Zusammenarbeit, der alle Betroffenen (stakeholder) mit einbezieht. Es bleibt aber letztlich jedem einzelnen Staat überlassen - und nur dieser ist Rechtssubjekt in der CBD -, wie er die an ihn gestellten, international rechtlichen Forderungen erfüllt. Die USA, die die CBD zwar unterschrieben, aber auf innenpolitischen Druck hin noch nicht national ratifiziert haben, verweigern trotz ihrer herausragenden Bedeutung oftmals eine effektive und - im Sinne eines Kollektiverfolgs - erfolgsorientierte Zusammenarbeit.

Die USA und einige weitere Industrieländer treiben dagegen mit Nachdruck das Konzept der Individualrechte an PGRFA voran, ohne rechtliche Möglichkeiten zu akzeptieren, die auch Kollektivrechten einen gleichberechtigten Status einräumen. Die Forcierung von Individualrechten ist - wie bereits mehrfach erläutert - nicht in jeder Situation die beste Lösung (BROMLEY 1991) und sollte daher einem pluralistischen Eigentumsrechtsverständnis die Möglichkeit zu seiner Bewährung geben.

Der Einfluß der WTO bzw. des TRIPs-Abkommens auf den Erhalt und die nachhaltige Nutzung biologischer Ressourcen hängt allgemein davon ab, um welche Ressourcen es sich konkret handelt – hier: PGRFA -, welche Bedingungen ihrer

---

[229] Das Biosafety-Protokoll wurde mittlerweile (Jan. 2000) von den Vertragsstaaten angenommen. Seine Abgrenzung zu den einzelnen WTO-Vereinbarungen ist aber nicht vollständig und wird sehr wahrscheinlich in einem Streitschlichtungspanel der WTO geklärt.

Nutzung vorliegen – hier: Einbettung in ein Agrarökosystem – und welche Werte die Menschen für diese Ressourcen vorsehen – hier: großer gegenwärtiger und zukünftiger Nutzen PGRFA.

Das TRIPs-Abkommen sorgt dafür, daß viele kommerzielle Hochertragssorten patentiert werden, so daß Landwirte und Züchter diese Sorten nicht mehr frei für die Züchtung nutzen können (Wegfall des Züchtungsvorbehalts). Das gleiche gilt auch für die Aufbewahrung des Ernteguts für die Aussaat oder den Handel im nächsten Saatjahr.

Es wird befürchtet, daß sich multinationale Saatgutunternehmen im Laufe der Zeit die gesamten wirtschaftlich wertvollen genetischen Ressourcen patentieren lassen, die in nationalen, aber insbesondere auch in internationalen Genbanken zur Verfügung stehen (FLITNER 1995a). Landwirte könnten dadurch Anreize verlieren, lokal angepaßte, krankheits- und schädlingsresistente Sorten zu entwickeln und einzusetzen. Hier wird der institutionelle Rahmen eine wichtige Rolle spielen, die sozioökonomischen Interessen dieser Innovatoren zu schützen und negative ökologische Effekte zu vermeiden. Staaten ohne effektiven Patentschutz könnten den Nutzen ihrer eigenen Forschungsanstrengungen verlieren bzw. stark eingeschränkt wiederfinden, falls sich multinationale Unternehmen Patente an diesen Sorten verschaffen.

Saatgutpreise können durch das TRIPs-Abkommen erheblich steigen, da sie einen Großteil der Gesamtproduktionskosten ausmachen[230] (BHAT 1997). Dieser Anteil liegt bei den sogenannten "cash crops" wie Baumwolle oder Erdnüssen noch viel höher. Steigende Produktionskosten bergen dabei folgende Gefahren:

1. Landwirte müssen ihren Betrieb aufgeben
2. Wachstum der nationalen Ernährungsproduktion wird langsamer
3. Lebensmittelpreise steigen
4. Differenz zwischen großen und kleinen Landwirten wird größer

Die Ausweitung eines geistigen Eigentumsrechtsschutzes für multinationale Unternehmen, die einen Marktwert für genetische Ressourcen generieren, die derzeit noch keinen lokalen Wert besitzen, kann dagegen helfen, die Agrobiodiversität zu erhalten.

4.1.2 Nachhaltigkeit als kontinuierlicher und gerechter Nutzenfluß

Die Ergebnisse aus Kapitel 3.5 zur Systemtheorie lassen einige Überlegungen zu Systemmerkmalen zu, die nachhaltige Institutionen für einen kontinuierlichen und gerechten Nutzenfluß erfüllen müssen. Als wesentliche Kriterien konnten dabei die Offenheit des beobachteten Systems sowie seine Struktur und Funktionen determiniert werden. In Bezug auf die Institutionen CBD, FAO und WTO ergibt sich das nachfolgende Bild (Tabelle 4-7).

---

[230] In 1994 waren das z.B. in Indien bis zu 10% der Gesamtproduktionskosten.

Tabelle 4-7: Systemmerkmale von CBD, FAO und WTO

	CBD	FAO	WTO
Offenheit	- enge Verbindung zur Agenda 21 - Anerkennung anderer multinationaler Umweltabkommen - Fokus auf nationale Souveränität, Aktionen, Pläne und Gesetzgebungen; aber: partizipativer Ansatz wird von Nationalstaaten angemahnt - Protokolle (z.B. Biosafety) werden explizit zugelassen - Ökonomie, Ökologie und Soziales/ Ethik werden zusammen betrachtet - Koevolution von Interpretation und Implementation möglich und erwünscht	- *Früher*: System der FAO propagierte lange Zeit den freien Austausch von Akzessionen aus den Genbanken => wesentlicher Beitrag zur „Grünen Revolution" - *Jetzt*: nicht-kommerzielle Verwendung der Akzessionen durch „Material Transfer Agreements" wird gefordert - Fokus des Globalen Systems ist weitgefächert und berücksichtigt nicht zuerst ökonomische Interessen - PGRFA als Erbe der Menschheit	- multilaterales System zwischen Staaten wird gefördert - auf Handelsliberalisierung fokussiert, d.h. andere Probleme werden ausgeschlossen - Staaten müssen für ihre Mitgliedschaft bestimmte strenge Bedingungen erfüllen
Struktur und Funktionen	- komplex in der Balance zwischen Bewahrung und nachhaltiger Nutzung sowie öffentlichem und privatem Sektor - starke Beziehung zwischen Angebot und Nachfrage => Implementierung von Märkten - umfassend in den Zielen („Framework Convention") - wenig direkter Zwang gefordert, sondern Bemühungen, Integration etc. - Grundlagen für eine effektive Partizipation in biotechnologische Forschungsergebnisse und für eine Erleichterung des Zugangs zu den Genressourcen der Mitgliedsstaaten sind gegeben - noch keine eindeutige kommunikative Codierung	- Farmers' Rights bilden moralische Verpflichtung - Anerkennung von Züchterrechten - Globales System trägt zu erhöhtem Informationsfluß und Senkung der internen Transaktionskosten bei - soziale kommunikative Codierung	- harmonisiert den internationalen Eigentumsrechtsschutz, aber authorisiert ihn nicht - hohe Durchsetzungsmöglichkeiten der Gesetze und Regeln durch die Schaffung eines Panels und durch Entschädigungszahlungen - Dominanz einiger Wirtschaftsblöcke wie Nordamerika, Japan und Europa - ökonomische kommunikative Codierung

Ersichtlich wird aus Tabelle 4-7, daß insbesondere die CBD keine unnötige Isolierung einzelner zueinander gehörender Problemkreise beschreibt, sondern neben den ökologischen zugleich auch ökonomische, soziologische und ethische Gesichtspunkte berücksichtigt. Genau dies ist ja auch eine Forderung der Ökologischen Ökonomie. Die Erkenntnisse, die aus den verschiedenen Disziplinen gewonnen werden können, sollen systemisch miteinander verbunden werden und aktiv an der Problemursache ansetzen. Die beiden Subsysteme FAO und vor allem WTO sind dagegen sehr stark auf einzelne Funktionen ausdifferenziert und erschweren die Kommunikation mit anderen Systemen erheblich.

Die betrachteten Institutionen bzw. Systeme sind keine starren Gebilde, d.h. sie befinden sich keineswegs im Gleichgewicht, sondern sie sind vielmehr wenig voraussagbar, durch nicht-lineare Rückkopplungen sowie durch auto- und kreuzkatalytische Prozesse gekennzeichnet[231]. Beispiele hierfür sind die große Bedeutung der WTO-Panels für den Fortgang der Handelsliberalisierungsbemühungen sowie die ungewissen Ergebnisse der Vertragsstaatenkonferenzen der CBD bei der Weiterentwicklung des Finanzierungsmechanismus u.a. für den Erhalt und die nachhaltige Nutzung der Agrobiodiversität. Es ist dagegen wahrscheinlich, daß kleine, zufällige Änderungen der Systeme – intern oder extern verursacht – große Konsequenzen nach sich ziehen. Dies heißt jedoch nicht, daß es unmöglich ist, solche indeterminierten Prozesse zu modellieren, etwa mit Hilfe der Spieltheorie[232]. Die so erzielten Ergebnisse besitzen aber einen anderen Aussagegehalt bzw. eine vermeindlich höhere kurzfristige Genauigkeit als systemtheoretisch durchdachte Prozeßresultate.

Die CBD ist darüber hinaus in der Lage, die erhöhte Komplexität zweier vormals relativ stabiler Systeme, wie es das ökonomische und das ökologische darstellten, gemeinsam abzubilden. Sie berücksichtigt dabei, daß die Ökonomie nunmehr als Subsystem der Ökologie zu sehen ist und damit ein instabileres und weniger nachhaltiges Ganzes entsteht, da ein solchermaßen gemeinsam betrachtetes ökologisch-ökonomisches System nach längeren Störungen seine Stabilität einbüßt und seine Fähigkeiten verliert, Änderungen und Störungen zu absorbieren. Die CBD als Institution kann diese Prozesse in Ansätzen kommunizieren und somit auch mögliche Nutzen und Kosten abbilden. Zu fragen bleibt dann, Wer bekommt Was?, Wer gewinnt, Wer verliert?, Wer erzeugt Kosten für Wen? etc.

Da der Kommunikationsmechanismus zwischen System und Umwelt von sehr großer Bedeutung für die Lösung des Problems ist, spielen die Offenheit, Struktur und Funktionen der einzelnen Systeme eine immens wichtige Rolle. Hochspezialisierte Systeme, wie die WTO, die aus systemtheoretischer Sicht stark von ihrer Umwelt abhängen, sind wenig stabil, weil mannigfache Interdependenzen mit eben dieser Umwelt bestehen. Das heißt, es existiert ein positiver, stetiger Zusammenhang zwischen dem Spezialisierungsgrad des Systems und den Interdependenzen mit seiner Umwelt[233]. Die hohe Komplexität dieses Systems kann daher nur reduziert werden, falls es einen funktionierenden Kommunikationsmechanismus gibt, der – in

---

[231] Siehe Kapitel 3.5.1.

[232] Vgl. z.B. BHAT (1999) sowie für spieltheoretische Grundlagen eines Safe Minimum Standards (PALMINI 1999).

[233] Siehe Kapitel 3.5.

der Sprache der Ökonomie – die Transaktionskosten senkt. Die CBD, die weit weniger spezialisiert ist, ist auch weniger abhängig von ihrer institutionellen Umwelt.

Im zuletzt Gesagten drückt sich gleichsam der entscheidende Konflikt für das gesamte Problemfeld des Erhalts und der nachhaltigen Nutzung PGRFA aus: Die beiden Systeme WTO und CBD unterscheiden sich hinsichtlich ihrer Offenheit, Struktur und Funktionen fundamental voneinander. Während die WTO hochspezialisiert ist, einen ausdifferenzierten ökonomischen Code für ihre Kommunikation besitzt und enge Interdependenzen mit ihrer Umwelt aufweist, ist dies bei der CBD nicht der Fall. Sie ist weit weniger ausdifferenziert, spezialisert und verbunden mit ihrer Umwelt und besitzt dementsprechend systemtheoretisch eine geringere Komplexität. Dem System CBD fällt es leichter, Probleme interdisziplinär zu erarbeiten und vor allem die gewonnenen Ergebnisse zu kommunizieren. Die Transaktionskosten, die bei einem ständigen Informationsfluß anfallen, sind aus diesem Grund niedriger. Das System der CBD versteht die unterschiedlichen Signale aus seiner Umwelt besser, als dies bei der WTO der Fall ist. Diese ist nahezu vollständig in das ökonomische System etabliert und eine Kommunikation der spezifischen Umweltsignale, z.B. durch die Bereitstellung von quantitativen oder qualitativen Werten, ausgelöst durch die Degradation natürlicher Ressourcen, ist äußerst schwierig oder gar unmöglich.

Die Tatsache, daß die Elemente der Systeme WTO, CBD, und FAO, die als "Interessenvertreter" PGRFA auftreten, bewußt agierende Menschen sind, die manchmal rational, aber vorwiegend eingeschränkt rational bzw. irrational handeln, erhöht den Komplexitätsgrad und die Instabilität der betrachteten Systeme zusätzlich. Andererseits ermöglicht dies aber auch flexible, korrigierend wirkende Rückkopplungsmechanismen, die die Systeme wieder stabilisieren können. Solche Rückkopplungsmechanismen, die sowohl positiv als auch negativ wirken müssen, entstehen durch vielfältige Vernetzungen im System. Hier zeigt sich eine weitere Schwäche der WTO gegenüber der CBD: Die WTO ist vorwiegend positiv rückgekoppelt, d.h. weniger Handelshemmnisse führen zu höherem Wohlstand, der von allen Menschen angestrebt wird. Die Gefahr vornehmlich positiv rückgekoppelter Systeme besteht darin, daß sie irgendwann einen Schwellenwert erreichen, der das System grundlegend verändert bzw. zerstört (VESTER 1991).

Es sind aber nicht nur die Überlegungen zur Offenheit, Funktion und Struktur von Systemen, die einen kontinuierlichen und gerechten Nutzenfluß beschreiben. Damit Institutionen einen solchen gewährleisten können, müssen die in Tabelle 4-8 dargestellten Grundsätze für deren Nachhaltigkeit[234] erfüllt sein (OSTMANN ET AL. 1997).

Demnach ermöglicht insbesondere die WTO ein nachhaltiges Management, da nahezu alle Kriterien klar umrissen und einer Kontrolle zugänglich sind. Wie schon ausgeführt, sind die Vorteile für den Erhalt und die nachhaltige Nutzung PGRFA gering. Die WTO und das TRIPs-Abkommen im besonderen verlangen von den Mitgliedsstaaten die Etablierung individueller geistiger Eigentumsrechte, damit ein deregulierter und vermeintlich effizienter Welthandel ablaufen kann. Ein entscheidender Aspekt, nämlich die aktive Mitwirkung Betroffener, wird dabei ausgeschlossen. Dies ist jedoch eine Säule jeder nachhaltigen Entwicklung, so daß die Lösungen der WTO kurzfristig ökonomisch sinnvoll sind, für eine auf

---

[234] Siehe Kapitel 3.6.

Langfristigkeit ausgelegte nachhaltige Entwicklung aber unzureichende Instrumente und Resultate bieten.

Tabelle 4-8: Grundsätze eines nachhaltigen Managements und deren Ausgestaltung in der CBD, FAO und WTO

Grundsatz	CBD	FAO	WTO
klare Nutzungsgrenzen	souveräne Staaten	Erbe der Menschheit	individuelle Eigentumsrechte
Aneignungsregeln	Vertragslösung, Prior Informed Consent, Mutually Agreed Terms	freier Zugang, aber nicht unbedingt kostenlos	Patentregeln bzw. sui-generis System
Mitwirkung Betroffener	partizipativ, aber Entscheidungsgewalt bei souveränen Staaten	partizipativ, System der Internationalen Agarforschungs zentren (CGIAR)	individuelle Verhandlungen zwischen Patentbesitzer und anderen
Überwachung des Zustandes	Staat	Globales System	TRIPs-Versammlung, nationale Patentämter
Lösungsmechanismen	Mediation, Völkerrecht (Internationaler Gerichtshof)	„Liebesentzug"	WTO-Panel
Sanktionen	Völkerrecht	„Liebesentzug", Zugangsverbot zu internationalen Genbanken	Retorsionsmaßnahmen
Gestaltung interner Institutionen durch Externe	Staatsrecht	nur Mitsprache bei internationalen Sammlungen	wirkt institutionenbestimmend (Auflagen nationaler Gesetzgebung)
Opportunistisches Verhalten	Beteiligung von NGO's und stakeholdern verringert opportunistisches Verhalten	große Nutzergruppe erhöht opportunistisches Verhalten	entfällt aufgrund guter Organisation nahezu vollständig

Quelle: Eigene Darstellung nach OSTMANN ET AL. (1997)

Effektiver scheint es zu sein, dem Konzept der CBD zu folgen, das in Hinblick auf die Beteiligung Betroffener ein großer Fortschritt ist und sich der Perspektive einer nachhaltigen Entwicklung annähert. Das größte Handicap der CBD stellen die unzureichenden Durchsetzungsmöglichkeiten im geltenden internationalen Recht dar. Als völkerrechtlicher Vertrag endet der Rechtsanspruch an der Grenze jedes einzelnen Staates. Wie ein Staat das Völkerrecht in nationales Recht umsetzt, bleibt diesem überlassen. Bei Mißachtung völkerrechtlicher Verträge ist die Durchsetzung internationalen Rechts vor allem an Appelle gebunden, die politischer, meistens aber ökonomischer Art sein können wie z.B. ein Handelsboykott.

Im Mittelpunkt der weiteren Betrachtungen stehen die Voraussetzungen für einen erfolgreichen institutionellen Wandel. In Kapitel 3.6 wurden in Anlehnung an die wissenschaftlichen Arbeiten von OSTROM sechs Kriterien für einen erfolgreichen institutionellen Wandel gelegt, die im folgenden als Gegenüberstellung von Chancen und Risiken präsentiert werden. Diese sechs Kriterien lauten:

1. die Partner teilen eine gemeinsame Vision von den durch die alternativen Regeln erreichbaren Erträge
2. durch den Übergang zu den neuen Regeln werden die Nutzer der Gemeingüter in vergleichbarem Maße betroffen
3. die Partner schätzen den individuellen Ertrag aus zukünftiger Beteiligung hoch ein; in diesem Sinne kann man auch sagen, das entspreche einer niedrigen Diskontrate in ihrer individuellen Präferenzfunktion
4. Transaktionskosten im weitesten Sinne, das heißt die Kosten für Aufrechterhaltung der Nutzung, für Information und Kontrolle etc., sind gering
5. im Umgang untereinander wirken Normen der Reziprozität und des Vertrauens
6. die Gruppe der Nutzer ist relativ klein und stabil

In den Tabellen 4-9 bis 4-14 wird auf diese Kriterien im Detail eingegangen.

Tabelle 4-9: Chancen und Risiken einer gemeinsamen Vision für erreichbare Erträge

Chancen	Risiken
Allgemein: Wiederholung des Erfolgs der Grünen Revolution z.B. durch neue Anbaumethoden oder Technologien	*Allgemein*: Eigentumsrechte werden stark in ihrer ethischen, aber auch ökonomischen Dimension, diskutiert Auf der einen Seite (Industrieländer) insbesondere der Wunsch auf die Erhaltung PGRFA, auf der anderen Seite (Entwicklungsländer) der Wunsch nach Transferleistungen für eine weitere Industrialisierung
CBD: Schaffung von win-win Situationen durch abgeschlossene Verträge	*CBD*: bilaterale (Verträge) versus multilaterale Lösungen
WTO: Handelsliberalisierung	*WTO*: fokussiert lediglich auf individuelle geistige Eigentumsrechte zur Förderung des internationalen Handels
FAO: Sicherung der Welternährung durch die Schaffung eines multilateralen Globalen Systems	*FAO*: Konflikte insbesondere zwischen Entwicklungsländern (Gruppe der 77) und Industrieländern

Eine gemeinsame Vision für mögliche Erträge internationaler Vereinbarungen ist für ein positives Ergebnis unerläßlich. Bei allen hier analysierten internationalen Übereinkommen ist augenfällig, daß es große Interpretationsunterschiede - was die Ziele der Übereinkommen anbelangt - und Konflikte zwischen Industrie- und Entwicklungsländern gibt. Lediglich die WTO kann eine konkrete Vision "Handelsliberalisierung" präsentieren, von der sich alle Staaten Gewinne versprechen. Aber auch hier zeigt z.B der Streit um die globale, weitreichende Anerkennung von Patenten die Fronten zwischen Industrie- und Entwicklungsländern auf. Von einer gemeinsamen Vision für die Erhaltung und nachhaltige Nutzung PGRFA zu sprechen, erscheint sehr gewagt und ist nicht mit Argumenten zu belegen. Dementsprechend fällt auch das Chancen/ Risiken-Profil aus, bei dem die Risiken die Chancen überwiegen.

Tabelle 4-10: Chancen und Risiken, daß alle Nutzer in gleichem Maße betroffen werden

Chancen	**Risiken**
Allgemein: Beibehaltung des multilateralen Systems	*Allgemein*: Industrieländer wollen Industrietechnologien, wissenschaftliches Knowhow etc. ohne nennenswerte (teure) Anpassung exportieren; Entwicklungsländer wollen industrielle Technologien, wissenschaftliches Knowhow etc. plus die Erstattung der Anpassungskosten („capacity building")
CBD: gerechte und ausgewogene Teilhabe an den Nutzen für alle	*CBD*: solange keine funktionierenden nationalen Regelungen bestehen, werden die ressourcenimportierenden Staaten/ Unternehmen überproportional profitieren
WTO: Nutzen zieht der Eigentümer eines geistigen Eigentumsrechts (Monopolist) und die Käufer des Produkts	*WTO*: fordert von Entwicklungsländern einen größeren Systembruch innerhalb der Ökonomie, des Rechts sowie der traditionellen Lebensweise
FAO: Vorherrschaft des „common heritage of mankind" Gedankens für die eigenen, treuhänderisch aufbewahrten Genbankenakzessionen	*FAO*: ein mögliches bilaterales System würde dem multilateralen Ansatz des Globalen Systems widersprechen

Daß die Nutzer PGRFA in vergleichbarem Maße betroffen werden, widerspricht den Beobachtungen in der Realität. Die politischen/ ökonomischen Machtverhältnisse und die geographische Lokation der meisten PGRFA lassen darauf schließen, daß die ressourcenimportierenden Staaten bzw. Unternehmen, die gleichzeitig auch für einen verstärkten Schutz geistiger Eigentumsrechte plädieren, überdurchschnittlich profitieren.

Die Prinzipien des "common heritage/ concern of humankind" der FAO bzw. der CBD, bei denen alle Nutzer gleichgestellt werden, wird von den Bemühungen der WTO für ein strikteres System geistiger Eigentumsrechte konterkarriert, da es sich hierbei für die meisten Entwicklungsländer um einen erheblichen nationalen rechtlichen und kulturellen Systembruch handelt. Auch wenn einzelne Personen von einem solchen institutionellen Wandel profitieren sollten, stellt der Prozeß der institutionellen Anpassung für die meisten Entwicklungsländer einen großen Bruch dar, wie das Beispiel Indien zeigt (BHAT 1999).

Aus dem Chancen/ Risiken-Profil läßt sich folgern, daß vor allem Industrie- und Entwicklungsländer unterschiedlich betroffen sind, was einen institutionellen Wandel erheblich erschwert.

Tabelle 4-11: Chancen und Risiken einer positiven Einschätzung zukünftiger globaler Erträge[235]

Chancen	Risiken
Allgemein: Industrieländer wollen freien Zugang zu genetischen Ressourcen und haben deshalb großes Interesse an der Erhaltung PGRFA Entwicklungsländer wollen Technologietransfer und capacity building	*Allgemein*: Preis/ Wert von PGRFA sehr niedrig Dominanz industrieller Produktionsmethoden in der Landwirtschaft hohe Diskontrate in Entwicklungsländern
CBD: bestrebt, einheitliche internationale Rahmenbedingungen für den Erhalt und die nachhaltige Nutzung PGRFA zu schaffen	*CBD*: USA weigern sich weiter, den Vertrag zu ratifizieren
WTO: --	*WTO*: verlangt den Schutz **individueller** geistiger Eigentumsrechte, die vor allem für die Industrieländer von großer Bedeutung sind
FAO: Multilaterales Austauschsystem (Global System)	*FAO*: IUPGR spricht von der Bewahrung PGRFA mit ökonomischem Nutzen

Alle an den internationalen Vereinbarungen beteiligten Staaten haben eine positive Einschätzung zukünftiger globaler Erträge des Erhalts und der nachhaltigen Nutzung PGRFA. Die Motive sind dabei völlig unterschiedlich. Die größten Risiken sind die bereits mehrfach angesprochenen: Marktversagen, Dominanz industrieller Produktionsmethoden in der Landwirtschaft und die hohen Opportunitätskosten in den Entwicklungsländern. Die CBD wäre theoretisch in der Lage, einheitliche internationale Rahmenbedingungen zu schaffen, wobei dies ohne die Beteiligung der USA und anderer ökonomisch/ politisch bedeutender Staaten nicht gelingen kann. Darüber hinaus trägt die Betonung der WTO auf den Schutz *individueller* geistiger Eigentumsrechte nicht dazu bei, die hohen Opportunitätskosten der Entwicklungsländer zu senken. Hier bietet sicherlich ein multilaterales Austauschsystem wie das Globale System der FAO einen geeigneten Ansatz, der für alle Beteiligten positive Erträge erwarten läßt, wenn auch in unterschiedlicher Höhe.

Insgesamt läßt das Chancen/ Risiken-Profil keine eindeutige Tendenz erkennen. Die Erwartungen an globale Erträge sind durchaus gegeben, jedoch befürchten einige Entwicklungsländer, an diesen Erträgen - wie sich in der Vergangenheit schon häufiger zeigte - nicht teilzuhaben.

---

[235] Siehe auch Kapitel 3.4, Abbildung 3-7.

Tabelle 4-12: Chancen und Risiken, daß Transaktionskosten niedrig bleiben

Chancen	Risiken
Allgemein: --	*Allgemein*: hohe Kontrollkosten in Industrieländern sind die Kosten der Aufrechterhaltung der Nutzung PGRFA hoch (Opportunitätskosten)
CBD: Clearing-house Mechanismus im Internet	*CBD*: bilaterale Abkommen erhöhen die Transaktionskosten
WTO: "klare" Eigentumsrechtsverhältnisse gefordert	*WTO*: die Aufrechterhaltung, Kontrolle und Durchsetzung des TRIPs-Abkommens bedeutet hohe Transaktionskosten in Entwicklungsländern existiert kein befriedigend funktionierendes Eigentumsrechtsregime
FAO: internationale Schirmherrschaft über Genbanken das multilaterale Globale System verursacht vergleichsweise niedrige Transaktionskosten	*FAO*: --

Transaktionskosten spielen bei einem institutionellen Wandel stets eine wichtige Rolle. Für den Schutz und die nachhaltige Nutzung PGRFA gelten relativ hohe Kontrollkosten und zudem sind die Opportunitätskosten der Nutzung traditioneller, "alter" PGRFA in Industrieländern hoch. Die CBD setzt bei der Eingrenzung der Transaktionskosten auf einen "Clearing-house"-Mechanismus, der die dezentral über die (Agro-)Biodiversität zur Verfügung gestellten Informationen zentral über das Internet anbietet. Dort können zu minimalen Kosten Informationen abgerufen werden. Andererseits trägt dieser Mechanismus nicht direkt dazu bei, PGRFA zu erhalten. Diese Aufgabe ließe sich kostengünstiger durch das von der FAO angestrebte - und in Teilbereichen bereits funktionierende - Globale System bewältigen. Die CBD ist für eine solche multilaterale Lösung ebenfalls offen, obwohl sie auf den ersten Blick bilaterale Verträge zu forcieren scheint. Die Transaktionskosten eines gut funktionierenden geistigen Eigentumsrechtssystems, wie es der WTO vorschwebt, sind dagegen sehr viel höher, obwohl anfangs für "klare" Eigentumsverhältnisse gesorgt wird. Dies ist insbesondere durch die hohen Kosten für die Aufrechterhaltung, Kontrolle und Durchsetzung des TRIPs-Abkommens begründet.

Das Chancen/ Risken-Profil zeigt, daß durch das globale System der FAO durchaus Hoffnung auf niedrige Transaktionskosten besteht, es aber wahrscheinlicher ist, daß sich die auf individuellen Eigentumsrechten beruhenden bilateralen Vertragslösungen durchsetzen werden.

Tabelle 4-13: Chancen und Risiken für einen vertraulichen Umgang miteinander

Chancen	Risiken
Allgemein: hoher Erfolgsdruck wegen immer größer werdender Umwelt- und Ressourcenprobleme läßt die nationalen Staaten näher zusammenrücken	*Allgemein*: prinzipielles Mißtrauen zwischen Entwicklungsländern und Industrieländern
CBD: die Vertragsstaatenkonferenzen befinden sich noch immer am Beginn ihres Arbeitsprozesses	*CBD*: USA als wichtigster Teilnehmerstaat an den Vertragsstaatenverhandlungen dominiert mit seiner Biotechnologie-Industrie und seinen starken staatlichen Verbündeten die Verhandlungen, obwohl die CBD noch nicht in nationales Recht umgesetzt ist
WTO: --	*WTO*: wird mehr und mehr von Entscheidungen einzelner Panels geführt, obwohl grundsätzlich Einigkeit über Handelsliberalisierungen besteht
FAO: die rechtliche Unverbindlichkeit der Beschlüsse kann politisch positive Resultate erzeugen	*FAO*: wird vom Gegensatz zwischen Industrieländern und Entwicklungsländern geprägt

Der vertrauliche Umgang der Vertragspartner miteinander ist sicherlich einer der sensibelsten Punkte für einen erfolgreichen institutionellen Wandel. Da es auf allen Seiten individuelle Gewinner und Verlierer gibt, wird ein Mißtrauen oftmals durch gezielte Lobbyaktivitäten verstärkt. Insbesondere wird dies zwischen den Industrie- und Entwicklungsländern, zwischen den Staaten Nordamerikas und der Europäischen Union oder zwischen den Nichtregierungsorganisationen und den Vertretern der Industrie deutlich. Auf der anderen Seite wächst durch die gestiegenen Umwelt- und Ressourcenprobleme der Erfolgsdruck auf einzelne Staaten. Gerade die Produktion von Nahrungsmitteln ist ein sensibler Bereich, an dem eine erfolgreiche Politik gemessen wird. Die Chancen, Vertrauen aufzubauen, liegen insbesondere in den häufig wiederkehrenden, institutionalisierten Vertragsstaatenkonferenzen der CBD, den Sitzungen der FAO oder der ständigen Beobachtung und Mitarbeit der Staaten in der WTO.

Solange die grundlegende Skepsis bzgl. eines vertraulichen Umgangs miteinander zwischen den Industrieländern und den meisten Entwicklungsländern besteht, wird auch ein Chancen/ Risiken-Profil eine eher negative Tendenz anzeigen.

Tabelle 4-14: Chancen und Risiken in Abhängigkeit von der Größe der Nutzerzahl

Chancen	Risiken
Allgemein: internationale Foren und die grundsätzliche Einigung auf die nationale Souveränität der Staaten verringern die Zahl der Verhandlungspartner die Zahl der in Frage kommenden direkten Nutzer PGRFA in Industrieländern ist überschaubar (wenige Züchterfirmen und staatliche Forschungsstellen)	*Allgemein*: Zahl der effektiven Nutzer ist wesentlich größer als die Zahl der nationalen Staaten heterogene, vielschichtige Zusammensetzung landwirtschaftlicher Nutzer von PGRFA
CBD: die Aussicht auf gerechte Teilhabelösungen (benefit sharing) einigt Vertragsstaaten	*CBD*: obwohl die Umsetzung in nationales Recht noch nicht erfolgte, versuchen die USA und ihre Verbündeten Kompromisse (z.B. Biosafety-Protokoll, Farmers' Rights) zu behindern die Gruppe der Nutzer ist sehr heterogen (ressourcenreiche versus ressourcenarme Länder)
WTO: die global getragene Vision „Handelsliberalisierung" einigt die Vertragsstaaten wie kaum eine andere Vision	*WTO*: wechselnde Koalitionen (dominiert von USA, Europa und Japan) die vorausgesagten hohen ökonomischen Gewinne einer Handelsliberalisierung fallen sehr differenziert/ ungleichverteilt aus
FAO: enge Kooperation mit den wenigen Internationalen Forschungszentren der CGIAR	*FAO*: wechselnde Koalitionen (dominiert von der Gruppe der 77 plus China)

Internationale Übereinkommen besitzen den Vorteil, daß sie die Zahl der Betroffenen auf die einzelnen Mitgliedsstaaten reduzieren. Dadurch wird gewährleistet, daß es überhaupt zu einer effektiven und effizienten Zusammenarbeit kommen kann und die Ergebnisse durchzusetzen sind. Hinzu kommt in den Industrieländern die zunehmend geringer werdende Zahl direkter Nutzer PGRFA, da es durch den verstärkten internationalen Wettbewerb immer weniger Züchtungsfirmen bzw. staatliche Forschungsstellen gibt. Die ausdrückliche Forderung der CBD, alle Betroffenen an den Nutzen PGRFA teilhaben zu lassen, ermöglicht das Zustandekommen überschaubarer Veträge mit relativ wenigen verantwortlichen Nutzern.

Die Risiken bestehen darin, daß die Zahl der effektiven Nutzer - einzelne Landwirte oder Kooperationen - vor allem in Entwicklungsländern wesentlich größer ist, als in den bilateralen Verträgen vereinbart werden kann. Daraus ergeben sich Ungerechtigkeiten, hohe Opportunitätskosten für die nicht-berücksichtigten indigenen und lokalen Gemeinschaften, was in vielen Fällen zur Mißachtung der beschlossenen Verträge führt. Ein großes Konfliktpotential, das gleichfalls häufig Anlaß für wechselnde Koalitionen innerhalb internationaler Institutionen ist, liegt in der Heterogenität der Nutzer PGRFA von Seiten der Landwirtschaft. Die Agrarstrukturen in den meisten Entwicklungsländern sind völlig andere als in den USA oder Kanada, was zu unterschiedlichen Anpassungskosten führt. Diese offenkundigen Zusammenhänge werden in der Realität jedoch oftmals mißachtet, womit die Grundlage für viele Konflikte gelegt wird.

Faßt man die verschiedenen Chancen/ Risiken-Profile der Tabellen 24-29 zusammen, dann wird auch in der Beurteilung eines institutionellen Wandels eine deutliche Tendenz zu einem erhöhten Risiko für den irreversiblen Verlust der Agrobiodiversität sichtbar.

4.1.3 Institutionelle Durchsetzbarkeit

Für den Erfolg eines institutionellen Wandels spielt die Durchsetzbarkeit neuer Regeln und Bedingungen eine entscheidende Rolle. Nachdem die Voraussetzungen für ein nachhaltiges Management PGRFA und für einen institutionellen Wandel vorgestellt und analysiert wurden, wird deshalb im folgenden bewertet, wie sich die Ziele der CBD anhand eines Chancen/ Risiken-Profils in dem beschriebenen Umfeld von FAO und WTO institutionell durchsetzen lassen. Die in Kapitel 3.6 aufgestellten Kriterien für eine Beurteilung der Durchsetzbarkeit der Ziele der CBD sind:

1. Praktikabilität der Instrumente
2. Verbandstheoretische Aspekte
3. Akzeptanz in der Administration
4. Akzeptanz bei den Unternehmen
5. Akzeptanz bei den Gewerkschaften
6. Akzeptanz bei den politischen Entscheidungsträgern
7. Akzeptanz in der Bevölkerung

Aus diesen Kriterien läßt sich analog zu den bisherigen Ausführungen ein Chancen/ Risiken-Profil der institutionellen Durchsetzbarkeit des Abkommens über die biologische Vielfalt (CBD) in Tabellenform erstellen. Die beiden Systeme WTO und FAO werden hierbei nicht explizit analysiert.

Tabelle 4-15: Chancen und Risiken der Praktikabilität der Instrumente

Chancen	Risiken
• internationale Kooperation • Anfertigung nationaler Berichte, Strategien, Pläne und/ oder Programme wie z.B. der Weltzustandsbericht der FAO zu PGRFA • Identifikation und Überwachung („monitoring") • Forschung und Ausbildung • Umweltverträglichkeitsprüfungen (externe Beratung)	• Formulierungen in der CBD sind sehr „weich", d.h. innerhalb der anerkannten staatlichen Hoheitsrechte bleibt vieles erlaubt und nichts ist erzwungen • öffentliche Aufklärung wegen der schlechten Vermittelbarkeit des Biodiversitätsproblems schwierig

Die Praktikabilität der Instrumente der CBD ist durch den völkerrechtlich vorgegebenen Rahmen stets mit einem hohen Risiko verbunden. Die Problematik des Verlustes der (Agro-)Biodiversität ist in der breiten Öffentlichkeit nur schwer zu vermitteln und die von der CBD geforderten Instrumente müssen ausdrücklich nationale Hoheitsrechte berücksichtigen. Dies erschwert ihre Umsetzung und Überwachung erheblich. Innerhalb dieses engen institutionellen Rahmens fordert die CBD von den Mitgliedsstaaten verstärkte Bewußtseinsbildung in der Öffentlichkeit, den Einsatz effektiver und effizienter Instrumente wie nationale Berichte oder Umweltverträglichkeitsprüfungen sowie die Überwachung der von der CBD angestrebten Ziele.

In der Praxis zeigt sich, daß die Instrumente der CBD von den meisten Vertragsstaaten in irgendeiner Form eingesetzt werden. Dies liegt vor allem darin begründet, daß viele dieser Instrumente bereits vor dem Inkrafttreten der CBD für spezielle Umwelt- und Ressourcenprobleme genutzt wurden. Die Praktikabilität ist somit weitgehend erprobt, jedoch fehlt es oftmals an den finanziellen Mitteln für deren Einsatz oder auch am politischen Willen für die Kontrolle in der Anwendung.

Tabelle 4-16: Chancen und Risiken aus verbandstheoretischer Sicht

Chancen	Risiken
• Nichtregierungsorganisationen sind gut organisiert und international aktiv • organisatorische und finanzielle Einbindung beteiligter Nichtregierungsorganisationen an Regierungsaufgaben nationaler Behörden • die verbandstheoretische Dichotomie zwischen „Umweltschutzgegnern“ und „Umweltschützern“ ist wenig ausgeprägt	• schlechte Vermittelbarkeit des ökosystemischen Biodiversitätsansatzes • heterogene Interessengruppen • kein „eindeutiges“, leicht identifizierbares Ziel • Interessenvertreter der Bioindustrie sind sehr gut organisiert und wehren sich gegen konkrete Instrumente der CBD wie z.B. ein Farmers' Rights-Protokoll

Obwohl eine gutorganisierte und international aktive Allianz von Nichtregierungsorganisationen existiert, erschwert die komplexe Materie (Agro-) Biodiversität die Vermittelbarkeit eines unmittelbaren Bedarfs. Es existiert kein eindeutiges Ziel, das innerhalb der Interessengruppen unangefochten ist. Zwar ist die verbandstheoretische Dichotomie zwischen "Umweltschutzgegnern" und "Umweltschützern" wenig ausgeprägt, dafür scheinen diese heterogenen Interessengruppen aber oftmals orientierungslos. Hinzu kommt, daß gerade die Lobbyisten der biotechnologischen Industrie einen großen Einfluß auf politische Entscheidungen besitzen[236] und damit wichtige Instrumente der CBD, wie z.B. das Biosafety-Protokoll, verhindern bzw. verwässern können.

Ein Chancen/ Risiken-Profil läßt in diesem Zusammenhang keine eindeutigen Tendenzen erkennen, da die Erfolge bzw. Mißerfolge einzelner Verbände eher zyklisch auftreten[237].

---

236 Ein in diesem Zusammenhang häufig benutztes "Totschlag"argument ist der Hinweis auf den Verlust von Arbeitsplätzen.

237 Ende 1999/ Anfang 2000 konnten z.B. die Nichtregierungsorganisationen aus ihrer Sicht zwei große Erfolge verbuchen: 1.) das Scheitern der Verhandlungen über eine neue WTO-Verhandlungsrunde und 2.) die Aufnahme des Biosafety-Protokolls in die CBD.

Tabelle 4-17: Chancen und Risiken für die Akzeptanz in der Administration

Chancen	Risiken
• die internationale Dimension der Problematik kann das nationale Ansehen in der Staatengemeinschaft stärken	• die Querschnittsaufgabe begrenzt individuelle Kompetenzen • Umsetzung ist weniger operationalisiert als konzeptualisiert • der Umfang der Problematik ist immens und nur mit höherem Aufwand zu bewältigen (bei konstanten bzw. fallenden Budgetmitteln) • der partizipative Ansatz der CBD beschneidet eventuell Kompetenzen der Administration

Aus Sicht der Administration schneidet die CBD eher schlecht ab. Dies liegt vor allem darin begründet, daß es sich bei der vorliegenden Problematik um eine Querschnittsaufgabe handelt, die die individuellen Handlungsspielräume innerhalb einzelner Ministerien verkleinert. Die gleiche Kompetenzeinschränkung bringt der partizipativ ausgerichtete Ansatz mit sich, der ein hohes Maß an Selbstbeteiligung lokaler und indigener Gemeinschaften fordert. Gleichzeitig "droht" durch den Umfang der Problematik ein höherer Aufwand bei konstanten bzw. fallenden Haushaltsmitteln. Demgegenüber steht das internationale Ansehen, das sich ein Staat aufgrund einer vorbildlichen (Agro-) Biodiversitätspolitik erwirbt.

Tabelle 4-18: Chancen und Risiken für die Akzeptanz in Unternehmen

Chancen	Risiken
• klare gesetzliche Regelungen für die Zukunft erwartet • geistige Eigentumsrechte sollen explizit geschützt werden • Zusammenarbeit mit den Internationalen Agrarforschungszentren (IARC) wird intensiviert • CBD ist eher marktorientiert	• Zugriff auf PGRFA steht jetzt in der Öffentlichkeit • Übernahme der Verantwortung der sozioökonomischen Probleme durch den Handel mit gentechnisch veränderten Organismen • Unsicherheit bezüglich der Ausgestaltung geistiger Eigentumsrechte, des Technologietransfers und des Zugangs zu PGRFA • Vorsorgeprinzip

Die Unternehmen werden die CBD nur dann unterstützen, wenn dies keine finanziellen Nachteile mit sich bringt. Eine große Chance bietet deshalb die gewonnene Rechtssicherheit durch ein international verbindliches Übereinkommen und die Zusage der CBD, geistige Eigentumsrechte anzuerkennen. Dadurch ist die Marktorientierung der CBD gefestigt und die betroffenen Unternehmen können mit den Ressourcenanbietern Verträge abschließen, die den Zugang und die Teilhabe regeln.

Negativ werden von Unternehmerseite einige Prinzipien und Instrumente der CBD bewertet, die im Zusammenhang mit einer nachhaltigen Landbewirtschaftung im hier verstandenen Sinne unerläßlich sind. Da ist zum einen das Vorsorgeprinzip, das neben wissenschaftlichen Begründungen auch Konsumgewohnheiten, Ängste der Bevölkerung etc. in Bewertungen einschließt, zum anderen das schon öfter angesprochene Biosafety-Protokoll, das den grenzüberschreitenden Handel mit gentechnisch veränderten Organismen (GMO) regeln soll. Hierbei wird von Seiten der Unternehmen insbesondere die Übernahme der Verantwortung für sozioökonomische Probleme - verursacht durch gentechnisch veränderte Organismen - abgelehnt. Weitere Risiken liegen in der finalen Ausgestaltung geistiger Eigentumsrechte, des Technologietransfers in Entwicklungsländer, die PGRFA zur Verfügung stellen, und des Zugangs zu PGRFA. Dies gilt vor allem auch für PGRFA, die vor dem Inkrafttreten der CBD in den nationalen und internationalen Genbanken lagerten[238].

Das resultierende Chancen/ Risiken-Profil läßt keine eindeutigen Schlüsse in Bezug auf die Akzeptanz in den Unternehmen zu. Dies liegt zum einen darin begründet, daß die CBD für die meisten Unternehmen bisher keine wesentliche Einschränkung ihrer Geschäftstätigkeiten nach sich zieht, zum anderen erwarten sie, daß der Staat Unterstützung bei der Einhaltung rechtlicher Normen gewährt.

Tabelle 4-19: Chancen und Risiken für die Akzeptanz bei Gewerkschaften

Chancen	**Risiken**
• Problembewußtsein existiert	• ähnliche Position wie die der Industrie, allerdings mit größerem Gewicht auf den Erhalt von Arbeitsplätzen in Industrieländern (insbesondere in Forschung & Entwicklung) • aufgrund geringer kurzfristiger Beschäftigungseffekte sind kaum Initiativen zu erwarten

Obwohl die Gewerkschaften den politisch und gesellschaftlich gewünschten Zielen einer nachhaltigen Entwicklung positiv gegenüberstehen, ist die Akzeptanz in Hinblick auf die CBD eher negativ zu bewerten. Diese Einschätzung beruht darauf, daß die Gewerkschaften ihr Gewicht auf den Erhalt von derzeit bestehenden Arbeitsplätzen legen, die durch die Teilhaberegelung der CBD einer größeren Konkurrenz in den Entwicklungsländern ausgesetzt sind. Ein Beispiel könnte etwa der Aufbau von Forschungs- und Entwicklungsabteilungen in Entwicklungsländern sein. Positive Beschäftigungseffekte sind somit in den Industrieländern nicht zu erwarten, was von Seiten der Gewerkschaften keine Initiative für einen ernsthaften institutionellen Wandel erwarten läßt[239].

---

[238] Siehe Kapitel 2.1.

[239] Darüber hinaus werden sich die Gewerkschaften mit allen ihnen zur Verfügung stehenden Mitteln gegen die Kritik der Ökologischen Ökonomie am vorherrschenden Energiekonzept der Industrieländer wehren, weil hier angestammte Arbeitsplätze in der Stromerzeugung wegfallen könnten.

Tabelle 4-20: Chancen und Risiken für die Akzeptanz bei den politischen Entscheidungsträgern

Chancen	Risiken
• die finanzielle Belastung für die kurzfristige Erhaltung PGRFA ist unwesentlich im Vergleich zu anderen Ausgaben • globale Bemühungen bei internationalen Verhandlungen fördern das Ansehen nationaler Politiker (Ergebnisse können nahezu immer gerechtfertigt werden) • Beitrag für die Entwicklungs- und Umweltpolitik	• Erhalt und nachhaltige Nutzung PGRFA ist ein langfristiger Prozeß und der Optionswert steigt mit der Länge des betrachteten Zeitraums • eine effektive und effiziente Biodiversitätspolitik scheint den Bürgern schwer vermittelbar • für eine ernsthafte Politik hin zu einer agrarökologisch orientierten Landbewirtschaftung bedarf es der Überwindung erheblicher Widerstände betroffener Landwirte und der Industrie

Für die Akzeptanz bei den politischen Entscheidungsträgern treten insbesondere solche Risiken zu Tage, die sich auf die Langfristigkeit des Prozesses einer nachhaltigen Entwicklung beziehen. Wie in Kapitel 2.4 dargestellt wurde, ist der Optionswert der wichtigste Bestandteil des Gesamtwerts PGRFA. Dieser ist aber gerade dadurch gekennzeichnet, daß er Chancen für die Zukunft offenhält, in der Gegenwart aber potentielle (Opportunitäts-) Kosten verursacht. Da Politiker nach der Theorie der politischen Ökonomie im wesentlichen in kurzfristigen Wahlperioden denken (KIRSCH 1997), fehlt für langfristige gesellschaftliche Entscheidungen - wie den institutionellen Wandel zu einer nachhaltigen Landbewirtschaftung - oftmals der nötige politische Durchsetzungswille. In Zeiten strikter Budgetbeschränkungen werden dabei die geringen finanziellen Belastungen für die kurzfristige Erhaltung PGRFA im Vergleich zu anderen staatlichen Ausgaben nicht akzeptiert. Eher wird eine Umschichtung der Haushaltsmittel vorgenommen, was den Erhalt PGRFA zu einem Beitrag der internationalen Umwelt- und Entwicklungspolitik macht. Dies ist jedoch nur ein Teilziel einer nachhaltigen Landbewirtschaftung, da die weit größeren Umstellungen innerhalb der Industrieländer selbst getroffen werden müssen.

Ein Chancen/ Risiken-Profil verdeutlicht die hohen Risiken die mit einer Akzeptanz bei den politischen Entscheidungsträgern verbunden sind. Hier spiegelt sich die grundsätzliche Problematik für eine nachhaltige Entwicklung in einer parlamentarischen Demokratie wider, da völlig unterschiedliche Zeithorizonte aufeinandertreffen.

Tabelle 4-21: Chancen und Risiken für die Akzeptanz in der Bevölkerung

Chancen	Risiken
• kurzfristig wird von jedem Bürger nur ein relativ kleiner monetärer Beitrag benötigt • tendenzielle Risikoaversion könnte bei entsprechender politischer Vermittlung zur Akzeptanz des Vorsorgeprinzips führen • positive Zahlungsbereitschaften für Teile der Biodiversität lassen auf eine grundsätzliche Bereitschaft zur finanziellen Unterstützung schließen	• langfristig bedeutet eine Umstellung auf eine agrarökologische Landbewirtschaftung eine deutliche Veränderung der Konsum- und Produktionsweisen • Komplexität des Problems erlaubt keine simplen Ziel-Mittel Politiken, was sie für die Bevölkerung weniger nachvollziehbar macht (Zielerfüllung unsicher) • das Bewußtsein für Umwelt- und Ressourcenprobleme unterliegt zeitlichen Zyklen

Die Akzeptanz in der Bevölkerung hängt in erster Linie davon ab, wie hoch jedes einzelne Individuum belastet wird und wie die Verteilung der Kosten und Nutzen geregelt wird. Den Erfolg der CBD unterstützt, daß lediglich ein relativ geringer monetärer Beitrag pro Person benötigt wird und das Vorsorgeprinzip aufgrund einer generellen Risikoaversion bei entsprechender politischer Kommunikation von der Bevölkerung akzeptiert werden könnte. Aber auch hier sind gegenläufige Tendenzen in beachtlichem Umfang zu beobachten, da die Komplexität des Problems keine einfachen Ziel-Mittel Politiken erlaubt und es jedem Einzelnen erschwert wird, die notwendigen Ziele und Mittel korrekt einzuschätzen. Das größte Hindernis liegt aber in einer langfristigen Umstellung auf eine agrarökologische Landbewirtschaftung, die eine Veränderung der gegenwärtigen Konsum- und Produktionsweisen erfordert.

Sowohl aus Sicht der Industrieländer als auch der Entwicklungsländer ist ein institutioneller Wandel für die Erhaltung und nachhaltige Nutzung der Agrobiodiversität mit hohen Risiken verbunden, was seine effektive Verwirklichung eher unwahscheinlich macht. Für beide Seiten stehen die bei den gegenwärtigen Preisrelationen extrem hohen Opportunitätskosten der Erhaltung und nachhaltigen Nutzung der Agrobiodiversität im Mittelpunkt der Überlegungen: Die Entwicklungsländer wollen sich ihre ökonomischen Wachstumschancen durch eine verstärkte Integration in den Welthandel bewahren, und die Industrieländer schaffen sich ihre extrem hohen Opportunitätskosten durch die Subventionierung der Landwirtschaft selbst.

Um sich ein Gesamtbild über die Chancen und Risiken für die institutionelle Durchsetzbarkeit der Ziele der CBD zu machen, benötigt man abschließend ein Profil der wichtigsten Akteure (Tabelle 4-22). Es sind vor allem die fünf Kriterien Wertschöpfung, Ausmaß des Einflusses, Machtquellen, Interessen/ Ziele und Mittel, die die wesentlichen Punkte der einflußreichsten Gruppen beschreiben.

Tabelle 4-22: Profil der wichtigsten am CBD-Prozeß beteiligten Akteure

Gruppe	Wertschöpfung	Ausmaß des Einflusses	Machtquellen	Interessen/ Ziele	Mittel
Indigene und lokale Gemeinschaften	direkte konsumptive und produktive Werte	lokal	kommunales Recht (sehr begrenzt)	Erhaltung der Lebensgrundlagen, Züchtungsfortschritt	angepaßte Subsistenz-landwirtschaft (on-farm Erhalt), wenig Marketing
Nationalstaaten	indirekte nicht-konsumptive Werte	national (große Staaten: international)	Administration, Monitoring, Gerichtsbarkeit	Entwicklung/ Wachstum, Machterhalt, -gewinnung	Gesetzgebung, Pläne, Programme, Strategien Subventionen
lokale NGO's	indirekte nicht-konsumptive Werte	lokal/ national	Lobbying, personelle Kontakte, internationales Funding	Erhalt der lokalen Vielfalt, Unterstützung lokaler Kleinbauern und von Frauen	Lobbying, öffentliche Aktionen, geringe finanzielle Unterstützung
internationale NGO's	indirekte nicht-konsumptive Werte, Existenzwerte	national/ international	Lobbying, personelle Kontakte, internationales Funding	Bewahrung PGRFA, Unterstützung kleinbäuerlicher Strukturen, Erhalt der Vielfalt	Lobbying, öffentliche Aktionen, Veranstaltungen finanzielle Unterstützung
Industrie	direkte konsumptive und produktive Werte	lokal/ national/ international	Lobbying, personelle Kontakte, Kapital- und Finanzmärkte	Profitmaximierung, Züchtungsverbesserung, Umsatzsteigerung, Marktmacht, Homogenität	Lobbying, große finanzielle Reserven, Werbung, ex situ Konservierung
Internationale Staatengemeinschaft und Agrarforschungszentren (IARC's)	direkte konsumptive und produktive Werte, Optionswerte	international (national)	Völkerrecht (begrenzt)	Bewahrung und nachhaltige Nutzung PGRFA, Entwicklungschancen für Industrie vorbereiten	Völkerrecht, politischer Druck, Forschungs-züchtung, ex-situ Erhalt, langfristige Programme

Quelle. Eigene Darstellung in Anlehnung an BROWN (1998)

Die vergleichende Analyse der verschiedenen Systeme von CBD, WTO und FAO kommt zu keinem einheitlichen Ergebnis. Bei der zugrundeliegenden Komplexität des Problems erscheint dies auch nicht weiter überraschend. Obwohl keine genauen Aussagen getroffen werden können, bedeutet der von der CBD eingeleitete und geforderte institutionelle Wandel eine Abkehr vom vorherrschenden Primat der ökonomischen Handelsliberalisierung. Dieses Resultat findet sich in keinen öffentlichen Verlautbarungen der untersuchten Institutionen, läßt sich aber alleine anhand der gewonnenen Erkenntnisse der Chancen/ Risiken-Profile ablesen. In den meisten Fällen ist es das Regelwerk der WTO bzw. des TRIPs-Abkommens, das hohe Risiken für einen erfolgreich verlaufenden institutionellen Wandel durch die CBD birgt. Da die WTO lediglich ein Mittel darstellt, die ökonomische Überzeugung weltweit positiver Wohlfahrtseffekte der Handelsliberalisierung durchzusetzen, erscheint ihr Primat gegenüber der CBD jedoch unbegründet. Aus Sicht der Ökologischen Ökonomie bzw. der Systemtheorie ist in Zukunft vor allem auf eine effektive und effiziente Kommunikation zwischen den unterschiedlichen Systemen CBD, WTO und FAO Wert zu legen.

Die interne Struktur der CBD kann - wie erörtert - als sehr komplex beschrieben werden, was zu erhöhten Transaktionskosten in Form von internationalen Workshops, Veröffentlichungen, Konferenzen etc. führt, deren Vielschichtigkeit kaum zu überblicken ist. Anderseits würde eine Reduktion der Komplexität sehr schnell zu einer Destabilisierung des gesamten Systems führen[240], da die Aufrechterhaltung der vielfältigen Kommunikationskanäle eine wichtige Voraussetzung für den langfristigen Erfolg der CBD darstellt. Dies gilt insbesondere für völkerrechtliche Vereinbarungen, die einen hohen diplomatischen Verhandlungs- bzw. Kommunikationsbedarf haben. Diese Überlegungen bieten gleichfalls die Grundlage der in Kapitel 4.2 vorgeschlagenen Verbesserungen der Anreiz- und Kommunikationssysteme für die Erhaltung und nachhaltige Nutzung PGRFA. Die Kommunikationsdefizite zeichnen sich dabei durch folgende Aspekte aus:

- die CBD beruht mit ihrem ökosystemischen Ansatz im wesentlichen auf naturschützerischen Überlegungen, während insbesondere die WTO auf dem ökonomisch ausgerichteten Fundament des Freihandels aufgebaut ist
- die WTO spricht die "Sprache" der Ökonomie: Geld; dies ist gerade für die Bewertung natürlicher Ressourcen mit einigen Problemen verbunden
- die Reaktionsmöglichkeiten der CBD (und FAO) auf wahrgenommene Informationen aus der Umwelt besitzen eine andere Qualität als die Möglichkeiten innerhalb der WTO, z.B. durch das Streitschlichtungspanel

Eine wichtige Rolle für die Stabilität der betrachteten Systeme spielen - wie in Kapitel 2 über die institutionellen Rahmenbedingungen gezeigt wurde - geistige Eigentumsrechte. Da die Analyse der CBD einen deutlichen Trend hin zu individuellen geistigen Eigentumsrechten aufzeigt, wie sie im TRIPs-Abkommen der WTO festgelegt sind, deutet auch in Zukunft wenig auf die Stabilität dieser Systeme hin, was die gesellschaftlichen Kosten langfristig in die Höhe treibt. Die gegenwärtige

[240] Siehe Kapitel 3.5.2.

Tendenz, individuelle geistige Eigentumsrechte global zu etablieren, erhöht besonders die Kosten der Länder, die bisher andere Eigentumsrechtssysteme besitzen. Dabei handelt es sich vorrangig um Entwicklungsländer. Ohne angemessene Berücksichtigung dieser Anpassungskosten erscheint eine institutionelle Nachhaltigkeit der CBD illusorisch.

Aus den vorangegangenen Beobachtungen und der Analyse der drei institutionellen Systeme läßt sich für das individuelle Verhalten der Betroffenen, i.e. eines Großteils der landwirtschaftlichen Bevölkerung in Entwicklungsländern, aber auch Kleinbauern in Industrieländern, schlußfolgern, daß eine Fortführung des laufenden Trends keine positiven Anreize schafft, die hohen Opportunitätskosten der Erhaltung und Nutzung der PGRFA on farm zu verringern. Da sich das Verhalten der Individuen kurz- bis mittelfristig ohne größere finanzielle Anreize[241] kaum ändern läßt, scheint eine planvolle Umwelt- und Ressourcenpolitik unwahrscheinlich zu sein (V. PRITTWITZ 1990).

Ob die CBD erfolgreich umgesetzt werden wird, ist nach den vorliegenden Untersuchungen anhand der aufgestellten Kriterien mehr als fraglich. Damit der Erfolg des institutionellen Wandels einer geringeren Kontingenz unterliegt, werden im folgenden Kapitel Vorschläge zur Integration der bisher eingesetzten Instrumente und der innovativen Strategien der CBD gemacht. Diese Vorschläge tendieren dahin, das Risiko des Verlusts PGRFA zu reduzieren, Erziehung und Aufklärung voranzutreiben sowie eine effektive Kommunikation zwischen Wissenschaft, Politik und Bevölkerung zu ermöglichen.

4.2 Integration „klassischer“ und innovativer Strategien und Instrumente

Die bisherigen Ausführungen haben die große Bedeutung des Vorsorgeprinzips in der Konvention über die biologische Vielfalt (CBD) hervorgehoben[242]. Aus dem in der Präambel der CBD hervorgegangenen Vorsorgeprinzip wurde als ein wesentliches neues Instrument ein Safe Minimum Standard (SMS) benannt[243]. Im folgenden werden Vorschläge unterbreitet, wie sich die „klassischen“ Strategien und Instrumente der Erhaltung und nachhaltigen Nutzung PGRFA mit dem Vorsorgeprinzip und dem SMS verbinden lassen, um eine konsistente und nachhaltige Entwicklung in der Landwirtschaft zu ermöglichen. Anschließend werden Erhaltungsmöglichkeiten und Aktionsbereiche für die Bewahrung und nachhaltige Nutzung PGRFA präsentiert, die zur Verwirklichung einer Integration der unterschiedlichen Instrumente und Strategien beitragen.

Das Vorsorgeprinzip und Safe Minimum Standards sind Ansätze für die Bewahrung der Agrobiodiversität, die eine fundamentale Herausforderung für die Politik darstellen, innovative Politikstrategien zur Respektierung von Ökosystemgrenzen

---

[241] Dieser Fall kann für die kurz- bis mittelfristige Zukunft sicherlich ausgeschlossen werden, da der Fiskus (weltweit) für finanzielle Anreize kaum Spielräume besitzt.

[242] Siehe Kapitel 2.1.2.

[243] Siehe Kapitel 3.2.3.

und –schwellen zu entwickeln. Dies ist, wie deutlich wurde, ein wichtiges Gebiet für die Forschungsanstrengungen innerhalb der Ökologischen Ökonomie. Nach wie vor existieren allerdings grundsätzliche Bedenken, die unsere gegenwärtige Fähigkeit und Bereitschaft betreffen, das Vorsorgeprinzip und die Safe Minimum Standards in konkrete politische Strategien umzusetzen. Diese grundsätzlichen Bedenken lassen sich in vier Teile gliedern:

Erstens fordert die Anwendung dieser Ansätze für das gestellte Ressourcenproblem politische Entscheidungsträger, die ethische Fragen über die intergenerationelle Gerechtigkeit mit größerer Sorgfalt und mehr Interesse nachgehen, als dies bisher der Fall ist. Gegenwärtige Einstellungen und politische Entscheidungen in Bezug auf eine verstärkte Hinwendung zur intergenerationellen Gerechtigkeit suggerieren eher, daß moderne Gesellschaften die Verbesserung der gegenwärtigen Wohlfahrt sehr stark betonen, ohne die Implikationen für zukünftige Generationen adäquat zu berücksichtigen. Die zugrunde gelegte Annahme ist im allgemeinen die, daß zukünftige Generationen mindestens die gleiche Wohlfahrt erreichen sollen als die heute Lebenden. Die Konsequenz aus diesen abstrakten Überlegungen für den Erhalt der Agrobiodiversität ist die geringe Berücksichtigung ökonomischer Chancen zukünftiger Generationen, die in der gegenwärtigen ökonomischen Entscheidungsfindung eine vernachlässigbare Größe darstellen.

Die Etablierung von Safe Minimum Standards und weiteren Politiken, die den Verlust der biologischen Vielfalt in der Landwirtschaft vermindern und auf dem Vorsorgeprinzip aufbauen, würde dagegen einen grundlegenden Wandel der Einstellungen der gegenwärtigen Generation zugunsten von mehr intergenerationeller Gerechtigkeit repräsentieren (FRANCIS 1996). Die Anwendung von Safe Minimum Standards bedeutet im wesentlichen eine „Begrenzung" ökonomischer Aktivitäten (PERRINGS 1991)[244]. Sowohl das Vorsorgeprinzip als auch ein daraus abgeleiteter Safe Minimum Standard würden einen signifikanten Wandel der gegenwärtigen Einstellungen zu mehr intergenerationeller Gerechtigkeit herbeiführen. Es scheint aber völlig unklar, ob eine Mehrheit der Staaten bzw. der betroffenen, heute lebenden Menschen diese Änderung unseres ethischen Verhaltens befürwortet.

Zweitens gibt es wichtige intragenerationelle Aspekte, die Berücksichtigung finden müssen. Die weltweite Ressourcenausstattung, insbesondere die biologische Vielfalt in der Landwirtschaft, ist ungleich verteilt (KLOPPENBURG, JR./ KLEINMANN 1988). Auf globaler Ebene erscheinen die Kosten einer Implementierung von Politiken, die auf dem Vorsorgeprinzip bzw. auf einem Safe Minimum Standard beruhen, für einige Staaten eher tragbar (Industrieländer) als für andere (Entwicklungsländer). Das bedeutet, daß die Staaten, die stärker von einer Ressourcenausbeutung und –veränderung abhängig sind - in den meisten Fällen Entwicklungsländer -, keine sie disproportional betreffenden globalen Konservierungsstrategien akzeptieren werden, um eine ökonomische Entwicklung zu beschleunigen. Es sei denn, sie erhalten dafür von den anderen Staaten - meistens Industrieländer - eine angemessene Kompensation.

---

[244] Siehe Kapitel 3.2.3.

Die Überlegungen, internationale Kompensationen zur Erhaltung der Agrobiodiversität bereitzustellen, ist ein entscheidender Faktor in den Verhandlungen verschiedener internationaler Vereinbarungen[245], wobei die Bereitschaft, in solche Fonds einzuzahlen, bisher sehr gering ist. Dabei besteht erhöhter Bedarf nach einer Reihe von innovativen internationalen Rahmenbedingungen, die den Erhalt und die nachhaltige Nutzung der Agrobiodiversität regulieren und Kompensationsmechanismen bereitstellen könnten. Die folgenden werden von BARBIER ET AL (1994) und der OECD (1996) vorgeschlagen:

- die Etablierung international anerkannter intellektueller Eigentumsrechte für PGRFA und den sich daraus ergebenden Nutzen einerseits, sowie die Anerkennung rechtlicher Systeme wie z.B. Farmers' Rights andererseits
- die Entwicklung nachhaltiger Handelsregime für Produkte aus PGRFA, um einen ausreichenden finanziellen Rückfluß für die Staaten zu gewährleisten, die in die Erhaltung ihrer PGRFA-Bestände investieren
- umfassende internationale Vereinbarungen, zielgerichtete finanzielle Hilfsflüsse und Kompensationsmechanismen sowie Fonds für die Erhaltung PGRFA, die über die bisher zur Verfügung stehenden Mittel hinausgehen (z.B. der Global Environmental Facility)
- internationale Vereinbarungen könnten z.B. „Debt-for-Nature Swaps" (HANSEN 1989) beinhalten oder als Material Transfer Agreements (BARTON/ SIEBECK 1994) ausgestaltet sein
- ein umfassendes System international übertragbarer Entwicklungsrechte, wobei Entwicklungsrechte in Fällen von hohen globalen Optionswerten der Bewahrung PGRFA gegen einen finanziellen Beitrag auf dem Weltmarkt eingetauscht werden können

Aufgrund des globalen Aspekts des Nutzens der Agrobiodiversität und der ungleichen Verteilung der Erhaltungskosten weltweit sind die oben genannten Kompensationsmechanismen notwendig. Deren Existenz ist eine Voraussetzung für jede ernsthafte Auseinandersetzung mit einer globalen Erhaltungsstrategie[246].

Selbst innerhalb einzelner Staaten werden die Kosten der Implementierung des Vorsorgeprinzips oder des Safe Minimum Standards nicht gleich verteilt sein. Die Effekte solcher Politiken haben vor allem Auswirkungen auf die Allokation der nationalen Ressourcen wie Kapital, Arbeit und natürliche Ressourcen. Solche strukturellen ökonomischen Veränderungen sind nicht kostenlos, wobei sich die Kosten mit der Geschwindigkeit der Implementierung des Vorsorgeprinzips bzw. Safe Minimum Standards erhöhen. Kurz- bis mittelfristig wird es schwierig sein, menschengemachtes Kapital von einer ökonomischen Aktivität auf eine andere zu allozijeren. Es wird daher mit einer gewissen strukturellen Arbeitslosigkeit und einem gesamtgesellschaftlichen Kapazitätsverlust zu rechnen sein.

---

[245] Siehe Kapitel 2.1.

[246] Ein lehrreiches Negativbeispiel stellt aber der internationale Fond der FAO zu pflanzengenetischen Ressourcen dar, der institutionell 1988 errichtet wurde, aber noch nie mit Geld gefüllt wurde (siehe Kapitel 2.1.1).

Auf der anderen Seite gibt es ökonomische Aktivitäten bzw. Sektoren, wie z.B. der ökologische Landbau, die Erzeugung regenerativer Energien etc., die die ökologischen Schwellenwerte nicht bedrohen und somit zu den Gewinnern einer Auflage von Grenzen zu zählen sind, da die zusätzlichen Anpassungskosten relativ unbedeutend sind. Obwohl es somit durchaus möglich ist, daß der Gesamteinfluß dieser strukturellen ökonomischen Änderungen für ein Land einen Nettogewinn darstellt – insbesondere wenn die Nutzen zukünftiger Generationen in Betracht gezogen werden -, wird es kurzfristig „Verlierer" geben, wenn eine Politiken eingeführt werden, die auf dem Vorsorgeprinzip oder Safe Minimum Standard beruhen[247]. Einen angemessenen Ausgleich in Form zusätzlicher Mechanismen und Politiken für diese "Verlierer" zu schaffen, wäre nicht nur aus Gerechtigkeitsgründen zu begrüßen, sondern auch als Anreiz für die Einhaltung des Vorsorgeprinzips und Safe Minimum Standards von großer Bedeutung.

Drittens hat die Diskussion über eine nachhaltige Entwicklung gezeigt, daß es nicht ausreichen wird, Politiken für die Sicherstellung ökologischer Schwellenwerte zu schaffen. Es wird vielmehr einen Bedarf an komplementären Anreizen und Managementregimes geben, sowohl auf internationaler wie auch nationaler und lokaler Ebene. Diese müssen dafür sorgen, daß alle ökonomischen Aktivitäten eine nachhaltige Nutzung des natürlichen Kapitals PGRFA als Querschnittsaufgabe berücksichtigen.

Viertens existieren bedeutende Risiken in Verbindung mit der Implementierung von Safe Minimum Standards. Das gleiche gilt für Politiken, die auf dem Vorsorgeprinzip aufbauen, wobei die Kosten hier geringer ausfallen. Deshalb ist die Bestimmung einer optimalen Politikmischung zur Erhaltung natürlicher Ressourcen so komplex und kompliziert. Zu dem eher traditionellen Problem, ob Regulationen oder marktorientierte Instrumente eine effiziente und effektive Lösung ermöglichen, kommt der Bestimmungfaktor, wo und wann Grenzen ökonomischer Aktivitäten zum Schutz natürlicher Ressourcen angewendet werden sollen, hinzu. Hier sind die Ergebnisse aus der agrarökologischen Systemforschung für die Erhaltung und nachhaltige Nutzung PGRFA zu implementieren (ALTIERI 1995).

Nimmt man diese Argumente zusammen, dann kann es nicht verwundern, daß ein Safe Minimum Standard oder auf dem Vorsorgeprinzip beruhende Politiken bisher vorrangig im Zusammenhang mit dem Schutz bedrohter Arten in Verbindung gebracht werden. Es gibt aber aus Sicht der Ökologie, Ökonomie und Soziologie zunehmend die Forderung, daß die Wohlfahrtsauswirkungen der gegenwärtigen Umweltmanagementstrategien im Hinblick auf die Agrobiodiversität neu bewertet werden müssen. Solange ein solcher Reevaluierungsprozeß im Gange ist, bieten ein Safe Minimum Standard und auf dem Vorsorgeprinzip beruhende Politiken einen guten Schutz vor irreversiblen, nicht-gewollten Ressourcendegradierungen.

[247] Zu solchen „Verlierern" wird man kurzfristig die meisten Entwicklungsländer zählen müssen.

4.2.1 Die Bewahrung PGRFA und der Safe Minimum Standard

Die Anwendung eines Safe Minimum Standards auf den Erhalt pflanzengenetischer Ressourcen für die Ernährung und Landwirtschaft läßt sich anhand eines stilisierten Beispiels[248] verdeutlichen. Zwei landwirtschaftliche Entwicklungsprojekte werden miteinander verglichen, wobei jedem dieser Projekte ein unsicherer, aber irreversibler, Verlust pflanzengenetischer Ressourcen unterstellt wird. Nimmt man an, daß alle gegenwärtigen und erwarteten Nutzen der Erhaltung, die durch die Projekte verloren gehen, angemessen evaluiert werden können, dann sind die Nettonutzen der Entwicklung für Projekt *i* (wobei i = 1,2) die privaten Entwicklungsnutzen minus den entgangenen erwarteten Erhaltungsnutzen, d.h. $TD^i = PB^i_d - EB^i_p$. In Abbildung 4-1 werden hypothetische Werte für die verschiedenen Nutzen der Projekte angenommen.

Abbildung 4-1: Projekte für die Nutzung PGRFA und die Gesamtnutzen der Entwicklung

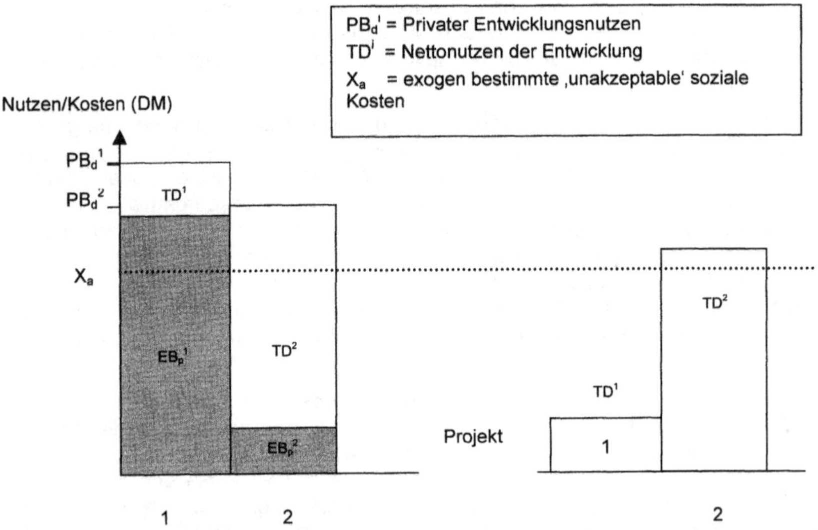

Quelle: CROWARDS (1998)

Die beiden Projekte 1 und 2 aus Abbildung 4-1 implizieren, daß X_a einen Geldbetrag repräsentiert, der von der Gesellschaft als diejenige finanzielle Schwelle angesehen wird, die in Zusammenhang mit den Kosten eines SMS für die Erhaltung

---

248 Von Seiten der Politik wird die wissenschafliche Forschung immer wieder aufgefordert, konkrete Zahlen für den Nutzen und die Kosten PGRFA anzugeben. Bisher liegt aber noch kein verläßliches Zahlenmaterial vor.

pflanzengenetischer Ressourcen für die Ernährung und Landwirtschaft akzeptiert wird oder nicht. Ein Nutzenverlust der größer als X_a ist, wird von der Gesellschaft nicht akzeptiert, während alles unterhalb der Schwelle X_a als akzeptabler Preis für die Vermeidung möglicher (großer) zukünftiger Verluste betrachtet wird. Diese kritische Nutzenschwelle X_a wird dem Projekt - unabhängig von der ökonomischen Bewertung - durch gesellschaftliche bzw. politisch-wissenschaftliche oder institutionelle Prozesse exogen vorgegeben. Sie spiegelt das Ausmaß der gesellschaftlichen Bereitschaft wider, Opfer bezüglich anderer sozialer Ziele zu bringen, um das Risiko irreversibler Verluste PGRFA zu reduzieren. Die privaten Gewinne der Entwicklungsstrategie sind auf der Ordinate der linken Seite der Abbildung 4-1 abgetragen, wobei das Projekt 1 (Fortschreiten der gegenwärtigen Industrialisierung in der Landwirtschaft) auf dieser Basis gewinnträchtiger als das Projekt 2 (Entwicklung zu einer nachhaltigen Landbewirtschaftung) ist. Das Ergebnis einer „klassischen" Betrachtungsweise dieses Problems auf der Grundlage von privaten Entwicklungsnutzen wäre somit klar: Wähle Projekt 1, da es den höchsten Nutzen PB_d abwirft.

Eine solche Analyse berücksichtigt nur die gegenwärtigen Opportunitätskosten der Gesellschaft für die Aufrechterhaltung des SMS, die isoliert betrachtet nicht angemessen erscheinen. In Abbildung 4-1 sind die erwarteten Erhaltungsnutzen, die durch die beiden Projekte verloren gehen, als schraffierte Fläche illustriert. Die Gesamtnutzen der Entwicklung, d.h. die privaten Nutzen minus die externen Kosten der Ressourcendegradation, sind als TD^i dargestellt. Sie bilden das Residuum aus den Flächen (Pb^i_d + Td^i) minus den schraffierten Flächen Eb^i_p. Diese Gesamtnutzen sind wiederum auf der rechten Seite der Abbildung 4-1 illustriert. Es wird ersichtlich, daß unter Berücksichtigung der Gesamtnutzen der Entwicklung, d.h. den wahren sozialen Kosten eines SMS, lediglich Projekt 2 in Frage kommt, da nur hier die Gewinne für die Gesellschaft als ausreichend hoch betrachtet werden ($> X_a$).

Auf der anderen Seite hat Projekt 1 zwar eine positive Nutzen/Kosten-Relation, die auf der Basis einer klassischen Kosten-Nutzen-Analyse akzeptiert würde, aber der erreichte Gesamtnutzen der Gesellschaft fällt weit hinter das zurück, was diese als ausreichend empfinden würde, um den SMS zu brechen. Aus diesem Grund führt die Vernachlässigung der Einschätzung des Erhaltungsnutzens, der bei Durchführung des Projekts verloren geht, zu einer Übertreibung bei der Schätzung der sozialen Kosten, die in Verbindung mit dem SMS auftreten. Dieses Vorgehen birgt die Gefahr in sich, daß mehr Projekte akzeptiert werden als von der Gesellschaft gewünscht und damit einhergehend größere Schäden für die Umwelt und natürliche Ressourcen auftreten.

Wenn die sozialen Kosten ohne die Berücksichtigung des Erhaltungsnutzens berechnet werden, dann degradiert der SMS im wesentlichen zu einer Entscheidungsregel, in der die größten Projekte mit den größten privaten Nutzen (und den möglicherweise größten Umweltschäden) ausgewählt werden. Auf dieser Basis wird in unserem Beispiel am ehesten Projekt 1 gewählt, weil erwartet wird, daß es die höchsten internen Entwicklungsnutzen beinhaltet. Dies berücksichtigt jedoch nicht die oftmals irreversiblen externen Umwelteffekte (Kosten), die eine weitere Industrialisierung der Landwirtschaft in der vorgestellten Form mit sich bringt.

Die alleinige Berücksichtigung der privaten Nutzen eines geplanten Projekts kann demnach die Kosten des SMS für die Gesellschaft überhöhen. Dies liegt insbesondere an der Vernachlässigung externer Kosten, aber gleichfalls an der Mißachtung bestimmter Teile des erwarteten Nutzens der Erhaltung: Den sogenannten „non use values". In Einzelfällen beanspruchen diese non use values einen signifikanten Anteil am Wert einer Ressource wie z.B. bei pflanzengenetischen Ressourcen für die Ernährung und Landwirtschaft, so daß Schätzungen der sozialen Kosten der Beibehaltung eines SMS, die diesen Wert ignorieren, zu niedrig angesetzt werden. Es ist durchaus sinnvoll, sich über die Präzision der Ergebnisse einer kontingenten Bewertung Gedanken zu machen, es ist aber nicht sehr hilfreich, diese Werte bei der Überlegung der Beibehaltung eines SMS einfach zu ignorieren, da das Risiko einer fehlgeleiteten Politik gesteigert wird. Außerdem kann die „Messung" der non use values dazu genutzt werden, neben dem Kriterium der ökonomischen Effizienz auch andere soziale Aspekte bzw. Ethiken bei der Nichteinhaltung des natürlichen Minimumstandards zu berücksichtigen (CROWARDS 1998; MARGGRAF/STREB 1997; ENNEKING 1999).

4.2.2 Erhaltungsmöglichkeiten für pflanzengenetische Ressourcen

In der bisherigen Diskussion stehen für die Erhaltung PGFRA die folgenden Methoden im Mittelpunkt (MEYER ET AL. 1998: 165 ff.)[249]:

- ex-situ Maßnahmen zur Erhaltung der inter- und intraspezifischen Vielfalt landwirtschaftlicher und gartenbaulicher Kultur- und Wildpflanzen[250]
- in-situ Maßnahmen, die als eines der zentralen Instrumente der Konvention über die biologische Vielfalt anzusehen sind; hierbei werden pflanzengenetische Ressourcen am natürlichen Wuchsort geschützt z.B. in den Vavilowschen Genzentren (FLITNER 1995)
- on-farm Maßnahmen, die sich auf Kulturpflanzen und deren Erhaltung in ihrer natürlichen Umgebung, d.h. im üblichen Anbau in der Landwirtschaft, beziehen

Die Vor- und Nachteile der verschiedenen Erhaltungsformen werden anhand der Tabellen 4-23 und 4-24 erläutert.

Die Erhaltung pflanzengenetischer Ressourcen ex-situ kann für eine nachhaltige Landwirtschaft nur komplementär zu der nachhaltigen Nutzung in-situ bzw. on-farm erfolgen, weil die komplexen und dynamischen Agrarökosysteme dem statischen Prinzip der Genbanken widersprechen (HAMMER 1998).

---

[249] Siehe auch die Ausführungen in Kapitel 2.1.1.

[250] Beispiele hierfür sind die nationalen und internationalen Genbanken wie die Genbank des Instituts für Pflanzengenetik und Kulturpflanzenzüchtung (IPK) in Gatersleben.

Tabelle 4-23: Vor- und Nachteile einer ex-situ Erhaltung PGRFA

Vorteile	Nachteile
• Vielfalt an Genen kann erhalten und genutzt werden (Ausgangsmaterial für Wissenschaft und Pflanzenzüchtung)	• Unwissen über den Bestand in den Genbanken (viele bestehende Genbanken bieten zu wenig Sicherheit)
• relativ kostengünstig (Ausnutzung von Skaleneffekten)	• Abhängigkeit von (staatlichen) Finanzgebern
• genotypische und phänotypische Merkmale können über lange Zeiträume erhalten werden	• die wichtigsten Genbanken befinden sich alle in Industriestaaten (Konzentration der genetischen *ex-situ* Vielfalt)
• durch das globale *ex-situ*-Netz der FAO ist ein schneller und sicherer Zugang möglich	• die Evolution beeinflussende Umweltfaktoren werden ausgeschaltet
	• ständige Vervielfältigung des Ausgangsmaterials nötig

Quelle: Eigene Darstellung

Die Vor- und Nachteile der in-situ Erhaltung pflanzengenetischer Ressourcen sind Tabelle 4-24 zu entnehmen:

Tabelle 4-24: Vor- und Nachteile einer in-situ bzw. on-farm Erhaltung PGRFA

Vorteile	Nachteile
• dynamische, evolutive Entwicklung am natürlichen oder kulturellen Standort (Stabilisierung der Agrarökosysteme)	• relativ teuer (teilweise hohe Opportunitätskosten)
• nachhaltige Nutzung durch direkt betroffene Landwirte	• Landwirte werden nur das bewahren, was sie für ihre Nutzung als bedeutend empfinden
• Erhaltung der landwirtschaftlichen Komplementärarten (Naturschutz)	
• weitreichendes Wissen über die vorhandenen PGRFA eines Agrarökosystems	
• Entstehung vielfältiger landwirtschaflicher Kulturräume im Gegensatz zu Monokulturen	

Quelle: Eigene Darstellung

Dieser eher theoretischen Betrachtung der Vor- und Nachteile der Erhaltung und nachhaltigen Nutzung PGR in-situ stehen in der Realität große Widerstände entgegen. Bis auf die Unterstützung kleinerer Projekte wie z.B. der Obstbrennereien und damit indirekt der Konservierung von Streuobstwiesen mit ihrer beträchtlichen Pflanzenvielfalt werden in Deutschland nahezu keine finanziellen Mittel für die in-situ

Erhaltung bereitgestellt[251]. Als Fazit bleibt für die in-situ Erhaltungsstrategien, daß sie nur einen Faktor einer nachhaltigen Landwirtschaft darstellen. Vor allem die züchterischen Nutzungsaspekte bleiben weitgehend ausgeklammert, so daß die Schaffung einer neuen, an die gegenwärtigen landwirtschaftlichen Bedingungen angepaßten genetischen Vielfalt nicht erreicht wird. Ausschließlich diejenige Form der nachhaltigen Nutzung wird den Anforderungen eines systemischen Ansatzes gerecht, die auf der Weiterentwicklung eines Agrarökosystems beruht (FRANKEL ET AL. 1995)[252].

Die Erhaltung PGRFA berührt nicht nur den Agrarsektor, sondern gleichfalls verschiedene andere Sektoren und deren Politiken. Zu nennen sind insbesondere die rechtlichen Regelungen des Naturschutzes, der Forstwirtschaft, des Saatgutverkehrs, des Sortenschutzes und der Patente.

Für die Erhaltung und Nutzung pflanzengenetischer Vielfalt in der Landwirtschaft besitzen die institutionellen Rahmenbedingungen - wie gesehen - eine große Bedeutung. Die extern festgelegten Regeln und Gesetze steuern zu einem erheblichen Teil die Entwicklung eines Agrarökosystems mit. Hier sind es insbesondere rechtliche Eigentumsregelungen, die ein solches System sowohl negativ als auch positiv beeinflussen können. National wie international sind dies für den Bereich der biologischen Vielfalt in der Landwirtschaft die diversen Sorten- und Saatgutbestimmungen sowie seit den 1990iger Jahren Patente auf Pflanzen, Pflanzengene oder andere Pflanzenbestandteile (ACHARYA 1991, 1992). Vor- und Nachteile intellektueller Eigentumsrechte in der Pflanzenzüchtung sind in Tabelle 4-25 abgebildet[253].

Obwohl keine generellen Aussagen über die Vortrefflichkeit eines bestimmten Eigentumsrechtsregimes getroffen werden können - hierzu sind detaillierte Fallstudien notwendig -, lassen sich bei der jetzigen Ausgestaltung Defizite feststellen, die dem Erhalt und der nachhaltigen Nutzung PGRFA zuwiderlaufen und somit das Agrarökosystem destabilisieren. Zu nennen ist hier insbesondere ein sogenannter „crowding out"-Effekt des öffentlichen Sektors aus der Pflanzenzüchtung, d.h. nach KNUDSON (1999):

- es bilden sich strategische Allianzen privater Züchter
- unprofitable Pflanzensorten, die genetisch divers sind, bleiben unberücksichtigt
- eine verstärkte Marktorientierung führt zur Entwicklung von genetisch trivialen Eigenschaften (KLOPPENBURG 1988a), weil diese Entwicklungsbemühungen die kürzesten Ammortisationszeiten erwarten lassen

---

[251] Für die dringensten Erhaltungsmaßnahmen werden jährlich weltweit weniger als 300 Mio US$ veranschlagt (FORUM UMWELT & ENTWICKLUNG 1996: 14).

[252] Als Folge einer mehr und mehr industrialisierten Landwirtschaft können sich in-situ Maßnahmen immer weniger durchsetzen, was neben dem Verlust PGRFA zu einer stetigen Reduzierung an Kulturerfahrung und landwirtschaftlicher Tradition führt.

[253] Vgl. auch Kapitel 4.2.4.

Tabelle 4-25: Vor- und Nachteile intellektueller Eigentumsrechte in der Pflanzenzüchtung

Vorteile	**Nachteile**
• Forschungs- und Entwicklungsanreize für Pflanzenzüchter	• nur kommerzielle Forschung und Entwicklung wird vorangetrieben
• marktkonform	• Entstehung von Monopolrenten
• Züchter- und Landwirteprivileg	• Einengung der genetischen Vielfalt, da Sorte neu, homogen, unterscheidbar und beständig sein muß
• langfristige, potentielle weltweite Wohlfahrtsgewinne	• nur bei hoher Verbreitung einzelner Sorten können für Züchter Gewinne realisiert werden (Gefahr von Monokulturen)
• Anreize, Arten und Habitate zu konservieren	• strikte Trennung zwischen Pflanzenzüchtung und Landwirtschaft
	• hohe staatliche Eigentumsrechtsgebühren
	• kapitalarmen Ländern fehlt die Voraussetzung, potentielle langfristige Gewinne der Gewährung von Eigentumsrechten zu realisieren
	• ethisch fragwürdig, Leben zu patentieren

Quelle: Eigene Darstellung

Eine politische Konsequenz könnte z.B. eine forcierte, eigenständige öffentliche Forschung im Bereich PGRFA sein[254], wobei die Ergebnisse dieser Forschungsbemühungen Entwicklungsländern mit besonders fragilen Agrarökosystemen kostenlos zur Verfügung gestellt werden müßten.

Es gilt ferner der Gefahr zu begegnen, daß die Konzentrationstendenzen auf dem Saatgut- und Chemiemarkt eine effiziente Marktlösung behindern und daß die unausgewogene Unterschutzstellung intellektueller Eigentumsrechte auf der einen und die fehlenden Rechte der traditionellen Pflanzenzüchter - der indigenen und lokalen Gemeinschaften - auf der anderen Seite zu inakzeptablen Ungerechtigkeiten führen. Solange die unterkapitalisierten Landwirte in den Entwicklungsländern keine Rechte für ihre jahrhundertealte Pflanzenzüchtung geltend machen können, wird es auch mit großer Wahrscheinlichkeit keine „gerechten" und effektiven Lösungen für die Bewahrung der pflanzengenetischen Vielfalt geben. Das Ziel lautet nachhaltige Landbewirtschaftung, d.h. die Betrachtung dynamischer Agrarökosysteme mit den darin lebenden Menschen. Dieses kann nicht unter einer nahezu vollständigen Marginalisierung betroffener Systemmitglieder erreicht werden, da sich ein solches System früher oder später selbst zerstört.

254 In Ansätzen wird dies in den Internationalen Agrarforschungszentren umgesetzt, deren Jahresbudget eine umfassende Forschung zum Nutzen der Agrarökosysteme in Entwicklungsländer nicht zuläßt.

Restriktive Patente gefährden darüber hinaus möglicherweise durch eine latente Androhung von Gerichtsprozessen bei Mißbrauch Innovationen und den Gebrauch landwirtschaftlichen Keimplasmas in Forschung und Züchtung (CORREA 1999). „...patents on genes of wide utilization in agriculture can block the development of new varieties in a clear contradiction to the objectives for which the (patent) system was designed“ (MIRANDA SANTOS/ LEWONTIN 1997: 5).

4.2.3 Aktionsbereiche nach Themenfeldern

Für die Bewahrung und nachhaltige Nutzung der gesamten landwirtschaftlichen Biodiversität können vor allem vier Aktionsbereiche ausgemacht werden (UNEP 1999):

1. Information, Bewertung und Indikatorenentwicklung
2. Forschung und Entwicklung
3. Steigerung des Bewußtseins und der Aufbau von Kapazitäten
4. Entwicklung von Politiken und Instrumenten

Für den *ersten* Aktionsbereich gilt es, Indikatoren für die Bewertung und Überprüfung zu identifizieren, zu entwickeln und zu dokumentieren, damit die zugrundeliegenden Ursachen für die Veränderungen der Agrobiodiversität besser verstanden werden können. Anschließend sollte eine spezifische Fokussierung auf Indikatoren für die Bewertung von Veränderungen im Agrarökosystem vorgenommen werden und auf die institutionellen/ ökonomischen Kräfte geachtet werden, die diese Veränderungen beeinflussen. Daran anknüpfend sollten die Indikatoren und Bewertungen mit bestimmten Dimensionen der Agrobiodiversität wie z.B. nachhaltige Produktionssysteme, Lebenserhaltungsfunktionen, ökologische und soziale Leistungen etc. verbunden werden.

Der *zweite* Aktionsbereich betont einen stärkeren Koordinations- und Informationsaustausch zwischen Forschungs- und Entwicklungsprogrammen sowie bessere formale und informale Sektorbeziehungen. Hierbei spielt die Stärkung nationaler Agrarforschungssysteme zu allgemeinen Fragen der Agrobiodiversität und nachhaltiger Agrarökosysteme eine wichtige Rolle, die um eine Erweiterung durch einen partizipativen Forschungs- und Technologieentwicklungsprozesses ausgehend von lokalen Landbewirtschaftern ergänzt werden (BEZUNEH ET AL. 1995). Beispiele hierfür sind sogenannte landwirtschaftliche Feldschulen („farmer field schools“). Weiterhin ist es von großer Bedeutung, daß Kommunikationsmethoden entwickelt werden, die den Informationsaustausch relevanter wissenschaftlicher Forschung und praktischer Informationen zwischen verschiedenen Akteuren und Betroffenen vereinfachen. Dies gilt nicht in erster Linie für den Transfer von Forschungsergebnissen aus den Industrieländern in die Entwicklungsländer, sondern in besonderem Maße innerhalb von Entwicklungsländern (GETTKANT ET AL. 1997).

Der *dritte* Aktionsbereich befaßt sich mit dem Kapazitätsaufbau für die Verbesserung des Bewußtseins, Wissens und der Verfügbarkeit von Informationen zur Agrobiodiversität. Dabei soll ein Schwerpunkt im Kapazitätsaufbau für die

Ausweitung nachhaltiger Methoden für die Bewahrung der Agrobiodiversität liegen. Ein zweiter Schwerpunkt befaßt sich mit dem Kapazitätsaufbau für die Entscheidungsfindung, Planung und Politik, die die Agrobiodiversität zum Inhalt haben. Wie bereits mehrfach angesprochen, handelt es sich hierbei um eine Querschnittsaufgabe verschiedener politischer Ressorts, die es zu koordinieren und zu führen gilt. Es ist darauf zu achten, daß durch die Optimierung eines Ablaufprozesses die Transaktionskosten nicht die potentiellen Gewinne einer koordinierten Zusammenarbeit übersteigen.

Der *vierte* Aktionsbereich zielt auf die Integration der Agrobiodiversität in die nationalen Biodiversitätsprogramme und Aktionspläne sowie in nationale Umweltaktionspläne und Agrarstrategien bzw. –pläne. Dies erfordert neben einem Kapazitätsaufbau die Entwicklung kohärenter Koordinations- und Politikansätze auf nationaler, regionaler und internationaler Ebene zwischen den relevanten Organisationen, Ministerien und Sektorkörperschaften. Durch die Milderung bzw. Reformierung des Einflusses von unerwünschten Wirkungen des Marktes und der existierenden ökonomischen Rahmenbedingungen auf die Agrobiodiversität soll ein ausgeglichenes Kräfteverhältnis geschaffen werden. Dazu dient vor allem die Einführung von Anreizmaßnahmen auf den Märkten wie z.B. Gebühren, Abgaben, Ökosteuern, Zertifizierung und Labelling sowie das Entfernen kontraproduktiver Anreize. Neben solchen staatlich herbeigeführten Pflichten sollten Verhaltenskodices mit Bezug auf die Agrobiodiversität („code of conducts“) entwickelt bzw. weiterentwickelt und implementiert werden, die sich auf alle existierenden internationalen Vereinbarungen beziehen.

4.2.4 Aktionsbereiche nach Politikfeldern

Die Interaktionen ökologisch-ökonomischer Systeme sind derart komplex, daß für die politischen Entscheidungsträger eine Vorhersage, wie die biophysikalischen Grenzen der ökonomischen Aktivitäten eingerichtet werden müssen, sehr schwer möglich ist. Es gibt Hinweise, daß die interne Komplexität eines (Agrar-) Ökosystems positiv mit seiner Stabilität korreliert (SMITH 1996). Einer der ersten Schritte erfolgreicher politischer Aktivitäten müßte es daher sein, die Komplexität des jeweils betroffenen Systems zu verstehen, um es in einem zweiten Schritt steuern zu können.

Gegenwärtig befindet sich die Gesellschaft in einer Übergangsphase von einer Periode stetigen Produktionswachstums – oftmals auf Kosten eines vernachlässigten Umwelt- und Ressourcenschutzes – zu einer Periode, in der ökologische Grenzen des materiellen Wirtschaftswachstums immer deutlicher werden (HARRIS 1996). Es steht somit nicht nur die Frage der Gesamtangebotskapazität landwirtschaftlicher Produktion zur Debatte, sondern ebenfalls die steigenden ökologischen Kosten, die mit einer Angebotserweiterung der industrialisierten Landwirtschaft einhergehen. Ökologisch orientierte Produktionssysteme bieten in vielen Fällen multiple Nutzen, die sich nicht in der Maximierung der Getreideerträge widerspiegeln, dafür aber langfristig angepaßt an das gegebene Agrarökosystem sind. Neben der Schaffung angepaßter Landbewirtschaftungssysteme sollten regionale Modelle nachhaltiger

Agrarökosysteme erstellt werden, da diese mehr über eine begrenzte regionale "carrying capacity[255]" aussagen können als diejenigen mit Fokus auf Hochertrags- und Hochinputtechniken in der Agrarproduktion (produktionsspezifische Modelle). Dazu gehören auch höhere Investitionen in die Bodenkonservierung und –wiedergewinnung, effiziente Bewässerungssysteme mit wiederholtem Wassergebrauch sowie integrierte Pflanzenschutzmethoden.

Politische Entscheidungsträger müssen beim Einsatz von Indikatoren, die eine nachhaltige Landbewirtschaftung kennzeichnen könnten, zwei wichtige Aspekte berücksichtigen (AZAR ET AL. 1996):

1. In vielen Fällen entstehen längere Verzögerungen zwischen einer spezifischen Aktivität und dem korrespondierenden Umweltschaden. Das bedeutet für auf Umweltzustände aufbauende Indikatoren, daß sie zu spät warnen und oftmals nur anzeigen, welche gesellschaftlichen Aktivitäten in der Vergangenheit nachhaltig waren und welche nicht.
2. Die Komplexität eines (Agrar-)Ökosystems macht es unmöglich, alle potentiellen Effekte einer bestimmten gesellschaftlichen Aktivität vorauszusagen. Die meisten Indikatoren zur Nachhaltigkeit werden bisher in Hinsicht auf bekannte Umweltwirkungen formuliert. Ein (pro-)aktiver Umgang mit solchen Nachhaltigkeitsindikatoren verlangt von den politischen Entscheidungsträgern die Berücksichtigung allgemeiner Prinzipien oder Bedingungen der Nachhaltigkeit. Als ein wesentliches Prinzip ist in diesem Zusammenhang das der Vorsorge zu nennen.

Nach Möglichkeit sollten sozioökonomische Indikatoren für eine nachhaltige Landbewirtschaftung eingesetzt werden, die auf einem institutionellen Rahmen aufbauen, der die Nachhaltigkeit einer gesellschaftlichen Entwicklung im Blickfeld hat. Der Fokus solcher Indikatoren sollte am Beginn der Ursachenkette stehen, da eine nachhaltige Entwicklung vor allem eine grundlegende gesellschaftliche Orientierung voraussetzt.

Neben den besagten Indikatoren spielt die Auslegung geistiger Eigentumsrechte eine bedeutende Rolle, wenn es darum geht, ein geeignetes Instrument für den Schutz und die nachhaltige Entwicklung PGRFA bereitzustellen. Vorweg sollte berücksichtigt werden, daß ein Großteil der Bevölkerung in Entwicklungsländern von der Landwirtschaft abhängt, um ein Überleben zu sichern. Würden intellektuelle Eigentumsrechte auf alle Arten von Pflanzentechnologien übertragen, die bisher für jeden Landwirt bzw. jede Dorfbewohnerin frei zugänglich waren, so wäre dies sozial unangemessen und in einigen Fällen ökonomisch und ökologisch unerwünscht. Die Forcierung der Umsetzung des TRIPs-Abkommens in die nationale Gesetzgebung über geistige Eigentumsrechte könnte zu politischen Aufständen und Instabilitäten in vielen Entwicklungsländern führen. Deshalb ist dieses Instrument nicht von allen Staaten zu favorisieren.

Auf der anderen Seite sehen sich die Entwicklungsländer strengen internationalen Sanktionen gegenüber – insbesondere durch die ökonomische und politische

---

[255] Siehe Kapitel 3.3.1.

Machtstellung der Industriestaaten -, falls sie die Bestimmungen des TRIPs-Abkommens nicht vollkommen in nationales Recht umsetzen. Es kann hier also zu Nutzenverlusten durch den internationalen Handel kommen. Ein mangelhaft ausgestaltetes intellektuelles Eigentumsrechtssystem verhindert allerdings auch, daß internationale Unternehmen ihre Investitionsneigung verlieren, was von vielen Entwicklungsländern sicherlich nicht begrüßt würde. Der Erhalt der Agrobiodiversität würde dann ausschließlich national erfolgen, ohne die Hilfe privater internationaler Unternehmen (PACON 1995).

Einen Ausweg aus dieser ambivalenten Einschätzung intellektueller Eigentumsrechte bietet die Annahme eines pluralistischen TRIPs-Ansatzes, d.h. die Ausweitung partieller Schutzrechte[256] für genetisches Saatgutmaterial, partieller oder fehlender Schutz für gegenwärtig extrahierte (genutzte) Ressourcen sowie voller Schutz für potentielle zukünftige Ressourcen (BHAT 1996). Die volle Berücksichtigung der Schutzrechte des TRIPs-Abkommens auf biologische Ressourcen in Entwicklungsländern, um auf diese Weise WTO-Strafmaßnahmen in Nichtagrarsektoren zu verhindern, könnte die Erschöpfungsrate PGRFA durch indigene und lokale Gemeinschaften erhöhen und den erhaltenswerten Ressourcenbestand eventuell vernichten. Ein solcher vollkommener Schutz kann hingegen der Erhaltung der Agrobiodiversität nutzen, wenn es sich um die Bewahrung unerforschter Ressourcen mit potentiellem Nutzen handelt.

Aus der geforderten Entwicklung und Integration innovativer Prinzipien und Instrumente ergibt sich für die politischen Entscheidungsträger die Aufgabe, die vorhandenen Politikbereiche umzustrukturieren, zu reorganisieren und zu koordinieren. Die vielfältigen Zuständigkeitsbereiche, die durch eine Querschnittsaufgabe wie den Erhalt und die nachhaltige Nutzung PGRFA betroffen sind, erschweren eine effektive und effiziente Koordination. Dies erhöht die Bedeutung einer engen Abstimmung und Zusammenarbeit, die das Vorsorgeprinzip in allen Politikbereichen etablieren soll.

Politikbereiche, die für die Erhaltung PGRFA vornehmlich verstärkter Integrationsbemühungen bedürfen, sind Wirtschaft, Landwirtschaft, Forschung, Verkehr, Finanzen und wirtschaftliche Zusammenarbeit. Diese Integrationsleistungen sollten von verbindlichen Regelungen begleitet werden. Die Erarbeitung prioritärer Qualitäts- und Handlungsziele erfolgt im Anschluß, wobei es zu einer kontinuierlichen Einbeziehung interessierter und betroffener gesellschaftlicher Gruppen in den Strategieentwicklungs- und Umsetzungsprozeß kommen muß. Dies ist eine Voraussetzung für eine nachhaltige Entwicklung von Agrarökosystemen und der darin enthaltenen PGFRA. Der beschriebene Integrationsprozeß sollte von aufeinander abgestimmten Sicherheits- und Begleitforschungen (Monitoring) unterstützt werden (MEYER ET AL. 1998).

Besondere Beachtung verdient die Forcierung der Kooperationen internationaler Zusammenarbeit. Durch die Berücksichtigung verschiedener Ziele in der Konvention über die biologische Vielfalt erhöht sich die rechtliche Komplexität der internationalen

[256] Partielle Schutzrechte sind z.B. Prozeßpatente oder sui-generis Systeme wie das internationale Sortenschutzrecht der UPOV.

Rahmenbedingungen und führt bisweilen zu Unklarheiten zwischen den betrachteten Institutionen der CBD, FAO und WTO[257]. Hierbei treten vor allem die Konflikte zwischen den Zielen der CBD und des TRIPs-Abkommens deutlich hervor, die für eine effektive Strategie und Anwendung bestimmter Instrumente zu berücksichtigen sind (GRAIN 1998b). Die folgenden vier Konfliktbereiche müssen deshalb in jede politische Strategie für die Bewahrung und nachhaltige Nutzung PGRFA einbezogen werden (Tabelle 4-26).

Tabelle 4-26: Konflikte zwischen der CBD und dem TRIPs-Abkommen

CBD	**TRIPs-Abkommen**
• Nationalstaaten haben souveräne Rechte über ihre biologischen Ressourcen	• Biologische Ressourcen sollten für geistige Eigentumsrechte zugänglich sein; Zwangslizenzen im nationalen Interesse sollten begrenzt werden
• Der Gebrauch und die Ausbeutung traditionellen Wissens, Innovationen und Praktiken mit Relevanz für den Umgang mit der Biodiversität muß die gerechte Aufteilung der Nutzen ermöglichen	• Patente müssen für alle Technologiefelder bereitgestellt werden; deshalb müssen auch der Gebrauch und die Ausbeutung biologischer Ressourcen durch intellektuelle Eigentumsrechte geschützt werden. Es existiert kein Mechanismus für die Aufteilung der Nutzen zwischen einem Patentinhaber in einem Land und dem Geber des biologischen Materials, von dem die Erfindung abgeleitet wurde, in einem anderen Land
• Der Zugang zu biologischen Ressourcen erfordert die vorherige Zustimmung („prior informed consent"; PIC) des Ursprunglands der biologischen Ressourcen. Gefordert wird ebenfalls das Einverständnis und die Beteiligung lokaler Gemeinschaften	• Es existiert keine Bestimmung, die eine vorherige Zustimmung (PIC) erfordert für den Zugang zu biologischen Ressourcen, die anschließend durch geistige Eigentumsrechte geschützt werden[258]
• Die Staaten sollten die Bewahrung und nachhaltige Nutzung der Biodiversität als gemeinsames Interesse der Menschheit fördern, wobei alle Rechte an den biologischen Ressourcen berücksichtigt werden müssen	• Der Schutz der öffentlichen Gesundheit und der Ernährung sowie das öffentliche Interesse im allgemeinen sollen durch das private Interesse der Besitzer geistiger Eigentumsrechte erreicht werden, wie es in den Bestimmungen des TRIPs-Abkommens bestimmt ist

Quelle: GRAIN (1998a)

Die von der CBD geforderte nationale Souveränität impliziert, daß die einzelnen Länder ein Recht besitzen, intellektuelle Eigentumsrechte auf unterschiedliche Lebensformen – z.B. biologische Ressourcen – zu verweigern. Das TRIPs-

---

[257] Vgl. Kapitel 4.1. BIERMANN/ SIMONIS (1998) schlagen zur Lösung u.a. dieses Problems eine "Weltorganisation für Umwelt und Entwicklung" vor.

[258] Vgl. aber die Material Transfer Agreements der CGIAR-Zentren (BARTON/ SIEBECK 1994).

Abkommen geht jedoch über diese souveräne Rechtsgestaltung hinaus, indem es nationale gesetzliche Bestimmungen für Mikroorganismen, nicht-biologische und mikrobiologische Prozesse fordert sowie Patentschutz, ein sui-generis System oder eine Kombination der beiden für Pflanzensorten[259].

Den Nationalstaaten gibt die CBD die Autorität, den Diebstahl genetischer Ressourcen – die sogenannte Biopiraterie – durch ein wirksames PIC-Verfahren zu verringern, indem die Einzelheiten eines Austausches genetischer Ressourcen vorher vertraglich festgelegt werden. Das TRIPs-Abkommen ignoriert eine solche Autorität.

Das öffentliche Interesse und die nachhaltige Nutzung eines Gemeinschaftsgutes wird von der CBD über privates Eigentum und die damit verbundenen Interessengruppen gesetzt. Das TRIPs-Abkommen fordert genau das Gegenteil, weil ausschließlich individuelle geistige Eigentumsrechte geschützt werden sollen. Dies hängt eng mit der ökonomischen Hypothese zusammen, daß vor allem individuelle Eigentumsrechtsregime effiziente Marktlösungen produzieren[260].

Die Analyse der Beziehungen zwischen CBD und TRIPs-Abkommen unterstreicht die Forderung nach einer engeren Koordination und Kooperation auf internationaler Ebene. Ohne eine solche Zusammenarbeit wird es nahezu unmöglich sein, die konfligierenden Interessen in einer gemeinsamen Strategie zu bündeln. Die Forderung lautet daher: Verstärkte Bemühungen für eine gemeinsame Entwicklung einer Strategie für den Erhalt und die nachhaltige Nutzung PGRFA, wobei die FAO mit der Expertise von mehreren Jahrzehnten wichtige Ideen und Lösungsansätze beitragen könnte.

In diesem Zusammenhang sollte in jedem Fall in Betracht gezogen werden, daß eine ökologische Spezialisierung der durch internationalen Handel mitverursachten ökonomischen Spezialisierung folgt und nicht umgekehrt (JOHNSTONE 1995, 1996). Die ökonomische Spezialisierung, die durch die Ziele der WTO beschleunigt wird, verursacht dabei mit hoher Sicherheit eine Reduktion der ökologischen Diversität, wobei das Ausmaß dieser Reduktion unklar ist. Ein Beispiel dazu stellt die Orientierung der Landwirtschaft in vielen Ländern auf Monokulturen/ „cash crops“ dar.

In eine Strategie zur Vermeidung der Degradation der Agrobiodiversität müssen die internationalen Agrarforschungszentren der CGIAR eingeschlossen werden. Der steigenden Zentralisierung dieser Zentren und ihrem bestehenden top-down Ansatz, der die landwirtschaftliche Forschungspolitik der CGIAR in den kommenden Jahren weiterhin formen wird (WOOD 1998), läuft der Forderung der CBD nach einem partizipativen „bottom-up“ Ansatz entgegen. Der große Einfluß der CGIAR auf die landwirtschaftliche Entwicklungspolitik vieler Entwicklungsländer sollte dazu beitragen, angepaßte, langfristig orientierte Technologien zu entwickeln, die in Absprache mit den betroffenen indigenen und lokalen Gemeinschaften entstehen.

---

[259] Siehe Art. 27 (3) TRIPs-Abkommen.

[260] Daß das ökonomisch "Richtige" nicht mit dem ökologisch Nachhaltigen übereinstimmen muß, zeigen DEVLIN/GRAFTON (1998).

Hierbei gilt es auch die Strategie neu zu überdenken, gentechnisch veränderte Sorten mit aller Macht in Entwicklungsländern etablieren zu wollen, obwohl der Nutzen, kurz- wie langfristig, nicht abzusehen ist. Angepaßte Sorten und Technologie scheinen auch in diesem Fall der erfolgreichere Weg für eine nachhaltige Landbewirtschaftung und den Schutz der Agrobiodiversität zu sein.

Eine weitere wichtige Strategie für den Schutz und die nachhaltige Nutzung PGRFA ist durch das multilaterale System der FAO gegeben. Wenn es möglich würde, die konfligierenden Interessen der CBD und des TRIPs-Abkommens in dieses multilaterale/ globale System der FAO zu integrieren, wäre dies ein bedeutender Schritt in Richtung der geforderten Ziele. Für eine solche effiziente und effektive Nutzung eines multilateralen Systems müßten folgende Punkte Berücksichtigung finden (CORREA 1999):

- Bewahrung des Rechts eines jeden Staates, Pflanzen und Teile davon – einschließlich DNA Sequenzen – von der Patentierbarkeit auszuschließen
- Annahme klarer Regeln, die anzeigen, daß natürlich auftretendes Pflanzenmaterial – einschließlich extrahierter Gene – in jedem Staat außerhalb eines jeden Systems über geistige Eigentumsrechte stehen sollten
- Definition der Anforderungen, was Neuheit im Patentrecht aussagt, in der Weise, daß das Material von der Patentierbarkeit ausgeschlossen wird, das zuvor der Öffentlichkeit zur Verfügung gestellt wurde. Diese Veröffentlichungen können in Form von schriftlichen Beschreibungen sowie durch Nutzung vor Einreichung des Patents – dazu gehören auch Nutzungen indigener und lokaler Gemeinschaften – vollzogen werden
- Hinterlegung des Materials an einen Ort, an dem es öffentlich zugängig ist (Genbanken etc.)
- Einigung der internationalen Staatengemeinschaft darauf, daß geistige Eigentumsrechte für Pflanzenmaterial, das aus internationalen Genbanken oder anderen öffentlich zugängigen Hinterlegungsstellen herrührt, zurückzuweisen bzw. zu widerrufen sind
- Recht eines Staates, Ausnahmen für Experimente – einschließlich Forschung und Züchtung – zuzulassen, wenn das Patent auf Pflanzenmaterial – einschließlich Pflanzensorten – erteilt wurde

Bevor ein solch wichtiges Instrument wie ein multilaterales System für PGRFA etabliert werden kann, sollten einige Forderungen an eine internationale Harmonisierung erfüllt sein (COOPER AT AL. 1994). Neben den in der CBD gesetzten Zielen sind dies insbesondere (1) eine Förderung der landwirtschaftlichen Entwicklung durch angepaßte Pflanzenzüchtung, (2) die Etablierung demokratischer Strukturen, (3) die Transparenz der Entscheidungsfindung und Zurechnung der Verantwortlichkeiten, (4) eine "win-win"-Situation für alle Nationen und (5) eine langfristige finanzielle Unterstützung, die die internationalen Aktivitäten begleitet und die Aufteilung der Nutzen fördert. Die Mißachtung wesentlicher Teile dieser Forderungen führt dazu, daß ein effizientes und effektives multilaterales System nicht erreicht werden kann.

4.3 Umwelt- und wirtschaftspolitische Empfehlungen

Welche Implikationen ergeben sich aus den Ergebnissen der Kapitel 4.1 und 4.2 für diejenigen Entscheidungsträger, die ein nachhaltiges, effektives und durchsetzbares System internationaler Umweltinstitutionen für den Erhalt und die nachhaltige Nutzung pflanzengenetischer Ressourcen für die Ernährung und Landwirtschaft errichten möchten? Die zentrale These lautet: Ohne eine auf Querschnittsaufgaben orientierte Politik wird eine nachhaltige Entwicklung unfruchtbar bleiben. In Bezug auf die internationalen Institutionen, die in großem Ausmaß die Erhaltung und nachhaltige Nutzung PGRFA vorantreiben, heißt dies eine verstärkte Zusammenarbeit und aufeinander abgestimmte Ziele und Maßnahmen.

Einvernehmliche Lösungen internationaler Umwelt- und Entwicklungsfragen setzen im allgemeinen voraus, daß alle Beteiligten davon profitieren (ENDRES 1995). Deshalb beinhalten alle bisherigen Lösungen Transferzahlungen von den Bevorteilten der geänderten Umweltsituation an die Umweltnutzer, die sich ökonomisch entwickeln wollen. Damit diese Entwicklungsländer weiterhin am Verhandlungstisch mit den Industrieländern bleiben, was aufgrund der Verhandlungsmacht einzelner Industrieländer bei internationalen Abkommen durchaus in Frage gestellt kann, sollte den Entwicklungsländern in den meisten Fällen ein Verhandlungsvorteil eingeräumt werden (ROTILLON ET AL. 1996). Dies würde einen erheblichen Ansporn für die politische Umsetzung der geforderten Gerechtigkeitsüberlegungen geben. Das bedeutet jedoch nicht, daß immer dann, wenn es möglich ist, durch eine Änderung der Umweltnutzung mit anschließender Kompensationszahlung (sog. Potentielle Pareto-Verbesserung) alle Beteiligten besser zu stellen, auch eine einvernehmliche Lösung erzielt wird.

Die Politik sollte für einen Prozeß offen sein, der ein besseres Verständnis des sozialen/ kulturellen Kontextes der den Entwicklungsszenarios unterliegenden Umwelt- und Ökonomieinformationen sowie deren Beurteilung ermöglicht. Diese Vorgehensweise erfordert einen transdisziplinären partizipativen Ansatz. Die Bemühungen müssen sich auf das Verstehen der Beziehungen bei der Entwicklungsplanung fokussieren, was eher zu einem besseren Verständnis der Änderungsdynamiken führt als zu einer quantitativen Berechnung von Teilen der Ökonomie bzw. Umwelt zu bestimmten Zeitpunkten mit anschließender Prognose über Zukunftszustände. Das fehlende Verständnis der systemischen, strukturellen, komplexen Natur unserer Probleme ist wahrscheinlich der wichtigste isolierte Politikfehler. Politik sollte daher mehr prozeßorientiert wirken, mit der Möglichkeit, gesellschaftlich erwünschte, nachhaltige Veränderungen herbeizuführen (MEPPEM/ GILL 1998). Besonders bedacht und gefördert werden sollten solche politischen Prozesse, die die Idee des Lernens gegenüber einer positiven Wahrheitssuche bevorzugen.

Für die Ausgestaltung institutioneller Rahmenbedingungen, die insbesondere auf Marktlösungen ausgerichtet sind, müssen die wesentlichen Merkmale der Anbieter und Nachfrager nach PGRFA Berücksichtigung finden. In der folgenden Tabelle 4-27 sind die wichtigsten Eigenschaften der Anbieter und Nachfrager genetischer Ressourcen (nationale/ lokale/ indigene Gemeinschaften) bei einer vertraglichen Zugangsregelung zusammengefaßt (LESSER 1998: 38).

Tabelle 4-27: Eigenschaften von Anbietern und Nachfragern PGRFA

Anbieter PGRFA	**Nachfrager PGRFA**
1. An Vorauszahlung im Gegensatz zu „royalities" interessiert, die unsicher sind und erst nach Jahren anfallen	1. An der Verschiebung von Zahlungen interessiert, um das Risiko des Verlustes durch Vorauszahlungen nicht zu erhöhen
2. Risikoavers	2. Risikoneutral
3. Identifikation eines zuverlässigen Geschäftspartners („moral hazard"-Problematik)	3. Identifikation eines zuverlässigen Partners interessiert, besonders wenn Technologie und Wissen transferiert werden („moral hazard"-Problematik)
4. Schlechter über den möglichen Nutzen der genetischen Ressource informiert („adverse selection")	4. Besser informiert, was mit den Genressourcen passieren könnte („adverse selection")
5. Anspruch auf den Großteil der Gewinne, nachdem der Käuferanteil und andere Kosten abgezogen wurden	5. Auf den Großteil der Gewinne fixiert
6. „capacity building" durch eigenes screening von Stichproben, um den Mehrwert im eigenen Land zu steigern	

Quelle: LESSER (1998: 38)

Aus der Gegenüberstellung von Anbietern und Nachfragern wird deutlich, daß die Interessen beider Seiten stark divergieren. Eine politische Empfehlung für eine institutionelle Lösung lautet in diesem Fall konkrete, in sich geschlossene Verträge zu ermöglichen, die die Vertragsparteien in eine zufriedenstellende Situation versetzen. Nur dann ist gewährleistet, daß ohne weiteren staatlichen Zwang Verträge eingehalten werden. Eine Marktlösung muß sich mit diesen Präferenzen auseinandersetzen, da sie einen institutionellen Wandel stark beeinflussen. Bleiben die Präferenzen der Marktteilnehmer unberücksichtigt, scheint auch ein erfolgreicher institutioneller Wandel ausgeschlossen.

Für viele Staaten bedeutet eine Marktlösung mithin beträchtliche Veränderungen des nationalen Privatrechts, was mit hohen (sozialen) Kosten verbunden ist[261]. Dies heißt auch, daß ein institutioneller Wandel in bestimmten Entwicklungsländern nicht ohne finanzielle und organisatorische Unterstützung aus dem Ausland funktionieren kann. Ob dies im hier verstandenen Sinne immer eine nachhaltige Entwicklung einleitet oder ob nicht vielmehr abrupte institutionelle Änderungen eintreten werden, müssen vertiefende Einzelstudien zeigen.

261 Ein Beispiel bietet die Transformation der ehemaligen UDSSR in eine kapitalistische Marktökonomie.

Die Preisstützung für den landwirtschaftlichen Sektor in Industrieländern führt zu Störungen auf den Agrarmärkten in Entwicklungsländern und sollte daher grundlegend verändert werden. Durch die Preispolitiken in den meisten Entwicklungsländern werden die Nahrungsmittelpreise niedrig gehalten, damit die urbanen Regionen gestützt werden können. Diese wiederum besitzen im allgemeinen den größeren politischen Einfluß und sind für die Wiederwahl der Regierungsvertreter verantwortlich, was zu einer Marginalisierung ländlicher Gebiete führt. Politisch niedrig gehaltene Nahrungsmittelpreise veranlassen die Landwirte nicht dazu, in nachhaltige Produktionsmethoden zu investieren, was wiederum einen erodierenden Effekt auf die lokale (pflanzengenetische) Vielfalt hat.

Ein effektiver institutioneller Wandel hängt zudem von der Definition ab, die für das Ziel einer nachhaltigen Landbewirtschaftung in stabilen Agrarökosystemen gewählt wurde. Dabei gilt: „Defining sustainable agriculture is not a scientific process but rather an exercise in reaching consensus on values" (CLEVELAND ET AL. 1994). In Abhängigkeit von der Definition für eine nachhaltige Landbewirtschaftung unterscheiden sich die Einschätzung des Verlustes traditioneller Sorten und ihre Erhaltungsansätze, und damit auch die Bewertung eines institutionellen Wandels. Wenn eine nachhaltige Landbewirtschaftung als kontinuierliches Streben nach höheren Erträgen durch die marginale Verbesserung des industriellen Modells definiert wird, dann werden traditionelle Sorten zuerst als eine Quelle genetischen Rohmaterials für die Entwicklung und Aufrechterhaltung moderner Getreidesorten gesehen. Erhaltungsbemühungen fokussieren dabei hauptsächlich auf eine ex-situ Konservierung in Genbanken[262].

Falls eine nachhaltige Landbewirtschaftung jedoch als Optimierung langfristiger Diversität und Stabilität unter Berücksichtigung der wichtigen Rolle kleiner lokaler Gemeinschaften und von Landwirten definiert wird, dann werden traditionelle Sorten als Ressourcen betrachtet, die direkt (in situ/ on farm) von den Landwirten genutzt werden, obwohl eine ex-situ Konservierung komplementär wichtig bleibt. Diese Einsicht gilt es, in internationalen Verhandlungen umzusetzen, damit der hier vorgestellte institutionelle Wandel eine langfristige Stabilität der Agrarökosysteme erreicht.

Die Erhaltung PGRFA on farm sollte vom Staat gefördert werden, weil nicht angenommen werden kann, daß der Nutzen für den einzelnen Landwirt ausreicht, um die durch den Verzicht auf eine industrialisierte Landbewirtschaftung entgangenen Gewinne auszugleichen. Es gilt, die Schaffung eines internationalen Zahlungsmechanismus, der an den Wert der Saatgutumsätze gebunden werden und Programme zur Unterstützung der Bewahrung PGRFA voranbringen sollte, politisch aktiv weiter zu verfolgen (KNUDSON 1999).

Berücksichtigt man die Schwere des Politikversagens in Bezug auf den Schutz und die nachhaltige Nutzung PGRFA und erkennt die begrenzte Wirkung von staatlichen Regulationen an, liegt der Schluß nahe, daß ein Mischansatz unter Ausnutzung eines breiten Instrumenteneinsatzes die sinnvollste Lösung für die Politik und Administration darstellen kann. Ein gutes Beispiel für diverse Sicherungssysteme

---

[262] Siehe Kapitel 2.1.1 und Kapitel 4.2.

sind Flugzeuge, die auf unterschiedliche Rettungssysteme bauen. Diese sind voneinander unabhängig und redundant, garantieren in einem Notfall jedoch eine hohe Rettungsgarantie. Die gleiche Sicherheitsvielfalt sollte für den Bereich der Agrobiodiversität gelten, indem Forderungen nach redundanten Sicherheitssystemen politisch umgesetzt werden (EHRLICH/ EHRLICH 1981). Hierfür wird eine Vielzahl von Instrumenten nötig sein, wobei es einen Mindeststandard (SMS) einzuhalten gilt, der von Zeit zur Zeit evaluiert werden müßte. Die Redundanz der Sicherheitssysteme und die Forderung nach einem Mindeststandard beruhen auf dem Vorsorgeprinzip, das sich wiederum aus der Irreversibilität des Verlusts PGRFA ableitet.

Wenn die Politik mit Irreversibilitäten und Wissensmängeln konfrontiert wird, sind institutionelle Rahmenbedingungen von großer Bedeutung. Stützt sich die Politik lediglich auf einen „top-down“ Ansatz für die Erhaltung PGRFA, so sind die Verantwortlichen für den Schutz der Agrobiodiversität eher im nationalen Bereich zu finden. Ein Versagen ihrerseits führt somit zu einem Versagen des gesamten Systems. Aus diesem Grund sind Politiken, die den „top-down“ mit einem „bottom-up“ Ansatz verbinden verläßlicher und systemstabiler. Ein Fehler im institutionellen „top-down“ Verfahren läßt es immer noch zu, aus der „bottom-up“ Perspektive zu agieren (HUNHAMMAR 1997). Die Politik muß der Gefahr entgegentreten, die Inflexibilität und bürokratische Überzentralisierung des top-down Ansatzes der Nachhaltigkeit um jeden Preis zu forcieren. Das Ziel muß vielmehr eine ausgewogene und situations-/ problembezogene Anwendung des top-down bzw. bottom-up Ansatzes sein.

Der Erfolg von Agrobiodiversitätsprogrammen wird zu einem wesentlichen Teil davon bestimmt, welche Einstellung die indigenen und lokalen Gemeinschaften gegenüber solchen Programmen haben, welche Kapazität für die Nutzung lokalen Wissens zur Verfügung steht und welche lokalen Eigentumsrechtsstrukturen für lokal entwickelte Prozesse/ Produkte bestehen. Die Bemühungen, den Verlust PGRFA zu verlangsamen bzw. zu stoppen und eine nachhaltige Nutzung einzuleiten, müssen damit beginnen, das Verhalten derjenigen Landwirte verstehen zu lernen, die den Verlust – unbewußt – beschleunigen. Diese bottom-up Perspektive hilft gleichfalls, die anfallenden Kosten für den Umgang mit heterogenen Gruppen zu reduzieren. Ein Beispiel hierfür bietet die effektive Umsetzung von anreizgesteuerten Mechanismen wie handelbare Zertifikate und Lizenzen, die den Einsatz des Subsidiaritätsprinzips erfordern [263]. Subsidiarität impliziert die Beratung und oftmals die direkte Partizipation lokaler Gemeinschaften und der Industrie an der Entscheidungsfindung und der Umsetzung auf lokaler Ebene. Subsidiarität bedeutet in der Praxis, daß Entscheidungen dort getroffen werden sollen, wo die spätere Verantwortung für den Schutz und die nachhaltige Nutzung PGRFA liegt.

In den meisten Fällen müssen nicht alle Administrationsebenen agieren. Falls aber eine Ebene versagt, kann und soll eine andere eingreifen und die entstandene Lücke schließen. Bei der Auswahl der Administrationsebenen, die beim Schutz der Agrobiodiversität eingeschaltet werden könnten, gilt es, sorgfältig abzuwägen, welche Kosten bei der Aggregation von Informationen für höhere Hierarchieebenen

---

[263] Zum Begriff der Subsidiarität vergleiche GARBE (1996).

entstehen. Auf einer höheren Ebene ersetzen allgemeine Aussagen spezifischere in der Art und Weise, die die Chancen für lokale Initiativen unterdrückt. Es könnte für eine nationale Regierung in vielen Fällen kostenwirksamer sein, institutionelle Anreize einzusetzen, die lokale Gemeinschaften und Nicht-Regierungsorganisationen ermutigen, die Agrobiodiversität zu schützen.

Die Agrarforschung und –politik sollten auf die Bedürfnisse der Betroffenen („stakeholder"), d.h. der Landwirte und deren Familien, der ländlichen Bevölkerung etc., ausgerichtet sein. Dies beinhaltet insbesondere die Nutzung des an die örtlichen Gegebenheiten angepaßten ökologischen Wissens der Landwirte. Die Politik sollte deshalb Sorge dafür tragen, daß das institutionelle Kapital, das für einen wirksamen und effizienten Erhalt und die nachhaltige Nutzung PGRFA benötigt wird, sich aus folgenden Teilen zusammensetzt (HANNA 1997):

(1) Wahrnehmung PGRFA als Teil eines integrierten Agrarökosystems

(2) Identifizierung der Betroffenen („shareholder")

(3) Allokation der Entscheidungsfindungskräfte und Verantwortlichkeiten, die alle Interessen berücksichtigt und die Kontrollmöglichkeit in das Gesamtsystem mit einbezieht (internalisiert)

(4) Schaffung von Anreizstrukturen, damit ein langfristig angepaßtes Ressourcenmanagement gefördert wird

(5) Steigerung der Managementfähigkeiten für eine nachhaltige Landbewirtschaftung neben den Interessen einer kurzfristigen Produktionsmaximierung

(6) Managementprozesse, die die Anpassung an Veränderungen fördern

Aus ökologischer Perspektive stellt das Werteparadox[264] einen realen Widerspruch zwischen menschlichen Präferenzen als Grenzwertbetrachtung und der ökologischen Erfordernisse am Limit dar. Marktpreise sind blind gegenüber der Notwendigkeit, die funktionale Integrität relevanter Ökosysteme zu erhalten. Sie spiegeln weder die Größe des verbleibenden natürlichen Kapitalstocks wider noch ob ein bestimmter Mindestbestand intakt gehalten werden muß, um die Systemintegrität zu sichern (WACKERNAGEL/ REES 1997). Daraus folgt für eine verantwortungsbewußte ökologische Politik die Einrichtung und Durchführung eines Safe Minimum Standards.

Internationale Unternehmen sind rechtlich in der Lage, einen Schutz ihres Saatguts zu beantragen. Daher sollten die einzelnen Regierungen ebenfalls dafür sorgen, daß kleinere inländische Pflanzenzüchter geistige Schutzrechte auf die vielen Saatgutsorten erhalten können, die diese durch öffentliche Forschung oder lokales Wissen entwickelt haben. Die Beiträge indigener und lokaler Gemeinschaften für die Schaffung und Erhaltung der genetischen Vielfalt sind dabei von besonderer Bedeutung. Dieses Vorgehen kann zu einer Etablierung von farmers' rights in Entwicklungsländern führen, die die Rechte der Gemeinschaften, traditionelles

---

[264] Diamanten besitzen marginal einen höheren Wert als ökologische Notwendigkeiten wie z.B. Wasser, weil ökologische Preise keine Irreversibilitäten und Schwellenwerteffekte von Lebenserhaltungsfunktionen indizieren.

Wissen frei zu nutzen, schützen und vor kommerzieller Vermarktung durch internationale Züchter bewahren[265]

Für den Fall der Etablierung geistiger Eigentumsrechte könnten die einzelnen Staaten das kommerzielle Saatgut subventionieren, ohne damit volle Verantwortung für etwaigen „Mißbrauch" des Saatguts zur Weiterzüchtung und Wiederaussaat durch eine Vielzahl von Kleinbauern zu übernehmen. Lediglich eine begrenzte Abfindung der eigentlichen Prozeßkosten sollte den internationalen Unternehmen zugestanden werden.

Es sollte sichergestellt werden, daß ein TRIPs-Review (in den Jahren 1999/ 2000) den souveränen Staaten ermöglicht, alle Lebensformen und das dazugehörige Wissen von Systemen des geistigen Eigentums auszuschließen. Es wird ein Kompromiß zu suchen sein zwischen einem geistigen Eigentumsrechtsregime und dem freien Handel von landwirtschaftlichem Keimplasma. Dies sollte auf Vertragsverhandlungen aufbauen, die auch darüber bestimmen, ob ein solcher Handel kostenlos stattfindet oder nicht.

Umwelt- und wirtschaftspolitische Empfehlungen für einen institutionellen Wandel sind jedoch nicht ausreichend. Zusätzlich müßte sich eine Ethik für eine nachhaltige Entwicklung bzw. eine soziale/ ökologische Kommunikation durchsetzen, die die Pflicht zum gesellschaftlichen Diskurs über Umwelt- und Entwicklungsfragen und über deren Lösung mit allen Betroffenen postuliert. Denn bei den aufgezeigten Schwierigkeiten ist die Kenntnis der Zusammenhänge und die Akzeptanz von Lösungen nicht weniger bedeutsam für eine rationale Politik einer nachhaltigen Entwicklung als für das Funktionieren des marktwirtschaftlichen Systems als Ganzes. Da die heutigen Umwelt- und Entwicklungsprobleme auch eine Folge der fortschreitenden Differenzierung unserer Wirtschaft und Gesellschaft sind, bietet der freie, offene und umfassende gesellschaftliche Diskurs eine Möglichkeit, den Gesamtzusammenhang wieder erkennbar zu machen.

Aus diesem Gedanken lassen sich zwei wesentliche umweltethische Forderungen ableiten:

1. Jede Verweigerung des gesellschaftlichen Diskurses über Umwelt- und Entwicklungsprobleme ist unter ethischen Gesichtspunkten nicht akzeptabel;
2. Jede Verfälschung des Diskurses durch falsche Informationen, durch populistische Übertreibungen, durch Drohungen und dergleichen ist ein Verstoß gegen Fairneß und Sinn des Diskurses und deshalb unethisch.

Zusammenfassende Empfehlungen

Die umwelt- und wirtschaftspolitischen Empfehlungen lassen sich in drei Kategorien einteilen: (finanzielle) Anreize, Administration (inklusive Forschung) und Instrumente.

---

[265] Insbesondere wenn dies die traditionelle Nutzung der Sorten durch Landwirte und Pflanzenzüchter behindert.

(Finanzielle) Anreize

- Politiken, die freiwillige Elemente beinhalten, erzielen eine höhere Übereinstimmung mit den Programmzielen als solche, die ausschließlich auf Zwangselemente setzen
- finanzielle Anreize können als wichtige Initialzündung wirken und die Akzeptanz während einer Transitionsperiode zu einem neuen institutionellen Rahmen maximieren
- für die Nutznießer des Erhalts der Agrobiodiversität (Steuerzahler) ist es effizient, diejenigen zu entlohnen, die die Kosten der Erhaltung tragen
- Ausgleichszahlungen sollten nur für solche Kosten erfolgen, die durch das neue institutionelle Regime zusätzlich (incremental) anfallen und nicht über den Markt abgegolten werden
- wo eine finanzielle Kompensation nötig wird, sollte diese nur für eine Übergangszeit angeboten werden, damit diese gerecht, schnell und irreversibel abläuft
- Agrobiodiversitätsstrategien sollten darauf ausgerichtet sein, "Freifahrerverhalten" zu verhindern, damit die Ressourcennutzer motiviert sind, diese Strategien langfristig einzuhalten
- Entfernen bzw. Reduzieren kontraproduktiver Anreize stellt eines der stärksten Mittel dar, den Druck auf den Wert der Agrobiodiversität zu vermindern

Aministration (inklusive Forschung)

- Politiken, die „bottom-up" Prozesse mit „top-down" Prozessen kombinieren, sind in ihrer Tendenz verläßlicher als reine „top-down" Ansätze
- Subsidiarität für die effektive Implementierung von anreizgesteuerten Mechanismen, i.e. der Transfer von Authorität und Verantwortung für die wichtigsten Aspekte einer Strategie auf die niedrigste Ebene, von der aus diese effektiv ausgeübt werden können
- Beauftragung von Nichtregierungsorganisationen mit dem Management und der Implementierung von Programmen in den Fällen, in denen es kostenwirksamer ist
- Erarbeitung von Strategien auf unterschiedlichen Politikebenen (international, regional, national, lokal)
- kombinierte Erhaltungsstrategien für PGRFA in vorher abgestimmten Verfahren
- klare strategische Ausrichtung der internationalen Agrarforschungszentren (IARC)
- Auswirkungen von neuen Sorten – einschließlich gentechnisch veränderter – auf die betroffenen Agrarökosysteme
- eindeutige Kompetenzverteilung zwischen WTO, CBD und FAO

Instrumente

- Instrumente und Politikansätze, die die zugrundliegenden Ursachen eines bedrohlichen Prozesses reduzieren bzw. beseitigen, sind effektiver als solche, die direkt auf die Bedrohung reagieren
- motivationale Instrumente und Mechanismen sind derart fundamental für ein erfolgreiches anreizgesteuertes Schutzpaket, daß sie unter allen Umständen in die unterschiedlichen Politiken eingesetzt werden sollten
- Standards, die auf dem Vorsorgeprinzip aufbauen, bieten kosteneffektive Mittel, um die Anpassung verschiedener Instrumente und administrativer Prozeduren auszulösen
- beim Aufbau einer Agrobiodiversitätsstrategie bieten handelbare Zertifikate und Lizenzen ein geeignetes Mittel, um die Zuverlässigkeit der „bottom-up" Prozesse der lokalen Gemeinschaften und der Industrie in der Gesamtheit der Politiken zu erhöhen
- diejenigen Politiken, die eher mehr als weniger Instrumente einsetzen, sind mit hoher Wahrscheinlichkeit sehr effektiv in der Vermeidung irreversibler Verluste

4.4 Schlußbetrachtungen

Die Ökologische Ökonomie ist seit ihrer Enstehung darum bemüht, die Schwächen der neoklasischen Umwelt- und Ressourcenökonomik aufzudecken und einen Paradigmenwechsel herbeizuführen. Die wesentlichen theoretischen Veränderungen beziehen sich vor allem auf die Integration zusätzlicher Dimensionen und wissenschaftlicher Disziplinen, um den drängensten globalen Umwelt- und Ressourcenproblemen Lösungsansätze entgegenstellen zu können. Die Kritik der Ökologischen Ökonomie an der umweltökonomischen Bewertung natürlicher Ressourcen[266] greift - meiner Meinung nach - dabei zu kurz. Die moderne umweltökonomische Bewertungsmethodik, in Form der den geäußerten Präferenzen folgenden kontingenten Bewertungsmethode (CVM), entkräftet eine solche Kritik, indem sie lediglich vorgibt[267] (ACUTT/ MASON 1998; ENNEKING 1999),

- die individuelle Zahlungsbereitschaft zu ermitteln, die auf einer individuellen Nutzenfunktion beruht, in die alle nutzungsstiftenden Werte des zu bewertenden Objektes integriert werden können. Dies ermöglicht die Bewertung von primären Lebenserhaltungsfunktionen ebenso wie die öffentlicher Umweltgüter;
- die Veränderung des Objektwertes bei der Durchführung eines bestimmten Projekts bestimmen zu wollen und nicht den absoluten, „wahren" Wert;

[266] Siehe Kapitel 3.3.1.

[267] In den Worten SUMMERS (1992: 65): "The world's problem is not too much cost-benefit analysis, but too little that is done well."

- dem Entscheider eine ökonomische „Wertschätzung" zu vermitteln, anhand derer ein bedeutender Entscheidungsfaktor abzulesen ist;
- eine konsistente Theorie zu sein, die für die Mängel in der praktischen Umsetzung nicht verantwortlich ist.

Diese Kritik trifft nur dann nicht zu, wenn die zweifelhafte Aufteilung in Nutzenwerte und Nichtnutzenwerte angesprochen wird. Hier liegen die Schwachpunkte der umweltökonomischen Theorie und der Methodik der CVM, da es sicherlich unmöglich ist, direkte und indirekte Werte, Options- und Vermächtniswerte auf der einen Seite sowie Existenzwerte auf der anderen Seite zu trennen *und* methodisch zu erfassen[268].

Die Probleme, die bei der Realisierung einer nachhaltigen Landwirtschaft auftreten, sind - wie gesehen - vielfältig. Es sollte aber bedacht werden, daß es sich bei diesem Konzept nicht um revolutionäre Neuerungen handelt, sondern lediglich die schrittweise Reform des bestehenden Systems angemahnt wird, damit zukünftige Generationen eine ressourcenreiche und biologisch vielfältige Umwelt nutzen können. Wie in der gesamten Arbeit hervorgehoben wurde, ist eine nachhaltige Landwirtschaft zudem die Voraussetzung für das Ziel, PGRFA zu erhalten und nachhaltig zu nutzen. Die institutionellen Hürden, die einer nachhaltigen Landwirtschaft im Wege stehen, sind[269]:

1. die arbeitsintensivere nachhaltige Landwirtschaft steht im Wettbewerb mit kapitalintensiven Produktionsweisen unter Einsatz von Maschinen, Kunstdünger und Pestiziden; Teile der Produktionsgüterindustrie werden daher eine Einschränkung ihrer Absatzmöglichkeiten erfahren (aktive Änderung gegenwärtiger Produktionsprozesse)
2. die Vielfältigkeit der Agrarökosysteme, die von der Ökologischen Ökonomie ausdrücklich unterstützt wird, führt dazu, daß die unterschiedlichsten Technologien dezentralisiert entwickelt werden müssen (hohe Kosten)
3. der holistische Ansatz der Ökologischen Ökonomie bei der Beschreibung und Konstruktion von Agrarökosystemen steht dem reduktionistischen, disziplinären Wissenschaftsdenken entgegen und darüber hinaus der Wahrnehmung, Organisation und Produktion des gegenwärtigen Wirtschaftens
4. die mangelnde Vorhersagbarkeit bezüglich der Entwicklung von Agrarökosystemen führt bei Wissenschaftlern, Politikern und Landwirten möglicherweise zu Enttäuschungen und fehlender Glaubwürdigkeit
5. die meisten politischen Aktivitäten derzeit sind, trotz des öffentlichen Bekenntnisses zur „Nachhaltigen Entwicklung", kurzfristig angelegt und bieten den Landwirten keine Anreize, auf eine alternative Landbewirtschaftung umzusteigen

---

268 Für eine Diskussion des ökonomischen Gesamtwerts siehe Kapitel 2.3.

269 Siehe auch Kapitel 3.4.

6. der fortschreitende Trend zur Urbanisierung entvölkert viele ländliche Regionen, entzieht der Landwirtschaft Flächen und schafft die bekannten Probleme sogenannter „Megacities"
7. die steigenden Konzentrationsprozesse in der Lebensmittelindustrie und im Handel benachteiligen heterogene, kleine Produktpartien und erschweren somit zusätzlich die Erhöhung der pflanzengenetischen Vielfalt
8. der wachsende Globalisierungstrend beeinträchtigt die Durchsetzung regionaler Konzepte mit einer diversifizierten Landbewirtschaftung
9. die Unsicherheit bei der Formulierung und Umsetzung des Designs einer nachhaltigen Managementstrategie birgt die Gefahr der Verwässerung und Verschleppung des politischen bzw. gesellschaftlichen Diskurses in sich
10. die Forderung der Ökologischen Ökonomie, negative Rückkopplungen in Form von staatlich erhobenen Preisen für Umweltgüter und Ressourcen wie mineralische Rohstoffe, Energieträger und Abfall einzuführen, orientiert die Wirtschaft - entgegen dem derzeitigen Trend - auf die Herausbildung von kleinräumigen und dezentralisierten Strukturen
11. eine kleinstrukturierte, regionale Wirtschaftsweise, die sich vornehmlich mit den lokalen Ressourcen begnügen muß, läuft einer gerechten Verteilung über den gesamten Raum zuwider
12. es muß die Bereitschaft der Bevölkerung mobilisiert werden, einen höheren Anteil der Arbeitskräfte für die Landwirtschaft abzustellen (Bio-Produkte werden mit ca. 40-90% höherem Arbeitsaufwand hergestellt)
13. indem der Staat die Risiken der kapitalintensiven, industriellen Landwirtschaft z.B. durch Ernteversicherungsprogramme oder Verbesserung der ländlichen Infrastruktur reduziert, wird die Umstellung auf eine nachhaltige Landwirtschaft gebremst
14. die Strukturen der heutigen Industriegesellschaften müßten so geändert werden, daß ihre Teilsysteme sowohl den internationalen sozialen Erfordernissen als auch den globalen stofflichen, energetischen und informativen Notwendigkeiten Rechnung tragen

Zusätzlich zu den institutionellen Hürden sei noch auf grundsätzliche Probleme der Konkretisierung des Konzeptes der nachhaltigen Landwirtschaft auf dem Fundament der Ökologischen Ökonomie hingewiesen. Die aus der Ökologischen Ökonomie abgeleiteten Strategien und Politikinstrumente besitzen zwar große Überzeugungskraft, haben in der Umweltpolitik bisher jedoch wenig Realisierungschancen, was nach BARTMANN (1996: 210) auf drei Umstände zurückzuführen ist: *Erstens* seien die Konzepte zu allgemein und es fehle der Theorie die Umsetzung in die Instrumentenebene, *zweitens* werde die praktische Umsetzung mit den damit verbundenen Auswirkungen auf Beschäftigungs- und Verteilungsprobleme abgelehnt und *drittens* fehle eine eingehende Diagnose der bisherigen Fehlentwicklungen in den industrialisierten Wachstumsgesellschaften. Die vorliegende Forschungsarbeit sollte dazu beitragen, zumindest die Kritik des dritten Punktes zu entkräften.

Die Ökologische Ökonomie setzt sich für eine strenge Handhabung des Vorsorgeprinzips für gefährdete, die Lebenserhaltungsfunktionen unterstützende natürliche Ressourcen ein, was konsistente, nachvollziehbare institutionelle Rahmenbedingungen voraussetzt (RENNINGS ET AL. 1999). Die daraus resultierenden Gebote und Regeln können freiwillig nur aus inneren, persönlichen Motiven, aus Neigung oder aus einem individuell erfahrbaren Plan befolgt werden (WUKETITS 1997). Man darf nicht übersehen, daß selbst in einer Kulturgesellschaft das Spannungsfeld von Egoismus und Altruismus bestehen bleibt. Durch die Kultur ist die menschliche Natur nicht verschwunden. Altruistisches Verhalten wurde in der Evolution schon lange vor dem Auftreten des Menschen gefördert, weil es für die sich so verhaltenden Individuen und ihre Gruppen einen Selektionsvorteil darstellte. Der „reine" Altruist jedoch, der sein Ego völlig aufgegeben hat, kann sich in keiner Population stark ausbreiten.

Demnach sind die Menschen bereit einander zu helfen, aber erstens erwarten sie, für ihren Altruismus auch eine direkte oder zumindest indirekte Belohnung, und zweitens darf der Altruismus nicht uns selbst gefährden. Der „sozial reife" Mensch wird einerseits seine eigenen Interessen durchzusetzen versuchen, er wird aber – und sei es nur in der Erwartung eigener Vorteile – die anderen berücksichtigen und mit ihnen kooperieren. Kompromisse, die einem selbst Vorteile bringen, die aber auch den Gegner nicht leer ausgehen lassen, bei denen also keiner der Kontrahenten das Gesicht verliert, sind optimale Lösungen sozialer Konflikte („win-win"-Strategien). Das Überleben unserer Spezies wird maßgeblich davon abhängen, welche sozialen Strategien wir in Zukunft anwenden wollen: ob wir bereit sein werden, die bislang in der Evolution erfolgreiche Strategie der Kooperation bewußt zu verstärken – oder ob wir in die drohende Egoismus-Falle laufen, die dem Individuum kurzfristig Befriedigung verschaffen mag, insgesamt aber zum „sozialen Wärmetod" führen und den Untergang unserer Spezies beschleunigen wird (WUKETITS 1997).

Viele Studien zur nachhaltigen Landwirtschaft konkretisieren das Spannungsfeld Ökonomie (Markt) und Ökologie, ohne die sozialen Konsequenzen zu untersuchen. Dies äußert sich darin, daß eine *effiziente* Umwelt- und Ressourcendegradation angestrebt wird, wobei die in einer Ökonomie auftretenden externen Effekte durch staatliche Anreize zu internalisieren sind. Ungereimtheiten treten auf, wenn wie in einer OECD-Studie (1995: 8) folgende Äußerungen auf einer Seite zu lesen sind: „Given the complexity and uncertainty surrounding the multitudinous factors that bear on sustainability, it is more fruitful to seek concensus of opinion on whether a particular action will make a system more or less sustainable than to try to evaluate sustainability against some absolute state." Ein Absatz später ist dann als Rezept zur Wiederherstellung der Systemstabilität zu vernehmen: „Those changes to national agricultural policies that are required under the agreement [GATT] ... should, on the whole, lead to a better domestic and international allocation of resources, reduce incentives to over-use polluting chemical inputs, reduce production on low-yielding fragile land, and increase the market-orientation of the farm sector - changes that generally should benefit the environment." Insbesondere die Steigerung der Marktorientierung wird also die landwirtschaftlichen Betriebe umweltfreundlicher gestalten. Dieser gewagten These wäre noch zuzustimmen, falls das Ziel einer nachhaltigen Landwirtschaft einzig und allein ein Effizienzproblem wäre. Trotz erheblicher Effizienzmängel der gegenwärtigen Landbewirtschaftung beinhaltet das

Leitbild nachhaltige Entwicklung - wie bereits erwähnt - eine umfassendere Idee, vornehmlich soziale und ethische Ziele berücksichtigend. Der Systemgedanke der Ökologie - in dem obigen Zitat noch präsent - ist für das Verhalten der Ökonomie als Ganzes prägend. Das zweite Zitat entspricht eher der konventionellen 'System'atik der OECD-Länder, auf Umwelt- und Ressourcenprobleme mit der Weiterentwicklung des GATTs zu reagieren. Eine nachhaltige Landwirtschaft im Verständnis der Ökologischen Ökonomie ist auf vielfältige Studien von Agrarökosystemen angewiesen, die dem globalen Rezept der Deregulierung des Weltmarktes die Berücksichtigung fremder Kulturen und zukünftiger Generationen, der Regionalisierung der Wirtschaft und die Grenzen/ Konsequenzen des Wachstums entgegenhält.

Der Umwandlungsprozeß von der gegenwärtig bevorzugten industrialisierten Landbewirtschaftung hin zu einer agrarökologischen Landbewirtschaftung mit geringerem Bedarf an externen Inputs und der Einbeziehung einer großen Vielfalt an PGRFA beinhaltet vier Schritte (ALTIERI 1998):

(1) weitreichender Verzicht auf chemische Inputs

(2) Rationalisierung und Effizienz beim Verbrauch von Agrarchemikalien durch die Anwendung integrierter Schädlingsbekämpfungsmethoden (IPM)

(3) Substitution agrarchemischer Inputs durch andere energieeffiziente, auf biologischer Basis beruhender Alternativen

(4) Neugestaltung diversifizierter Agrarsysteme mit optimaler Frucht/ Tier Kombination

Der Verlust PGRFA ist somit nicht das ursächliche Problem, so daß eine effektive und effiziente Lösung einen systemischen Ansatz in den Vordergrund rückt. Mit dessen Hilfe gelangt man zu der Erkenntnis, daß die gegenwärtige Produktionsweise in der Landwirtschaft - größtenteils ein Abbild der industriellen Entwicklung der Wirtschaft - nicht zu der gewünschten Nutzung der gesamten Vielfalt PGRFA führt. Aus diesem Grund sind auch die vorgeschlagenen wirtschafts- und umweltpolitischen Empfehlungen dahingehend zu verstehen, daß sie ausgehend vom Status quo einen institutionellen Wandel in der Landbewirtschaftung erzielen wollen. Das Übereinkommen über die biologische Vielfalt stellt nach der vorliegenden Analyse eine geeignete Innovation dar, um diesen Wandel herbeizuführen. Gleichzeitig ist ihre internationale Durchsetzungsfähigkeit für die Herstellung eines ökonomischen und politischen Gleichgewichts zu den Institutionen der WTO bei weitem unzureichend.

Hieraus ergeben sich für die Erhaltung und nachhaltige Nutzung der Agrobiodiversität in Zusammenhang mit dem Forschungsfeld der Ökologischen Ökonomie, insbesondere der Verbindung von qualitativen und quantitativen Analysen, drei Untersuchungsfelder, die abschließend hervorzuheben sind:

(1) Wird sich in Zukunft zeigen, daß aufgrund des TRIPs-Abkommens ein weltweit vollkommener Schutz biologischer Ressourcen durch geistige Eigentumsrechte gegeben ist, bleibt zu klären, was mit den biologischen Ressourcen passiert, die, nachdem sie kurz- bis mittelfristig wenig profitabel für ein forschungsintensives Unternehmen sind, aufgrund der hohen Opportunitätskosten der Erhaltung weiterhin

vor der Ausrottung stehen. Wie läßt sich dies aus der Sicht der Ökologischen Ökonomie interpretieren und vermeiden und welche Ansätze werden sich für eine nachhaltige Landwirtschaft durchsetzen?

(2) Führt das Streben nach und das Erreichen von effizienten ökonomischen Zuständen zu mehr oder weniger absolutem Ressourcenverbrauch? Oftmals wird hier ein positiver Zusammenhang proklamiert. Negativbeispiele sind aber: Benzinverbrauch vs. „effiziente“, sparsame Autos, starke Erhöhung des Nahrungsmittelangebots vs. gleichbleibend/ wachsender Anteil an Hunger leidender Menschen, Bau neuer Straßen vs. erhöhter Personen- und LKW-Verkehr (MAYUMI ET AL. 1998). In diesem Zusammenhang ist auch die Frage HERMAN DALY'S[270] von größtem Interesse, wie das optimale Ausmaß ("scale") der Wirtschaft bestimmt werden kann. Abhängig von der Verteilung im Status quo kann das Ausmaß der Wirtschaft im politischen Prozeß nicht als erstes bestimmt werden, sondern in einem koevolutiven Ansatz mit Fragen der Verteilungsgerechtigkeit (STEWEN 1998). Fragen der Verteilung und des Ausmaßes können wiederum nicht unabhängig von allokativen Gesichtspunkten diskutiert werden. Alle drei Ziele sind daher untrennbar mit der Stabilität einer Gesellschaft verbunden.

(3) Ein multilaterales System der Erhaltung und nachhaltigen Nutzung PGRFA - eine wichtige Voraussetzung - muß für eine effektive und effiziente Durchführung in der Zukunft auf folgende Herausforderungen eingestellt sein: Bereitstellung einer breiteren genetischen Vielfalt für die Landwirte, entweder direkt oder durch Berücksichtigung pflanzengenetischer Vielfalt in der Züchtung; Unterbrechung der Beziehung zwischen Pflanzenzüchtung, landwirtschaftlicher Entwicklung und genetischer Erosion; Entwicklung von Pflanzensorten, die insbesondere für ressourcenarme Landwirte auf marginalen Standorten geeignet sind; Schaffung von Anreizen für die in-situ Erhaltung PGRFA; demokratische, offene Orientierung der Leitung eines multilateralen Systems, in der Zuständigkeiten und Verantwortlichkeiten klar geregelt sind. Hierbei sind insbesondere die in dieser Arbeit empfohlenen Verbesserungen im Kommunikations- und Informationsbereich von herausragender Bedeutung. Bleibt die Entwicklung auf diesem Gebiet unzureichend, gehen viele der Vorschläge der Ökologischen Ökonomie verloren. Die Ökologische Ökonomie muß deshalb selbst bestrebt sein, ihre Erkenntnisse einem großen Publikum verständlich nahezubringen.

---

[270] Siehe Kapitel 3.3.2.

5 Zusammenfassung

Die Darstellung und Analyse der Impulse, die von der Ökologischen Ökonomie für den Erhalt und die nachhaltige Nutzung pflanzengenetischer Ressourcen für die Ernährung und Landwirtschaft (PGRFA) ausgehen, sind die Hauptziele dieser Arbeit. Die Ökologische Ökonomie ist durch einen interdisziplinären systemischen Theorieansatz gekennzeichnet, der die biophysikalischen Grenzen der Wirtschaft anerkennt und explizit normative Aussagen herausstellt. Der systemische Ansatz der Ökologischen Ökonomie erfordert eine ganzheitliche Betrachtung der globalen Gefährdung PGRFA. Konkret bedeutet dies, daß PGRFA stets in Beziehung zu ihrer Verwendung betrachtet werden müssen. Ihr Erhalt und ihre nachhaltige Nutzung wird nicht als Selbstzweck erörtert, sondern in den weiteren Zusammenhang einer nachhaltigen Landbewirtschaftung gerückt. Diese stellt gleichfalls das System dar, in dem PGRFA eingebettet sind.

Auf eine nachhaltige Landwirtschaft bezogen fordert das Modell der Ökologischen Ökonomie eine gleichzeitige Betrachtung der Umwelt- und Ressourcenmöglichkeiten (Nährstoffkreisläufe, Stoffströme, PGRFA, Energieverfügbarkeit etc.), der sozioökonomischen Gegebenheiten (Familienstrukturen, Produktionstechnologien, Institutionen, Traditionen, Religionen etc.) und der ethischen Konzeption einer gerechten Verteilung der Produktion *und* des Konsums weltweit. Wenn man - wie die Ökologische Ökonomie - davon ausgeht, daß die Industriestaaten eine nicht-nachhaltige Wirtschaftsweise ausüben, reicht es nicht, konventionelle Technologien der Industrieländer in Entwicklungsländer zu transferieren. Die oftmals kurzfristige Produktivitätssteigerung moderner Technologien der „Grünen Revolution" werden zwar nicht in Frage gestellt, sehr wohl aber ihre Verallgemeinerung auf Situationen, die von Energiearmut und sensiblen Umweltzuständen geprägt sind. Vor allem in solchen Gebieten haben angepaßte traditionelle Agrarsysteme deutliche Vorteile.

Bevor umwelt- und wirtschaftspolitische Empfehlungen ausgesprochen werden, rücken zu Beginn der Arbeit jedoch die vorherrschenden institutionellen Rahmenbedingungen bezüglich des Erhalts und der nachhaltigen Nutzung PGRFA in den Mittelpunkt. Dabei wird der internationale rechtliche Rahmen diagnostiziert, der im Jahr 1999 für den Schutz und die nachhaltige Nutzung PGRFA gilt. Es werden isoliert neben der Konvention über die biologische Vielfalt (CBD) die beiden anderen Institutionen beschrieben, die von zentraler Bedeutung sind: Zum einen handelt es sich dabei um das Globale System der Ernährungs- und Landwirtschaftsorganisation der Vereinten Nationen (FAO), zum anderen um das Abkommen über handelsbezogene geistige Eigentumsrechte (TRIPs) der Welthandelsorganisation (WTO). Im Zusammenhang mit dem TRIPs-Abkommen findet auch die internationale Vereinbarung zum Sortenschutz Beachtung. Obwohl sich nominell die Institutionen der FAO wie z.B die Commission on Genetic Resources for Food and Agriculture (CGRFA) oder das International Undertaking on Plant Genetic Resources (IUPGR) vorrangig um den Erhalt und die nachhaltige Nutzung PGRFA kümmern, befinden sich die ökonomischen und politischen Machtzentren innerhalb der WTO sowie seit ihrem Inkrafttreten 1993 in der Konvention über die biologische Vielfalt. Nur die beiden letztgenannten internationalen Institutionen sind völkerrechtlich verbindlich, wobei die Sanktionsmechanismen der WTO derzeit wesentlich effektiver sind als die der CBD.

Als zentrale Politikfragen bezüglich des institutionellen Rahmens für den Erhalt und die nachhaltige Nutzung pflanzengenetischer Ressourcen für die Ernährung und Landwirtschaft werden in der Arbeit die folgenden sechs diskutiert, wobei die letzten beiden Punkte nicht vertiefend behandelt werden:

- staatliche Souveränität über PGRFA und die damit verbundenen Implikationen für die praktische Identifizierung der Herkunft genetischer Ressourcen
- Regelung des Zugangs zu genetischen Ressourcen (vor und nach dem Inkrafttreten der CBD)
- Verteilung des Nutzens PGRFA zwischen „Besitzern" und Verwendern
- Etablierung geistiger Eigentumsrechte, die mit PGRFA verknüpft sind (Farmers' Rights vs. private geistige Eigentumsrechte)
- technische Aspekte der Konservierung – ex situ/ in situ – und optimale Kombination von Konservierungsalternativen
- Finanzierungsaspekte der Konservierung und Bereitstellung von PGRFA

Diese zentralen Politikfragen beinhalten wesentliche Streitpunkte für die Umsetzung eines internationalen Regimes zum Schutz und zur nachhaltigen Nutzung PGRFA. Eine einvernehmliche internationale Lösung dieser Probleme wird für den Erfolg der Konvention über die biologische Vielfalt entscheidend sein. Dies ist auch aus Sicht der Ökologischen Ökonomie ein großer Schritt in Richtung einer nachhaltigen Ressourcennutzung in der Landwirtschaft.

Damit aus den institutionellen Rahmenbedingungen Gestaltungsempfehlungen abgeleitet werden können, werden im Hauptteil der Arbeit die normativen Vorgaben der Ökologischen Ökonomie dargestellt. Hierbei handelt es sich um die Essenz einer sorgfältigen Literaturrecherche und der Teilnahme an diversen Workshops mit Vertretern der Ökologischen Ökonomie, der Umwelt- und Ressourcenökonomik sowie Expertinnen für den Bereich nachhaltige Landbewirtschaftung.

Zunächst wird aber diskutiert, inwieweit sich der Ansatz der Ökologischen Ökonomie von dem der neoklassischen Umwelt- und Ressourcenökonomik unterscheidet. Dabei lassen sich drei zentrale Kritikpunkte an der neoklassischen Umwelt- und Ressourcenökonomik nennen, die für die Erhaltung und nachhaltige Nutzung pflanzengenetischer Ressourcen essentiell sind:

1. *Natürliche Grenzen werden ignoriert*: Die Endlichkeit natürlicher Ressourcen wird aufgrund der Möglichkeit der Substitution und des ressourcensparenden technischen Fortschritts für ökonomisch irrelevant gehalten. Die Substituierbarkeit einzelner natürlicher Ressourcen impliziert nicht die Substituierbarkeit aller verwertbarer Ressourcen. Hier gerät man in einen logischen Zirkel. Darüber hinaus sind dem technischen Fortschritt gewisse naturgesetzliche Grenzen gesetzt – vor allem hinsichtlich der Höhe und der Art der genutzten Energie –, die auch nicht durch Sonnenenergie zu überwinden sind. Deshalb kann der Frage intergenerationeller Gerechtigkeit nicht mit dem Hinweis auf den technischen Fortschritt oder Substitutionsmöglichkeiten ausgewichen werden.

2. *Wichtige Interdependenzen werden außer acht gelassen*: Es wird jeweils die Nutzung einzelner Ressourcen analysiert, wobei häufig übersehen wird, daß ein komplexes Beziehungsgeflecht zwischen den verschiedenen Tier- und Pflanzenarten und ihren abiotischen Lebensbedingungen besteht. Eine neoklassisch optimale Lösung läßt sich häufig kaum bestimmen. Zudem erscheint die Trennung zwischen Ressourcen- und Umweltökonomik unangemessen, da alle Ressourceninputs früher oder später zu Ressourcenoutputs werden, da ein fester Zusammenhang zwischen Rohstoffverbrauch und Schadstoffausstoß existiert.
3. *Die wichtige Rolle der Zeit wird vernachlässigt*: Dem Faktor Zeit fehlt in neoklassischen Modellen der Charakter der realen historischen Zeit. Zum einen gibt es keine echte Unsicherheit; in den Fällen, in denen keine sichere Kenntnis der zukünftigen Entwicklung unterstellt wird, wird vorausgesetzt, daß alle möglichen zukünftigen Situationen und deren Eintrittswahrscheinlichkeiten in Form einer Wahrscheinlichkeitsverteilung bekannt sind, so daß es keine Überraschungen geben kann. Zum anderen wird implizit stets von einer Reversibilität der Prozesse ausgegangen, die dem Inkrementalismus der Neoklassik zugrunde liegt. Alle Prozesse verlaufen demnach in infinitesimalen, qualitativ identischen und reversiblen Schritten. Es existieren keine kritischen Schwellenwerte, jenseits derer sich Systeme so grundsätzlich ändern, daß eine Rückkehr in den vorherigen Zustand nicht mehr (oder nur mit enormem Energieaufwand) möglich ist. Es ist offensichtlich, daß eine solche Annahme im vorliegenden Fall sehr problematisch ist, da pflanzengenetische Ressourcen nach ihrem Verlust irreversibel verloren sind. Die Gefahr nicht wiedergutzumachender, katastrophaler Schäden wird mithin ignoriert bzw. akzeptiert.

Die Ökologische Ökonomie kann für sich keine privilegierte Stellung in Hinsicht auf eine umfassende Umweltethik beanspruchen. Die Bandbreite der in der Ökologischen Ökonomie diskutierten ethischen Ansätze reicht von einer treuhänderischen Verwaltung der Natur, über einen schwachen Anthropozentrismus bis zum GAIA-Konzept und der Tiefenökologie (deep ecology). Um die normative Gestaltungskraft der Ökologischen Ökonomie zum Ausdruck zu bringen, wird eine ethische Konzeption vorgestellt, die als Grundlage für eine erfolgreiche nachhaltige Entwicklung gelten kann. Hierbei handelt es sich um die Verantwortungsethik von HANS JONAS. Sein Beitrag stellt eine solide Basis für die Frage dar, inwiefern das Vorsorgeprinzip (precautionary principle) und ein Safe Minimum Standard (SMS) dem Postulat der Verantwortung für zukünftige Generationen gerecht werden können, die implizit in der Präambel der CBD und in der Rio-Deklaration (1992) genannt werden und somit von gesellschaftlicher Bedeutung, national wie international, sind.

JONAS erschafft mit seiner Utopiekritik den ersten Akt einer Ethik der Verantwortung, in der er sich der Verantwortung für das Gute in der Gegenwart annimmt und so einer Entwicklung entgegentritt, die bereit ist, das gegenwärtige Gute für eine ungewisse Zukunft zu opfern. Die Maxime des Handelns, die sich aus der Ethik JONAS' ableiten ließe, könnte daher konkret lauten: „Verantwortung der Weltgesellschaft für ihre eigene Zukunft! Verantwortung für die Mitwelt und Umwelt, aber auch für die Nachwelt". Diese in die Tat umzusetzende Maxime sollte als

Begründung für das in der internationalen Umweltpolitik geforderte Prinzip der Vorsorge genutzt werden, da sie auch in der Ökologischen Ökonomie eine wichtige Rolle spielt.

Dieses Vorsorgeprinzip kann in verschiedenen Ausprägungen zur Anwendung kommen. Zum einen ist das der Fall, wenn eine kleine oder unbekannte Schadenswahrscheinlichkeit mögliche katastrophale Konsequenzen haben kann, und demzufolge Handlungen erst dann vorgenommen werden dürfen, wenn alle wissenschaftlichen Beweise gegen das Eintreten des schlimmstmöglichen Falles sprechen (Umkehrung des Beweislastprinzips).

Zum anderen müssen sich Entscheidungsträger verpflichten, die natürlichen Ressourcen nicht zu zerstören, es sei denn, die Opportunitätskosten der Naturbewahrung werden in einer bestimmten Art und Weise sehr hoch. Anders ausgedrückt bedeutet dies, daß die natürliche Umwelt solange unzerstört erhalten werden soll, bis der aus der Naturumwandlung resultierende Nutzen die Kosten dieser Zerstörung *deutlich* übersteigt. Dieser Ansatz geht auf CIRIACY-WANTRUP zurück und wurde von ihm „safe minimum standard" (SMS) genannt. Für die Anwendung eines Safe Minimum Standards in Bezug auf die Erhaltung und nachhaltige Nutzung PGRFA sind folgende Vorteile zu erkennen:

1. es wird eine starke Aversion gegenüber Großrisiken wie der Auslöschung genetischer Ressourcen geäußert
2. es erfolgt eine Beweislastumkehr im Vergleich zur Kosten-Nutzen-Analyse und die Kosten und Nutzen eines Vorhabens werden mit einer höheren Fehlertoleranz gebildet
3. die Aufweichung von Umweltstandards erfordert einen öffentlichen Entscheidungsfindungprozeß (d.h. es wird ein a priori Nutzen des Ressourcenschutzes unterstellt)
4. es werden eine Reihe unterschiedlicher philosophischer Positionen berücksichtigt, nicht nur konsequentialistische wie bei einer Kosten-Nutzen-Analyse

Anschließend wird gezeigt, welche Annahmen hinter dem Modell der Ökologischen Ökonomie stehen. Hierbei werden die naturwissenschaftlichen Grundlagen einer Ökonomie detailliert besprochen, die sich als Subsystem eines übergeordneten ökologischen Systems versteht. Die wesentlichen Konsequenzen für die derzeitige Wirtschaftsweise sind, daß der physische Wachstumspfad der globalen Ökonomie nicht in dem Maße wie bisher fortgesetzt werden kann, weil wir an die Grenzen des globalen Ökosystems stoßen, wie die Beispiele Klimaveränderung, Ozonabbau und Biodiversitätsverlust andeuten. Aus systemtheoretischer Sicht ist die derzeitige Wachstumsorientierung mit ihrer Kette positiver Rückkopplungen auf dem Weg, das übergeordnete Ökosystems zu zerstören. Die Auswirkungen müssen für viele Menschen als katastrophal eingestuft werden, da sich solche Systeme sehr schnell ändern und keine geregelten Anpassungsmöglichkeiten bieten. Dieses Ergebnis entspricht mit Sicherheit nicht dem Gedanken einer nachhaltigen Entwicklung, der eher von einem qualitativen Wachstum getragen ist - unter Berücksichtigung der intra- und intergenerationellen Gerechtigkeit.

Nachhaltigkeit aus Sicht der Ökologischen Ökonomie setzt die Stabilität bzw. Resilienz vorhandener Ökosysteme voraus. Diese beiden wichtigen Funktionen funktionierender Ökosysteme sind momentan stark gefährdet. Damit aus einer sehr allgemein gehaltenen Analyse ökologisch-sozioökonomischer Zusammenhänge in Bezug auf die unterschiedlichen Funktionen von Ökosystemen ein operationalisierbares Konzept werden kann, hat HERMAN DALY drei Managementprinzipien einer ökologischen Nachhaltigkeit aufgezeigt, die in der Ressourcenökonomik breite Zustimmung fanden:

1. es dürfen nur so viele *erneuerbare Ressourcen* entnommen werden, wie sich gleichzeitig regenerieren können
2. es dürfen nur so viele *erschöpfbare Ressourcen* abgebaut werden, wie gleichzeitig erneuerbare Ressourcen für dieselbe Art der Nutzung und zur Bedarfsdeckung geschaffen werden
3. die *Schadstoffassimilationskapazität* der Umwelt muß eingehalten werden

Diese Managementprinzipien leuchten zwar intuitiv sofort ein, sie bedürfen aber der Beantwortung einiger komplexer Fragen hinsichtlich der Regenerationszeiten der Ressourcen, der verfügbaren Informationen, der Entscheidungsprozesse, der Übergänge von einer Technologie zur nächsten, der Eignung vorherrschender institutioneller Rahmenbedingungen etc. In der vorliegenden Arbeit werden dazu die institutionellen Rahmenbedingungen analysiert, die eine Voraussetzung für einen erfolgreichen Wandel darstellen.

Das Ziel dieses institutionellen Wandels ist die Einbettung des Erhalts und der nachhaltigen Nutzung PGRFA in eine nachhaltige Landbewirtschaftung (Agrarökosystem). Die Voraussetzungen für die Nachhaltigkeit eines Agrarökosystems sind dabei insbesondere ökonomischer, ökologischer und sozialer Art. Aufgrund der hohen Unsicherheit bzw. Unwissenheit in Bezug auf die komplexen Zusammenhänge dieser Systeme wird das Vorsorgeprinzip eine zunehmende Bedeutung gewinnen. Im Falle der Irreversibilität der Entscheidung ist darüber hinaus ein Safe Minimum Standard für die betreffende Ressource anzuraten. Mit Hilfe des Vorsorgeprinzips bzw. eines Safe Minimum Standards kann sich der Entscheidungsträger bei Unsicherheit ein wenig mehr Zeit lassen, zusätzliche (wissenschaftliche) Erkenntnisse zu berücksichtigen. Es lassen sich also eine Vielzahl von Gründen finden, die institutionellen Rahmenbedingungen pflanzengenetischer Ressourcen für die Ernährung und Landwirtschaft (PGRFA) aus der Sicht der Ökologischen Ökonomie zu analysieren, unter anderem:

- PGRFA besitzen eine besondere Stellung innerhalb eines *Agrarökosystems*
- Der *Optionswert* (Versicherungswert) PGRFA wird als sehr hoch eingeschätzt
- Die Erhaltung PGRFA dient der *langfristigen natürlichen Stabilität* von Agrarökosystemen
- Die Verluste PGRFA sind *irreversibel*
- PGRFA sind *evolutiv* in die natürliche Umwelt eingebunden
- Fehlende *institutionelle Rahmenbedingungen* verhindern gewünschte Marktlösungen

Das methodische Werkzeug der Ökologischen Ökonomie für die Beurteilung der institutionellen Innovation - Konvention über die biologische Vielfalt (CBD) - liefert im vorliegenden Fall die Systemtheorie und die Institutionenökonomie. Beide sind hervorragend dazu geeignet, die CBD und die weiteren in diesem Zusammenhang wichtigen Institutionen zu beobachten und zu analysieren. Dies geschieht unter Zuhilfenahme dreier Hauptkriterien, die eine vergleichende Analyse zwischen den Systemen CBD auf der einen Seite sowie der Welthandelsorganisation (WTO) und der Ernährungs- und Landwirtschaftsorganisation der Vereinten Nationen (FAO) auf der anderen ermöglichen. Die Kriterien sind (1) ökologische und institutionelle Effektivität, (2) Nachhaltigkeit als kontinuierlicher und gerechter Nutzenfluß sowie (3) institutionelle Durchsetzbarkeit.

Die vergleichende Analyse der Systeme CBD, WTO und FAO kommt zu keinem einheitlichen Ergebnis. Bei der zugrundeliegenden Komplexität des Problems erscheint dies auch nicht weiter überraschend. Obwohl keine genauen Aussagen getroffen werden können, bedeutet der von der CBD eingeleitete und geforderte institutionelle Wandel eine Abkehr vom vorherrschenden Primat der ökonomischen Handelsliberalisierung. Dieses Resultat findet sich in keinen öffentlichen Verlautbarungen der untersuchten Institutionen, läßt sich aber anhand der gewonnenen Erkenntnisse der Chancen/ Risiken-Profile ablesen. In den meisten Fällen ist es das Regelwerk der WTO bzw. des TRIPs-Abkommens, das hohe Risiken für einen erfolgreich verlaufenden institutionellen Wandel durch die CBD birgt. Da die WTO lediglich ein Mittel darstellt, die ökonomische Überzeugung weltweit positiver Wohlfahrtseffekte der Handelsliberalisierung durchzusetzen, erscheint ihr Primat gegenüber der CBD jedoch unbegründet. Aus Sicht der Ökologischen Ökonomie bzw. der Systemtheorie ist in Zukunft vor allem auf eine effektive und effiziente Kommunikation zwischen den unterschiedlichen Systemen CBD, WTO und FAO Wert zu legen.

Wie von der Konvention über die biologische Vielfalt gefordert, muß sich ein gerechter Transfer von Rohmaterial aus den genreichen Zentren der Entwicklungsländer und der in den Industrieländern etablierten Biotechnologie einpendeln. Über Kompensationsmechanismen ist eine gerechtere Verteilung der Nutzen möglich. Auf dem Weg zu einer nachhaltigen Landwirtschaft, die realistischerweise eine längere Umstellungszeit benötigt, werden sowohl konventionelle als auch traditionelle Landwirtschaftssysteme nebeneinander bestehen. Die Anpassungen reichen dabei von einem Rückgang der kapitalintensiven Produktionsstrukturen, über strukturelle Änderungen - gerechtere Verteilung des Ressourcenbesitzes - bis zur Anerkennung des Wissens der traditionellen Bevölkerung durch die Völkerbundstaaten, die sich hierzu in verschiedenen völkerrechtlich verbindlichen Übereinkommen verpflichtet haben. Die Aufgabe des Staates als *aktiver* Vermittler ist sehr hoch einzuschätzen, da weniger technologische Beschränkungen als vielmehr soziale Zerrüttungen und politische Verzerrungen den Transformationsprozeß verlangsamen bzw. behindern.

Effektive Strategien, die eine nachhaltige Landbewirtschaftung ermöglichen, berücksichtigen darüber hinaus neuere Managementansätze, die Agrarökosysteme gestalten können. Daraus resultiert als wichtigste Forderung die Verknüpfung des Bewirtschaftungssystems mit den regionalen Ressourcenbeständen sowie die

Akzeptanz des existierenden institutionellen Rahmens. Die Umsetzung des letztgenannten Punktes könnte eine *langfristige Stabilisierung* des Agrarökosystems herbeiführen, ein wesentlicher Baustein der Ökologischen Ökonomie. Weniger der maximale Ertrag wäre demnach von vorrangiger Bedeutung, sondern die Entwicklung selbstversorgender, diversifizierter, ökonomisch lebensfähiger, kleinstrukturierter Agrarökosysteme hätte höchste Priorität. Hierin eingebettet ist auch - wie bereits erwähnt - der Erhalt und die nachhaltige Nutzung pflanzengenetischer Ressourcen.

Die wichtigsten wirtschaftspolitischen Empfehlungen sind, daß eine nachhaltige Entwicklung in der Landwirtschaft einer aktiven staatlichen Steuerung bedarf, die sowohl wertmäßige (marktkonforme) Elemente als auch biophysikalische Grenzen berücksichtigt. Aufbauend auf einer konzeptionellen Definition der Nachhaltigkeit sollte die Forschung Priorität auf die systemischen, vernetzten Beziehungen der Agrarökosysteme zu anderen Systemen legen. Dies könnte der Agrarforschung auch bei der Lösung von Anpassungsmechanismen weiterhelfen, die durch institutionelle Änderungen wie z.B. die regelmäßig stattfindenden Vertragsstaatenkonferenzen der Konvention über die biologische Vielfalt (CBD) ausgelöst werden. Darüber hinaus wird empfohlen:

- Erweiterung des Verständnisses der Agrobiodiversität durch die Verfolgung eines kohärenten Konzepts, wobei die Agrobiodiversität die Vielfalt und Variabilität von Tieren, Pflanzen und Mikroorganismen umfaßt; diese sind für die Aufrechterhaltung der Schlüsselfunktionen eines Agrarökosystems, seiner Struktur und Prozesse sowie der Unterstützung für die Nahrungsproduktion und –sicherheit verantwortlich.
- Politische Unterstützung für die Bewahrung, die nachhaltige Nutzung und die Verbesserung aller Typen und Ebenen der Agrobiodiversität in allen Produktions*systemen*, d.h. diverse und spezialisierte, kleine und große, intensive und extensive Systeme. Hierbei gilt es insbesondere zu berücksichtigen, daß die Vielfalt in der Landwirtschaft nicht nur von den Erntefrüchten bestimmt wird, sondern gleichfalls von den sie begleitenden Pflanzen und Tieren.
- Förderung der Verknüpfung und Koordination von Aktivitäten und Prozessen für eine Bewahrung der Agrobiodiversität, der Produktivität und der Agrarökosystemfunktionen ist dringend erforderlich, ebenso wie die Integration von Aktionsplänen für die Bewahrung und nachhaltige Nutzung der Agrobiodiversität in nationale Biodiversitäts-, Umwelt- und Agrarpolitiken, Strategien, Pläne und Programme sowie in andere wichtige Institutionen. Diese Querschnittsaufgabe ist nötig, damit die Agrobiodiversität in den politischen „mainstream" aufgenommen werden kann.

6 Literaturverzeichnis

ABRAHAMSSON, B. (1993): Why Organizations? How and Why People Organize. Sage Publications: Newbury Park u.a.O.

ACHARYA, R. (1991): Patenting of Biotechnology. GATT and the Erosion of the World's Biodiversity. Journal of World Trade, Vol. 25, Nr. 12, 71-87

ACHARYA, R. (1992): Intellectual Property, Biotechnology and Trade: The Impact of the Uruguay Round on Biodiversity. ACTS Press: Nairobi

ACUTT, M. AND P. MASON (EDS.) (1998): Environmental Valuation, Economic Policy and Sustainability - Recent Advances in Environmental Economics. Edward Elgar: Cheltenham (UK) and Northampton (US)

AGRARBÜNDNIS (HRSG.) (1997): Landwirtschaft 97 - Der kritische Agrarbericht.ABL Bauernblatt Verlags-GmbH: Kassel, Rheda-Wiedenbrück und Bonn

ALAUDDIN, M. AND C. TISDELL (1988): Impact of New Agricultural Technology on the Instability of Foodgrain Production and Yield: Data Analysis for Bangladesh and its Districts. Journal of Development Economics, 29, 199-227

ALLEN, P. ET AL. (1991): Expanding the definition of sustainable agriculture. Journal of Alternative Agriculture, 6, 34-39

ALTHAMMER, W. (1998): Internationale Aspekte der Umweltpolitik. Mohr Siebeck: Tübingen

ALTIERI, M. A. (1995): Agroecology - The Science of Sustainable Agriculture. 2nd edition, Westview Press: Boulder (US)

ALTIERI, M.A. (1998): An agroecological perspective to guide graduate educational programs in agricultural economics and rural development in Latin America of the XXI Century. Ecological Economics, 27, 227-236

ANDERSON, K. AND R. BLACKHURST (Eds.) (1992): The Greening of World Trade Issues. Harvester Wheatsheaf: New York u.a.O.

ANDERSON, K. (1992): The standard welfare economics of policies affecting trade and the environment. In: ANDERSON, K. AND R. BLACKHURST (ED.) (1992): The Greening of World Trade Issues. Harvester Wheatsheaf: New York u.a.O., 25-48

ARCHIBUGI, F. AND P. NIJKAMP (EDS.) (1989): Economy & Ecology: Towards Sustainable Development. Kluwer: Dordrecht

ARLT, K. UND T. EGGERS (1997): Natürliche Vegetation - Ackerunkraut-Vegetation In: WELLING, M. (Red.) (1997): Biologische Vielfalt in Ökosystemen - Konflikt zwischen Nutzung und Erhaltung. 20-28

ARNOLD, V. (1992): Theorie der Kollektivgüter. Vahlen: München

ARROW, K.J. (1957): Social Choice and Individual Welfare. Cowles Commission Monograph No. 17, Wiley: New York

ARROW, K.J. AND A.C. FISHER (1974): Environmental Preservation, Uncertainty, and Irreversibility. The Quarterly Journal of Economics, Vol. LXXXVIII, 312-319

AYRES, R.U. (1988): Self-Organization in Biology and Economics. International Institute for Applied Systems Analysis (IIASA), RR-88-1, Laxenburg (Austria)

AYRES, R.U. (1996): Limits to the growth paradigm. Ecological Economics, 19, 117-134

AYRES, R.U. AND A.V. KNEESE (1969): Production, consumption and externalities. American Economic Review, 59, 282-297

AZAR, C. ET AL. (1996): Socio-ecological indicators for sustainability. Ecological Economics, 18, 89-112

BALKS, M. (1995): Umweltpolitik aus der Sicht der Neuen Institutionenökonomik. Deutscher Universitäts Verlag: Wiesbaden - Zugl.: Köln, Univ., Diss., 1994

BANNISTER, D. AND K. BUTTON (EDS.) (1993): Transport, the Environment and Sustainable Development. E&FN Spon: London

BARBIER, E.B. (1989): Economics, Natural Resource Scarcity and Development: Conventional and Alternative Views. Earthscan: London

BARBIER, E. B. ET AL. (1994): Paradise Lost? - The Ecological Economics of Biodiversity. Earthscan: London

BARRETT, S. (1997): Towards a Theory of International Environmental Cooperation. In: CARRARO, C. ET AL. (1997): New Directions in the Economic Theory of the Environment. Cambridge, 239-280

BARRETT, S. (1998): On the Theory and Diplomacy of Environmental Treaty-Making. Environmental and Resource Economics, 11, 317-333

BARTELMUS, P. (1986): Environment and Development. Allen and Unwin: Boston

BARTMANN, H. (1996): Umweltökonomie - ökologische Ökonomie. Kohlhammer: Stuttgart u.a.O.

BARTON, J. H. AND W.E. SIEBECK (1994): Material transfer agreements in genetic resources exchange - the case of the International Agricultural Research Centres. Issues in Genetic Resources No. 1, IPGRI, Rome

BARZEL, Y. (1989): Economic Analysis of Property Rights. Cambridge University Press: Cambridge u.a.O.

BATEMAN, I.J. AND R.K. TURNER (1993): Valuation of the Environment, Methods and Techniques: The Contingent Valuation Method. In: TURNER, K.J. (ED.), (1993): Sustainable Environmental Economics and Management. 120-191

BEAUMONT, P. M. AND R.T. WALKER (1996): Land degradation and property regimes. Ecological Economics, 18, 55-66

BECKENBACH, F. (HRSG.) (1991): Die ökologische Herausforderung für die ökonomische Theorie. Metroplois-Verlag: Marburg

BECKENBACH, F. (1994): Analytische Grundlagen der Ökologischen Ökonomie. ALTNER, G ET AL. (Hrsg.), Jahrbuch Ökologie 1995. Verlag C.H. Beck: München, 162-167

BECKER, B. (1997): Sustainability Assessment: A Review of Values, Concepts, and Methodological Approaches. Consultative Group on International Agricultural Research, Issues in Agriculture 10, Washington, D.C.

BECKER, G.S. (1982): Der ökonomische Ansatz zur Erklärung menschlichen Verhaltens. J.C.B. Mohr: Tübimgen

BECKER, H. (1993): Pflanzenzüchtung. Ulmer: Stuttgart

BECKERMAN, W. (1974): In Defence of Economic Growth. Jonathan Cape: London

BECKERMAN, W. (1994): Sustainable Development: Is it a Useful Concept? Envionmental Values, 3, 191-209

BECKERMAN, W. (1995): How Would you Like your 'Sustainability', Sir? Weak or Strong? A Reply to my Critics. Environmental Values, 4, 169-179

BEGEMANN, F. (HRSG.) (1996): Zugang zu pflanzengenetischen Ressourcen für die Ernährung und die Landwirtschaft - der Diskussionsprozeß in Deutschland. Schriften zu genetischen Ressourcen, Bd. 3, ZADI: Bonn

BERRENS, R.P. ET AL. (1998): Implementing the Safe Minimum Standard Approach: Two Case Studies from the U.S. Endangered Species Act. Land Economics, Vol. 74 (2), 147-161

BEZUNEH, M. ET AL. (1995): Sustainable agricultural development using a farming systems approach in Zambia. Ecological Economics, 15, 149-156

BHAT, M.G. (1996): Trade-related intellectual property rights to biological resources: Socioeconomic implications for developing countries. Ecological Economics, 19, 205-217

BHAT, M.G. (1999): On biodiversity access, intellectual property rights, and conservation. Ecological Economics, 29, 391-403

BIANCIARDI, C. ET AL. (1996): Response: The 'recycle of matter' debate. Physical principles versus practical impossibility. Ecological Economics, 10, 105-106

BIERMANN, F. (1997): Umweltvölkerrecht: Eine Einführung in den Wandel völkerrechtlicher Konzeptionen zur Weltumweltpolitik. WZB Berlin, FS II 97 - 402

BIERMANN, F. UND U.E. SIMONIS (1998): Eine Weltorganisation für Umwelt und Entwicklung - Ein Vorschlag. UNIVERSITAS (Zeitschrift für Interdisziplinäre Wissenschaft), 53. Jg. Nr. 627 (Sept.), 822-831

BINSWANGER, M. (1995): Sustainable Development: Utopie in einer wachsenden Wirtschaft? Zeitschrift für Umweltpolitik und Umweltrecht, 1/95, 1-19

BIRNBACHER, D. (HRSG.) (1986): Ökologie und Ethik. (Bibliographisch ergänzte Ausgabe) Philipp Reclam jun.: Stuttgart

BIRNBACHER, D. (1988): Verantwortung für zukünftige Generationen. Reclam: Stuttgart

BIRNBACHER, D. UND C. SCHICHA Vorsorge statt Nachhaltigkeit - Ethische Grundlagen der Zukunftsverantwortung. In: KASTENHOLZ, H.G. ET AL. (HRSG.) (1996): Nachhaltige Entwicklung - Zukunftschancen für Mensch und Umwelt.

BISHOP, R.C. (1978): Endangered Species and Uncertainty: The Economics of a Safe Minimum Standard. American Journal of Agricultural Economics, 60, 10-18

BISHOP, R.C. (1979): Endangered Species, Irreversibilities, and Uncertainty: A Reply. American Journal of Agricultural Economics, 61, 376-379

BLÜMEL, W. ET AL. (1986): The Theory of Public Goods: A Survey of Recent Issues. Journal of Institutional and Theoretical Economics (JITE), 142 (2), 241-309

BLÜMLEIN G. UND S. MAIER (1995): Von der Vielfalt zur Einfalt - das Schicksal der genetischen Diversität der Kulturpflanzen. IN: WOLTERS J., ARA (Hrsg.) (1995): Leben und Leben lassen: Biodiversität-Ökonomie, Natur- und Kulturschutz im Widerstreit. 205-218

BÖBEL, I. (1988): Eigentum, Eigentumsrechte und institutioneller Wandel. Springer-Verlag: Berlin u.a.O.

BOEHLER, D. ET AL. (HRSG.) (1994): Ethik für die Zukunft: im Diskurs mit Hans Jonas. Beck: München

BOGAI, D. (1989): Technikfolgen, Ökonomie und Ethik. VVF: München

BOMMER, D.F.R. UND K. BEESE (1990): Pflanzengenetische Ressourcen. Schriftenreihe des Bundesministers für Ernährung, Landwirtschaft und Forsten, Reihe A, Heft 388, Landwirtschaftsverlag: Münster-Hiltrup

BOULDING, K.E. (1978): Ecodynamics. Sage Publications: Beverly Hills (CA) u.a.O.

BOULDING, K.E. (1980): The Economics of the Coming Spaceship Earth. In: DALY, H.E. (ED.) (1980): Economics, Ecology, Ethics - Essays toward a Steady-State Economy. (Reprint from 1966), 253-262

BRAGDON, S.H. AND D.R. DOWNES (1998): Recent policy trends and developments related to the conservation, use and development of genetic resources. Issues in Genetic Resources No. 7 (June), International Plant Genetic Resources Institute (IPGRI): Rome

BRANDES, W. ET AL. (1997): Produktions- und Umweltökonomik. Ulmer UTB: Stuttgart

BRANDTWEINER, R. (1998): Der Entropieeffekt. Georgescu-Roegens vierter Hauptsatz der Thermodynamik. Wirtschaftswissenschaftliches Studium (WiSt), Heft 11, 27. Jg., 585-588

BRINKERHOFF, D.W. AND A.A. GOLDSMITH (EDS.) (1990): Institutional Sustainability in Agriculture and Rural Development: A Global Perspective. Praeger: New York u.a.O.

BRINKERHOFF, D.W. ET AL. (1990): Institutional Sustainability: A Conceptual Framework. In: BRINKERHOFF, D.W. AND A.A. GOLDSMITH (1990): Institutional Sustainability in Agriculture and Rural Development. Praeger: New York u.a.O.

BROMLEY, D.W. (1989): Economic Interests and Institutions: The Conceptual Foundations of Public Policy. Basil Blackwell: Oxford

BROMLEY, D.W. (1989a): Institutional Change and Economic Efficiency. Journal of Economic Issues, Vol. XXIII, No. 3, 735-759

BROMLEY, D.W. (1989b): Entitlements, Missing Markets, and Environmental Uncertainty. Journal of Environmental Economics and Management, 17, 181-194

BROMLEY, D.W. (1991): Environment and Economy - Property Rights and Public Policy. Blackwell: Oxford (UK) and Cambridge (US)

BROMLEY, D.W. (1991a): Entitlements, Missing Markets, and Environmental Uncertainty: Reply Journal of Environmental Economics and Management, 20, 297-302

BROMLEY, D.W. (GENERAL EDITOR) (1992): Making the Commons Work: Theory, Practice, and Policy. Institute for Contemporary Studies: San Francisco

BROWN, K. (1998): The political ecology of biodiversity, conservation and development in Nepal's Terai: Confused meanings, means and ends. Ecological Economics, 24, 73-87

BRUNS, H. (1995): Neoklassische Umweltökonomie auf Irrwegen. Metropolis-Verlag: Marburg

BUCHANAN, J.M. (1975): The Limits of Liberty. Chicago

BUCHANAN, J.M. AND G. TULLOCK (1965): The Calculus of Consent: Logical Foundations of Constitutional Democracy. University of Michigan Press: Ann Arbor

BUNDESMINISTER FÜR UMWELT, NATURSCHUTZ UND REAKTORSICHERHEIT (HRSG.) (1992): Umweltpolitik: Konferenz der Vereinten Nationen für Umwelt und Entwicklung im Juni 1992 in Rio de Janeiro - Dokumente. Bonn

BUNDESMINISTERIUM FÜR UMWELT, NATURSCHUTZ UND REAKTORSICHERHEIT (HRSG.) (1998): Bericht der Bundesregierung nach dem Übereinkommen über die biologische Vielfalt: Nationalbericht biologische Vielfalt. Bundesministerium für Umwelt, Naturschutz und Reaktorsicherheit (Stand: März 1998): Bonn

BUNDESMINISTERIUM FÜR UMWELT, NATURSCHUTZ UND REAKTORSICHERHEIT (1999): Verabschiedung des "Biosafety Protocol" vertagt. Umwelt, Nr. 4/1999, 160-162

BUNDESMINISTERIUM FÜR ERNÄHRUNG, LANDWIRTSCHAFT UND FORSTEN (1997): 4. Internationale Technische Konferenz der FAO über Pflanzengenetische Ressourcen - Konferenzbericht, Leipziger Deklaration, Globaler Aktionsplan und Weltzustandsbericht. Schriften zu Genetischen Ressourcen - Sonderband (Übersetzung aus dem Englischen), Schriftenreihe des Informationszentrums für Genetische Ressourcen (IGR), Bundesministerium für Ernährung, Landwirtschaft und Forsten: Bonn

BUNDESVERBAND DEUTSCHER PFLANZENZÜCHTER (HRSG.) (1987): Landwirtschaftliche Pflanzenzüchtung in Deutschland. Geschichte, Gegenwart und Ausblick. Gelsenkirchen-Buer

CAMPIGLIO, L. ET AL. (1994): The Environment after Rio. International Law and Economics. London

CANSIER, D. (1996): Umweltökonomie. 2.Auflage, UTB: Stuttgart

CARRARO, C. (ED.): (1997): International environmental negotiations: strategic policy issues. Elgar: Cheltenham u.a.O.

CARSON, R. (1963): Der stumme Frühling. München

CASTLE, E.N. AND R.P. BERRENS (1993): Endangered Species, Economic Analysis, and the Safe Minimum Standard. Northwest Environmental Journal, 9, 108-130

CERNEA, M.M. (1987): Farmer Organization and Institution Building for Sustainable Development. Regional Development Dialogue 8 (2), 1-24

CHICHILNISKY, G. AND G.M. HEAL (1993): Global environmental risks. Journal of Economic Perspectives, 7 (4), 65-86

CHRISTENSEN, P.P. (1989): Historical Roots for Ecological Economics - Biophysical versus Allocative Approaches. Ecological Economics, 1, 17-36

CIRIACY-WANTRUP, S.V. (1952): Resource Conservation: Economics and Policies. University of California Press: Berkeley

CIRIACY-WANTRUP, S.V. (1971): The economics of environmental policy. Land Economics, 47, 36-45

CLARK, C.W. (1976): Mathematical Bioeconomics: The Optimal Management of Renewable Resources. John Wiley: New York u.a.O.

CLEVELAND, C.J. (1995): Resource degradation, technical change, and the productivity of energy use in U.S. agriculture. Ecological Economics, 13, 185-201

CLEVELAND, D.A. ET AL. (1994): Do folk crop varieties have a role in sustainable agriculture. BioScience, 44, 740-751

COASE, R.H. (1960): The Problem of Social Cost Journal of Law and Economics, III (October), 1-44

COLLARD, D. ET AL. (EDS.) (1988): Economics, Growth and Sustainable Environments. St. Martin's Press: New York

COMMISSION ON GENETIC RESOURCES ON FOOD AND AGRICULTURE (1997): Progress Report on the Global System for the Conservation and Sustainable Utilization of Plant Genetic Resources for Food and Agriculture. Seventh Sessions, CGRFA-7/97/3, 15-23 May 1997, Rom (http://web.icppgr.fao.org/CPGR/7-97/glob-e.html)

COMMON, M. S. AND C. PERRINGS (1992): Towards an ecological economics of sustainability. Ecological Economics, 6, 7-34

CONRAD, J.M. AND C.W. CLARK (1987): Natural Resource Economics. Cambridge University Press: Cambridge

CONWAY, G.R. (1985): Agroecosystem analysis. Agricultural Administration, Vol. 20, 31-55

CONWAY, G.R. (1987): The properties of agroecosystems. Agricultural Systems, Vol. 24, 95-117

CONWAY, G. (1997): The Doubly Green Revolution: Food for All in the Twenty-First Century. Penguin Books: London

COOPER, D. ET AL. (1994): A multilateral system for plant genetic resources: imperatives, achievements and challenges. Issues in Genetic Resources No. 2 (May), IPGRI: Rom

CORREA, C.M. (1999): Access to plant genetic resources and intellectual property rights. FAO: Commission on Genetic Resources for Food and Agriculture, Background Study Paper No. 8, Rome

COSTANZA, R. (1989): What is Ecological Economics? Ecological Economics, 1, 1-7

COSTANZA, R. (1991): Assuring Sustainability of Ecological Economic Systems. In: COSTANZA, R. (1991): Ecological Economics - The Science and Management of Sustainability. 331-343

COSTANZA, R. (ED.) (1991): Ecological Economics - The Science and Management of Sustainability. Columbia University Press: New York

COSTANZA, R. (1998): Beyond the argument culture. Ecological Economics, 27, 113-114

COSTANZA, R. AND C. FOLKE (1996): The Structure and Function of Ecological Systems in Relationship to Property Rights Regimes. Beijer Discussion Papers Series No. 77 (Beijer International Institue of Ecological Economics), Stockholm

COSTANZA, R. ET AL. (1989): Valuation and Management of Wetland Ecosystems. Ecological Economics, 1, 335-361

COSTANZA, R. ET AL. (1991): Goals, Agenda, and Policy Recommendations for Ecological Economics. In: COSTANZA, R. (ED.) (1991): Ecological Economics - The Science and Management of Sustainability. 1-20

COSTANZA, R. ET AL. (1997): The value of the worls's ecosystem services and natural capital. Nature, 387 253-260

CROWARDS, T.M. (1998): Safe Minimum Standards: costs and opportunities. Ecological Economics, Vol. 25, No.3, 303-314

DALY, H.E. (1968): On Economics as a Life Science. Journal of Political Economy, 76, 392-406

DALY, H.E. (1974): The Economics of the Steady State. Paper Proceedings American Economic Review, 64 15-21

DALY, H.E. (1990): Carrying Capacity as a tool of development policy: the Ecuadoran Amazon and the Paraguayan Chaco. Ecological Economics, 2, 187-195

DALY; H.E. (1990): Toward some operational principles of Sustainable Development. Ecological Economics, 2, 1-6

DALY, H.E. (1991): Elements of environmental macroeconomics. In: COSTANZA, R. (ED.) (1991): Ecological Economics - The Science and Management of Sustainability. 32-46

DALY, H.E. (1991a): Towards an Environmental Macroeconomics. Land Economics, 67 (2), 255-259

DALY, H.E. (1994): Ökologische Ökonomie: Konzepte, Fragen, Folgerungen. Altner, G. et al. (Hrsg.), Jahrbuch Ökologie 1995. Verlag C.H. Beck: München. 147-161

DALY, H.E. (1995a): On Wilfred Beckerman's Critique of Sustainable Development. Environmental Values, 4, 49-55

DALY, H.E. (1996): Beyond Growth - The Economics of Sustainable Development. Beacon Press: Boston

DALY, H.E. (1999): Reply to Marcus Stewen. Ecological Economics, 30, 1-2

DALY, H.E. AND J.B. COBB (1989): For the Common Good. Beacon Press: Boston

DALY, H.E. AND R. GOODLAND (1994): An ecological-economic assessment of deregulation of international commerce under GATT. Ecological Economics, 9, 73-92

DASGUPTA, P.S. AND G.M. HEAL (1979): Economic Theory and Exhaustible Resources. James Nisbet: Digswell Place, Welwyn (UK)

DAVIS, L.E. AND D.C. NORTH (1970): Institutional Change and American Economic Growth: A First Step Towards a Theory of Institutional Innovation. Journal of Economic History, 30 (March), 131-149

DE GRAAF, H.J. ET AL. (1996): Sustainable development: looking for new strategies. Ecological Economics, 16, 205-216

DEMSETZ, H. (1967): Toward a Theory of Property Rights. American Economic Review, LVII (2) (May), 347-359

DEVLIN, R.A. AND R.Q. GRAFTON (1998): Economic Rights and Environmental Wrongs - Property Rights for the Common Good. Edward Elgar: Cheltenham (UK) and Northampton (MA, USA)

DEXEL, B. (1995): Internationaler Artenschutz. Neuere Entwicklungen. Diskussionspapier FS II 95-401, Wissenschaftszentrum Berlin für Sozialforschung, Berlin

DICHTL, E. UND O. ISSING (HRSG.) (1987): Vahlens Großes Wirtschaftslexikon. Verlag C.H. Beck (dtv): München

DIETZ, F.J. ET AL. (EDS.) (1992): Sustainability and Environmental Policy - Restraints and Advances. Sigma Verlag: Berlin

DÖRNER, D. (1992 [1989]): Die Logik des Mißlingens - Strategisches Denken in komplexen Situationen. rororo Taschenbuch Verlag (Sachbuch 9314): Reinbek bei Hamburg:

Dovers, S.R. (1995): A framework for scaling and framing policy problems in sustainability. Ecological Economics, 12, 93-106

Duchin, F. (1996): Ecological economics: The research challenge. Ecological Economics Bulletin, Vol 1 (1), 8-22

Durham, W.H. (1991): Coevolution: Genes, Culture, and Human Diversity. Stanford University Press: Stanford (California)

Earth Negotiations Bulletin (2000): Report on the Resumed Session of the Extraordinary Meeting of the Conference of the Parties for the Adoption of the Protocol on Biosafety to the Convention on Biological Diversity: 24-28 January 2000. Vol. 9 No. 137 (International Institute for Sustainable Development), Montreal

Eath, Ch. (1996): Bedeutet TRIPS wirklich eine Schlechterstellung von Entwicklungsländern? GRUR international, 1169

EG (1992): Verordnung (EG) Nr. 2078/92 des Rates vom 30. Juni 1992 für umweltgerechte und den natürlichen Lebensraum schützende landwirtschaftliche Produktionsverfahren. Amtsblatt der Europäischen Gemeinschaft

Ehrlich, P. (1968): The Population Bomb. Ballantine: New York

Ehrlich, P. and A. Ehrlich (1981): Extinction - The Causes and Consequences of the Disappearance of Species. Random House: New York

Ehrlich, P. and A. Ehrlich (1990): The Populations Explosions. Hutchinson: London

Ehrlich, P.R.- and J.P. Holdren (1974): Impact of population growth. Science, 171, 1212-1217

Ekins, P. (1993): 'Limits to growth' and 'sustainable development': grappling with ecological realities. Ecological Economics, 8, 269-288

Endres, A. (1995): Zur Ökonomie internationaler Umweltschutzvereinbarungen. Zeitschrift für Umweltpolitik & Umweltrecht, 2/95, 143-178

Endres, A. und V. Radke (1998): Indikatoren einer nachhaltigen Entwicklung - Elemente ihrer wirtschaftstheoretischen Fundierung. Volkswirtschaftliche Studien Heft 479, Duncker & Humblot: Berlin

Endres, A. und V. Radke (1998a): Zur theoretischen Struktur von Indikatoren einer nachhaltigen Entwicklung. Zeitschrift für Wirtschafts- und Sozialwissenschaften, 118. Jg. Heft 2, 295-314

Enneking, U. (1999): Ökonomische Verfahren im Naturschutz - Der Einsatz der Kontingenten Bewertung im Entscheidungsprozeß. Peter Lang: Frankfurt am Main u.a.O.

European Commission (EC) (1994): Council Regulation (EC) No. 1467/94 of 20 June 1994 on the conservation, characterization, collection and utilization of genetic resources in agriculture. Amtsblatt der Europäischen Gemeinschaft

FABER, M. UND J.L.R. PROOPS (1993): Evolution, Time, Production and the Environment. Second, Revised and Enlarged Edition, Springer-Verlag: Berlin u.a.O.

FABER, M. ET AL. (1996): Ecological Economics - Concepts and Methods. Edward Elgar: Cheltenham (UK) und Brookfield (US)

FAO, CPGR (1989): International Undertaking on Plant Genetic Resources. Third Session, 17-21 April (CPGR/89/Inf.2): Rome

FAO (1996): Rome Declaration on World Food Security and World Food Summit Plan of Action. FAO, World Food Summit, Rome (http://www.fao/wfs/policy/english/96-3eng.htm)

FARMER, M.C. AND A. RANDALL (1998): The Rationality of a Safe Minimum Standard. Land Economics, Vol. 74, No. 3, 287-302

FAUCHEUX, S. AND G. FROGER (1995): Decision-making under environmental uncertainty. Ecological Economics, 15, 29-42

FEYERABEND, P. (1988 [1975]): Against Method. Revised Edition, Verso: London and New York

FISHER, A.C. ET AL. (1972): The Economics of Environmental Preservation: A Theoretical and Empirical Analysis. American Economic Review, Vol. 62 (Sept.), 605-619

FLITNER, M. (1995): Sammler, Räuber und Gelehrte - Die politischen Interessen an pflanzengenetischen Ressourcen 1895 - 1995. Campus Verlag: Frankfurt und New York

FLITNER, M. (1995a): Die notwendige Reform des deutschen Saatgutrechts. Biopoly (Briefing zu pflanzengenetischen ressourcen (pgr) und zur biologischen vielfalt) Nummer 2, BUKO Agrar Koordination, Hamburg, 4-5

FORUM UMWELT & ENTWICKLUNG (HRSG.) (1996): Pflanzengenetische Ressourcen in der deutschen Landwirtschaft. Knotenpunkt GmbH: Bonn

FRANCIS, J.M. (1996): Nature Conservation and the Precautionary Principle. Environmental Values 5, 257-264

FRANKEL, O.H. ET AL. (1995): The conservation of plant biodiversity. Cambridge University Press: Cambridge

FREY, B.S. UND KIRCHGÄSSNER, G (1994): Demokratische Wirtschaftspolitik. 2., völlig neubearb. Aufl., Vahlen: München

FRISVOLD, G. AND KUHN, B. (1999): Global Environmental Change and Agriculture - Assessing the Impacts. Edward Elgar: Cheltenham (UK), Northampton (MA, USA)

FUCHS, P. (1999): Die Welthandelsorganisation (WTO) - eine zukunftsfähige Institution? In: Jahrbuch Dritte Welt, 50-66

FUNTOWICZ, S.O. AND RAVETZ, J.R. (1994): The worth of a songbird: ecological economics as a post-normal science. Ecological Economics, 10, 197-207

FURUBOTN, E.G. AND PEJOVICH, S (1972): Property Rights and Economic Theory: A Survey of Recent Literature. Journal of Economic Literature, Vol. 10, 1137-1162

GANS, O. UND MARGGRAF, R. (1997): Kosten-Nutzen-Analyse und ökonomische Politikbewertung 1 - Wohlfahrtsmessung und betriebswirtschaftliche Investitionskriterien. Springer-Verlag: Berlin u.a.O.

GARBE, CH. (1996): Umweltpolitik in der EU: Effiziente Zuordnung umweltpolitischer Kompetenzen im Lichte des Subsidiaritätsprinzips - Das Beispiel der Nitratrichtlinie (91/676 EWG) Cuvillier Verlag: Göttingen

GAWEL, E. (1994): Umweltallokation durch Ordnungsrecht. J.C.B. Mohr: Tübingen

GEORGESCU-ROEGEN, N. (1971): The Entropy Law and the Economic Process. Harvard University Press: Cambridge (Mass.)

GEORGESCU-ROEGEN, N. (1977): Inequality, Limits and Growth from a Bioeconomic Viewpoint. Review of Social Economy, 35 (December), 361-375

GETTKANT, A. ET AL. (1997): Biopolitik für die Zukunft - Kooperation oder Konfrontation zwischen Nord und Süd. Stiftung Entwicklung und Frieden, Policy Paper 4, Bonn

GEYER, F. AND J. VAN DER ZOUWEN (EDS.) (1986): Sociocybernetic Paradoxes - Observation, Control and Evolution of Self-Steering Systems. SAGE Publications: London u.a.O.

GILBERT, A.J. AND BRAAT, L.C. (EDS.) (1991): Modelling for Population and Sustainable Development. Routledge: London

GLASSER, H. AND CRAIG, P.P. (1999): All of Keynes horses ...: the need for end-goal driven assessment of ecosystem services. Ecological Economics, 29, 321-327

GLASSER, H. ET AL. (1994): Ethics and Values in Environmental Policy: The Said and the UNCED. In: VAN DEN BERGH, J.C.J.M. AND J. VAN DER STRAATEN (1994): Toward Sustainable Development - Concepts, Methods, and Policy. 83-107

GLIESSMAN, S.R. (ED.) (1990): Agroecology - Researching the Ecological Basis for Sustainable Agriculture. Ecological Studies 78, Springer-Verlag: New York u.a.O.

GLOWKA, L. ET AL. (1994): A Guide to the Conservation on Biological Diversity. Environmental Policy and Law Papers No. 30, IUCN Environmental Law Centre, IUCN - The World Conservation Union: Gland and Cambridge

GOLDSMITH, A.A. AND BRINKERHOFF, D.W. (1990): Institutional Sustainability Strategies: A Global View. In: BRINKERHOFF AND GOLDSMITH (EDS.) (1990): Institutional Sustainability in Agriculture and Rural Development: A Global Perspective. 229-235

GOLLIN, M.A. (1993): The Convention on Biological Diversity and Intellectual Property Rights. In: Reid, W.V. et al. (1993): Biodiversity Prospecting: Using Genetic Resources for Sustainable Development. 289-302

GOODLAND, R. (1992): Die These: Die Welt stößt an Grenzen. In: GOODLAND, R. ET AL. (HRSG.) (1992): Nach dem Brundtland-Bericht: Umweltverträgliche wirtschaftliche Entwicklung. Dt. UNESCO-Kommission: Bonn, 15-28

GOODLAND, R. (1997): Environmental sustainability in agriculture: diet matters. Ecological Economics, 23, 189-200

GOODLAND, R. ET AL. (HRSG.) (1992): Nach dem Brundtland-Bericht: Umweltverträgliche Wirtschaftliche Entwicklung Aus dem Englischen übertragen von Knut Barrey, (Hrsg. Deutsches Nationalkomitee für das UNESCO-Programm "MAB" und Deutsche UNESCO-Kommission: Bonn

GORDON, H.C. (1954): The Economic Theory of a Common-Property Resource: The Fishery. Journal of Political Economy, 62, 124-142

GORKE, M. (1999): Die Grenzen der Anthropozentrik - Artensterben und Ethik. UNIVERSITAS, Nr. 633 (März), 257-268

GRAIN (GENETIC RESOURCES ACTION INTERNATIONAL) (1998a): TRIPS versus CBD. Global Trade and Biodiversity in Conflict - Issue no. 1 (April 98) - http://www.grain.org/publications/gtbc/issue1.htm (Februar 1999)

GRAIN (GENETIC RESOURCES ACTION INTERNATIONAL) (1998b): Intellectual Property Rights and Biodiversity: The Economic Myths. Global Trade and Biodiversity in Conflict - Issue no. 3 (Oct. 98) - http://www.grain.org/publications/gtbc/issue3.htm (Februar 1999)

GRIZZLE, R.E. (1994): Environmentalism should include human ecological needs. BioScience, 44 (4), 263-268

HAAS, P.M. ET AL. (1993): Institutions for the Earth. MIT Press: Cambridge (USA) and London (UK)

HAGEDORN, K. (HG.) (1996): Institutioneller Wandel und Politische Ökonomie von Landwirtschaft und Agrarpolitik - Festschrift zum 65. Geburtstag von Günther Schmitt. Campus Verlag: Frankfurt und New York

HAMMER, K. (1998): Agrarbiodiversität und pflanzengenetische Ressourcen - Herausforderung und Lösungsansatz. (Zentralstelle für Agrardokumentation und -information (ZADI)), Schriften zu Genetischen Ressourcen, Band 10, Bonn

HAMPICKE, U. (1991): Neoklassik und Zeitpräferenz: der Diskontierungsnebel. In: BECKENBACH, F. (HRSG.), Die ökologische Herausforderung für die ökonomische Theorie. 127-149

HAMPICKE, U. (1992): Ökologische Ökonomie - Individuum und Natur in der Neoklassik. Westdeutscher Verlag: Opladen

HANNA, S.S. (1997): The new frontier of American fisheries governance. Ecological Economics, 20, 221-233

HANSEN, S. (1989): Debt for Nature Swaps - Overview and Discussion of Key Issues. Ecological Economics, 1, 77-93

HÄPKE, U. (1997): Nachhaltigkeit macht mehr Arbeit. In: AGRARBÜNDNIS (1997): 220-227

HARRIS, J.M. (1996): World agricultural futures: regional sustainability and ecological limits. Ecological Economics, 17, 95-115

HARRIS, J.M. AND KENNEDY, S. (1999): Carrying capacity in agriculture: global and regional issues. Ecological Economics, 29, 443-461

HARTWICK, J.M. (1977): Intergenerational equity and the investing of rents from exhaustible resources. American Economic Review, 67(5), 972-974

HARTWICK, J.M. (1978): Substitution among exhaustible resources and inter-generational equity. Review of Economic Studies, 45, 347-354

HAZELL, P.B.R. AND RAMASAMY, C. (1991): The Green Revolution Reconsidered: The Impact of High-Yielding Varieties in South India. The John Hopkins University Press: Baltimore and London

HEINER, R.A. (1983): The Origin of Predictable Behavior. The American Economic Review, Vol. 73, No. 4, 560-595

HEINRICH, D. UND HERGT, M. (1994): dtv-Atlas zur Ökologie. 3. Aufl., dtv: München

HEISTER, J. UND STÄHLER, F. (1995): Globale Umweltpolitik und Joint Implementation: Eine ökonomische Analyse für die Volksrepublik China. Zeitschrift für Umweltpolitik (Vorgänger von Zeitschrift für Umweltpolitik und Umweltrecht), 2/95, 205-230

HENNE, G. (1998): Genetische Vielfalt als Ressource - Die Regelung ihrer Nutzung. Nomos Verlagsgesellschaft: Baden-Baden

HENRICHSMEYER, W. UND WITZKE, H.P. (1991): Agrarpolitik Band 1 - Agrarökonomische Grundlagen. Verlag Eugen Ulmer: Stuttgart

HENZE, A. (1996): Gewerblicher Rechtsschutz und dessen Bedeutung für den Fortschritt und die Wettbewerbsfähigkeit der Landwirtschaft. In: HAGEDORN, K. (HG.) (1996), 263-307

HENZE, A. ET AL. (1995): Auswirkungen biotechnischer Neuerungen in der Tierzucht. Schriftenreihe des BMELF, Reihe A. Angewandte Wissenschaft, Heft 443, Münster

HERDER-DORNEICH, P. (1993): Ökonomische Systemtheorie - Eine kurzgefaßte Hinführung. Nomos Verlagsges.: Baden-Baden

HETTINGER, N. (1995): Patenting Life: Biotechnology, Intellectual Property, and Environmental Ethics. Boston College Law Review, Vol. 22, No.2 (winter), 267-305

HEYWOOD, V.H. (EXEC. ED.) (1995): Global Biodiversity Assessment. Cambridge University Press: Cambridge

HINTERBERGER, F. (1998): Ökologie und Ökonomie: Ko-Evolution als Erklärungsprinzip und normative Idee. Beitrag für die Jahrestagung des Ausschusses für Evolutorische Ökonomik im Verein für Socialpolitik, 2.-4. Juli 1998, Meissen

HOEHN, J.P. AND RANDALL, A. (1989): Too Many Proposals Pass the Benefit Cost Test. American Economic Review, 79, 544-571

HOHL, A. AND TISDELL, C.A. (1993): How useful are environmental safety standards in economics? - The example of safe minimum standards for protection of species. Biodiversity and Conservation, 2, 168-181

HÖDL, E. UND G. MÜLLER (HG.) (1986): Die Neoklassik und ihre Kritik. Campus Verlag: Frankfurt a.M. und New York

HOLDEN, J. ET AL. (1993): Genes, Crops and the Environment. Cambridge University Press: Cambridge

HOLLING, C.S. (1973): Resilience and stability of ecological systems. Annual Review of Ecology and Systematics, 4, 1-23

HOTELLING, H. (1931): The Economics of Exhaustible Resources. Journal of Political Economy, Vol. 39, 137-175

HOWARTH, R.B. (1997): Defining Sustainability: An Overview. Land Economics, Vol. 73, No. 4 (Nov.), 445-447

HUNHAMMAR, S. (1997): To operationalise sustainable development with top-down and bottom-up approaches. In: SMITH/ TENNER (1997): Dimensions of Sustainability. 247-255

IPSEN, K. (1990): Völkerrecht. 3., völlig neu bearb. Aufl., Verlag C.H. Beck: München

JACOBS, M. (1991): The Green Economy - Environment, Sustainable Development and the Politics of the Future. Pluto Press: London und Concord (Mass.)

JACOBS, M. (1995): Sustainable Development, Capital Substitution and Economic Humility: A Response to Beckerman. Environmental Values, 4, 57-68

JACOBS, M. (1996): What is Socio-Ecological Economics? Ecological Economics Bulletin, Vol. 1 (2), 14-16

JAEGER, F. (1994): Natur und Wirtschaft: Auf dem Weg zu einer ökologischen Marktwirtschaft. 2., neu bearbeitete Auflage, Rueegger: Chur u.a.O.

JAEGER, W.K. (1995): Is sustainability optimal? Examining the differences between economists and environmentalists. Ecological Economics, 15, 43-57

JOHN, K.H. ET AL. (1994): An integrated model of human-wildlife interdependence. Ecological Economics, 11, 65-75

JOHNSTONE, N. (1995): Trade liberalization, economic specialization and the environment. Ecological Economics, 14, 165-173

JOHNSTONE, N. (1996): Reply to David Wood. Ecological Economics, 19, 113-115

JONAS, H. (1979): Das Prinzip Verantwortung - Versuch einer Ethik für die technologische Zivilisation. suhrkamp taschenbuch: Frankfurt a.M.

KAPP, K.W. (1958 [1950]): Volkswirtschaftliche Kosten der Privatwirtschaft. (aus dem Englischen übersetzt von B. Fritsch), J.C.B. Mohr (Paul Siebeck): Tübingen

KASTENHOLZ H.G. ET AL. (1996): Nachhaltige Entwicklung - Zukunftschancen für Mensch und Umwelt. Springer-Verlag: Berlin u.a.O.

KASTROP, C. (1993): Rationale Ökonomik? Überlegungen zu den Kriterien der ökonomischen Theoriendynamik. Duncker & Humblot: Berlin

KATZ, C. ET AL. (1996): Biotechnologien für die "Dritte Welt" - Eine entwicklungspolitische Perspektive? Studien des Büros für Technikfolgen-Abschätzung, Band 2, edition sigma: Berlin

KAUFMANN, R.K. AND CLEVELAND, C.J. (1995): Measuring sustainability: needed - an interdisciplinary aproach to an interdisciplinary concept. Ecological Economics, 15, 109-112

KEMPER, M. (1989): Das Umweltproblem in der Marktwirtschaft: Wirtschaftstheoretische Grundlagen und vergleichende Analyse umweltpolitischer Instrumente in der Luftreinhalte- und Gewässerschutzpolitik. Diss., Duncker & Humblot: Berlin

KEOHANE, R.O. ET AL. (1993): The Effectiveness of International Environmental Institutions. In: HAAS ET AL. (1993): Institutions for the Earth. 3-24

KHALIL, E.L. (1990): Entropy Law and Exhaustion of Natural Resources: Is Nicholas Georgescu-Roegen's Paradigm Defensible? Ecological Economics, 2, 163-178

KIRSCH, G. (1997): Neue Politische Ökonomie. 4. überarb. und erweiterte Aufl., Werner Verlag: Düsseldorf

KLAASSEN, G. J. AND OPSCHOOR, J.B. (1991): Economics of sustainability or the sustainability of economics: different paradigms. Ecological Economics, 4, 93-115

KLOPHAUS, R. (1997): Prospect-Theorie. Wirtschaftsstudium (WiSt), Heft 4, (April), 195-198

KLOPPENBURG, J. R., JR. (1988): Seeds and Sovereignty. The Use and Control of Plant Genetic Resources. Duke University Press: Durham and London

KLOPPENBURG, J.R. J.R. (1988a): First the seed - The political economy of plant biotechnology 1492-2000. Cambridge University Press: Cambridge u.a.O.

KLOPPENBURG, JR., J.R. AND KLEINMAN, D.L. (1988): Seeds of Controversy: National Property versus Common Heritage. In: KLOPPENBURG, JR., J.R. (ED.) (1988): Seeds and Sovereignty - The Use and Control of Plant Genetic Resources. 173-203

KNEESE, A.V. ET AL. (1971): Economics and the Environment: A Materials Balance Approach. 2. ed., John Hopkins; Baltimore u.a.O.

KNUDSON, M. (1999): Agricultural Diversity: Do we have the resources to meet future needs? In: FRISVOLD, G. AND B. KUHN (EDS.) (1999): Global Environmental Change and Agriculture. 43-86

KÖHN, J. & J. GOWDY (HRSG.) (1997): Implikationen der Ökologischen Ökonomie für die Regionalökonomie. Rostocker Beiträge zur Regional- und Strukturforschung (Wirtschafts- und Sozialwissenschaftliche Fakultät), Heft 10, Universität Rostock: Rostock

KÖTTER, R. (1986): Modell und ökonomische Realität - Die Relevanz der Gleichgewichtstheorie als Grundlage der ordnungs- und wirtschaftspolitischen Diskussion. In: HÖDL, E. UND G. MÜLLER (HRSG.) (1986): Die Neoklassik und ihre Kritik. 41-59

KRATKY, K.W. UND BONET, E.M. (HRSG.) (1989): Systemtheorie und Reduktionismus. Wiener Studien zur Wissenschaftstheorie Band 3, Edition S: Wien

KREBS, A. (HRSG.) (1997): Naturethik - Grundtexte der gegenwärtigen tier- und ökoethischen Diskussion. Suhrkamp-Taschenbuch Wissenschaft: Frankfurt a.M.

KRETSCHMER, H. ET AL. (1997): Einfluß der landwirtschaftlichen Flächennutzung auf Artenvielfalt und Artenzusammensetzung. In: WELLING, M. (RED.) (1997): Biologische Vielfalt in Ökosystemen - Konflikt zwischen Nutzung und Erhaltung. 266-280

KUIK, O. AND VERBRUGGEN, H. (EDS.) (1991): In Search of Indicators of Sustainable Development. Kluwer: Dordrecht

KULESSA, M. (1995): Umweltpolitik in einer offenen Volkswirtschaft. Zum Spannungsverhältnis von Freihandel und Umweltschutz. Nomos-Verlag: Baden-Baden

KÜNG, H. (1996): Das eine Ethos in der einen Welt - Ethische Begründung einer nachhaltigen Entwicklung. In: KASTENHOLZ, H.G. (1996): Nachhaltige Entwicklung - Zukunftschancen für Mensch und Umwelt. 235-253

LAMPKIN, N. (1997): Organic Farming. Repr., Farming Press: Ipswich

LASZLO, E. (1986): Systems and societies: the basic cybernetics of social evolution. In: GEYER, F. AND J. VAN DER ZOUWEN (EDS.) (1986): Sociocybernetic Paradoxes. 145-171

LASZLO, E. (1996): Evolution - The General Theory. Hampton Press: Cresskill (New Jersey)

LEINFELLNER, W. (1989): Holismus, Reduktionismus und die Theorie dynamischer Systeme. In: KRATKY, K.W. UND E.M. BONET (HRSG.) (1989): Systemtheorie und Reduktionismus. 67-91

LERCH, A. (1994): Property Rights und biologische Vielfalt. Zeitschrift für Umweltpolitik und Umweltrecht 3/94, 289-303

LERCH, A. (1996): Verfügungsrechte und biologische Vielfalt. Metropolis-Verlag: Marburg

LESKIEN, D. AND FLITNER, M. (1997): Intellectual Property Rights and Plant Genetic Resources: Options for a Sui Generis System. Issues in Genetic Resources No. 6, IPGRI, Rom, Italien

LESSER, W. (1998): Sustainable Use of Genetic Resources under the Convention on Biological Diversity - Exploring Access and Benefit Sharing Issues. CAB INTERNATIONAL: Wallingford and New York

LIBECAP, G.D. (1978): Economic Variables and the Development of the Law: The Case of Western Mineral Rights. Journal of Economic History, 38 (June), 338-362

LINCKH G. ET AL. (HRSG.) (1996): Nachhaltige Land- und Forstwirtschaft. Springer: Berlin u.a.O.

LOVELOCK, J.E. (1974): Gaia: A New Look at the Earth. Oxford University Press: New York

LUHMANN, N. (1988): Ökologische Kommunikation. Westdeutscher Verlag: Opladen

LUHMANN, N. (1996): Soziale Systeme: Grundriß einer allgemeinen Theorie. 6.Aufl., Suhrkamp: Frankfurt a. M.

LUKS, F. (1997): Herman E. Daly's Steady-State Economics - Ursprünge, Bedeutung und Perspektiven. In: KÖHN, J. UND J. GOWDY (HRSG.) (1997): Implikationen der Ökologischen Ökonomie für die Regionalökonomie. (Rostocker Beiträge zur Regional- und Strukturforschung, Heft 10) Universität Rostock, Wirtschafts- und Sozialwissenschaftliche Fakultät: Rostock 40-69

MALLOY, R.P. AND C.K. BRAUN (EDS.) (1995): Law and Economics: New and Critical Perspectives. Peter Lang: New York u.a.O.

MARGGRAF, R. UND STREB, S. (1997): Ökonomische Bewertung der natürlichen Umwelt - Theorie, politische Bedeutung, ethische Diskussion. Spektrum Akademischer Verlag: Heidelberg und Berlin

MARTINEZ-ALIER, J. (1987): Ecological Economics - Energy, Environment and Society. Basil Blackwell: Oxford and New York

MASKUS, K.E. (1998): The International Regulation of Intellectual Property. Weltwirtschaftliches Archiv (Review of World Economics), Band 134, Heft 2, 186-208

MATURANA, H.R. UND VARELA, F.J. (1987): Der Baum der Erkenntnis. Goldmann Verlag: Bern und München

MAYUMI, K. ET AL. (1998): Georgescu-Roegen /Daly versus Solow /Stiglitz Revisited. Ecological Economics, 27, 115-117

MCCLOSKEY, D.N. (1983): The rhetoric of economics. Journal of Economic Literature, Vol. XXI (June), 481-517

MEADOWS, D. ET AL. (1972): Die Grenzen des Wachstums. Dt. Verl. Anst.: Stuttgart

MEADOWS, D. ET AL. (1993): Die neuen Grenzen des Wachstums. 6. Aufl., Dt. Verl.-Anst.: Stuttgart

MEFFERT, H. (1998): Marketing. 8., vollst. neubearb. u. erw. Aufl., Gabler: Wiesbaden

MEINHEIT, E. (1995): Handelspolitik als Umweltpolitik im Agrarbereich? - Eine ökonomische und GATT-rechtliche Analyse. Wissenschaftsverlag Vauk, Kiel

MEPPEM, T. AND GILL, R. (1998): Planning for sustainability as a learning concept. Ecological Economics, 26, 121-137

MERCURO, N. AND MEDEMA, S. (1995): Schools of Thought in Law and Economics: A Kuhnian Competition. In: MALLOY, R.P. AND C.K. BRAUN (EDS.) (1995): Law and Economics: New and Critical Perspectives. 65-126

MERTON, R.C. (1998): Applications of Option-Pricing Theory: Twenty-Five Years Later. American Economic Review, Vol. 88, No. 3 (June), 323-349

MEYER, R. ET AL. (1998): TA-Projekt "Gentechnik, Züchtung und Biodiversität": Endbericht. TAB (Technikfolgen-Abschätzungsbüro des Deutschen Bundestages) - Arbeitsbericht 55, TAB: Bonn

MEYERHOFF, J. (1997): Monetarisierung in der ökologischen Ökonomie!? Ökologisches Wirtschaften 3/4, 22-24

MIRANDA SANTOS, M. AND LEWONTIN, R. (1997): Genetics, plant breeding and patents: conceptual contradictions and practical problems in protecting biological innovations. Plant Genetic Resources Newsletter No. 112, International Plant Genetic Resources Institute (IPGRI), Rome

MISHAN, E.J. (1993): The Costs of Economic Growth. überarb. Aufl., Staples Press: London

MOONEY, P. AND FOWLER, C. (1991): Die Saat des Hungers. Rowohlt Taschenbuch Verlag: Hamburg

Mueller, D.C. (1997): Perspectives on Public Choice - A Handbook. Cambridge University Press: Cambridge (UK)

MUNASINGHE, M. AND MCNEELY, J. (1995): Key Concepts and Terminology of Sustainable Development. In: MUNASINGHE, M. AND W. SHEARER (EDS.) (1995): Defining and measuring sustainability - The biogeophysical foundations. United Nations University (UNU) and The World Bank: Washington, D.C. 19-56

MUNDA, G. (1996): Cost-benefit analysis in integrated environmental assessment: some methodological issues. Ecological Economics, 19, 157-168

MUNDA, G. (1997): Environmental Economics, Ecological Economics, and the Concept of Sustainable Development. Environmental Values, 6, 213-233

NEUNTEUFEL, M.G. (1997): Nachhaltigkeit - Eine Herausforderung für die ökonomische Forschung. Bundesanstalt für Agrarwirtschaft, Schriftenreihe Nr. 79: Wien

NORGAARD, R.B. (1984): Coevolutionary Development Potential. Land Economics, 60 (2), 160-173

NORGAARD, R.B. (1988): Sustainable Development: A Co-Evolutionary View. Futures, Vol. 20, No. 6, 606-620

NORGAARD, R.B. (1989): The Case for Methodological Pluralism. Ecological Economics, 1, 37-57

NORGAARD, R.B. (1994): Development Betrayed - The end of progress and a coevolutionary revisioning of the future. Routledge: London and New York

NORGAARD, R.B. AND SIKOR, T.O. (1995): The Methodology and Practice of Agroecology. In: Altieri, Miguel A. (1995), 21-39

NORTH, D.C. (1990): Institutions, Institutional Change and Economic Performance. Cambridge University Press: Cambridge u.a.O.

NORTH, D.C. (1994): Constraints on Institutional Innovation: Transaction Costs, Incentive Compatability, and Historical Considerations. In: RUTTAN, V.W. (ED.) (1994): Agriculture, environment, and health: sustainable development in the 21st century. 48-70

NORTH, D.C.. AND THOMAS, R.P. (1970): An Economic Theory of the Growth of the Western World. The Economic History Review, 23 (March), 1-17a

NORTON, B.G. (1984): Environmental Ethics and Weak Anthropocentrism. Environmental Ethics, 6 (2), 319-337

NORTON, B.G. (ED.) (1986): The Preservation of Species - The Value of Biological Diversity. Princeton University Press: Princeton, New Jersey 305

NORTON, B. ET AL. (1998): The evolution of preferences - Why 'sovereign' preferences may not lead to sustainable policies and what to do about it. Ecological Economics, 24, 193-211

ODUM, E.P. (1991): Prinzipien der Ökologie: Lebensräume, Stoffkreisläufe, Wachstumsgrenzen. Spektrum der Wissenschaft: Heidelberg

OECD (1995): Sustainable Agriculture - Concepts, Issues and Policies in OECD Countries. Paris

OECD (1996): Saving Biological Diversity - Economic Incentives. Paris

OECD (1996a): Intellectual Property, Technology Transfer and Genetic Resources - An OECD Survey of Current Practices and Policies. Paris

OETMANN, A. ET AL. (1995): Erhaltung und nachhaltige Nutzung pflanzengenetischer Ressourcen. Schriftenreihe des BMELF, Angewandte Wissenschaften, Heft 441, Münster

OPSCHOOR, H. AND STRAATEN, J. VAN DER (1993): Sustainable Development: an institutional approach. Ecological Economics, 7, 203-222

OPSCHOOR, J.B. (ED.) (1992): Environment, Economy and Sustainable Development. Wolters-Noordhoff: Groningen, The Netherlands

O'RIORDAN, T. AND JORDAN, A. (1995): The Precautionary Principle in Contemporary Environmental Politics. Environmental Values, No. 4, 191-212

O'RIORDAN, T. AND CAMERON, J. (EDS.) (1994): Interpreting the Precautionary Principle. Earthscan: London

OSTMANN, A. ET AL. (1997): Umweltgemeingüter? Zeitschrift für Wirtschafts- und Sozialwissenschaften (ZWS), 117, 107-144

OSTROM, E. (1986): An agenda for the study of institutions. Public Choice, 48 (1), 3-25

OSTROM, E. (1990): Governing the Commons. The Evolution of Institutions for Collective Action. Cambridge University Press: New York

OSTROM, E. AND WALKER, J. (1997): Neither markets nor states: Linking transformation processes in collective action areas. In: MUELLER, D.C. (1997): Perspectives on Public Choice - A Handbook. 35-72

OSTROM, E. ET AL. (1993): Institutional Incentives and Sustainable Development: Infrastructure Policies in Perspectives. Westview Press: Boulder u.a.O.

OSTROM, V. AND OSTROM, E. (1977): Public Goods and Public Choices. In: SAVAS, E.S. (ED.) (1977): Alternatives for Delivering Public Services - Toward Improved Performance. Westview Press: Boulder 7-49

PACON, A.M. (1995): Was bringt TRIPs den Entwicklungsländern? GRUR international 875

PAGE, T. AND MACLEAN, D. (1983): Risk Conservatism and the Circumstances of Utility Theory. American Journal of Agricultural Economics, 65, 1021-1026

Palmini, D. (1999): Uncertainty, risk aversion, and the game theoretic foundations of the safe minimum standard: a reassessment. Ecological Economics 29, 463-472

PAUL, J. (1986): Zur politischen Durchsetzungsfähigkeit einer ökologisch orientierten Marktwirtschaft. Eine Analyse aus ökonomischer Sicht, dargestellt am Beispiel der Bundesrepublik Deutschland. Lang: Frankfurt u.a.O.

PEARCE, D. (1976): The Limits of Cost-Benefit Analysis as a Guide to Environmental Policy. Kyklos, 29, 97-112

PEARCE, D. (1987): Foundations of an Ecological Economics. Ecological Modelling,, 38, 9-18

PEARCE, D.W. (1994): The Precautionary Principle and Economic Analysis. In: O'RIORDAN, T. AND J. CAMERON (1994): Interpreting the Precautionary Principle. 132-151

PEARCE, D. (1995): Blueprint 4 - Capturing global environmental value. Earthscan Publications: London

PEARCE, D.W. UND TURNER, R.K. (1990): Economics of Natural Resources and the Environment. Harvester Wheatsheaf: New York u.a.O.

PEARCE, D.W. AND WARFORD, J.J. (1993): World without End - Economics, Environment, and Sustainable Development. Published for the World Bank, Oxford University Press: Oxford

PEARCE, D.W. ET AL. (1989): Blueprint for a Green Economy. Earthscan: London

PEARCE, D.W. ET AL. (1990): Sustainable Development: Economics and Environment in the third World. Edward Elgar: Aldershot

PERRINGS, C. (1991): Ecological sustainability and environmental control. Strutural Change and Economic Dynamics, 2, 275-295

PERRINGS, C. (1995): The economic value of biodiversity. In: HEYWOOD, V.H. (EXEC. ED.) (1995): Global Biodiversity Assessment. (for UNEP) Cambridge University Press: Cambridge, 823-914

PERRINGS, C. AND PEARCE, D.W. (1993): Biodiversity Conservation and Economic Development. Centre for Social and Economic Research on the Global Environment, University College London, Working Paper: London

PERRINGS, C. AND PEARCE, D.W.(1994): Threshold Effects and Incentives for the Conservation of Biodiversity. Envionmental and Resource Economics, 4 (1), 13-28

PERRINGS, C. ET AL. (1992): The Ecology and Economics of Biodiversity Loss: The Research Agenda. AMBIO, 21 (3), 201-211

PERRINGS, C. ET AL. (1995): Ecological Economics: The Study of Interdependent Economic and Ecological Systems. The Beijer International Institute of Ecological Economics, Beijer Discussion Paper Series No. 55, Stockholm

PETERSMANN, E.-U. (1993): International trade law and international environmental law: prevention and settlement of international environmental disputes in GATT. Journal of World Trade, Bd. 27 Nr. 1, 43-81

PEZZEY, J. (1989): Economic Analysis of Sustainable Growth and Sustainable Development. Environmental Department Working Paper No. 15, The World Bank: Washington, D.C.

PISTORIUS, R. (1997): Scientists, Plants and Politics - A History of the Plant Genetic Resources Movement. International Plant Genetic Resources Institute (IPGRI), Rome, Italy

PLANCK, U. UND ZICHE, J. (1979): Land- und Agrarsoziologie. Eugen Ulmer: Stuttgart

PORTER, M.E. (1992): Wettbewerbsvorteile (Competitive Advantage). Campus-Verlag: Frankfurt a.M.

POSNER, R.A. (1977): Economic Analysis of Law. Second Edition, Little Brown: Boston

PRETTY, J. (1998): The Living Land. Earthscan: London

PRIGOGINE, I. UND STENGERS, I (1993 [1980]): Dialog mit der Natur - Neue Wege naturwissenschaftlichen Denkens. 7. Aufl., Piper: München

RADKAU, J. (1996): Beweist die Geschichte die Aussichtslosigkeit von Umweltpolitik? In: KASTENHOLZ, H.G. (1996): Nachhaltige Entwicklung - Zukunftschancen für Mensch und Umwelt. 23-44

RANDALL, A. (1985): Methodology, Ideology and the Economics of Policy: Why Resource Economists Disagree. American Journal of Agricultural Economics, 67 (5), 1022-1029

RAWLS, J. (1971): A Theory of Justice. Harvard University Press: Cambridge (deutsch: Eine Theorie der Gerechtigkeit. Suhrkamp: Frankfurt a.M., 1975

READY, R.C. AND BISHOP, R.C. (1991): Endangered Species and the Safe Minimum Standard. American Journal of Agricultural Economics, 73, 309-311

REDCLIFT, M. (1987): Sustainable Development: Exploring the Contradictions. Methuen: London

REGE, V. (1993): GATT Law and Environment-Related Issues Affecting the Trade of Developing Countries. Journal of World Trade, Vol. 27 (Aug.), 95-169

REID, W.V. (1992): Genetic Resources and Sustainable Agriculture - Creating Incentives for Local Innovation and Adaptation. Biopolicy International Series No. 2, ACTS Press: Nairobi

REID, W.V. ET AL. (1993): Biodiversity Prospecting: Using Genetic Resources for Sustainable Development. Washington, D.C.

RENNINGS, K. ET AL. (1999): A regulatory framework for a policy of sustainability: lessons from the neo-liberal school. Ecological Economics 28, 197-212

RENTZ, H. (1995): "Joint Implementation" in der internationalen Umweltpolitik - Eine theoretische Analyse möglicher Ausgestaltungen. Zeitschrift für Umweltpolitik (Vorgänger von Zeitschrift für Umweltpolitik und Umweltrecht), 2/95, 179-203

RICHTER, R UND FURUBOTN, E. (1996): Neue Institutionenökonomik: eine Einführung und kritische Würdigung. Mohr: Tübingen

RICHTER, R. (1994): Institutionen ökonomisch analysiert. Mohr: Tübingen

ROBERTSON, J. AND CALHOUN, D. (1995): Treaty on Biological Diversity: Ownership Issues and Access to Genetic Materials in New Zealand. European Intellectual Property Review, 5, 219-224

ROLFE, J.C. (1995): Ulysses Revisited - A Closer Look at the Safe Minimum Standard Rule. Australian Journal of Agricultural Economics, Vol. 39, No.1 (April), 55-70

ROPKE, I. (1994): Trade, development and sustainability - a critical assessment of the 'free trade dogma'. Ecological Economics, 9, 13-22

ROTILLON, G. ET AL. (1996): Bilateral or multilateral bargaining in the face of global environmental change? Ecological Economics, 18, 177-187

RUTTAN, V.W. AND HAYAMI, Y. (1984): Toward a Theory of Induced Institutional Innovation. The Journal of Development Studies, 20, 203-223

RUTTAN, V.W. (ED.) (1994): Agriculture, Environment, and Health: Sustainable Development in the 21st Century. University of Minnesota Press: Minneapolis und London

SAMUELS, W.J. AND SCHMID, A.A. (EDS.) (1981): Law and Economics: An Institutional Perspective. Nijhoff: Boston

SCHMID, A.A. (1972): Analytical Institutional Economics: Challenging Problems in the Economics of Resources for a New Environment. American Journal of Agricultural Economics, 54 (December), 893-901

SCHMID, A.A. (1987): Property, Power, and Public Choice: An Inquiry into Law and Economics. 2nd ed., Praeger: New York

SCHRAMM, G. AND WARFORD, J.J. (EDS.) (1989): Environmental Management and Economic Development. World Bank, John Hopkins Univ. Press: Washington, D.C.

SCHUG ET AL. (1996): Welternährung: Herausforderung an Pflanzenbau und Tierhaltung. Wiss. Buchgesellschaft: Darmstadt

SCHULZE, P.C. (1994): Cost Benefit Analysis and Environmental Policy. Ecological Economics, 9, 197-199

SCHWANITZ, F. (1957): Die Entstehung der Kulturpflanzen. Springer-Verlag: Berlin u.a.O.

SEDJO, R.A. (1988): Property Rights and the Protection of Plant Genetic Resources. In: KLOPPENBURG, JACK R., JR. (ED.) (1988): Seeds and Sovereignty. The Use and Control of Plant Genetic Resources. 293-314

SEDJO, R.A. (1992): Property Rights, Genetic Resources, and Biotechnological Change. Journal of Law and Economics, Vol. XXXV (April), 199-213

SEIDL-HOHENVELDERN, I. (1994): Völkerrecht. 8. neubearb. Aufl., Carl Heymanns Verlag: Köln u.a.O.

SEN, A.K. (1979): Collective Choice and Social Welfare. North Holland: Amsterdam u.a.O.

SIEBENHÜNER, B. (1995): Ökonomisches und ökologisches Denken. Schriftenreihe des IÖW 84/95, Berlin

SIMONIS, U.E. (1990): Beyond Growth: Elements of Sustainable Development. Sigma Verlag: Berlin

SJÖSTRAND, S.-E. (1995): Towards a Theory of Institutional Change. In: GROENEWEGEN, J. ET AL. (EDS.) (1995): On economic institutions: theory and applications. Edward Elgar: Aldershot (UK) and Brokfield (US), 19-44

SMITH, F. (1996): Bilogical diversity, ecosystem stability and economic development. Ecological Economics, 16, 191-203

SMITH, K.V. AND KRUTILLA, J.V. (1979): Endangered Species, Irreversibilities, and Uncertainty: A Comment American Journal of Agricultural Economics, Vol. 61, 371-375

SMITH, P. AND A. TENNER (1997): Dimensions of Sustainability: Proceedings of the Congress Challenges of Sustainable Development, Amsterdam, 22-25 August 1996, Nomos-Verl.-Ges.: Baden-Baden

SOLBRIG, O.T. (1994): Biodiversität: Wissenschaftliche Fragen und Vorschläge für die internationale Forschung. Bonn

SÖLLNER, F. (1993): Neoklassik und Umweltökonomie. Zeitschrift für Umweltpolitik und Umweltrecht, 16, 431-460

SOLOW, R.M. (1974): Intergenerational equity and exhaustible resources. Review of Economic Studies, 67, 29-45

SOLOW, R.M. (1974a): The Economics of Resources or the Resources of Economics. Paper Proceedings American Economic Review, 64, 1-14

SORSA, P. (1992): GATT and Environment. The World Economy, Jg. 15, 115-133

STEINBERGER, J. (1995): Sortenschutz und Saatgutverkehrsgesetz. Biopoly (Briefing zu pflanzengenetischen ressourcen (pgr) und zur biologischen vielfalt) Nummer 2, BUKO Agrar Koordination, Hamburg, 1-3

STERN, D.I. (1997): Limits to substitution and irreversibility in production and consumption: A neoclassical interpretation of ecological economics. Ecological Economics, 21, 197-215

STEUBING, L. (1995): Einführung in die Ökologie. In: STEUBING, L. (HRSG.) (1995): Natur- und Umweltschutz: ökologische Grundlagen, Methoden, Umsetzung; mit 82 Tabellen. G. Fischer: Jena und Stuttgart, 17-44

STEWEN, M. (1998): The interdependence of allocation, distribution, scale and stability - A comment on Herman E. Daly's vision of an economics that is efficient, just and sustainable. Ecological Economics, 27, 119-130

STEWEN, M. (1999): Response to Herman Daly. Ecological Economics, 30, 2-3

SUCHANEK, A. (1997): Erfolgreiche Therapie ohne gute Diagnose? Zum Zusammenhang von normativer und positiver Analyse in der Ökonomik. In: HELD, M. (1997): Normative Grundfragen der Ökonomik: Folgen für die Theoriebildung. Campus-Verlag: Frankfurt, 189-212

SUMMERS, L.H. (1992): Summers on Sustainable Growth. The Economist, 323 (7761) (May 30), 65

SUPLIE, J. (1995): "Streit auf Noahs Arche" - Zur Genese der Biodiversitäts-Konvention. Wissenschaftszentrum Berlin für Sozialforschung, FS II 95-406, Berlin

SWANEY, J.A. (1987): Elements of a Neoinstitutional Environmental Economics. Journal of Economic Issues, 21, No. 4, 1739-1779

SWANEY, J.A. (1987): Building Instrumental Environmental Control Institutions. Journal of Economic Issues, Vol. XXI, No. 1 (March), 295-308

SWANSON, T. (1996): The reliance of northern economies on southern biodiversity: biodiversity as information. Ecological Economics, 17, 1-8

SWANSON, T. (1999): Evolution, Information, Externalities and Policies. In: PETERS, G.H. AND J.V. BRAUN (EDS.) (1999): Food Security, Diversification and Resource Management: Refocusing the Role of Agriculture? Proceedings 23. International Conference of Agricultural Economists, Ashgate: Aldershot (UK) and Brookfield (USA), 212-231

SWANSON, T.M.ET AL. (1994): The Appropriation of the Benefits of Plant Genetic Resources for Agriculture: An Economic Analysis of the Alternative Mechanisms for Biodiversity Conservation. FAO (CPGR) First Extraordinary Session 7.-11. November 1994, Background Study Paper No. 1: Rome

TINBERGEN, J. (1952): On the Theory of Economic Policy. North-Holland: Amsterdam

TINBERGEN, J. (1970): On the theory of economic policy. (Contributions to economic analysis 1), 5. printing, North Holland: Amsterdam u.a.O.

TISDELL, C. (1993): Environmental Economics: Policies for Environmental Management and Sustainable Development. Edward Elgar: Aldershot (UK) and Brookfield (USA)

TOLBA, M.K. (1987): Sustainable Development: Constraints and Opportunities. Butterworths: London

TURNER, R.K. (ED.) (1988): Sustainable Environmental Management: Principles and Practice. Belhaven: London

TURNER, R.K. (1993): Sustainability: Principles and Practice. In: TURNER, R.K. (ED), Sustainable Environmental Economics and Management. 3-36

TURNER, R.K. (ED.) (1993): Sustainable Environmental Economics and Management. Wiley & Sons: Chichester u.a.O.

TURNER, R.K. AND PEARCE, D.W. (1993): Sustainable economic development: economic and ethical principles. In: BARBIER, E. (ED.) (1993): Economics and Ecology: New Frontiers and Sustainable Development. Chapman and Hall: London, 177-194

UNCED (1992): Rio-Declaration on Environment and Development. United Nations: New York

UNCED (1992a): Agenda 21. United Nations: New York

UNEP (1992): Convention on Biological Diversity. Nairobi. o.O.

UNEP (1996): Knowledge, Innovations and Practices of Indigenous and Local Communities: Implementation of Article 8(j). UNEP/CBD/COP/3/19, Note by the Executive Secretary 27

UNEP (1999): Agricultural Biological Diversity: Assessment of Ongoing Activities and Instruments. Fifth Meeting of the SBSTTA, UNEP/CBD/SBSTTA/5/INF/10

UNION FOR THE PROTECTION OF NEW VARIETIES OF PLANTS (UPOV) (1991): Internationales Übereinkommen zum Schutz von Pflanzenzüchtungen vom 2. Dezember 1961 in der revidierten Fassung vom 19. März 1991. Genf

VAN DEN BERGH, J. (1996): Ecological Economics and Sustainable Development. Edward Elgar: Cheltenham (UK) und Brookfield (US)

VAN DIEREN, W. (HRSG.) (1995): Mit der Natur rechnen. Der neue Club-of-Rome-Bericht: Vom Bruttosozialprodukt zum Ökosozialprodukt. Birkhauser Verlag: Basel u.a.O.

VATN, A. AND D.W. BROMLEY, D.W. (1994): Choices without Prices without Apologies. Journal of Environmental Economics and Management, 26, 129-148

VEDELD, P.O. (1994): The environment and interdisciplinarity - Ecological and neoclassical economical approaches to the use of natural resources. Ecological Economics, 10, 1-13

VELLVÉ, R. (1993): Lebendige Vielfalt - Biodiversität, pflanzengenetische Ressourcen, Agrarkultur. Rheda-Wiedenbrück: Barcelona

VESTER, F. (1980): Neuland des Denkens. DVA: Stuttgart

VESTER, F. (1991): Unsere Welt - ein vernetztes System. 7. Aufl., dtv: München

VIRCHOW, D. (1999): Der Markt für genetisch kodierte Information als effizienter Austauschmechanismus für genetische Ressourcen: Konzeptionelle Überlegungen zu einem entstehenden Informationsmarkt. Schriften der Gesellschaft für Wirtschafts- und Sozialwissenschaften des Landbaus e.V., Bd. 35, 431-436

VITOUSEK, P. ET AL. (1986): Human Appropriation of the Products of Photosynthesis. BioScience, Vol. 37, 368-373

VOGEL, J.H. (1994): Genes for Sale - Privatization as a Conservation Policy. Oxford University Press: New York and Oxford

VAN DEN BERGH, J.C.J.M. AND J. VAN DER STRAATEN (1994):Toward Sustainable Development - Concepts, Methods, and Policy. Island Press: Washington, D.C. and Covelo, California

VON BRAUN, J. (1994): Genes and Biodiversity: new scarcities and rights challenge agricultural economics research. Quarterly Journal for International Agriculture, 4/1994, 345-348

VON BRAUN, J. UND VIRCHOW, D. (1998): Pflanzengenetische Ressourcen zwischen Angebot und Nachfrage - Entwicklung institutioneller Rahmenbedingungen für Konservierung und Nutzung. Berichte über Landwirtschaft, Band 76 (1), 74-86

VON DER PFORDTEN, D. (1996): Ökologische Ethik - Zur Rechtfertigung menschlichen Verhaltens gegenüber der Natur. Rowohlt Taschenbuch Verlag: Hamburg

VON PRITTWITZ, V. (1990): Das Katastrophenparadox: Elemente einer Theorie der Umweltpolitik. Opladen

VON WEIZSÄCKER, E.U. (1995): Faktor Vier: doppelter Wohlstand - halbierter Naturverbrauch. Droemer Knaur: München

WACKERNAGEL, M. AND REES, W.E. (1997): Perceptual and structural barriers to investing in natural capital: Economics from an ecological footprint perspective. Ecological Economics, 20, 3-24

WALDKIRCH, R. (1998): Institutionelle Umweltökonomik - Eine konstruktive Kritik wohlfahrtstheoretischer Konzeptionen. (Beiträge zur Umweltgestaltung A 140) Erich Schmidt Verlag: Berlin

WCED (WORLD COMMISSION ON ENVIRONMENT AND DEVELOPMENT) (1987): Our Common Future. Oxford University Press: Oxford and New York

WELLING, M. (RED.) (1997): Biologische Vielfalt in Ökosystemen - Konflikt zwischen Nutzung und Erhaltung. Schriftenreihe des Bundesministeriums für Ernährung, Landwirtschaft und Forsten, Reihe A: Angewandte Wissenschaft, Heft 465, Köllen Druck + Verlag: Bonn

WETZ, F.J. (1994): Hans Jonas zur Einführung. 1. Aufl., Junius: Hamburg

WILKE, H. (1993): Systentheorie. 4. überarb. Aufl., Gustav Fischer Verlag (UTB): Suttgart und Jena

WISSENSCHAFTLICHER BEIRAT (1994): Auswirkungen der Agrarpolitik auf die landwirtschaftliche Betriebsgrößenstruktur und die räumliche Verteilung der Agrarproduktion in der Bundesrepublik Deutschland: Bestandsaufnahme und Empfehlungen. Wissenschaftlicher Beirat beim Bundesministerium für Ernährung, Landwirtschaft und Forsten, Agrarpolitik und Agrarstruktur, Landwirtschaft-Angewandte Wissenschaft 433, Münster

WOLFRUM, R. UND STOLL, P.-T. (1996): Der Zugang zu genetischen Ressourcen nach dem Übereinkommen über die biologische Vielfalt und dem deutschen Recht. Reihe: Umweltbundesamt Berichte, Band 7/96, Erich Schmidt Verlag, Berlin

WOLTERS J. UND ARA (Hrsg.) (1995): Leben und Leben lassen: Biodiversität-Ökonomie, Natur- und Kulturschutz im Widerstreit. Ökozid 10, Focus-Verlag, Gießen

WOOD, D. (1998): Ecological principles in agricultural policy: but which principles? Food Policy, Vol. 23, No.5 (Oct.), 371-382

WORLD RESOURCE INSTITUTE (WRI) (1994): World Resources 1994-95 - A guide to the Global Environment. Oxford University Press: New York and Oxford

WORLDWATCH INSTITUTE (HRSG.) (1997): Zur Lage der Welt 1997. Fischer Taschenbuch Verlag: Frankfurt am Main

WUKETITS, F.M. (1997): "Wie du mir, so ich dir" - Zur Evolution von Egoismus und Hilfsbereitschaft. Universitas, 52.Jg., Nr. 617, 1092-1102

YOUNG, M.D. (1992): Sustainable Investment and Resource Use - Equity, Environmental Integrity and Economic Efficiency. MAN AND THE BIOSPERE SERIES Vol. 9, Parthenon Publ. Group: New Jersey

YOUNG, M.D. (1994): Ecologically-accelerated trade liberalisation: a set of disciplines for environment and trade agreements. Ecological Economics, 9, 43-52

FSC
www.fsc.org
MIX
Papier | Fördert
gute Waldnutzung
FSC® C083411

Kolibri 360 GmbH
Ferdinand-Jühlke-Straße 7
99095 Erfurt, Deutschland
produktsicherheit@kolibri360.de

Druck:
CPI Druckdienstleistungen GmbH
im Auftrag der
Kolibri 360 GmbH
Ferdinand-Jühlke-Str. 7
99095 Erfurt